Heft 654

DEUTSCHER AUSSCHUSS FÜR STAHLBETON

Zeitlich und räumlich aufgelöste Zustandsbewertungen und -prognosen über mit Diagnosedaten angereicherte BIM-Modelle als Entscheidungshilfe bei der Instandsetzungsplanung

von

Dr.-Ing Hendrik W. L. Morgenstern

1. Auflage 2024

Herausgeber:
Deutscher Ausschuss für Stahlbeton e.V. – DAfStb

DIN Media GmbH

Danksagung

Die vorliegende Dissertation entstand während meiner Tätigkeit als wissenschaftlicher Mitarbeiter am Institut für Baustoffforschung (ibac) an der RWTH Aachen University unter der Betreuung von Univ.-Prof. Dr.-Ing. Michael Raupach.

Ich danke Herrn Raupach für die Betreuung während meiner Promotion und für die wissenschaftliche Führung meiner bisherigen akademischen Laufbahn. Über die Jahre hinweg hat er mich immer wieder gefordert und gefördert sowie in konstruktiven Gesprächen angeregt und dabei stets Freiraum für kreative Lösungsansätze gelassen.

Weiterhin danke ich dem Kollegium am ibac im Allgemeinen und den Mitarbeitenden der Arbeitsgruppe „Erhaltung und Instandsetzung“ im Speziellen für die Kameradschaft und die vielen Erfahrungen, die ich mit ihnen machen durfte.

Besonderer Dank gilt den Kollegen des Ingenieurbüros Raupach Bruns Wolff für die Bereitstellung von sowohl den Rohdaten der Bauwerksdiagnose als auch dem Reallabor. Ohne diese fruchtbare Kooperation wäre meine Forschungsarbeit nicht im selben Maße möglich gewesen.

Herzlichst danke ich den Studierenden Jan Biller, Domenic Graffi, Maverick Koller, Simon Menzler und Peter Vogel, deren Abschlussarbeiten ich betreuen durfte. Mit ihren Beiträgen haben sie den Weg für diese Dissertation geebnet und sind ihn gewisse Strecken als meine Gefährten gegangen.

Schließlich danke ich meiner Ehefrau Rebekka, die mich in all den Jahren der Promotion liebevoll unterstützt und motiviert hat. Durch sie habe ich zwar mein Herz, aber letztlich nicht meine Nerven verloren.

Kurzfassung

Zeitlich und räumlich aufgelöste Zustandsbewertungen und -prognosen über mit Diagnosedaten angereicherte BIM-Modelle können als Entscheidungshilfe bei der Instandsetzungsplanung genutzt werden. Nach der Erfassung des Ist-Zustandes eines Bestandsbauwerks kann dieser in einer BIM-Umgebung implementiert und interoperabel mit Regelwerken sowie Softwares für Punktwolkenauswertungen und Bayes'sche Statistik verknüpft werden. BIM-basierte Schädigungsmodelle können mathematische Zusammenhänge und Einflussgrößen automatisiert anpassen bzw. berücksichtigen, sodass sich neue Möglichkeiten bei der Modellierung von dauerhaftigkeitsrelevanten Prozessen für kombinierte Einwirkungen oder variable Randbedingungen und Bauteilzustände ergeben. Auf diese Weise wird ein prädiktives BIM-Modell erstellt, das als vierdimensionales Entscheidungsunterstützungssystem bei der Instandhaltung dienen kann.

Durch die Implementierung von Daten der Bauwerksdiagnose kann ein BIM-Modell als digitales Bauwerksbuch genutzt werden. Informationen können somit zentral in digitaler Form gesammelt werden und schnittstellenoffen erhalten bleiben. Die Automatisierung der Datenauswertung im räumlichen Kontext ermöglicht neue Betrachtungen und Analysen von größeren Datensätzen oder Korrelationen zwischen den unterschiedlichen Messgrößen.

Die modellzentrierte Arbeitsweise in einer BIM-Umgebung ermöglicht die bauteilspezifische Analyse und Gegenüberstellung von ermittelten Ist-Zuständen mit Randbedingungen und Anforderungen gemäß aktueller Regelwerke. Dies erlaubt die Verlagerung des Arbeitsschwerpunktes von Datenverwaltung zu Datenauswertung und -darstellung sowie signifikante Einsparungen beim Handlungsbedarf und trägt somit zur Ressourcenschonung bei. Digitalisierte Arbeitsweisen führen zu Transparenz, Objektivität und Effizienz bei der Instandsetzungsplanung. Infolgedessen wird BIM für die Nutzung im Rahmen der Bauwerkserhaltung erschlossen.

Abstract

Temporally and spatially resolved condition assessments and prognoses via BIM models enriched with diagnostic data can be used as a decision support tool for maintenance planning. The assessment of the actual condition of existing buildings can be implemented in a BIM environment and interoperably linked with rules and regulations as well as software for point cloud evaluations and Bayesian statistics. BIM-based deterioration models can automatically adapt or take into account mathematical relationships and influencing variables so that new possibilities arise in the modeling of durability-relevant processes for combined actions or variable boundary conditions and component states. In this way, a predictive BIM model is created that can serve as a four-dimensional decision support system for maintenance.

By implementing building diagnosis data, a BIM model can be used as a digital building book. Thus, information can be collected centrally in digital form and preserved open to interfaces. The automation of data evaluation in a spatial context enables new observations and analyses of larger data sets or correlations between the different measured variables.

The model-centered way of working in a BIM environment enables the component-specific analysis and comparison of determined actual conditions with boundary conditions and requirements according to current regulations. This makes it possible to shift the focus of work from data management to data evaluation and visualization, as well as significant savings in the need for action, thus contributing to the conservation of resources. Digitized ways of working lead to transparency, objectivity, and efficiency while planning repair measures. As a result, BIM is opened up for use in the context of building maintenance.

Inhaltsverzeichnis

Abbildungsverzeichnis

Tabellenverzeichnis

Quelltextverzeichnis

Abkürzungsverzeichnis

ABC	Approximate Bayesian Computation
ACC	Schnellcarbonatisierungsmethode (engl.: *accelerated carbonation*)
API	Programmierschnittstelle
AR	Augmented Reality
BAW	Bundesanstalt für Wasserbau
BES	Betonersatzsystem
BIM	Building Information Modeling
bsDD	buildingSMART Data Dictionary
C2C	Cloud-to-Cloud-Distance
C2F	Cloud-to-Facet-Distance
C2M	Cloud-to-Mesh-Distance
DAfStb	Deutscher Ausschuss für Stahlbeton
DBV	Deutscher Beton- und Bautechnik-Verein
DGZfP	Deutsche Gesellschaft für Zerstörungsfreie Prüfung
DIBt	Deutsches Institut für Bautechnik
DT	Digital Twin
EN	Europäische Norm
fib	fédération internationale du béton
GPR	Ground Penetrating Radar
IFC	Industry Foundation Classes
IoT	Internet of Things
KI	Künstliche Intelligenz

KKS	Kathodischer Korrosionsschutz
LCA	Life Cycle Assessment
M3C2	Multiscale Model-to-Model Cloud Comparison
MCS	Monte-Carlo-Simulation
minBB	Minimal Bounding Box
ML	Maschinelles Lernen
MR	Mixed Reality
MVV TB	Muster-Verwaltungsvorschrift Technische Baubestimmungen
NAC	Normalcarbonatisierungsmethode (engl.: *natural carbonation*)
OS	Oberflächenschutzsystem
RCM	Schnellverfahren für Chloridmigration (engl.: *rapid chloride migration*)
SHM	Structural Health Monitoring
SSoT	Single Source of Truth
TLS	Terrestrisches Laserscanning
TR IH	Technische Regel „Instandhaltung von Betonbauwerken“
VR	Virtual Reality
XR	Extended Reality
a	Altersexponent / CO_2-Bindekapazität von Beton
$A(t)$	Alterungsfunktion
b	Anzahl an Klassen
b_c	Regressionsexponent
b_e	Regressionsparameter
b_w	Regressionsexponent
C_S	CO_2-Konzentration der Umgebungsluft
$C_{S,Atm}$	CO_2-Konzentration der Atmosphäre
$Cl(c,t)$	Chloridgehalt des Betons in der Tiefe der Bewehrungslage c zum Zeitpunkt t
$Cl(x,t)$	Chloridgehalt des Betons in der Tiefe x zum Zeitpunkt t

Cl_c	Chloridgehalt in Tiefe der Bewehrung (5-%-Quantil der vorderen Bewehrungslage)
Cl_{crit}	kritischer Chloridgehalt
Cl_{max}	maximaler vorliegender Chloridgehalt
Cl_{tol}	tolerierter Chloridgehalt, der noch nicht als Chlorideintrag gilt
$Cl_{\Delta x}$	Chloridgehalt des Betons in der Tiefe Δx
c	Betondeckung
$c_{5,v}$	5-%-Quantil der Betondeckung (vordere Bewehrungslage)
$c_{5,h}$	5-%-Quantil der Betondeckung (hintere Bewehrungslage)
$c_{95,h}$	95-%-Quantil der Betondeckung (hintere Bewehrungslage)
D	Durchmesser
$D_{Eff,0}$	effektiver CO_2-Diffusionskoeffizient von carbonatisiertem, trockenem Beton
$D_{Eff,C}(t)$	effektiver Chloriddiffusionskoeffizient des Betons zum Zeitpunkt t
D_{max}	Größtkorn des BES
$D_{RCM,0}$	Chloridmigrationskoeffizient von wassergesättigtem Beton, bestimmt zum Zeitpunkt t_0 mit der Testmethode RCM
d_A	erforderliche Abtragstiefe
d_a	Dicke des alkalischen Betons über der Bewehrung
$d_{a,R}$	Dicke des verleibenden alkalischen Betons über der Bewehrung nach Betonabtrag
$d_{c=1,5\%}$	Tiefe mit einem Chloridgehalt von 1,5 M.-% bezogen auf den Zementgehalt
$d_{c,krit}$	Tiefe des kritischen korrosionsauslösenden Chloridgehaltes
$d_{c,lim}(t_R)$	Tiefe, in der der mittlere Chloridgehalt über die Restnutzungsdauer dem jeweiligen Grenzwert entspricht
d_E	Dicke der Ergänzung mit Mörtel oder Beton bzw. des BES
d_{EA}	Dicke des BES und erforderliche Abtragstiefe
d_k	Carbonatisierungstiefe
$d_k(t)$	Carbonatisierungstiefe zum Zeitpunkt t

$d_k(t_R)$	Carbonatisierungstiefe am Ende der Restnutzungsdauer
$d_{k,90}$	90-%-Quantil der Carbonatisierungstiefe
$d_{k,90}(t_R)$	90-%-Quantil der Carbonatisierungstiefe am Ende der Restnutzungsdauer
d_S	Betonstahldurchmesser
$d_{S,h}$	Betonstahldurchmesser (hintere Bewehrungslage)
erf	Fehlerfunktion
f_e	Modellkonstante
g_e	Modellkonstante
k_c	Übertragungsparameter für Ausführungsqualität
k_e	Übertragungsparameter für Umwelteinflüsse
k_t	Regressionsparameter / Übertragungsparameter für Verfahrensungenauigkeiten
L	Länge
N	Anzahl an Simulationen / Stichprobenumfang
p_f	Versagenswahrscheinlichkeit
p_{SR}	Schlagregenwahrscheinlichkeit
QMQR	Quadratwurzel der mittleren Quadratsumme der Residuen
R	Widerstand
$R_{ACC,0}^{-1}$	inverser effektiver Carbonatisierungswiderstand von trockenem Beton, bestimmt zum Zeitpunkt t_0 mit der Schnellcarbonatisierungsmethode ACC
$R_{NAC,0}^{-1}$	inverser effektiver Carbonatisierungswiderstand von trockenem Beton, bestimmt zum Zeitpunkt t_0 mit der Normalcarbonatisierungsmethode NAC
RH_{ist}	relative Luftfeuchtigkeit in der carbonatisierten Randschicht des Betons
RH_{ref}	relative Referenzluftfeuchtigkeit
S	Einwirkung
T_{ist}	Bauteiltemperatur
T_{ref}	Referenztemperatur

ToW	Regenhäufigkeit
t	Beaufschlagungsdauer / Betonalter / Laufzeit / Zeit
$t(b, N)$	Laufzeit in Abhängigkeit von der Anzahl an Klassen und Simulationen
t_0	Referenzzeitpunkt
t_c	Dauer der Nachbehandlung
$W(t)$	Witterungsfunktion
w	Witterungsexponent
x	Eindringtiefe
Z	Zuverlässigkeit
β	Zuverlässigkeitsindex
ΔC_S	Differenz aus der CO_2-Konzentration der Umgebungsluft und der CO_2-Konzentration des Betons an der Carbonatisierungsfront
$\Delta C_{S,Em}$	CO_2-Konzentrationszuwachs durch zusätzliche CO_2-Emissionen
Δx	Eindringtiefe, die durch intermittierenden Chlorideintrag vom Fick'schen Verhalten abweicht
ε_t	Errorterm zur Berücksichtigung prüftechnisch bedingter Fehler
μ	Erwartungswert, Mittelwert
ν	Variationskoeffizient
σ	Standardabweichung
Φ	Standardnormalverteilung

1 Einleitung

1.1 Motivation

Bei Bauwerken aus Stahlbeton werden Nutzungsdauern von üblicherweise 50 Jahren angestrebt, die bei Infrastrukturbauten regelmäßig überschritten werden. Da ein Bauwerksversagen nicht tolerierbar ist und Instandhaltungsarbeiten häufig große Verkehrsbehinderungen sowie enorme volkswirtschaftliche Belastungen darstellen, kommt der präventiven Bauwerkserhaltung zunehmend eine besondere Bedeutung zu. Zur Prävention von Bauteilschäden und resultierenden -ausfällen können verschiedene Schädigungsmodelle für Dauerhaftigkeitsprognosen genutzt werden. Diese Modelle basieren auf Laboruntersuchungen oder langjährigen Erfahrungen mit Korrosionsschäden am Bauwerksbestand. Je nach Art und Kombination der betrachteten Einflüsse stehen eine Vielzahl an nahezu beliebig komplexen Modellen zur Verfügung. In der Baupraxis finden solche Modelle jedoch aufgrund von Daten- und Kompetenzmangel sowie durch den erhöhten Aufwand zur Anpassung bzw. Berechnung der verschiedenen Parameter selten Anwendung. Bei fehlenden Möglichkeiten zur Schädigungsprognose und -prävention wird eine reaktive Instandhaltungsstrategie erforderlich.

Zur Bewertung des Bauwerkszustandes muss zunächst der Ist-Zustand der Bausubstanz erfasst werden. Im Rahmen einer Bauwerksdiagnose werden verschiedene Material- und Bauteileigenschaften ermittelt, die es zu dokumentieren und auszuwerten gilt. Zusätzlich werden bereits vorhandene Dokumente der Bauwerkshistorie zur Planung herangezogen und ausgewertet. Infolgedessen sind digitale und analoge Informationen in häufig mangelhafter Quantität und Qualität zu berücksichtigen, was den Planungsprozess erschwert. Im Gegensatz dazu etabliert sich bei Planung und Betrieb neuer Bauten Building Information Modeling (BIM) als modellbasierte Arbeitsweise, bei der alle Informationen zentral und digital gesammelt und übersichtlich in einem dreidimensionalen Modell dargestellt werden können.

Bei gründlicher Planung beschreiben BIM-Modelle den Soll-Zustand teils äußerst präzise. Der Ist-Zustand nach der Ausführung wird im zugehörigen Modell jedoch kaum berücksichtigt. Entsprechend eignen sich derzeitige BIM-Modelle primär für die Planung des Neubaus, weniger jedoch für die Planung von Erhaltungsmaßnahmen. Zudem liegen aktuell für die meisten instandsetzungsbedürftigen Gebäude keine BIM-Modelle vor. Entsprechend bedarf es Methoden zur nachträglichen BIM-Modellierung und insbesondere zur Anreicherung der BIM-Modelle mit Informationen der Bauwerksdiagnose sowie Funktionen für die Instandsetzungsplanung. Sowohl die BIM-Methode als auch pragmatische Schädigungsmodelle zur Dauerhaftigkeitsbetrachtung bergen ein großes Potenzial zur Minimierung der zur Instandsetzung erforderlichen Ressourcen bei gleichzeitiger Maximierung der Bauwerkszuverlässigkeit. Daher soll durch die vorliegende Arbeit BIM für die Bauwerkserhaltung erschlossen werden.

1.2 Zielsetzung

Die vorliegende Arbeit soll möglichst die gesamte Prozesskette bei der Sammlung und Auswertung technischer Daten im Rahmen der Instandhaltung von Bestandsbauten aus Stahlbeton digitalisieren und in eine BIM-Umgebung überführen. Dabei sollen folgende Aspekte berücksichtigt werden:

- Zustandserfassung
- Instandsetzungsplanung
- Dauerhaftigkeitsprognosen
- Unterstützung von Ausführung und Bauwerksdiagnose in situ

Nach erfolgter Zustandserfassung sollen die verschiedenen Datensätze möglichst automatisiert im bereitgestellten BIM-Modell implementiert werden. Neben der Praktikabilität bzw. der Kompatibilität dieser Implementierung mit baupraktischen Randbedingungen (bspw. Verortung und Dokumentation der Diagnosedaten in situ) steht die Maschinenlesbarkeit der jeweiligen Informationen im Vordergrund. Über maschinenlesbare Diagnosedaten soll das BIM-Modell als Werkzeug zur Instandsetzungsplanung funktionalisiert werden.

Neben den Diagnosedaten sollen Schädigungsmodelle in der BIM-Umgebung implementiert werden. Durch Kombination der Modelle mit den hinterlegten Zustandsdaten sollen die Modellparameter entsprechend der tatsächlich vorliegenden Randbedingungen kalibriert werden. Dabei soll jegliche benötigte Funktionalität innerhalb der BIM-Software bereitgestellt werden, sodass keine weitere Software unmittelbar benutzt werden muss. Insgesamt sollen Modularität und Schnittstellenoffenheit gewährleistet werden, sodass bspw. andere Schädigungsmodelle oder Datensätze niederschwellig genutzt und Rohdaten sowie Analyseergebnisse zur Weiterverwendung außerhalb von BIM exportiert werden können.

Es sollen verschiedene Möglichkeiten zur Unterstützung der Instandsetzungsplanung, die sich aus der Automatisierung und Visualisierung der verschiedenen Prozesse innerhalb der BIM-Umgebung ergeben, entwickelt und anwendungsnah demonstriert werden. Übergreifendes Ziel dieser Arbeit ist die Erforschung und Erprobung eines neuartigen Ansatzes zur digitalisierten Bauwerkserhaltung. BIM soll mit Diagnosedaten, Schädigungsmodellen und regelkonformen Auswertungen angereichert und als prädiktives Werkzeug zur objektiven Entscheidungsunterstützung genutzt werden. Teile der vorliegenden Arbeit sowie ergänzende Forschungen wurden bereits als Artikel in Fachzeitschriften publiziert [1, 2, 3, 4, 5].

2 Grundlagen

2.1 Instandsetzungsplanung

2.1.1 Relevante Regelwerke

Die vorliegende Arbeit stellt mit Diagnosedaten und Schädigungsmodellen angereicherte BIM-Modelle als eine Entscheidungshilfe bei der Instandsetzungsplanung vor. Bei der Planung und Ausführung von Instandsetzungen für Bauteile aus Stahlbeton werden auf internationaler, europäischer und nationaler Ebene verschiedene Regelwerke relevant. In diesen Regelwerken werden in unterschiedlichen Detaillierungsgraden Instandsetzungsprinzipien und -verfahren und deren Anwendungsgrenzen oder Verfahren zur Bauwerksdiagnose und Auswertung von Messdaten beschrieben. Im Folgenden werden die relevanten Regelwerke kurz beschrieben und in den Kontext dieser Arbeit eingegliedert. Regelwerke zur Bemessung und Konstruktion von Neubauten werden dabei nicht aufgegriffen, da der Fokus auf Bestandsbauten liegt. Ebenso werden Regelwerke zu BIM nicht aufgeführt, da keine Regelwerke mit Relevanz für die im Weiteren vorgestellte Nutzung dieser Methode identifiziert werden konnten.

Auf internationaler Ebene regelt die vierteilige ISO 16311 die „Instandsetzung und Reparatur von Betontragwerken“. Teil 1 nennt „Allgemeine Anforderungen“, definiert dabei bspw. den Prozessablauf der Instandhaltung und fordert die Wahl des Instandsetzungsverfahren in Abhängigkeit des Schädigungsfortschrittes und der Restnutzungsdauer [6]. Nach Teil 2 „Untersuchung bestehender Betontragwerke“ soll die Gefahr der Bewehrungskorrosion, induziert durch Carbonatisierung oder Chlorideintrag, und ihre zukünftige Entwicklung nach ISO 16204 evaluiert werden [7]. In der ISO 16204 „Dauerhaftigkeit – Nutzungsdauerorientierte Bemessung von Betontragwerken“ werden unter anderem vollprobabilistische Schädigungsmodelle für den Grenzzustand der Depassivierung bereitgestellt, wobei bei der Bewertung von Bestandsbauten Modellparameter direkt aus Diagnosedaten abgeleitet werden können [8]. Im dritten Teil der ISO 16311 wird die „Gestaltung von Reparaturen und Vorbeugung“, also die verschiedenen Prinzipien und Verfahren der Instandsetzung, geregelt [9]. Teil 4 beschreibt die „Ausführung von Reparaturen und Vorbeugung" und bspw. Anforderungen an den Betonabtrag in Abhängigkeit der Bewehrungslage und des Korrosionsfortschrittes [10]. So soll bspw. chloridkontaminierter Beton zu allen Seiten der Bewehrung mindestens 20 mm abgetragen werden. Präzise Grenzwerte für Chloridgehalte oder weitere spezifische Randbedingungen für die verschiedenen Instandsetzungsverfahren werden dabei jedoch nicht oder kaum gegeben.

Die zehnteilige DIN EN 1504 „Produkte und Systeme für den Schutz und die Instandsetzung von Betontragwerken" ist das europäische Pendant zur ISO 16311. Auf die einzelnen Teile wird an dieser Stelle nicht weiter eingegangen. Es sei lediglich genannt, dass im Teil 9 „Allgemeine Grundsätze für die Anwendung von Produkten und Systemen" und die verschiedenen Prinzipien und Verfahren beschrieben werden, allerdings ebenfalls ohne konkrete Anwendungsgrenzen und Randbedingungen wie Grenzwerte für Chloridgehalte zu geben [11].

Durch die Muster-Verwaltungsvorschrift Technische Baubestimmungen (MVV TB) [12] wurde 2021 die zweiteilige Technische Regel „Instandhaltung von Betonbauwerken" (TR IH) [13, 14] des Deutschen Instituts für Bautechnik (DIBt) in Verbindung mit der vierteiligen Richtlinie des Deutschen Ausschusses für Stahlbeton (DAfStb) „Schutz und Instandsetzung von Betonbauteilen" (RL SIB) [15, 16, 17, 18] inkl. der 1. und 3. Berichtigungen [19, 20] bauaufsichtlich eingeführt. Die entsprechenden Regelwerke sind seither für alle Instandhaltungsmaßnahmen von Betonbauteilen gefordert, bei denen die Standsicherheit gefährdet ist. Während die TR IH in Verbindung mit der RL SIB gilt, ersetzt erstere auch wesentliche Teile der zweiteren, sodass die RL SIB nicht mehr uneingeschränkt gültig ist. Zur übersichtlichen Handhabung dieser Dokumente wurde das DAfStb-Heft 638 „Anwendungshilfe zur Technischen Regel Instandhaltung von Betonbauwerken des DIBt (TR IH) in Verbindung mit der DAfStb Richtlinie Schutz und Instandsetzung von Betonbauteilen (RL SIB)" ausgearbeitet und veröffentlicht [21].

ISO 16311-3, EN 1504-9 und Teil 1 der TR IH behandeln prinzipiell dieselbe Thematik. Jedoch werden manche Verfahren nicht von allen Regelwerken aufgeführt oder unter verschiedenen Ziffern gelistet. Diesbezüglich ist ein detaillierter Vergleich der verschiedenen Regelwerke im Beton-Kalender 2022 enthalten [22]. Von den genannten Regelwerken ist Teil 1 der TR IH für das vorliegende Werk von besonderer Bedeutung, da dort Prinzipien und Verfahren der Instandsetzung beschrieben und im Gegensatz zur ISO 16311-3 und EN 1504-9 teilweise explizite Grenzwerte und Randbedingungen zur Beurteilung von Eignung und Ausmaß der Verfahren genannt werden. Die entsprechenden Inhalte werden auszugsweise in Abschnitt 2.1.2 näher erläutert.

Für weitere Instandsetzungsverfahren, die nicht in der TR IH beschrieben werden, gibt es teilweise gesonderte Regelwerke wie bspw. die DIN EN 14038-1 [23] bzw. DIN EN 14038-2 [24] für die elektrochemische Realkalisierung bzw. Chloridextraktion oder die DIN EN ISO 12696 [25] für den kathodischen Korrosionsschutz (KKS) von Stahl in Beton. Je nach Anwendungsgebiet der zu planenden Instandsetzungsmaßnahme können weitere Regelwerke relevant werden. So regelt die DIN 1076 für Ingenieurbauwerke im Zuge von Straßen und Wegen neben den Intervallen von Bauwerksprüfungen auch den Umfang und fordert bei bedenklichem Betonzustand Untersuchungen zu Druckfestigkeit, Carbonatisierungstiefe, Chloridgehalt, Betondeckung, Rissbildern und Hohlstellen [26]. Bei Verkehrswasserbauwerken regelt die Bundesanstalt für Wasserbau (BAW) die Inspektion durch das BAW-Merkblatt „Bauwerksinspektion (MBI)“, wobei zur Verwaltung der Inspektionsergebnisse die Software-Umgebung WSVPruf bereitgestellt wird [27]. Solch eine digitale Datenverwaltung bietet sich an für die Verknüpfung mit BIM-Umgebungen wie in Abschnitt 2.3.3 anhand anderer Beispiele gezeigt wird.

Zur Erzeugung der benötigten Diagnoseergebnisse stehen diverse Messverfahren zur Verfügung. Merkblatt B 03 der Deutschen Gesellschaft für Zerstörungsfreie Prüfung (DGZfP) beschreibt bspw. die „elektrochemische Potenzialmessung zur Detektion von Bewehrungsstahlkorrosion“ [28] und DGZfP-Merkblatt B 12 das „Korrosionsmonitoring bei Stahl- und Spannbetonbauwerken“ [29]. Die „zerstörungsfreie Betondeckungsmessung und Bewehrungsortung an Stahl- und Spannbetonbauteilen“ wird im DGZfP-Merkblatt B 02 beschrieben [30]. Weitere Methoden wie bspw. Rückprallhammer, Ultraschall, Impact-Echo, Radar und IR-Thermografie werden im Merkblatt „Anwendung zerstörungsfreier Prüfverfahren im Bauwesen“ des Deutschen Beton- und Bautechnik-Vereins (DBV) vorgestellt [31]. Ein Verfahren zur Auswertung der erzielten Betondeckungsmessungen wird im DBV-Merkblatt „Betondeckung und Bewehrung nach Eurocode 2“ [32] gegeben, in [33] näher erläutert und in Abschnitt 5.2.2 in BIM implementiert. Die zugehörigen Methoden zur Zustandserfassung werden in Abschnitt 2.1.3 näher erläutert.

Neben zerstörungsfreien Prüfverfahren werden auch zerstörende Methoden zur Bewertung von Bestandsbauten herangezogen und entsprechend reguliert. Um die Bausubstanz minimal zu beschädigen, werden invasive Methoden i. d. R. in geringem Umfang durchgeführt. Die „Bewertung der Druckfestigkeit von Beton in Bauwerken und in Bauwerksteilen“ wird in der DIN EN 13791 [34] geregelt und im zugehörigen Nationalen Anhang [35] werden eine Vorgehensweise zur Bewertung der charakteristischen Druckfestigkeit in Abhängigkeit von Umfang und Standardabweichung der Stichprobe sowie die Mindestanzahl an Prüfstellen je Betonvolumen definiert. Ähnlich wie bei der präzisen Definition von Anwendungsgrenzen bei Instandsetzungsverfahren helfen solche Spezifikationen bei der Integration von Aspekten der Bauwerkserhaltung in BIM. Eine mögliche Implementierung wird in Abschnitt 6.5.3 diskutiert.

Liegen Diagnosedaten in ausreichenden Mengen vor, können diese zur Modellierung des weiteren Schädigungsverlaufes genutzt und Aussagen über die Restnutzungsdauer getroffen werden. Es gibt eine Vielzahl an unterschiedlichen Schädigungsmodellen, beschrieben in Abschnitt 2.2.1, wobei in den Regelwerken vorwiegend ähnliche Modelle wiederkehrende Erwähnung finden. Anerkannte Modelle für Depassivierung der Bewehrung infolge Carbonatisierung oder Chlorideintrag werden im „Model Code for Service Life Design" der fédération internationale du béton (fib) gegeben [36]. Darauf aufbauend gibt der fib „Model Code for Concrete Structures 2010" Modelle und Regularien zur Bemessung von Betonneubauten [37], die im angekündigten aber noch nicht erschienenen Model Code 2020 [38] auf Bestandsbauten ausgeweitet werden sollen. Im weiteren Verlauf werden die Modelle des „Model Code for Service Life Design" verwendet und in den Abschnitten 2.2.1.1 und 2.2.1.2 eingehend beschrieben.

Die aufgeführten Regelwerke sind von Bedeutung für die vorliegende Arbeit, da sie als Rahmen für die im BIM-Modell zu implementierenden Daten und Funktionen dienen. Neben Forderungen zu Art und Anzahl der Diagnosedaten werden Schädigungsmodelle für Zustandsprognosen sowie Anwendungsgrenzen von Instandsetzungsverfahren gegeben. Im Folgenden werden zunächst die implementierten Verfahren und anschließend sowohl die benötigten Diagnosedaten als auch die zugehörigen Schädigungsmodelle vorgestellt.

2.1.2 Instandsetzungsverfahren nach TR IH

In diesem Abschnitt werden kurz die fünf Instandsetzungsverfahren nach TR IH vorgestellt, die im Rahmen dieser Arbeit in BIM implementiert und automatisch evaluiert wurden. Diese Verfahren dienen zum Schutz vor oder zur Instandsetzung von Bewehrungskorrosion und wurden ausgewählt, da für sie explizite Anwendungsgrenzen in Abhängigkeit von Carbonatisierung, Chlorideintrag und Bewehrungslage gegeben werden. Diese Anwendungsgrenzen werden in den Skizzen des jeweiligen Verfahrens visuell dargestellt und dienen als Grundlage der Eignungsprüfung und Bemessung nach definierten Kriterien in Abschnitt 5.1 .

Für die Abbildungen in diesem Abschnitt gilt die Legende aus Abbildung 2.1. Alle in der vorliegenden Arbeiten genannten Chloridgehalte werden, wenn nicht weiter spezifiziert, auf die Zementmasse bezogen.

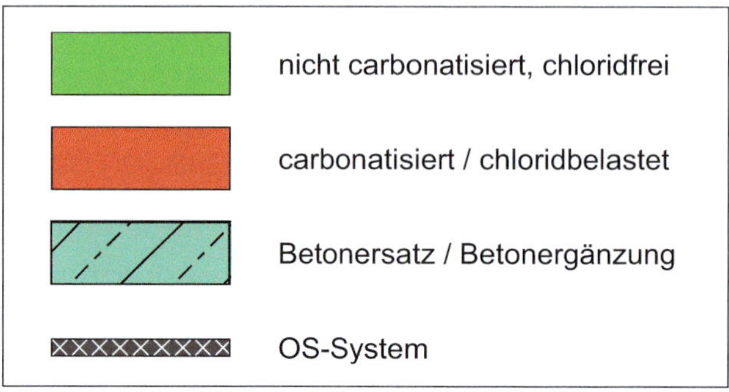

Abbildung 2.1: Legende für die Skizzen der Verfahren nach TR IH Teil 1 [13]

2.1.2.1 Verfahren 7.1

Dieses Verfahren ist für den präventiven Schutz bei zu geringer Betondeckung gedacht. Mit Verfahren 7.1 soll durch „Erhöhung bzw. Teilersatz der Betondeckung mit zusätzlichem Mörtel oder Beton“ der Erhalt der Passivität, die noch vorhanden sein muss, über die Restnutzungsdauer hinweg sichergestellt werden. Die Carbonatisierungstiefe d_k muss zum Instandsetzungszeitpunkt mindestens 10 mm von der Bewehrung entfernt sein (siehe Abbildung 2.2a) und darf die Bewehrung bis zum Ende der Restnutzungsdauer nicht erreichen (siehe Abbildung 2.2b).

Bei Chlorideintrag muss die Tiefe des kritischen korrosionsauslösenden Chloridgehaltes $d_{c,krit}$ mindestens 10 mm von der Bewehrung entfernt sein und der Altbeton bis zu einem Chloridgehalt von maximal 1,5 M.-% abgetragen werden (siehe Abbildung 2.3a). Das Betonersatzsystem (BES) muss so dick ausgeführt werden, dass während der Restnutzungsdauer der Chloridgehalt in der der Einwirkung abgewandten Seite (strichpunktierte Linie in Abbildung 2.3b) den Schwellenwert von 0,5 M.-% (bei Spannbeton 0,2 M.-%) nicht überschreitet. Bei besonders großen Chlorideindringtiefen muss im Rahmen der sachkundigen Planung ggf. abweichend zu den Regelungen über die Abtragstiefe entschieden werden.

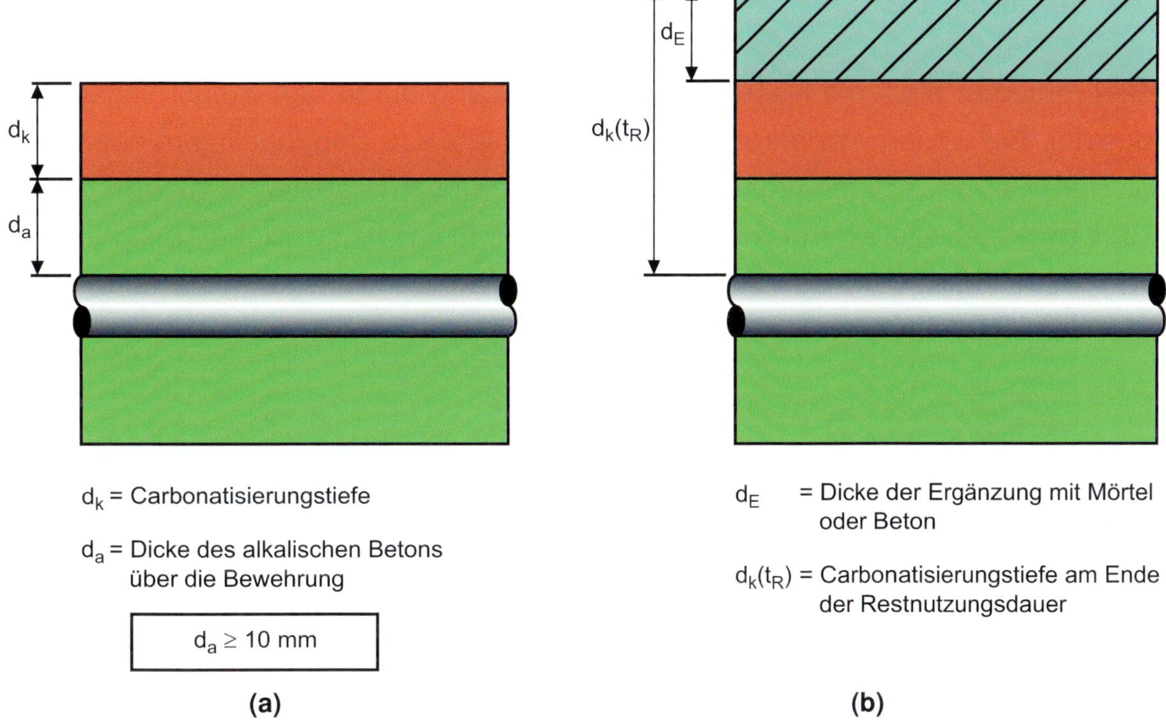

d_k = Carbonatisierungstiefe

d_a = Dicke des alkalischen Betons über die Bewehrung

$d_a \geq 10$ mm

(a)

d_E = Dicke der Ergänzung mit Mörtel oder Beton

$d_k(t_R)$ = Carbonatisierungstiefe am Ende der Restnutzungsdauer

(b)

Abbildung 2.2: Skizze des Verfahrens 7.1 bei Carbonatisierung **(a)** vor und **(b)** nach der Instandsetzung nach TR IH Teil 1 [13]

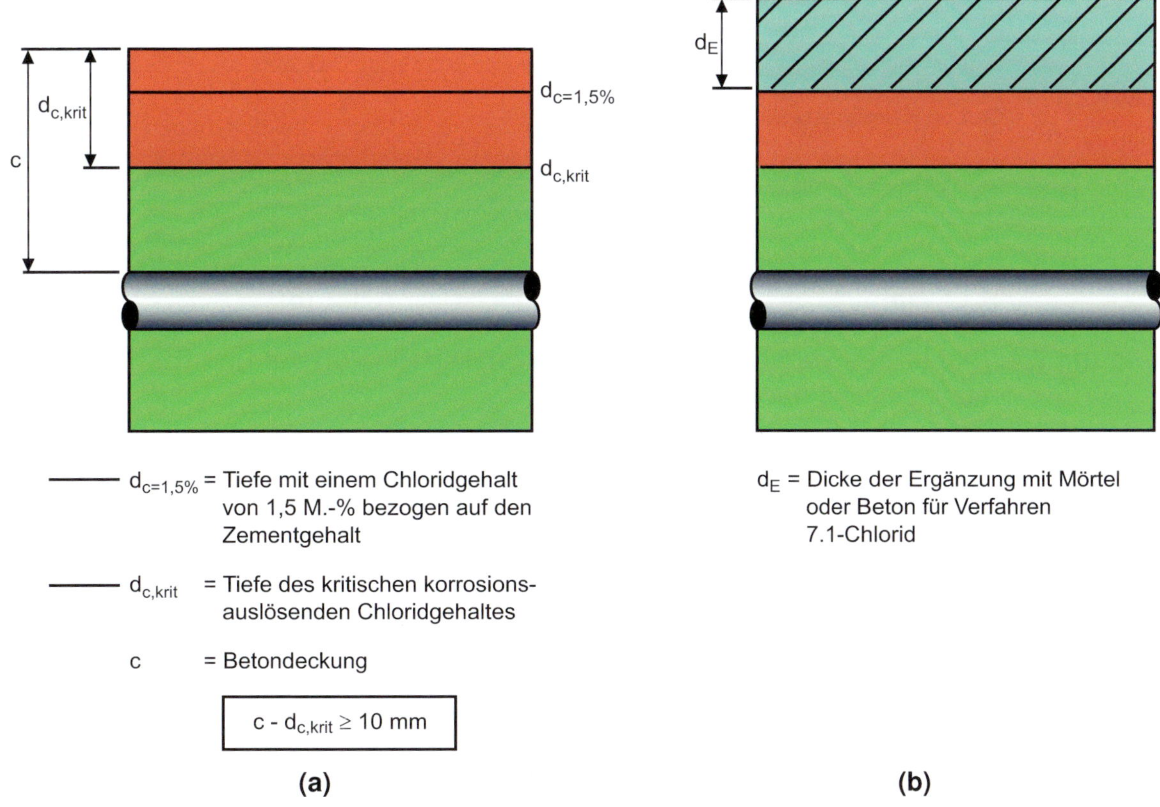

$d_{c=1,5\%}$ = Tiefe mit einem Chloridgehalt von 1,5 M.-% bezogen auf den Zementgehalt

$d_{c,krit}$ = Tiefe des kritischen korrosionsauslösenden Chloridgehaltes

c = Betondeckung

$c - d_{c,krit} \geq 10$ mm

(a)

d_E = Dicke der Ergänzung mit Mörtel oder Beton für Verfahren 7.1-Chlorid

(b)

Abbildung 2.3: Skizze des Verfahrens 7.1 bei Chlorideintrag **(a)** vor und **(b)** nach der Instandsetzung nach TR IH Teil 1 [13]

2.1.2.2 Verfahren 7.2

Dieses Verfahren stellt die klassische Instandsetzung durch den Ersatz schadhaften Betons dar. Bei diesem Verfahren wird mittels „Ersatz von chloridhaltigem oder carbonatisiertem Beton" verlorengegangene Passivität wiederhergestellt. Das Verfahren ist bei Carbonatisierungstiefen bis hinter die Bewehrung einsetzbar (siehe Abbildung 2.4a) und der Betonabtrag und -ersatz richtet sich nach der Betondeckung und dem Durchmesser der Bewehrung (siehe Abbildung 2.4b).

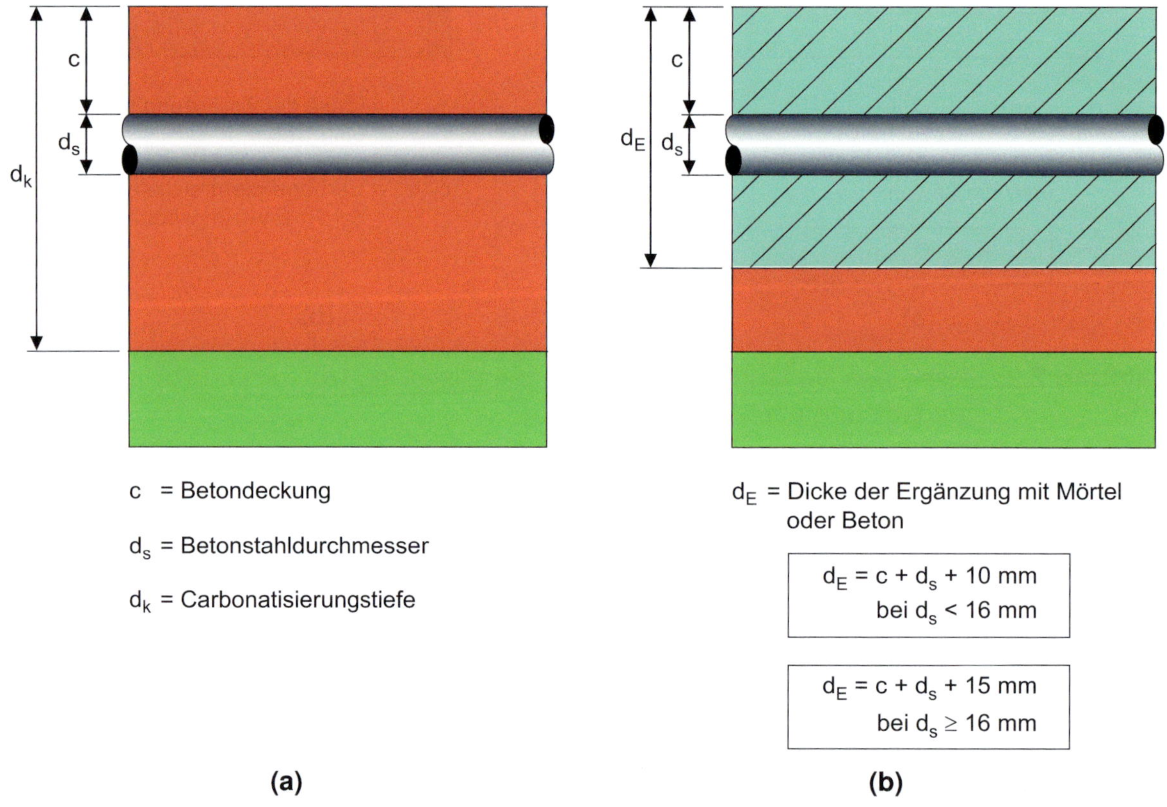

Abbildung 2.4: Skizze des Verfahrens 7.2 bei Carbonatisierung **(a)** vor und **(b)** nach der Instandsetzung nach TR IH Teil 1 [13]

Altbeton mit kritischen korrosionsauslösenden Chloridgehalten muss abgetragen werden (siehe Abbildung 2.5), bei großen Chlorideindringtiefen jedoch maximal bis 30 mm hinter die Bewehrung (siehe Abbildung 2.6). In diesem Fall muss außerdem Altbeton mit Chloridgehalten $\geq 1{,}5$ M.-% abgetragen werden. Unabhängig von der Einwirkung sind die Abtragstiefe hinter der Bewehrung und das Größtkorn des BES aufeinander abzustimmen, um ein hohlstellenfreies Einbringen zu gewährleisten.

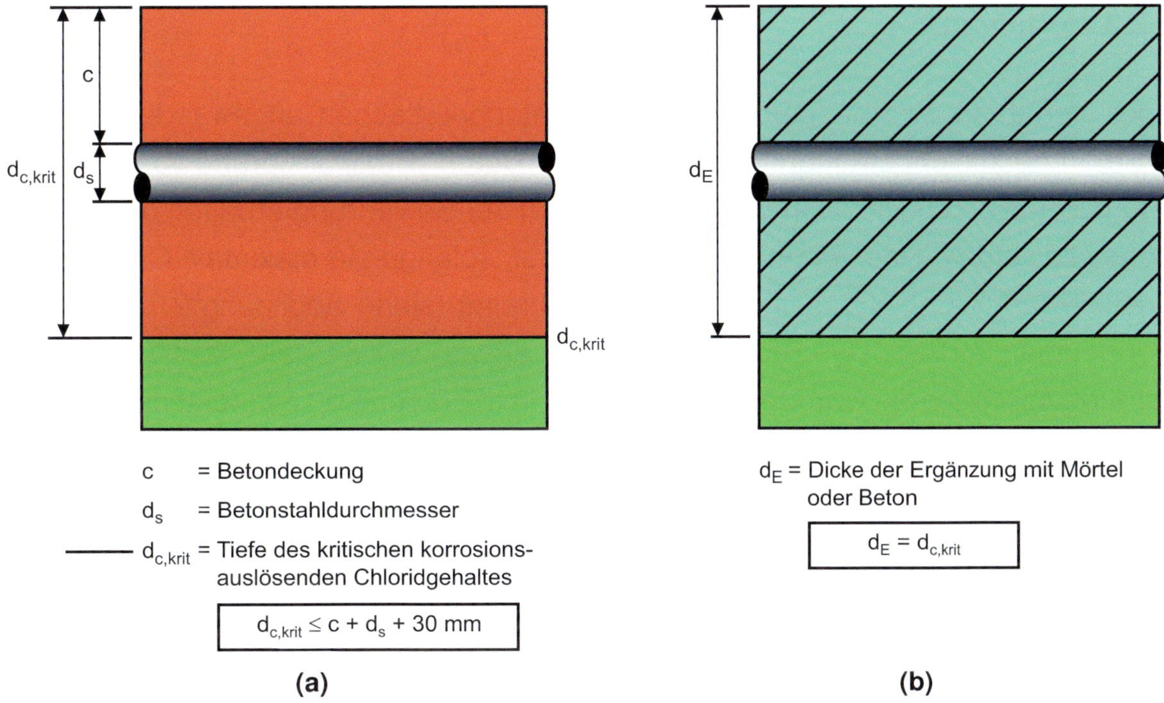

Abbildung 2.5: Skizze des Verfahrens 7.2 bei Chlorideintrag ($d_{c,krit} \leq 30$ mm hinter der Bewehrung) **(a)** vor und **(b)** nach der Instandsetzung nach TR IH Teil 1 [13]

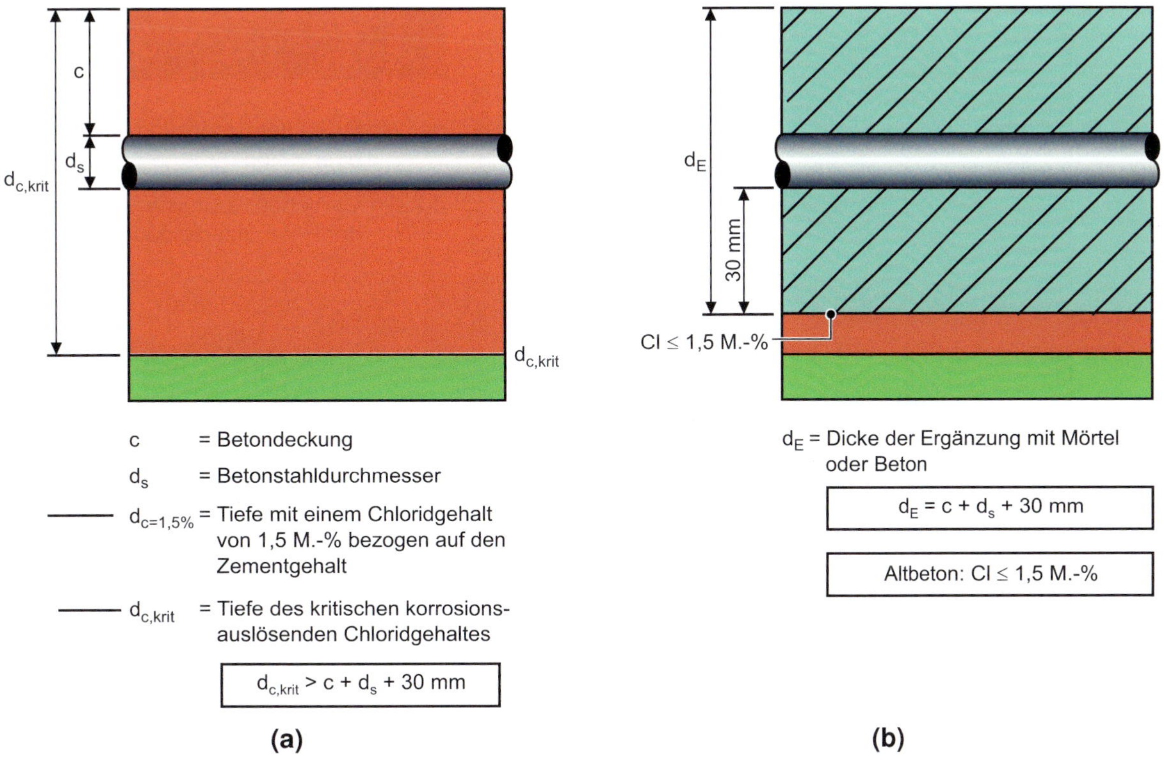

Abbildung 2.6: Skizze des Verfahrens 7.2 bei Chlorideintrag ($d_{c,krit} > 30$ mm hinter der Bewehrung) **(a)** vor und **(b)** nach der Instandsetzung nach TR IH Teil 1 [13]

2.1.2.3 Verfahren 7.4

Dieses Verfahren wird bei carbonatisierten Betonoberflächen angewandt, bei denen der Beton noch nicht strukturell geschädigt ist. Durch „Realkalisierung von carbonatisiertem Beton durch Diffusion" soll die Passivität der Bewehrung erhalten oder wiederhergestellt werden. Das Verfahren ist anwendbar, solange die maximale Carbonatisierungstiefe (90-%-Quantil) 40 mm nicht überschreitet (siehe Abbildung 2.7a) und kein Chlorideintrag vorliegt. Das BES muss so dick ausgeführt werden, dass während der Restnutzungsdauer die Carbonatisierungstiefe im BES verleibt, mindestens jedoch mit 20 mm Schichtdicke (siehe Abbildung 2.7b).

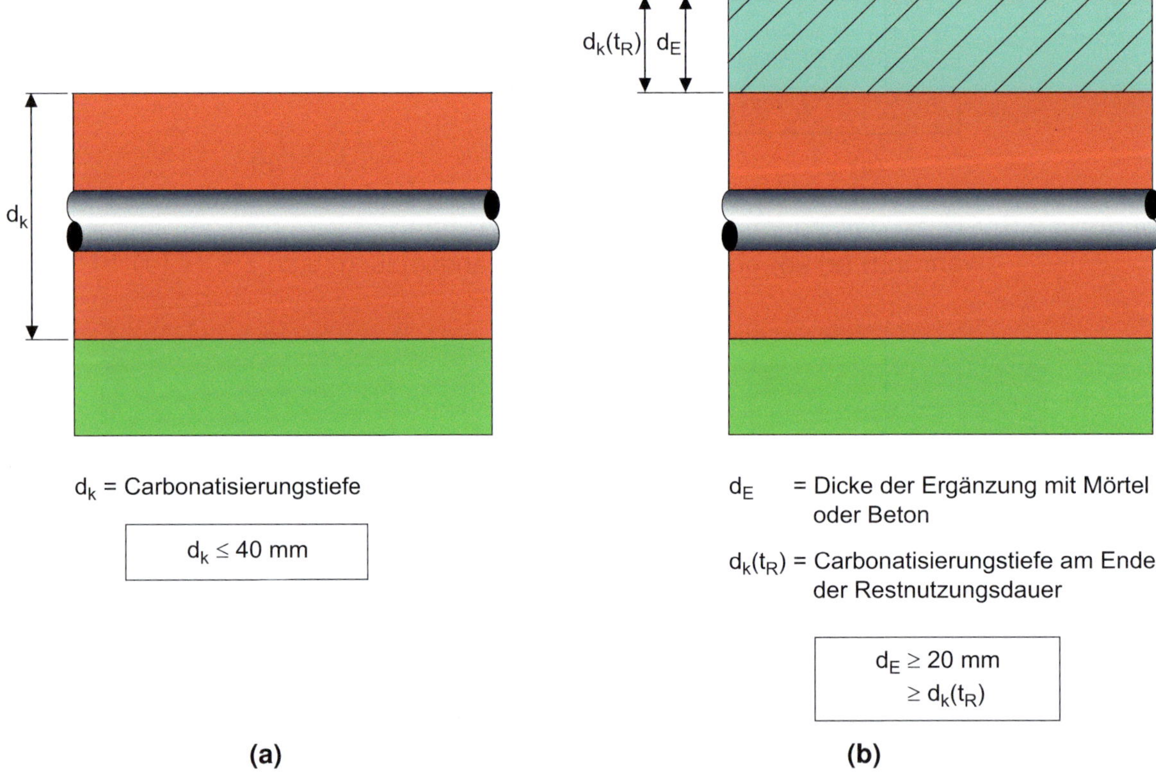

Abbildung 2.7: Skizze des Verfahrens 7.4 bei Carbonatisierung **(a)** vor und **(b)** nach der Instandsetzung nach TR IH Teil 1 [13]

2.1.2.4 Verfahren 7.7

Dieses Verfahren dient dem präventiven Schutz bei zu geringer Betondeckung. Durch eine „Beschichtung zum Erhalt der Passivität" soll die Bewehrung geschützt werden. Das Verfahren darf nur angewandt werden, wenn d_k (siehe Abbildung 2.8a) bzw. $d_{c,krit}$ (siehe Abbildung 2.9a) noch mindestens 10 mm von der Bewehrung entfernt ist.

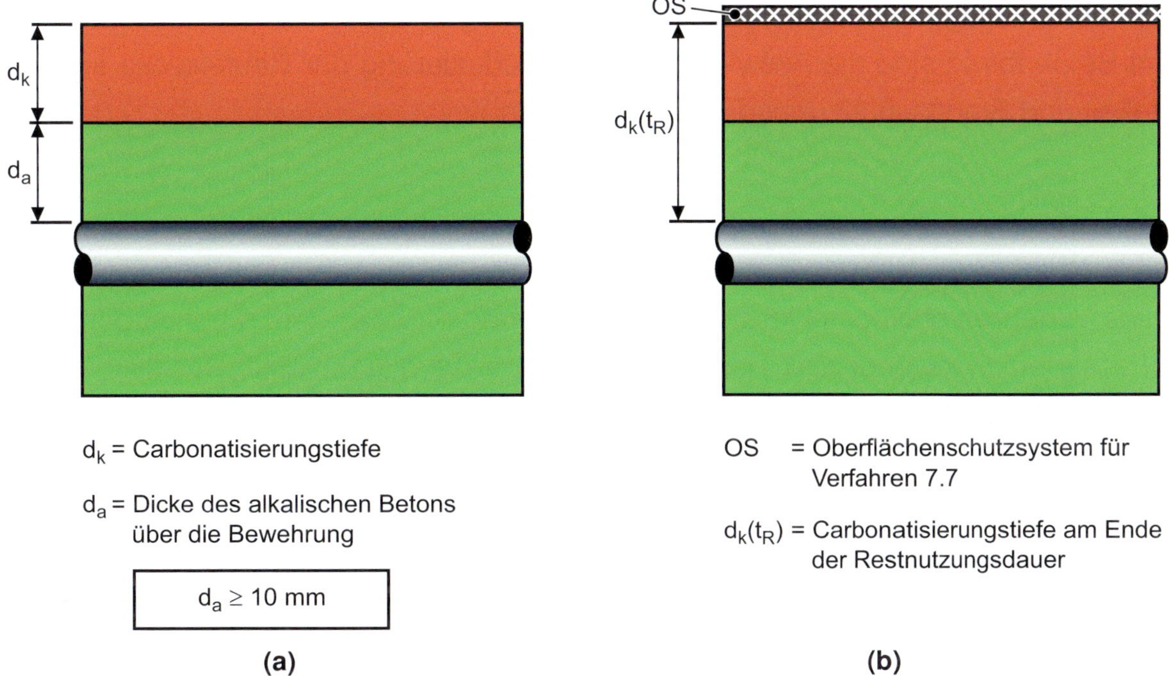

Abbildung 2.8: Skizze des Verfahrens 7.7 bei Carbonatisierung **(a)** vor und **(b)** nach der Instandsetzung nach TR IH Teil 1 [13]

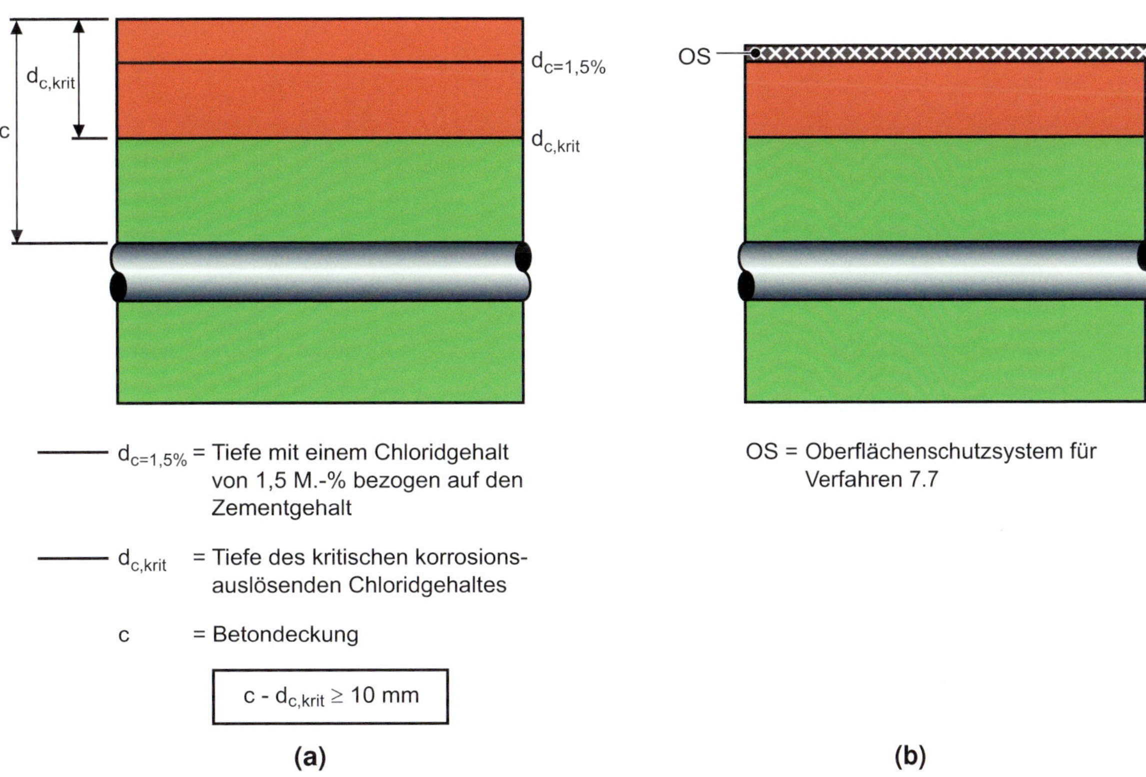

Abbildung 2.9: Skizze des Verfahrens 7.7 bei Chlorideintrag **(a)** vor und **(b)** nach der Instandsetzung nach TR IH Teil 1 [13]

Beton mit Chloridgehalten $\geq$ 1,5 M.-% muss abgetragen werden (siehe Abbildung 2.9a). Beim Betonabtrag sind die Auswirkungen der Reduzierung der Bauteildicke auf Tragfähigkeit und Brandschutz unbedingt zu beachten.

2.1.2.5 Verfahren 8.3

Dieses Verfahren stellt das klassische Trockenlegen dar, das häufig bei carbonatisierten Fassaden angewandt wird. Bei diesem Verfahren wird durch eine „Beschichtung zur Erhöhung des elektrischen Widerstandes“ die Korrosion gehemmt. Sowohl bei Carbonatisierung (siehe Abbildung 2.10) als auch bei einem kritischen korrosionsauslösenden Chlorideintrag (siehe Abbildung 2.11) kann dieses Verfahren angewandt werden. Da bei diesem Verfahren die Korrosion einen gewissen Zeitraum fortschreiten kann, wird eine sachkundige Abschätzung der Resttragfähigkeit vorausgesetzt.

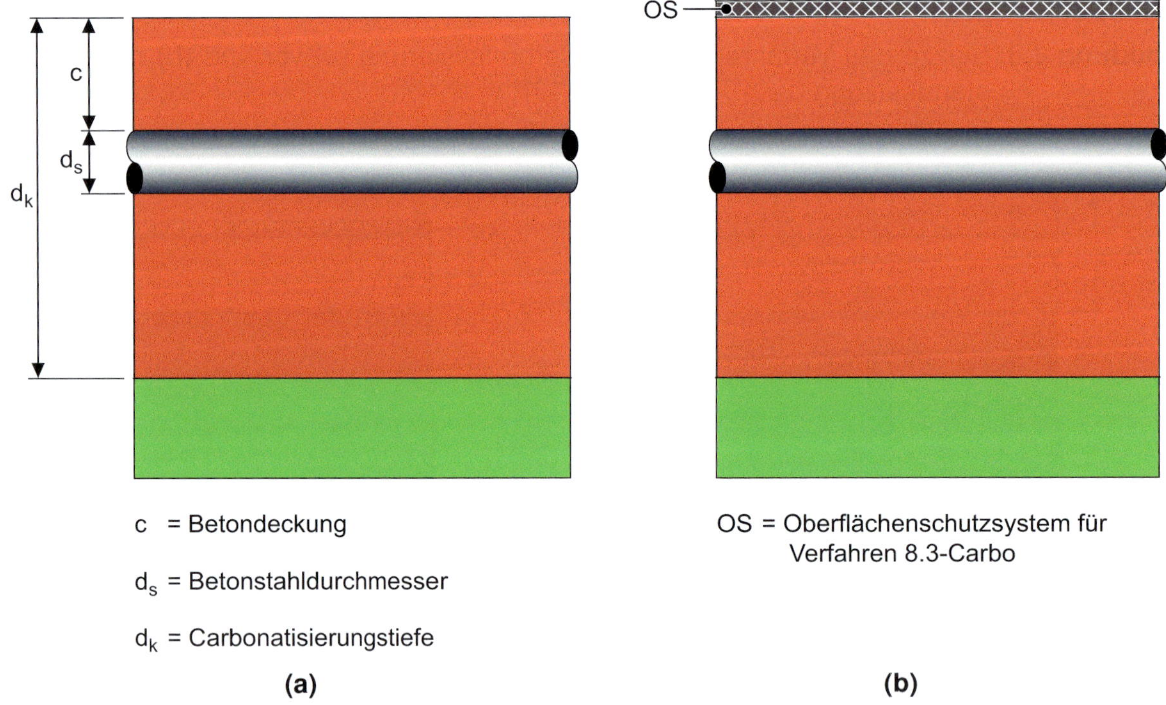

Abbildung 2.10: Skizze des Verfahrens 8.3 bei Carbonatisierung **(a)** vor und **(b)** nach der Instandsetzung nach TR IH Teil 1 [13]

Bei chloridkontaminiertem Beton muss nach der Ausführung der Korrosionsfortschritt während der Restnutzungsdauer überwacht werden, bspw. durch eingebettete Sensorik. Der elektrische Widerstand des Betons ist feuchte- und chloridabhängig [39]. Die Erhöhung des elektrischen Widerstandes erfordert eine Austrocknung des Betons, weshalb das Verfahren nicht bei Bauteilen mit rückseitiger Feuchteeinwirkung angewandt werden sollte [40]. Durch den hygroskopischen Effekt von Chloriden kann der Beton verstärkt Feuchtigkeit aus der Umgebung absorbieren, was der Austrocknung und somit der Erhöhung des elektrischen Widerstandes entgegenwirkt [41]. Dementsprechend sollte dieses Verfahren ab Chloridgehalten von 1,5 M.-% an der Bewehrung nicht angewandt werden [13].

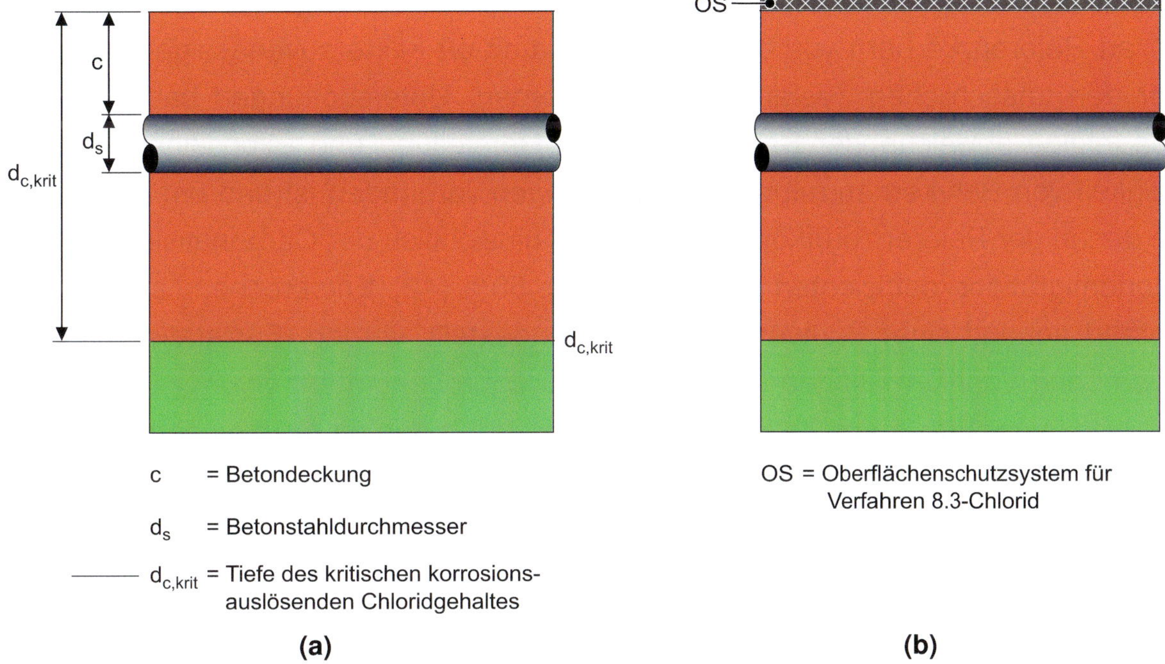

Abbildung 2.11: Skizze des Verfahrens 8.3 bei Chlorideintrag **(a)** vor und **(b)** nach der Instandsetzung nach TR IH Teil 1 [13]

2.1.3 Zustandserfassung

Zur Erfassung des Ist-Zustandes stehen verschiedene Verfahren der Bauwerksdiagnose sowie des Monitorings zur Verfügung. Im Folgenden werden die wichtigsten Methoden vorgestellt. Dabei werden auch die Verfahren, zu denen Ergebnisse für das in dieser Arbeit untersuchte Bauwerk vorliegen, beschrieben.

2.1.3.1 Bauwerksdiagnose

Die in der vorliegenden Arbeit beschriebene BIM-basierte Vorgehensweise wurde anhand eines Demonstrationsobjektes entwickelt und erprobt. Bei diesem Reallabor handelt es sich um eine Tiefgarage aus Stahlbeton, für die im Rahmen einer Instandsetzungsplanung eine Bauwerksdiagnose vom Ingenieurbüro Raupach Bruns Wolff durchgeführt wurde. Die Ergebnisse der Bauwerksdiagnose wurden dem ibac freundlicherweise zur Verfügung gestellt. Auszugsweise wird anhand dieser Bauwerksdiagnose der Stand der Technik vorgestellt und mit weiteren Quellen ergänzt.

Bei der Bewertung des Ist-Zustandes von Bestandsbauten ist zu Beginn der Arbeiten die Datenlage oft mangelhaft und muss durch zusätzliche Untersuchungen ergänzt werden. Selbst wenn Informationen zu Betonzusammensetzungen oder sogar Prüfungen an Referenzkörpern vorliegen, können damit oft keine zuverlässigen Aussagen über den tatsächlichen Zustand getroffen werden. Untersuchungen haben gezeigt, dass infolge abweichender Bedingungen bei Herstellung und Exposition die Druckfestigkeit von Bohrkernen mit großen Streuungen verbunden ist und um bis zu 20 % von denen der Referenzprüfkörper abweicht – hinsichtlich der Carbonatisierungs- und Chloridmigrationskoeffizienten sogar um 40 bis 50 % [42]. Entsprechend sollte der Ist-Zustand anhand einer Bauwerksdiagnose festgestellt werden. Für statistische Aussagen ohne Vorinformationen werden dabei Stichprobenumfänge von ≥ 8 empfohlen [43], was in der Praxis aus Zeit- und / oder Kostengründen oft nicht eingehalten und je nach Größe des untersuchten Bauteils auch nicht immer als sinnvoll erachtet wird.

Die Bestimmung der Carbonatisierungstiefe erfolgt in situ durch das Aufstemmen von frischen Bruchkanten und das Besprühen selbiger mit Phenolphthalein. Soll die Carbonatisierung im Labor beurteilt werden, können Bohrkerne gespalten und die frischen Bruchkanten ebenso mit Phenolphthalein oder bspw. mittels laserinduzierter Plasmaspektroskopie untersucht werden.

Zur Erstellung von tiefengestaffelten Chloridprofilen können in situ Bohrmehlproben entnommen oder im Labor Bohrkerne schichtweise aufgeschliffen werden. Die Analyse des Chloridgehaltes muss jedoch im Labor erfolgen und kann als molares Verhältnis $Cl^- : OH^-$ oder als Massenanteil des Chlorides bezogen auf die Beton- oder Zementmasse angegeben werden. Die gängigste Angabe ist in M.-% bezogen auf die Zementmasse, da so die korrosionshemmende Wirkung bzw. das Bindevermögen des Zementes berücksichtigt wird [44].

Bei Chloridprofilen wird Bohrmehl über verschiedene Tiefenstufen gesammelt und analysiert. Als Resultat erfolgt eine Aussage über den Chloridgehalt, gemittelt über die jeweilige Schrittweite. Chloridprofile können in unterschiedlichen Schrittweiten von bspw. 10, 15 oder 20 mm erstellt werden. Die Wahl der Schrittweite sollte an die Chlorideindringtiefe und die Bewehrungslage angepasst werden [45]. Abbildung 2.12 zeigt diesen Zusammenhang und die jeweiligen Abweichungen vom tatsächlichen Chloridgehalt.

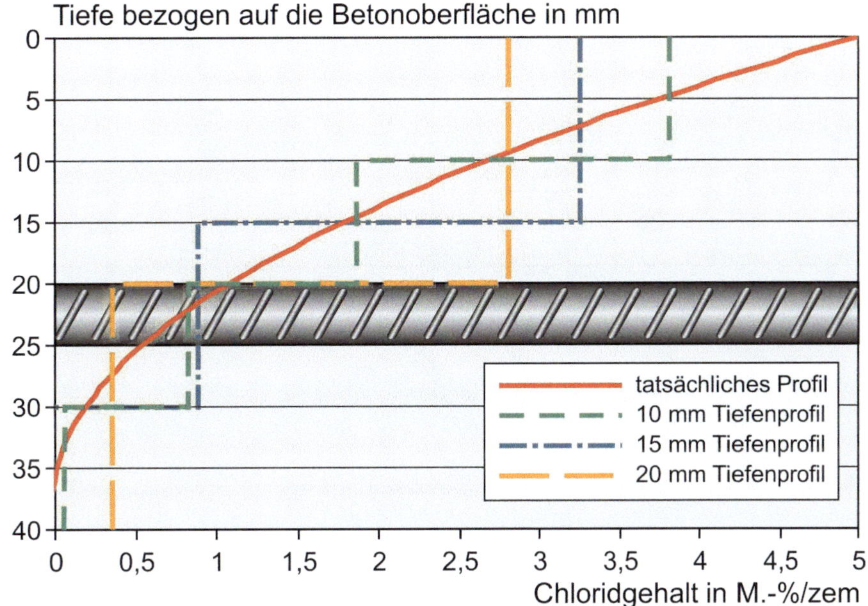

Abbildung 2.12: Einfluss der Schrittweite auf das Tiefenprofil des Chloridgehaltes nach Kosalla [45]

Werden die Tiefenprofile nicht anhand von Bohrmehlproben sondern mittels aufgeschliffener Bohrkerne bestimmt, sind geeignete Lagerungsbedingungen der Bohrkerne zu wählen. Je nach Temperatur, Feuchtigkeit und Lagerungsdauer können sich Chloride im Bohrkern unterschiedlich schnell umverteilen, was bei geringen Schrittweiten zu einer Beinflussung der Untersuchungsergebnisse führen kann [46]. Im Idealfall werden die Proben versiegelt, kalt gelagert und möglichst bald untersucht.

Bei der konventionellen, nicht BIM-basierten Bauwerksdiagnose erfolgt die Dokumentation durch das Einzeichnen der verschiedenen Untersuchungen und Messstellen in Bestandsplänen wie in Abbildung 2.13 gezeigt. In diesem Plan wurden neben den Bohrmehlentnahmestellen und Carbonatisierungstiefen auch die durchgeführten Linienscans zur Betondeckungsmessung eingezeichnet.

Zur Betondeckungsmessung werden üblicherweise Radar-Geräte oder magnetisch induktive Geräte (i. d. R. basierend auf dem Wirbelstrom-Prinzip) verwendet. Mit der induktiven Messung kann die Betondeckung bei bekannten Stabdurchmessern mit einer Genauigkeit von bis zu $\pm$ 1 mm bestimmt werden, allerdings können sich große Abweichungen bei naheliegenden Stäben und Mattenstößen ergeben [47]. Die Messung mittels Ground Penetrating Radar (GPR) wird zusätzlich von der Zusammensetzung und vom Feuchtehaushalt des Betons beeinflusst, hat jedoch eine größere Reichweite und kann daher als Ergänzung zu den induktiven Verfahren bei großen Betondeckungsmessungen ($\geq$ 70 mm) verwendet werden [48].

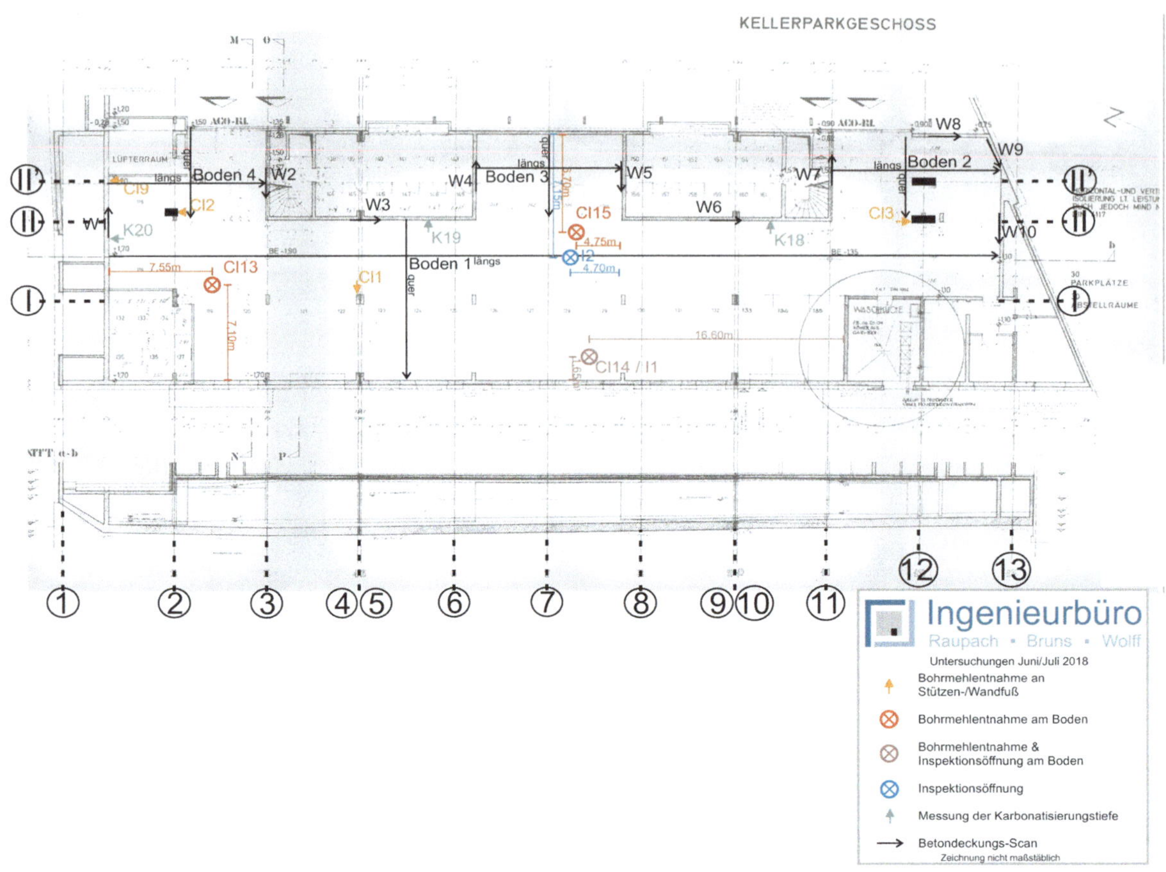

Abbildung 2.13: Dokumentation der Bohrmehlentnahmestellen, Inspektionsöffnungen, Carbonatisierungstiefen- und Betondeckungsmessungen in einem Bestandsplan (Copyright: Ingenieurbüro Raupach Bruns Wolff)

Die Visualisierung der Messungen in der Software Profometer Link (Proceq / Screening Eagle) ist in Abbildung 2.14 am Beispiel einer Stütze gezeigt. Alle vier Stützenseiten werden in einem Bild dargestellt und die statistische Auswertung erfolgt für die Gesamtmenge aller vorliegenden Messwerte. Die grafische Auswertung von GPR-Datensätzen ist komplexer, ermöglicht dafür jedoch auch die Ableitung von dreidimensionellen Bewehrungsmodellen [49].

Zur Bestimmung der Korrosionswahrscheinlichkeit stehen im Labor relativ präzise Verfahren, wie bspw. galvanostatische Impulsmessungen [50], zur Verfügung, für die Bestimmung in situ sind solche Verfahren jedoch ungeeignet. Im Bestand wird die Korrosionswahrscheinlichkeit oft mit der Potenzialfeldmessung untersucht. Dazu wird die Bewehrung an einer Stelle freigestemmt und an einen Stromkreislauf mit einer Referenzelektrode angeschlossen. Diese Elektrode wird über den Beton geführt und misst Potenzialdifferenzen. Bereiche mit Potenzialgradienten von ≥ 100 mV/m bei niedrigen Absolutwerten haben eine hohe Wahrscheinlichkeit von aktiver Korrosion [51].

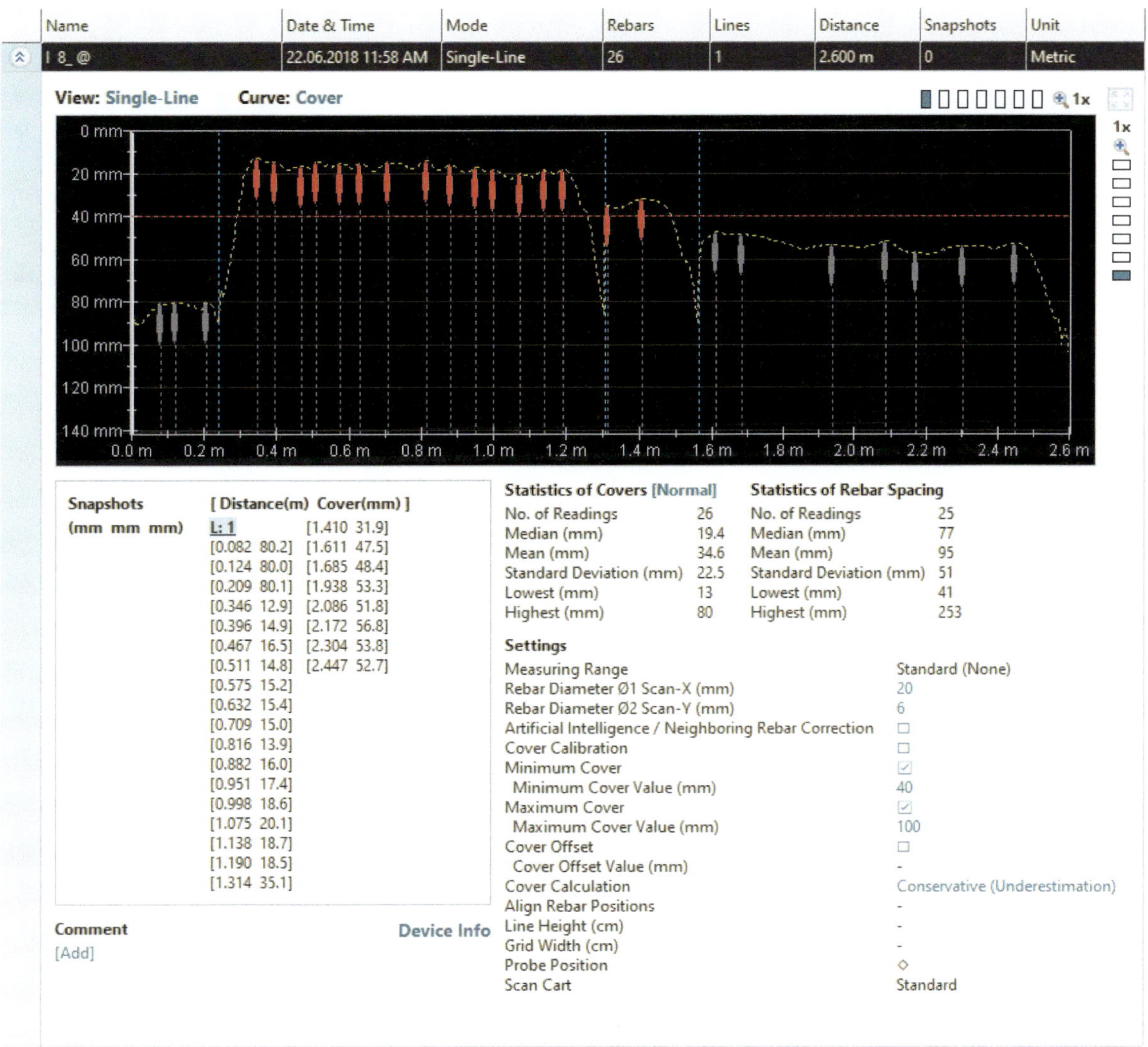

Abbildung 2.14: Darstellung und Auswertung einer Betondeckungsmessung in der Software Profometer Link

Ergänzend zur Potenzialfeldmessung werden Verfahren entwickelt, die ohne Bewehrungsanschluss umsetzbar sind, wie bspw. die Delta-Sonde [52] oder die Kelvin-Sonde [53]. In dem vorliegenden Fall war der Bewehrungsanschluss kein Ausschlusskriterium und diente gleichzeitig zur Bestimmung der Stabdurchmesser für die Betondeckungsmessung. Daher wurde in der hier zugrundeliegenden Bauwerksdiagnose die Potenzialfeldmessung verwendet. Beispielhafte Ergebnisse sind in Abbildung 2.15 dargestellt.

Die Darstellungen der Betondeckungs- und Potenzialfeldmessungen lassen sich auch in Bestandspläne einarbeiten wie in [51, 54] und in Abbildungen A.1 und A.2, Seite A 1, demonstriert, allerdings sind die Daten dann nicht mehr maschinenlesbar. Die Bedeutung von Maschinenlesbarkeit für die Weiternutzung von Diagnosedaten wird in Abschnitt 2.3.3 weiter erläutert.

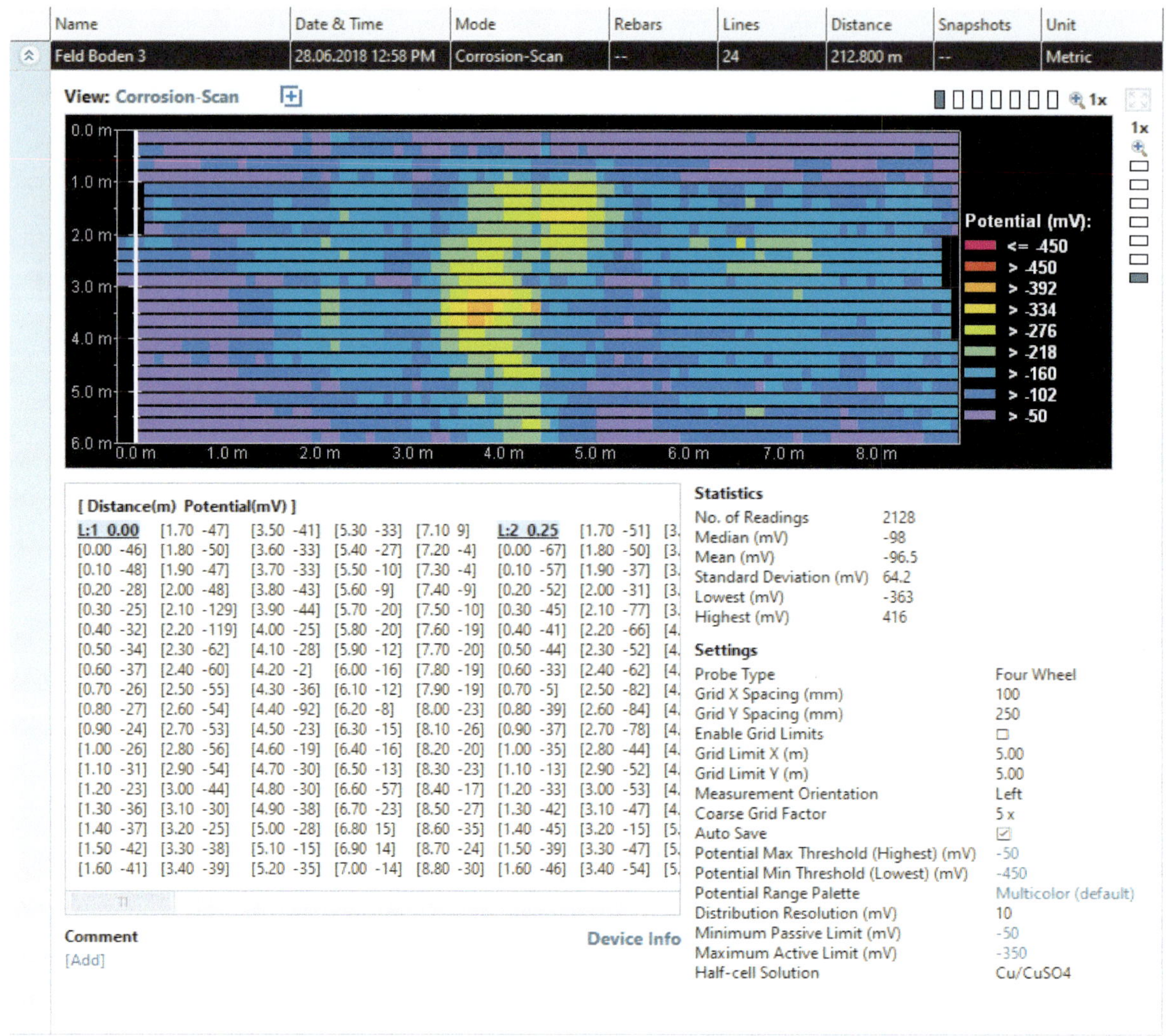

Abbildung 2.15: Darstellung und Auswertung einer Potenzialfeldmessung in der Software Profometer Link

Risse und Hohlstellen werden in der Regel durch optische Begutachtung kartiert, was in situ erfolgen muss. Während Risse mittels Risslupen und -maßstäben vermessen werden, erfolgt die Lokalisierung von Hohlstellen oft durch Abklopfen. Die Ergebnisse einer solchen Untersuchung werden in Abbildung 2.16 dargestellt. Als alternative Verfahren, die objektivere Ergebnisse erzielen sollen, werden Bildverarbeitungsprogramme zur Rissanalyse entwickelt, vorgestellt in [55], oder die Impuls-Echo-Methode zur präziseren Lokalisierung von Hohlstellen eingesetzt [56].

Über die hier vorgestellten Untersuchungsmethoden hinaus werden stetig weitere Verfahren erforscht. Beispielsweise kann die Schichtdicke von Oberflächenschutzsystemen zerstörungsfrei mittels Thermografie bestimmt werden [57] und es werden automatisierte Robotersysteme zur multifunktionalen Zustandserfassung entwickelt [58].

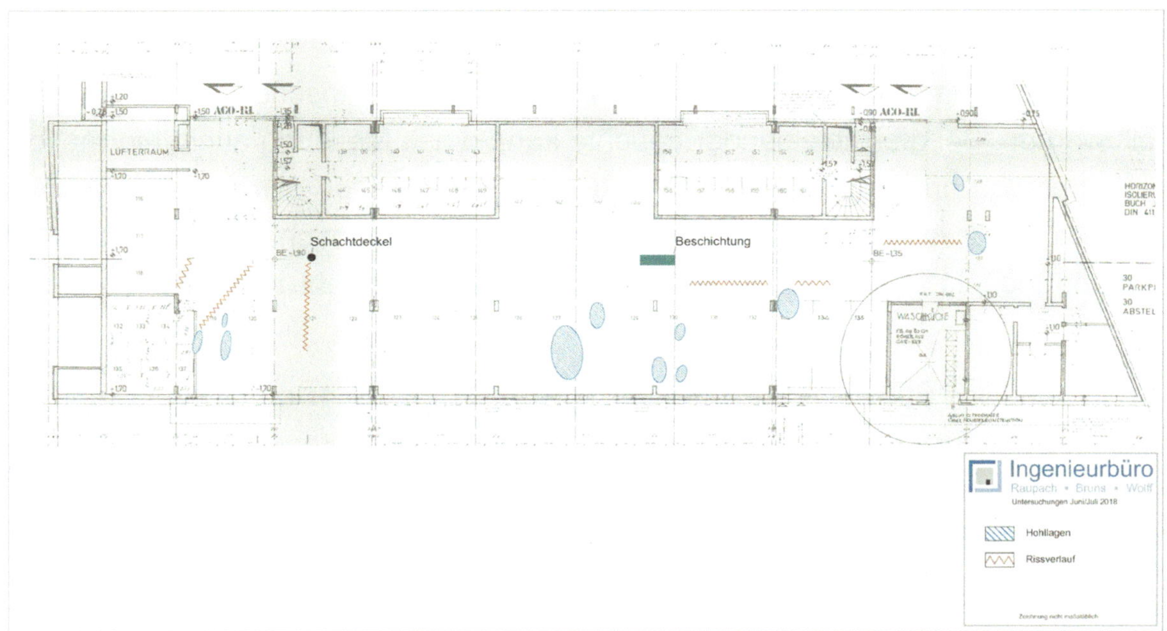

Abbildung 2.16: Dokumentation der Risse und Hohlstellen in einem Bestandsplan (Copyright: Ingenieurbüro Raupach Bruns Wolff)

2.1.3.2 Monitoring

Wohingegen die Bauwerksdiagnose nur den zum Untersuchungszeitpunkt gegenwärtigen Ist-Zustand abbildet, können Bauteileigenschaften über einen längeren Zeitraum hinweg mit Monitoring-Systemen überwacht werden. Derzeit ist bei den meisten instandsetzungsbedürftigen Bauwerken nicht zu ewarten, dass bereits ein Monitoring installiert wurde. Zukünftig werden diese Systeme jedoch voraussichtlich immer häufiger Anwendung finden.

Die Verknüpfung von Monitoring und BIM wird in [59] beschrieben, wobei auf den Nutzen hinsichtlich prädiktiver Erhaltungsmanagementsysteme hingewiesen wird. Auf solche und ähnliche Anwendungsfälle wird in Abschnitt 2.3.2 weiter eingegangen. An dieser Stelle werden nun Möglichkeiten des Monitorings im Kontext der Bauwerkserhaltung vorgestellt.

Sehr gängige und technisch einfach umzusetzende Beispiele des Monitorings sind die Überwachung von Lufttemperatur und -feuchtigkeit. Allerdings entspricht die Temperatur bzw. Feuchtigkeit der Luft nicht unbedingt jener des Betons. Daher werden mittels Maschinellen Lernens (ML) Modelle entwickelt, um bspw. von der Lufttemperatur auf die Bauteiltemperatur zu schließen [60]. Für ML werden große Datenmengen benötigt, die jedoch mit Monitoring-Systemen und ausreichend langen Messzeiträumen gesammelt werden können. Alternativ können auch Temperaturfühler direkt im Beton eingebettet werden.

Die Feuchtigkeit im Bauteil kann über die Messung des elektrischen Widerstandes beurteilt werden. Bei gleichbleibender Feuchte kann diese Messung auch Informationen zur Hydratation und zu Schwankungen des Chloridgehaltes sammeln [61]. Präzise Aussagen zur jeweiligen Eigenschaft sind dabei jedoch oft nicht möglich, da die Bestimmung indirekt ist und die Messgröße durch eine Vielzahl an Randbedingungen beeinflusst wird.

Die Korrosion von Stahl in Beton bzw. der Zeitpunkt des Korrosionsbeginns kann auch direkt mit Sensorik überwacht werden, bspw. durch Anodenleitern oder Drahtsensoren. Werden Drahtsensoren in mehreren Tiefenstufen verbaut, kann der Korrosionsbeginn orts- und tiefenabhängig ermittelt werden [62]. Es werden auch kabellose Systeme für den nachträglichen Einbau in Bestandsbauten entwickelt [63], allerdings werden dabei unmittelbar die Eigenschaften des Einbettungsmörtels gemessen, sodass die Messwerte nicht ohne Weiteres auf den Altbeton übertragen werden können. Untersuchungen an zwei Bestandsbauten mit vergleichbarer Sensorik ermöglichten nur qualitative Bewertungen des Korrosionszustandes und Korrosionsraten sowie Querschnittsverluste konnten nicht ermittelt werden [64].

Als weitere Beispiele innovativer Monitoring-Systeme können „SMART-DECK“ und die „intelligente Brücke“ im „Digitalen Testfeld Autobahn“ genannt werden. SMART-DECK ist eine dünne, multifunktionale, carbonbewehrte Betonschicht, die Feuchte- und Leckagemonitoring in Verbindung mit einem KKS ermöglicht [65]. Die intelligente Brücke erprobt ein sensorbasiertes Erhaltungsmanagement, verbindet verschiedene Monitoring-Systeme miteinander und erlaubt einen Fernzugriff über das Internet [66].

Das sogenannte Internet of Things (IoT) bezeichnet eine Verbindung von technischer und digitaler Infrastruktur. Ein Review beschreibt IoT in Verbindung mit BIM als den Haupttreiber der Baubranche hin zur „Konstruktion 4.0“ und antizipiert reduzierte Kosten bei höheren Sicherheiten [67]. Monitoring stellt daher einen wesentlichen Baustein für ein prädiktives Erhaltungsmanagement und den Übergang von reaktiven zu präventiven Maßnahmen dar.

2.2 Dauerhaftigkeitsprognosen

Bauteile aus Stahlbeton sind in der Regel über ihre gesamte Lebensdauer hinweg Einflüssen aus der Atmosphäre, der Nutzung und ggf. dem anliegenden Baugrund ausgesetzt. Diese Einwirkungen können folgendermaßen kategorisiert werden:

- Feuchtigkeit und Temperatur
- Stoffe in Luft und Wasser
- physikalischer Angriff
- biologischer Angriff
- chemischer Angriff

Demgegenüber stehen die Widerstände, die das Bauteil den jeweiligen Einwirkungen entgegensetzen kann. Die Dauerhaftigkeit des Bauteils wird dabei maßgebend beeinflusst durch:

- Betondeckung
- Permeabilität bzw. Dichtheit des Betons
- Oberflächenschutzsysteme
- chemische Zusammensetzung des Zementes

Ein Bauteil versagt, wenn die Beanspruchung S größer als die Widerstandsfähigkeit R ist und demnach Formel 2.1 gilt.

$$R - S < 0 \tag{2.1}$$

Für Stahlbetonbauteile ist carbonatisierungs- oder chloridinduzierte Bewehrungskorrosion eine häufige Schadensursache. Der Prozess bis zum Versagen durchläuft nach Tuutti eine Einleitungs- und eine Schädigungsphase, siehe Abbildung 2.17 [68]. Der Grenzzustand ①, Depassivierung der Bewehrung, beschreibt das Ende der Einleitungs- und den Anfang der Schädigungsphase. In der Schädigungsphase beginnt die Korrosion und somit die elektrochemische Umwandlung des Bewehrungsstahls. Entstehende Korrosionsprodukte entwickeln je nach Korrosionsart und Umgebungsbedingungen das 2,1- bis 7,5-fache Volumen der Ausgangsstoffe [69]. Infolge dieser Volumenzunahme entstehen Sprengdrücke, die zu Rissbildung und Abplatzungen (Grenzzustände ② und ③) führen können. Dadurch wird das Eindringen von Chloriden, Sauerstoff, Feuchtigkeit und Kohlendioxid zunehmend begünstigt und die Korrosion beschleunigt. Fortschreitende Korrosion führt zu einer Reduzierung der Stahlstabquerschnitte und, wenn sie nicht rechtzeitig unterbunden wird, schließlich zum Versagen (Grenzzustand ④), wenn es sich um eine statisch erforderliche Bewehrung handelt.

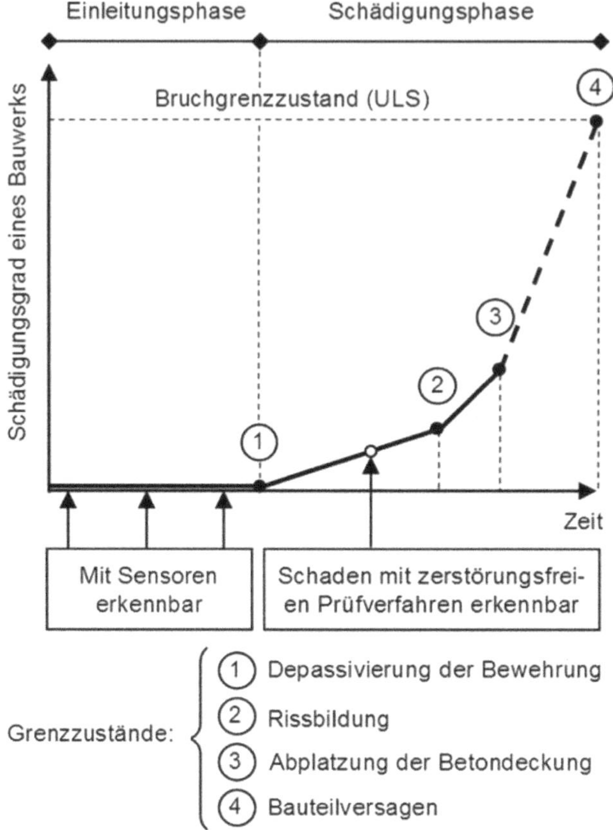

Abbildung 2.17: Phasen der Bewehrungskorrosion und die zugehörigen Schädigungsgrade bzw. Grenzzustände [68]

Zwischen Grenzzustand ① und Grenzzustand ③ können Monate oder auch Jahrzehnte liegen. Würde der Grenzzustand ③ erst nach Ende der Restnutzungsdauer eintreten, wäre eine Instandsetzung beim Erreichen von Grenzzustand ① nicht unbedingt notwendig und würde zu vermeidbaren Kosten führen, sodass eine zuverlässige Prognose der Schädigungsphase wirtschaftlich bedeutsam sein kann [68]. Andererseits bestimmt bei kurzen Schädigungsphasen fast ausschließlich die Einleitungsphase die Lebensdauer des Bauwerks [70]. Für beide Phasen wurden bereits einige Modelle entwickelt, siehe Abschnitt 2.2.1. Mit solchen Modellen können gegenüber den deskriptiven Ansätzen, bei denen die Dauerhaftigkeit durch die Einhaltung empirischer Grenzwerte gewährleistet werden soll, die zu erwartenden Einwirkungen und die notwendigen Widerstände (Betonzusammensetzungen, Schichtdicken) vergleichsweise präzise bestimmt werden.

Die leistungsbezogene Betrachtung bietet sich an, wenn die Restnutzungsdauer von den ursprünglichen Annahmen abweicht, Produkte höher ausgelastet werden sollen oder sich die Einwirkungen ändern [71]. Gängige Beispiele dafür sind der steigende

CO_2-Gehalt in der Luft, der sich im Zeitraum von 2000 bis 2100 von ca. 370 ppm je nach Szenario auf 540 bis 940 ppm erhöhen wird, sowie steigende Temperaturen und damit Reaktionsgeschwindigkeiten [72]. Während empirische Bemessungskonzepte sich nicht an diesen Trend anpassen lassen, können entsprechende Modelle entwickelt und für Dauerhaftigkeitsprognosen genutzt werden [73]. Die Voraussetzungen für probabilistische Zuverlässigkeitsanalysen sind [74]:

- Modelle zur Gegenüberstellung von Einwirkungen und Widerständen
- quantitative Kenntnisse über orts- und zeitabhängige Einwirkungen
- quantitative Kenntnisse über geometrieabhängige Widerstände
- quantitative Kenntnisse über variable Baustoffeigenschaften
- Definitionen von Grenzzuständen
- Anforderungen an den Zuverlässigkeitsindex

Der erste Schritt einer probabilistischen Dauerhaftigkeitsprognose ist somit die Modellierung der vorliegenden Einwirkungen und Widerstände.

2.2.1 Schädigungsmodelle

International wurden und werden der Modellierung von Schädigungsprozessen einige Forschungsarbeiten gewidmet. So zitiert allein [75] 13 verschiedene Carbonatisierungsmodelle und stellt zusätzlich ein neu entwickeltes vor, das den Einfluss der Temperatur berücksichtigt. Ein Review zu Modellen für chloridinduzierte Korrosion vergleicht elf empirische bzw. elektrochemische Modelle und referenziert jeweils Anwendungsfälle [76].

Bei kombinierter Einwirkung von Carbonatisierung und Chlorideintrag führt die Carbonatisierung zu einer signifikanten Erhöhung der Chloridgehalte und -eindringtiefen [77] und zu einer um bis zu 40 % verkürzten Einleitungsphase [78], sodass entsprechende Modelle für kombinierte Einwirkung entwickelt wurden [79]. Wirkt neben Chlorideintrag auch noch eine dynamische Ermüdungsbeanspruchung ein, kann dies ebenfalls modelliert werden [80]. Viele Modelle betrachten den Ionentransport in zementgebundenen Baustoffen, wie bspw. in [81] beschrieben.

Zusatzstoffe wie Flugasche, Silikastaub und Metakaolin haben ebenfalls einen Einfluss auf die Dauerhaftigkeit, weshalb in manchen Modellen der Anteil an Zusatzstoffen als Modellparameter berücksichtigt wird [82, 83]. Auch der Effekt von biologischen Zusatzstoffen wird untersucht. So konnte bspw. durch die Zugabe von Asche des Ichu-Grases der Chloriddiffusionskoeffizient um bis zu 60 % reduziert werden [84] und auch die Zugabe von Holzasche zeigte positive Auswirkungen [85].

Wird Zement nicht nur mit Zusatzstoffen ergänzt, sondern durch alternative Bindemittel ersetzt, können die auf klassischen Portlandzement ausgerichteten Modelle nur eingeschränkt Anwendung finden. Bei einer Untersuchung zu Carbonatisierungstiefen und Chloridmigrationskoeffizienten von neun verschiedenen Bindemitteln wurde festgestellt, dass keines der alternativen Bindemittel in den Dauerhaftigkeitseigenschaften vergleichbares Verhalten zu Referenzzementen zeigte [86]. So zeigen bspw. alkalisch aktivierte Materialien einen erhöhten Widerstand gegen Chlorideintrag in Abhängigkeit der Molarität des alkalischen Aktivators [87].

Teilweise sind die entwickelten Modelle sehr spezifisch, wie bspw. für die Berücksichtigung des Einflusses von luftgebundenen Chloriden in maritimen Umgebungen [88] oder für den Chloridionentransport in Zementmörteln in Abhängigkeit der Tortuosität [89], in Zementpasten [90], in der Grenzflächenübergangszone um Zuschlagskörner herum [91] oder in alkalisch aktivierten Schlacken unter Wasser [92].

Deskriptive Verfahren sind nicht geeignet, um für die zunehmend unterschiedlichen Betonzusammensetzungen und Einwirkungen zuverlässige Ergebnisse zu erzielen. Die Zuverlässigkeit und vor allem Praktikabilität von leistungsbezogenen Verfahren ist in Hinblick auf diese Vielzahl an teilweise sehr spezialisierten und komplexen Modellen nicht selbstverständlich gegeben. Infolgedessen wird zunehmend nicht die Erstellung neuer Modelle, sondern die Kalibrierung von anerkannten Modellen gefordert [93].

Für carbonatisierungs- und chloridinduzierte Depassivierung sind anerkannte Modelle verfügbar, bspw. im „Model Code for Service Life Design“ [36]. Diese Modelle werden im weiteren Verlauf der Arbeit verwendet und den Abschnitten 2.2.1.1 und 2.2.1.2 vorgestellt. Für tiefergehende Erläuterungen, Beispiele und Abwandlungen (bspw. als Nomogramme) wird auf die entsprechende Literatur verwiesen [74, 94, 95, 96]. Der Bezug dieser Modelle auf die Einleitungsphase stellt hier keine Einschränkung dar, da die Verfahren der TR IH sich ebenfalls auf den Grenzzustand der Depassivierung beziehen (vgl. Abschnitt 2.1.2).

2.2.1.1 Modellierung der Carbonatisierung

Die Wahrscheinlichkeit des Versagens p_f im Sinne der Depassivierung infolge Carbonatisierung entspricht nach Formel 2.2 der Wahrscheinlichkeit, dass die Carbonatisierungstiefe d_k zum betrachteten Zeitpunkt t größer ist als die Betondeckung c.

$$p_f = P\{d_k(t) > c\} \tag{2.2}$$

p_f : Versagenswahrscheinlichkeit
c : Betondeckung in mm
$d_k(t)$: Carbonatisierungstiefe zum Zeitpunkt t in mm

Ein anerkanntes Modell zur Prognose der Carbonatisierungstiefe ist im fib Model Code for Service Life Design gegeben, in welchem zur realitätsnahen Abbildung der Carbonatisierungstiefe Formel 2.3 vorgeschlagen wird [36]. Die dort berücksichtigten Parameter werden im Folgenden kurz beschrieben.

$$d_k(t) = \sqrt{2 \cdot k_e \cdot k_c \cdot R_{NAC,0}^{-1} \cdot \Delta C_S} \cdot W(t) \cdot \sqrt{t} \tag{2.3}$$

$d_k(t)$: Carbonatisierungstiefe zum Zeitpunkt t in mm
k_e : Übertragungsparameter für Umwelteinflüsse
k_c : Übertragungsparameter für Ausführungsqualität
$R_{NAC,0}^{-1}$: inverser effektiver Carbonatisierungswiderstand von trockenem Beton, bestimmt zum Zeitpunkt t_0 mit der Normalcarbonatisierungsmethode NAC, in $\frac{\mathrm{mm^2/a}}{\mathrm{kg/m^3}}$
ΔC_S : Differenz aus der CO_2-Konzentration der Umgebungsluft und der CO_2-Konzentration des Betons an der Carbonatisierungsfront in kg/m^3
$W(t)$: Witterungsfunktion
t : Beaufschlagungsdauer in a

Der inverse effektive Carbonatisierungswiderstand $R_{NAC,0}^{-1}$ kann gemäß Formel 2.4 über den CO_2-Diffusionskoeffizienten und die CO_2-Bindekapazität von definiert hergestellten und vorgelagerten Prüfkörpern nach der Normalcarbonatisierungsmethode (NAC) ermittelt werden [74]. Da die natürliche Carbonatisierung ein sehr zeitintensiver Prozess ist, besteht die Möglichkeit zur Nutzung der Schnellcarbonatisierungsmethode (ACC), bspw. beschrieben in [97]. Verfahrensbedingte Ungenauigkeiten werden mit dem Regressionsparamter k_t und dem Errorterm ε_t berücksichtigt.

Der Carbonatisierungswiderstand $R_{NAC,0}^{-1}$ wird unter Laborbedingungen bestimmt und daher zur Berücksichtigung von Umwelteinflüssen und Ausführungsqualität mit den Übertragungsparametern k_e und k_c ergänzt, die mittels der Formeln 2.5 und 2.6 berechnet werden.

Unter der Annahme, dass die CO_2-Konzentration an der Carbonatisierungsfront null beträgt, errechnet sich die bemessungsrelevante CO_2-Einwirkung C_S mit Formel 2.7.

$$R_{NAC,0}^{-1} = \frac{D_{Eff,0}}{a} = k_t \cdot R_{ACC,0}^{-1} + \varepsilon_t \tag{2.4}$$

$R_{NAC,0}^{-1}$: inverser effektiver Carbonatisierungswiderstand von trockenem Beton, bestimmt zum Zeitpunkt t_0 mit der Normalcarbonatisierungsmethode NAC, in $\frac{\mathrm{mm^2/a}}{\mathrm{kg/m^3}}$

$D_{Eff,0}$: effektiver CO_2-Diffusionskoeffizient von carbonatisiertem, trockenem Beton in mm^2/a

a : CO_2-Bindekapazität von Beton in kg/m^3

k_t : Regressionsparameter

$R_{ACC,0}^{-1}$: inverser effektiver Carbonatisierungswiderstand von trockenem Beton, bestimmt zum Zeitpunkt t_0 mit der Schnellcarbonatisierungsmethode ACC, in $\frac{\mathrm{mm^2/a}}{\mathrm{kg/m^3}}$

ε_t : Errorterm zur Berücksichtigung prüftechnisch bedingter Fehler in $\frac{\mathrm{mm^2/a}}{\mathrm{kg/m^3}}$

$$k_e = \left[\frac{1 - \left(\frac{RH_{ist}}{100}\right)^{f_e}}{1 - \left(\frac{RH_{ref}}{100}\right)^{f_e}} \right]^{g_e} \tag{2.5}$$

k_e : Übertragungsparameter für Umwelteinflüsse

RH_{ist} : relative Luftfeuchtigkeit in der carbonatisierten Randschicht des Betons in %

RH_{ref} : relative Referenzluftfeuchtigkeit in %

f_e : Modellkonstante

g_e : Modellkonstante

$$k_c = \left(\frac{t_c}{7}\right)^{b_c} \tag{2.6}$$

k_c : Übertragungsparameter für Ausführungsqualität

t_c : Dauer der Nachbehandlung in d

b_c : Regressionsexponent

$$\Delta C_S = C_S = C_{S,Atm} + \Delta C_{S,Em} \tag{2.7}$$

ΔC_S : Differenz aus der CO_2-Konzentration der Umgebungsluft und der CO_2-Konzentration des Betons an der Carbonatisierungsfront in kg/m^3

C_S : CO_2-Konzentration der Umgebungsluft in kg/m^3

$C_{S,Atm}$: CO_2-Konzentration der Atmosphäre in kg/m^3

$\Delta C_{S,Em}$: CO_2-Konzentrationszuwachs durch zusätzliche CO_2-Emissionen in kg/m^3

In Formel 2.3 wird der Einfluss von Niederschlägen durch die Witterungsfunktion $W(t)$ berücksichtigt, welche mit den Formeln 2.8 und 2.9 ermittelt wird.

$$W(t) = \left(\frac{t_0}{t}\right)^w \tag{2.8}$$

$W(t)$: Witterungsfunktion
w : Witterungsexponent
t_0 : Referenzzeitpunkt in a
t : Betonalter in a

$$w = \frac{(p_{SR} \cdot ToW)^{b_w}}{2} \tag{2.9}$$

w : Witterungsexponent
p_{SR} : Schlagregenwahrscheinlichkeit
ToW : Regenhäufigkeit
b_w : Regressionsexponent

2.2.1.2 Modellierung des Chlorideintrags

Die Wahrscheinlichkeit des Versagens p_f im Sinne der Depassivierung infolge Chlorideintrag entspricht nach Formel 2.10 der Wahrscheinlichkeit, dass der Chloridgehalt Cl in der Tiefe der Bewehrungslage c zum betrachteten Zeitpunkt t höher ist als der kritische korrosionsauslösende Chloridgehalt Cl_{crit}. Eine Überschreitung des kritischen Chloridgehaltes führt zu (Lochfraß-)Korrosion, zu Querschnittsverlusten und infolgedessen zu reduzierter Bruchdehnung [98] und zu einem schlechteren Verbund zwischen Bewehrung und Beton [99].

$$p_f = P\{Cl(c,t) > Cl_{crit}\} \tag{2.10}$$

p_f : Versagenswahrscheinlichkeit
Cl_{crit} : kritischer Chloridgehalt in M.-%
$Cl(c,t)$: Chloridgehalt des Betons in der Tiefe der Bewehrungslage c zum Zeitpunkt t in M.-%

Anders als bei der Carbonatisierung (vgl. Formel 2.2) wird in Formel 2.10 neben Einwirkung (Chlorideintrag) und Widerstand (Betondeckung) mit Cl_{crit} die Kenntnis einer weiteren Größe gefordert. Der kritische Chloridgehalt ist somit essenziell für die Zuverlässigkeitsbetrachtung, unterliegt jedoch einer Vielzahl an Einflüssen, siehe Abbildung 2.18 [100]. Ein weiterer signifikanter Einfluss ist die Kontaktzone zwischen Stahl und Beton [101].

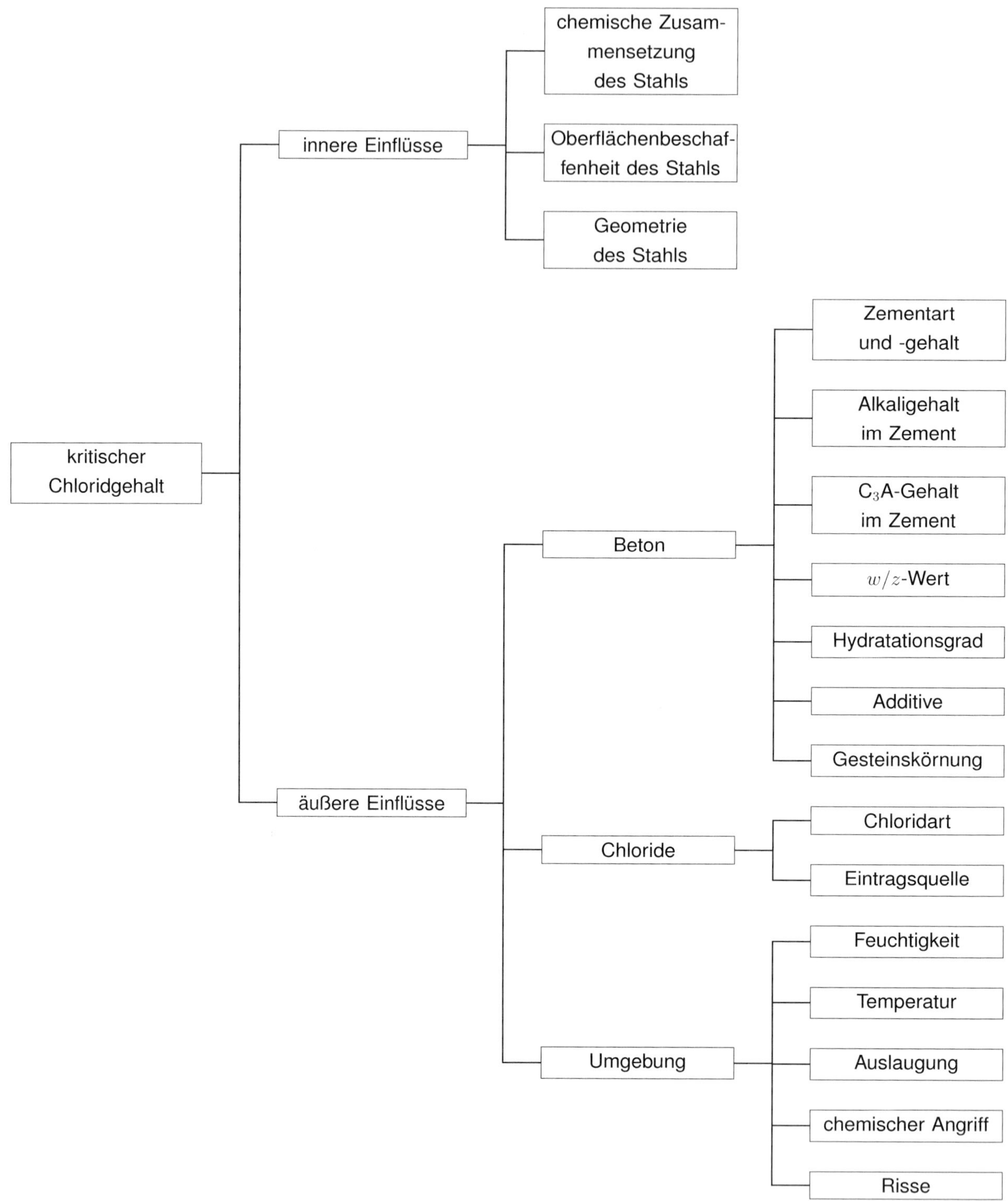

Abbildung 2.18: Einflüsse auf den kritischen Chloridgehalt [100]

In einer Versuchsreihe wurden Glattstähle aus üblichem Betonstahl in 15 verschiedenen Betonen eingebettet und kritische Chloridgehalte von 0,57 bis 1,94 M.-%/z festgestellt [102]. Ein Review zu kritischen Chloridgehalten berichtet von Werten von 0,04 bis 8,34 M.-%/z [103]. Lochfraßkorrosion ist auch bei nicht-rostenden Stählen möglich und der kritische Chloridgehalt ist unter anderem vom Gehalt der Legierungselemente abhängig [104].

Alternative Bindemittel und Zusatzstoffe beeinflussen ebenfalls den kritischen Chloridgehalt, so wurden beispielweise für Zementbetone mit Metakaolin [105] und Mörtel aus alkalisch aktivierter Flugasche [106] reduzierte Grenzwerte ermittelt. Daher sollte der kritische Chloridgehalt für die Bewertung von Bestandsbauten objektspezifisch, bspw. durch Analysen an Bohrkernen, ermittelt werden [107]. Zur Prognose des Chlorideintrags kann das Modell des fib Model Code for Service Life Design, siehe Formel 2.11, genutzt werden [36].

$$Cl(x,t) = Cl_{\Delta x} \cdot \left[1 - \operatorname{erf}\left(\frac{x - \Delta x}{2 \cdot \sqrt{D_{Eff,C}(t) \cdot t}}\right)\right] \tag{2.11}$$

$Cl(x,t)$: Chloridgehalt des Betons in der Tiefe x zum Zeitpunkt t in M.-%

$Cl_{\Delta x}$: Chloridgehalt des Betons in der Tiefe Δx in M.-%

erf : Fehlerfunktion

x : Eindringtiefe in mm

Δx : Eindringtiefe, die durch intermittierenden Chlorideintrag vom Fick'schen Verhalten abweicht, in mm

$D_{Eff,C}(t)$: effektiver Chloriddiffusionskoeffizient des Betons zum Zeitpunkt t in mm^2/a

t : Beaufschlagungsdauer in a

Der effektive, zeitabhängige Chloriddiffusionskoeffizient $D_{Eff,C}(t)$ kann mit Formel 2.12 berechnet werden. Zuvor muss der Chloridmigrationskoeffizient $D_{RCM,0}$ im Schnellverfahren (RCM), bspw. beschrieben in [108], an definiert hergestellten, vorgelagerten Referenzproben zum Zeitpunkt t_0 = 28 d bzw. 0,0767 a bestimmt werden. Verfahrensbedingte Ungenauigkeiten und temperaturbedingte Umwelteinflüsse werden mit den Übertragungsparametern k_t und k_e berücksichtigt. Der Einfluss des Betonalters wird als Alterungsfunktion $A(t)$ in der Formel berücksichtigt. Wohingegegen k_t = 1 gesetzt wird, wird k_e nach Formel 2.13 und $A(t)$ nach Formel 2.14 berechnet.

Formel 2.14 enthält den einflussreichen und schwer zu bestimmenden Altersexponenten, der bezüglich der Zuverlässigkeit des Ansatzes kritisch diskutiert wird [109]. Daher wird dieser Parameter, neben anderen, in Kapitel 4 objektspezifisch kalibriert. Dabei werden vorliegende Analyseergebnisse mit statistischen Verteilungsfunktionen approximiert. Die beiden für die vorliegende Arbeit wichtigsten Funktionen werden im Folgenden vorgestellt.

$$D_{Eff,C}(t) = k_t \cdot D_{RCM,0} \cdot k_e \cdot A(t) \tag{2.12}$$

$D_{Eff,C}(t)$: effektiver Chloriddiffusionskoeffizient des Betons zum Zeitpunkt t in mm²/a

k_t : Übertragungsparameter für Verfahrensungenauigkeiten

$D_{RCM,0}$: Chloridmigrationskoeffizient von wassergesättigtem Beton, bestimmt zum Zeitpunkt t_0 mit der Testmethode RCM, in mm²/a

k_e : Übertragungsparameter für Umwelteinflüsse

$A(t)$: Alterungsfunktion

$$k_e = \exp\left[b_e\left(\frac{1}{T_{ref}} - \frac{1}{T_{ist}}\right)\right] \tag{2.13}$$

k_e : Übertragungsparameter für Umwelteinflüsse

b_e : Regressionsparameter in K

T_{ref} : Referenztemperatur in K

T_{ist} : Bauteiltemperatur in K

$$A(t) = \left(\frac{t_0}{t}\right)^a \tag{2.14}$$

$A(t)$: Alterungsfunktion

t_0 : Referenzzeitpunkt in a

t : Betonalter in a

a : Altersexponent

2.2.1.3 Beta-Verteilung

In der Literatur sind zahlreiche Funktionen zu finden, um unterschiedliche Zufallsvariablen je nach Sachverhalt möglichst präzise und zuverlässig darstellen zu können. Lufttemperaturen bspw. werden im europäischen Klima in der Regel annehmbar genau mit der Normalverteilung beschrieben. Andere Zufallsgrößen wie bspw. die Betondeckung können jedoch im Gegensatz zur Temperatur keine negativen Werte annehmen und sollten deshalb mit Verteilungen beschrieben werden, die sich ausschließlich im positiven Bereich bewegen.

Die Beta-Verteilung gilt nur für den Bereich $0 < x < 1$ und ist daher besonders geeignet, um Betrachtungsgrößen X wie die relative Luftfeuchtigkeit abzubilden. Für die Parameter $\alpha > 0$ und $\beta > 0$ lassen sich Erwartungswert μ_X und Variationskoeffizient ν_X mit den Formeln 2.15 und 2.16 ermitteln. In Abbildung 2.19 sind für verschiedene Kombinationen von α und β beispielhaft (a) Wahrscheinlichkeitsdichtefunktionen $f_X(x)$ und (b) Verteilungsfunktionen $F_X(x)$ dargestellt.

$$\mu_X = \frac{\alpha}{\alpha + \beta} \tag{2.15}$$

$$\nu_X = \sqrt{\frac{\beta}{\alpha \cdot (\alpha + \beta + a)}} \tag{2.16}$$

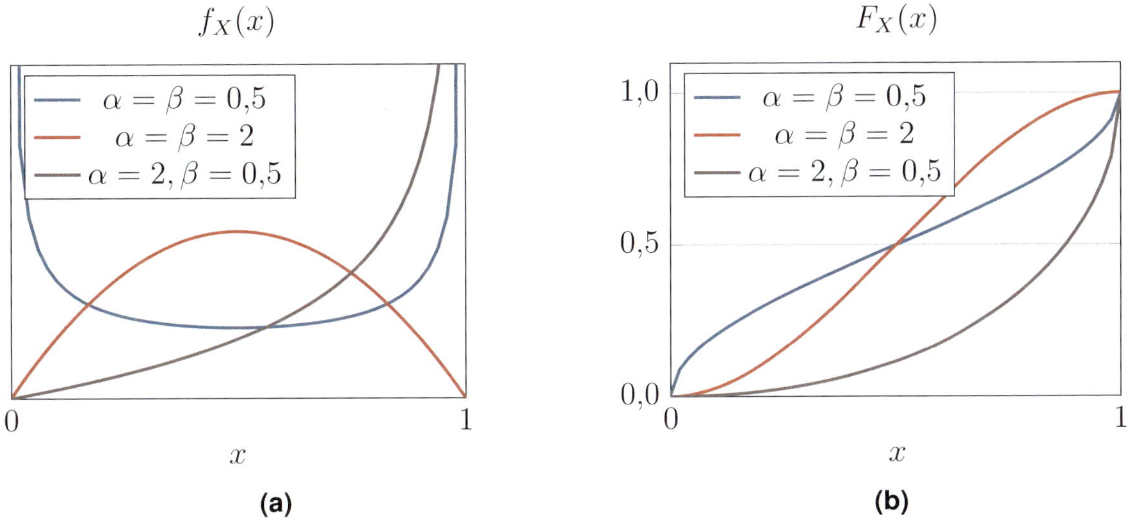

Abbildung 2.19: (a) Wahrscheinlichkeitsdichtefunktionen und **(b)** Verteilungsfunktionen verschiedener Beta-Verteilungen

Durch Kombinieren und Umstellen der Formeln 2.15 und 2.16 lassen sich für über μ_X und ν_X die Parameter α und β der zugehörigen Beta-Verteilung berechnen, siehe Formeln 2.17 und 2.18. Diese Formeln werden in Abschnitt 5.2.2 für die automatisierte Auswertung von Monitoring-Daten in BIM genutzt.

$$\alpha = \frac{1 - \mu_X}{\nu_X^2} - \mu_X \tag{2.17}$$

$$\beta = \frac{\alpha \cdot (1 - \mu_X)}{\mu_X} \tag{2.18}$$

2.2.1.4 Treppenfunktion

Die Treppenfunktion besteht aus einer endlichen Anzahl n an Gliedern, deren Wahrscheinlichkeiten im jeweiligen Intervall $[x_i,\ x_{i+1}]$ mit $i \in$ [0, n - 1] konstant y_i sind, siehe Formel 2.19 und Abbildung 2.20a. Kumulativ ergeben diese Wahrscheinlichkeiten die Verteilungsfunktion nach Formel 2.20, siehe Abbildung 2.20b. Entsprechend ist die Treppenfunktion gut geeignet, um beliebige diskrete Wahrscheinlichkeiten mit einfachen mathematischen Regeln abzubilden. Im weiteren Verlauf wird sie daher im Rahmen der Kalibrierung der Modellparameter bzw. Knoten der Bayes'schen Netze verwendet, siehe Abschnitt 4.1.4.3.

$$f_X(x) = \begin{cases} y_i, & x \in [x_i, x_{i+1}] \\ 0, & x \notin [x_i, x_{i+1}] \end{cases} \tag{2.19}$$

$$F_X(x) = (x - x_i) \cdot y_i + \sum_{j=0}^{i-1} y_j \cdot (x_{j+1} - x_j), \quad x \in [x_i, x_{i+1}] \tag{2.20}$$

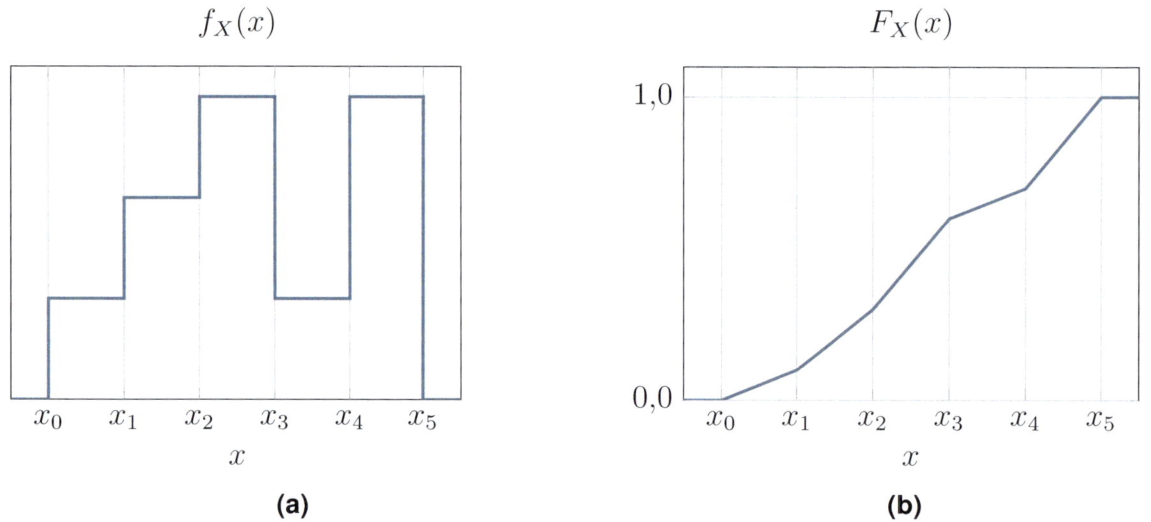

Abbildung 2.20: **(a)** Wahrscheinlichkeitsdichtefunktion und **(b)** Verteilungsfunktion einer Treppenfunktion

2.2.2 Zuverlässigkeitsindex

Nach der Definition des Grenzzustandes (Depassivierung) und der Auswahl der Schädigungsmodelle (vgl. Abschnitte 2.2.1.1 und 2.2.1.2) erfolgt die Ermittlung der Zuverlässigkeit. Die Zuverlässigkeit Z eines Bauteils entspricht der Wahrscheinlichkeit, dieses zu einem bestimmten Zeitpunkt tragfähig bzw. gebrauchstauglich vorzufinden und demnach, dass es bis dahin noch nicht versagt bzw. den Grenzzustand erreicht hat. Unter Bezug auf Formel 2.1 folgt dadurch Formel 2.21. Dabei wird die Zufälligkeit von Widerständen R und Einwirkungungen S mit Wahrscheinlichkeitsdichtefunktionen berücksichtigt.

$$Z = R - S \tag{2.21}$$

Die Versagenswahrscheinlichkeit p_f entspricht der Wahrscheinlichkeit, dass Z negativ ist. Folglich kann p_f mit dem Integral in Formel 2.22 berechnet werden [110].

$$p_f = P(R - S < 0) = \int_{-\infty}^{\infty} f_S(x) F_R(x) \mathrm{d}x \tag{2.22}$$

Mit den Formeln 2.23 und 2.24 können für normalverteilte Einwirkungen und Widerstände Mittelwert und Standardabweichung der Zuverlässigkeit berechnet werden. Auf diese Weise kann die Zuverlässigkeit normalverteilt dargestellt werden, wie in Abbildung 2.21 beispielhaft zu sehen ist. In Abbildung 2.21 entspricht p_f der Fläche von $f_Z(x < 0)$. Der Zuverlässigkeitsindex β nach Cornell kann entweder als Vielfaches von σ_Z im Diagramm abgelesen oder über Formel 2.25 berechnet werden. [110]

$$\mu_Z = \mu_R - \mu_S \tag{2.23}$$

$$\sigma_Z = \sqrt{\sigma_R^2 + \sigma_S^2} \tag{2.24}$$

$$\beta_Z = \frac{\mu_Z}{\sigma_Z} \tag{2.25}$$

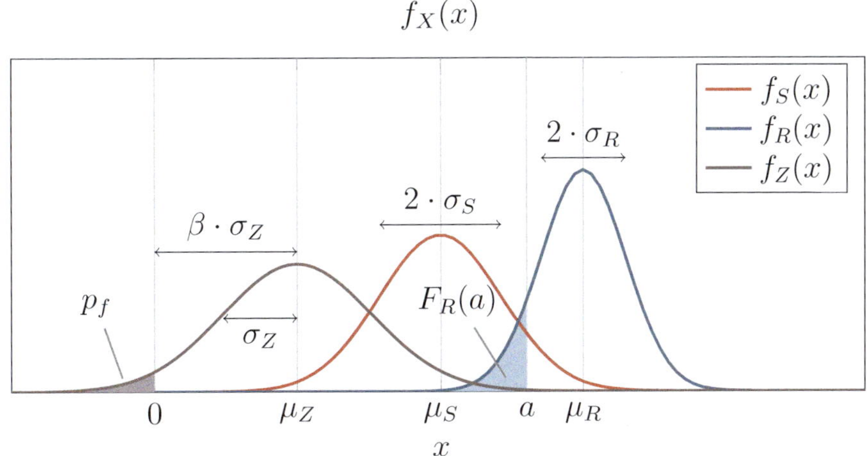

Abbildung 2.21: Wahrscheinlichkeitsdichtefunktionen von Widerstand R, Einwirkung S und Zuverlässigkeit Z mit Versagensfläche p_f

Eine alternative Berechnung des Zuverlässigkeitsindexes β basiert auf der Standardnormalverteilung Φ bzw. ihrer Inversen Φ^{-1}. So können unter Zuhilfenahme der Standardnormalverteilungstabelle β und p_f nach den Formeln 2.26 und 2.27 ermittelt werden. [110]

$$\beta = -\Phi^{-1}(p_f) = \Phi^{-1}(1 - p_f) \tag{2.26}$$

$$p_f = \Phi(-\beta) = 1 - \Phi(\beta) \tag{2.27}$$

Der Ansatz mit der Standardnormalverteilungstabelle scheitert allerdings für p_f = 0. Auch wenn in der Theorie das Versagen nie gänzlich ausgeschlossen werden kann, so ist es praktisch bei entsprechenden vorliegenden Diagnosedaten möglich (vgl. Kapitel 6). Im weiteren Verlauf der Arbeit wird daher, wenn überhaupt, der quasi stets kalkulierbare Zuverlässigkeitsindex nach Cornell (vgl. Formel 2.25) verwendet, auch wenn die betrachteten Zufallsgrößen keinen Normalverteilungen entsprechen. Vorwiegend wird jedoch auf die Berechnung von β verzichtet und stattdessen p_f betrachtet.

2.2.3 Bayes'sche Inferenz

Zur Berechnung der Zuverlässigkeit muss die Grenzzustandsgleichung Z = R - S bzw. das Integral in Formel 2.22 gelöst werden. Für einfache Fälle, bspw. zwei normalverteilte, unabhängige Zufallsgrößen, stehen präzise mathematische Methoden zur Verfügung. Je komplexer die Kombination von Einwirkungen und Widerständen und deren jeweilige Wahrscheinlichkeitsdichteverteilungen werden, desto anspruchsvoller wird die Berechnung der Zuverlässigkeit. Ein sehr robustes und effektives Verfahren ist die Monte-Carlo-Simulation (MCS).

Anstatt die Zuverlässigkeit bzw. Versagenswahrscheinlichkeit mathematisch geschlossen zu berechnen, erzeugt die MCS zufällig Zahlen zwischen 0 und 1 und interpretiert diese als Werte der Verteilungsfunktionen von R bzw. S. Ist der Wert von $F_R(x_i)$ bzw. $F_S(x_i)$ und die jeweilige Verteilungsfunktion selbst bekannt, kann auch der Wert der Laufvariablen x_i berechnet werden. Liegen ausreichend viele dieser zufällig generierten Wertepaare für R und S vor, kann über eine paarweise Subtraktion Z = R - S auf die Verteilungsfunktion der Zuverlässigkeit Z rückgeschlossen werden. Im Rahmen von leistungsbezogenen Dauerhaftigkeitsbetrachtungen werden dazu bspw. 50.000 Simulationen durchgeführt [111], wobei andere Quellen bereits bei 10.000 Simulationen von zuverlässigen Ergebnissen sprechen [112, 113].

Neben der Anzahl an Simulationen, die kontrollierbar ist, hat die Kenntnis der Verteilungsfunktionen der Zufallsgrößen einen signifikanten Einfluss auf die Zuverlässigkeit der Analyseergebnisse. Je nach zugrundeliegenden Modellen und Regelwerken erfolgt die Definition der Zufallsgrößen empirisch, allerdings sollten möglichst alle vorliegenden Informationen und insbesondere Untersuchungen am Bestandsbauwerk Berücksichtigung finden [114]. Um diesem Anspruch zu genügen, werden zunehmend ML-Ansätze entwickelt und erprobt. Beispiele für das Sammeln von und Lernen aus Daten im Kontext des Structural Health Monitorings (SHM) wären die Modellierung von Bauwerksschäden nach Erdbeben aus Messdaten von Beschleunigungssensoren [115] oder die Prognose der Nutzungsdauern von Tunneln mit chloridinduzierter Korrosion auf Basis von 17 Beobachtungsgrößen [116].

Während ML oder übergreifend Künstliche Intelligenz (KI) stetig an Verbreitung und Anwendungsmöglichkeiten gewinnen, unterliegt die praktischen Anwendung im Kontext der Bauwerkserhaltung noch wesentlichen Einschränkungen. Ein Review zu KIs identifiziert als übergreifenden Mangel deren fehlende Transparenz, was zu weniger erklärbaren und schwieriger zu verbessernden Modellen führt [117]. Dies resultiert in schwierigerem Verständnis und gemindertem Vertrauen [118]. Insbesondere im Bauwesen ist dies als große Hürde für den Praxiseinsatz zu verstehen. In einem Vergleich von verschiedenen ML-Ansätzen für das SHM werden Bayes'sche Inferenz bzw. Netze als robust, einfach und verallgemeinbar identifiziert, allerdings mit dem Nachteil eines großen Rechenaufwandes [119]. Ein weiteres Review zu dieser Thematik betont die Rationalität und Nachvollziehbarkeit von Bayes'schen Methoden [120].

Transparenz, Robustheit und Einfachheit der Bayes'schen Inferenz führten bereits zu vielseitigen Anwendungen im Bauwesen. Von seismischen Modellen [121] über Prognosen von Klimatisierungs- [122] oder Projektkosten [123] bis hin zu Carbonatisierungsmodellen [124], auch in Kombination mit Chlorideintrag [125], wird Bayes'sche Inferenz genutzt, um Modelle anhand von neuen Beobachtungen (Diagnosedaten) zu kalibrieren [126]. Im weiteren Verlauf werden daher die Schädigungsmodelle mit der Bayes'schen Inferenz und Diagnosedaten als Beobachtungen (Evidenz) kalibriert, um die Zuverlässigkeit der Prognosen zu erhöhen. Im Folgenden werden die Grundlagen der Bayes'schen Inferenz kurz beschrieben, für tiefergehende Erläuterungen wird auf weiterführende Literatur verwiesen [127].

Bedingte Wahrscheinlichkeiten geben bspw. die Wahrscheinlichkeit des Ereignisses A unter der Bedingung an, dass bereits das Ereignis B eingetreten ist. Eine solche bedingte Wahrscheinlichkeit $P(A|B)$ wird wie in Formel 2.28 berechnet [128]. Sind mehrere bedingte Wahrscheinlichkeiten $P(A_i|B)$ gesucht und lediglich ihre Inversen $P(B|A_i)$ bekannt, findet der Satz von Bayes in Formel 2.29 Anwendung. Unter der Voraussetzung, dass die Ergebnismenge Ω in n disjunkte Ereignisse $A_1, \ldots, A_n$ zerlegt werden kann, können mit dem Satz von Bayes bedingte Wahrscheinlichkeiten durch andere bedingte Wahrscheinlichkeiten ausgedrückt werden. [129]

$$P(A|B) = \frac{P(A \cap B)}{P(B)} \tag{2.28}$$

$$P(A_i|B) = \frac{P(B|A_i)P(A_i)}{\sum_{k=1}^{n} P(B|A_k)P(A_k)} \tag{2.29}$$

Im vorliegenden Kontext entspricht bspw. A dem Carbonatisierungskoeffizienten und B ist die beobachtete Carbonatisierungstiefe. Da A eine stetige Zufallsgröße ist, wird sie in mehrere diskrete Teilereignisse A_i eingeteilt. Mittels der Formel 2.29 lässt sich für die beobachtete Carbonatisierungstiefe B die Wahrscheinlichkeit für jedes Teilereignis A_i ermitteln. Dieses Wissen kann anschließend genutzt werden, um die ursprünglich angenommene Zufallsverteilung („a priori") entsprechend der ermittelten Wahrscheinlichkeiten anzupassen („a posteriori").

Durch die Verbindung mehrerer Ereignisknoten miteinander entsteht ein Bayes'sches Netz. Bei unbekannten Zufallsverteilungen können über eine Analyse der Rohdaten die Modellparameter geschätzt werden [130, 131]. Unterliegen die Parameterverteilungen bzw. -zusammenhänge zeitlichen Schwankungen, kann dies mit Dynamischen Bayes'schen Netzen und zeitlich varianten Modellen berücksichtigt werden [112, 132]. In einer weiteren Ebene können Wahrscheinlichkeiten von sowohl Modellparametern als auch von ganzen Modellen berechnet, gewichtet und verglichen werden [133].

Für den vorliegenden Fall wird jeweils nur ein Modell für Carbonatisierung bzw. Chlorideintrag mit zeitlich invarianten Parametern betrachtet. Die Erstellung und Berechnung der Bayes'schen Netze erfolgt mit Hilfe der Software GeNIe (BayesFusion) und dem zugehörigen Wrapper PySMILE (BayesFusion), der als Schnittstelle zwischen GeNIe und Python dient und die Funktionalität der Software in der Programmiersprache bereitstellt. Diese Schnittstelle ermöglicht die Automatisierung (vgl. Abschnitt 4.1) der Erstellung Bayes'scher Netze und deren Implementierung in BIM (vgl. Abschnitt 4.2).

2.3 Building Information Modeling

BIM wird häufig mit der Planung von Neubauten assoziiert und für diesen Zweck auch mittlerweile standardmäßig verwendet. Darüber hinaus ist BIM als Methode der Bauwerksdatenmodellierung für viele weitere Anwendungsfälle geeignet. Mittlerweile ist die Verwendung von BIM weniger ein Merkmal von technologisierten Pilotprojekten als vielmehr die „konsequente Fortsetzung der Überführung erprobter Ingenieurarbeitsweisen in das digitale Zeitalter“ [134]. Entsprechend findet BIM zunehmend Anwendung in diversen Feldern des Bauingenieurwesens:

- automatisierte Planung von Fluchtwegen [135] und Bewegungspfaden [136], bspw. für Roboter [137]
- automatisierte Bewertung [138, 139] bzw. Erhöhung [140] der Sicherheit von Bauarbeiten und Frühwarnsysteme für Arbeiten an U-Bahn-Stationen [141]
- Planung effizienter Renovierungsarbeiten [142]
- optimierter Betrieb und Erhalt von Tunneln [143]
- erweiterte Funktionalität des Facilitymanagements [144], bspw. durch automatisierte Hinweise auf Instandsetzungsbedarfe

Wiederkehrende Schlagworte bei BIM-Projekten und -Veröffentlichungen sind Optimierung, Effizienz, Automatisierung und erweiterte Funktionalität. Dabei beschränkt sich die Methode nicht nur auf Bauwerke, sondern wird als sogenanntes City Information Modeling auch auf Städte übertragen wie bspw. bei der Risikomodellierung von Überflutungen [145]. Die meisten in der Literaturrecherche identifizierten Quellen zur Funktionalisierung von BIM über die Gebäudeplanung hinaus befassten sich mit Aspekten der Nachhaltigkeit. Durch standardisierte Prozesse [146] und Vorlagen zur Bewertung der Umwelteinwirkungen [147] können Bau und Betrieb mittels BIM nachhaltiger gestaltet werden. Für weiterführende Informationen wird auf Reviews zu Life Cycle Assessment (LCA) [148], Life Cycle Costing [149] und Building Sustainability Assessment [150] verwiesen. In den meisten Fällen beziehen sich diese Nachhaltigkeitsbetrachtungen auf den Neubau, allerdings werden auch zunehmend wissenschaftliche Arbeiten zur Nutzung von BIM im Bestand veröffentlicht.

Die Erforschung und Entwicklung von BIM-basierten Arbeitsweisen bei der Renovierung von Bestandsbauten wird im Rahmen des EU-Förderprogramms „Horizon 2020“ vom Verbundprojekt „BIM4REN“ vorangetrieben. Verglichen mit dem Neubau bringt der Einsatz von BIM im Bestand zusätzliche Hürden mit sich. So wurden im Rahmen von BIM4REN das eingesetzte Personal und dessen Mangel an Wissen und Verständnis als größtes Hindernis für den Einsatz von BIM identifiziert [151]. Zusätzlich werden Zweifel an der Rentabilität seitens der Stakeholder [152] und technische Begrenzungen der BIM-Werkzeuge [153] beschrieben. Diese Hürden beschränken sich dabei jedoch nicht auf den Bestand, sondern werden auch von einem Review zur Integration von BIM bei Smart Buildings konkludiert [154]. Für die vorliegende Arbeit wird daraus abgeleitet, dass BIM-Methoden für einen Einsatz im Bestand anwenderfreundlich, rentabel und dabei möglichst funktional und schnittstellenoffen sein sollen. Entsprechend wurde im Rahmen dieser Forschungsarbeit besonderer Fokus auf Transparenz, Intuitivität, Interoperabilität und Ressourcenoptimierung gelegt.

2.3.1 BIM im Bestand

Unabhängig von der Zielsetzung ist beim Einsatz von BIM zur Planung von Maßnahmen im Bestand das Vorhandensein eines BIM-Modells eine wesentliche Notwendigkeit. Da dies bei Bestandsbauten i. d. R. nicht vorliegt, muss es ggf. nachträglich erstellt werden. Die nachträgliche Modellierung kann je nach Anspruch an den Detaillierungsgrad mit sehr hohem Aufwand verbunden sein und stellt in jedem Fall einen zusätzlichen Aufwand und entsprechend eine Hürde für den Einsatz von BIM dar. Um dem entgegenzuwirken, werden verschiedene Methoden für die nachträgliche Modellierung entwickelt. So können bspw. anhand von 2D-Bestandsplänen automatisiert 3D-Gebäudemodelle abgeleitet werden [155]. Jedoch erfordert der zielführende Einsatz dieses Ansatzes das Vorhandensein von akkuraten und insbesondere aktuellen Bestandsplänen. Da dies nicht immer der Fall ist, stützen sich viele Ansätze der Bestandsmodellierung auf die Erstellung und Auswertung von Punktwolken.

Punktwolken verordnen zahlreiche Messpunkte in einem Koordinatensystem und beschreiben somit den jeweiligen Raum maschinenlesbar, was diverse Auswertemethoden ermöglicht. Die Erstellung von Punktwolken erfolgt üblicherweise über Photogrammetrie oder terrestrisches Laserscanning (TLS). Für die Vermessung von Bestandsbauten wird primär TLS eingesetzt und die nachträgliche BIM-Modellierung aus der Punktwolke wird „Scan-to-BIM“ genannt [156].

Je nach Beschaffenheit und Zugänglichkeit des Objektes bietet sich die Bestandserfassung mit unbemannten Luftfahrzeugen („Drohnen“) an. Anders als bei TLS erfolgt die Distanzmessung in solchen Fällen nicht direkt im Gerät, sondern nachträglich über eine Auswertung der Bilddaten. Auf diese Weise können georeferenzierte Punktwolken mit Genauigkeiten von ± 2 mm erzeugt werden [157].

Bei Scan-to-BIM müssen aus den zunächst unstrukturierten Punktwolken Geometrien abgeleitet werden. Dies kann über entsprechend geschultes Personal oder über die Auswertung der Punktwolken mittels geschickter Algorithmen geschehen. Da das manuelle Nachmodellieren anhand von Punktwolken insbesondere bei größeren Objekten zeit- und kostenintensiv werden kann, werden zunehmend automatisierte Ansätze entwickelt. Bei einem dieser Ansätze wird die Punktwolke zunächst vom Messrauschen bereinigt, dann so rotiert, dass die Objektkanten entsprechend der Koordinatensystemachsen ausgerichtet sind, und anschließend sowohl vermessen als auch parametrisiert [158]. Parametrisierung bedeutet in diesem Kontext, dass aus der Punktwolke objekt- bzw. bauteilspezifisch geometrische Angaben wie Höhe, Breite und Länge extrahiert und anschließend zur Erstellung von BIM-Modellen genutzt werden. Dieser Ablauf wird in ähnlicher Weise in Abschnitt 3.1.3 für Scan-to-BIM bei der Erfassung von Schadstellen demonstriert.

Je komplexer die Punktwolke ist und je mehr Bauteile und Bauteilorientierungen enthalten sind, desto anspruchsvoller wird die automatisierte Auswertung. Die Detektion von Wänden erfolgt bspw. durch das Berechnen von geometrischen Eigenschaften über eine Teilmenge der Punkte hinweg. Dabei finden häufig Eigenwerte und Eigenvektoren Anwendung, um bspw. die Planarität zu berechnen. Bereiche mit ähnlichen geometrischen Eigenschaften können als ein Objekt angenommen werden. Solche Bereiche können anschließend als Mesh dargestellt und auch als IFC-Wandobjekt exportiert werden, wobei teilweise Öffnungen wie Fenster fälschlicherweise geschlossen werden und die abgeleiteten Modelle anschließend geprüft werden sollten [159, 160]. Wände und ebene Flächen sind relativ gut für automatisierte Auswertungen geeignet. Es wird aber auch an der Parametrisierung von komplexeren Geometrien wie Zylindern und Sphären geforscht [161], was in Zukunft auch die automatisierte Modellierung von Säulen und gekrümmten Oberflächen ermöglichen könnte.

Anwendungsbeispiele für Scan-to-BIM bzw. die Erstellung von as-built-Modellen sind im Denkmalbereich zu finden. Beim sogenannten heritage BIM werden auch sehr komplexe Geometrien erfasst und nachträglich modelliert [162, 163]. Bei der as-built-Modellierung einer Bestandsbrücke wurde das manuelle Verfahren anhand von Ausführungsplänen mit der Modellierung über Punktwolken aus Laserscans verglichen und durch das TLS der Arbeitsaufwand von 180 h auf 50 h reduziert [164]. Allerdings unterschieden sich die erstellten Modelle in der Informationstiefe und das Scan-to-BIM-

Modell enthielt lediglich korrekte Volumina, aber keine weiteren Bauteilinformationen zum Baustoff oder Konstruktionsaufbau. Die entwickelten Methoden in dieser Arbeit sind daher so ausgelegt, dass sie mit solchen Volumenmodellen kompatibel sind und alle zusätzlichen Informationen nicht direkt im betrachteten Bauteil, sondern in zusätzlich erstellten Elementen hinterlegt werden (vgl. Kapitel 3 und 5).

Die Erstellung von BIM-Modellen ist kein Schwerpunkt der vorliegenden Dissertation, sondern lediglich eine Notwendigkeit für die darauffolgenden Arbeiten. Für weitere Informationen zur Bestandserfassung und as-built-Modellierung wird auf entsprechende Grundlagenwerke verwiesen [165, 166]. Durch die Anreicherung von as-built-Modellen mit Daten zum tatsächlichen Zustand, bspw. Informationen zu Schadstellen, entstehen as-is-Modelle [167]. Da für die Instandsetzungsplanung weder der geplante, noch der gebaute, sondern der tatsächlich vorliegende und zukünftige Zustand relevant ist, wird im Weiteren der Fokus auf die Anreicherung von BIM-Modellen und der Erweiterung der Funktionalität gelegt, was zu Digitalen Zwillingen führt.

2.3.2 Digitaler Zwilling

Durch die Anreicherung eines BIM-Modells mit Informationen und weiteren Funktionen transitioniert es hin zu einem Digitalen Zwilling bzw. Digital Twin (DT). Das Arbeitssystem eines DT besteht aus drei Teilen: 1) physisches Objekt (bspw. Bestandsbauwerk mit Monitoring-System), 2) digitales Gegenstück (bspw. mit Daten und Funktionen angereichertes BIM-Modell), 3) Datenschnittstelle (automatisierte Auswertung und Übertragung der Daten zwischen physischem Objekt und digitalem Gegenstück) [168]. Durch diese automatische Synchronisierung vom physischen Objekt und vom digitalen Gegenstück kann bspw. die Arbeitssicherheit während des Bauprozesses gesteigert werden [169].

Verglichen mit anderen Industrien werden DTs im Bauwesen noch wenig erforscht und genutzt, wobei ein deutlicher Zuwachs in den letzten Jahren zu verzeichnen ist. Der DBV beschreibt in Heft 51 „Digitaler Zwilling – Strategie für den Bestandserhalt“ den Stand der Technik und sieht in DTs großes Potenzial für ökologische und ökonomische Erhaltungsstrategien [170].

In der Praxis wird der Begriff des Digitalen Zwillings nicht immer einheitlich verwendet. Im Gegensatz zu einem BIM-Modell wird von einem DT in der Regel eine gewisse Ausführbarkeit (bspw. von Funktionen wie Zustandsbewertungen) erwartet [171]. Als konkrete Vorteile eines DT gegenüber BIM werden bspw. das Erbringen von Nachweisen, die Unterstützung bei Entscheidungen und die Prognose des zukünftigen Zustandes genannt [172]. Da nicht jeder DT alle diese Vorteile mit sich bringt, wird zusätzlich nach verschiedenen BIM-Reifegraden unterschieden. Dabei werden folgende sechs Stufen definiert (in Anlehnung an [173]):

Level 0 – 2D-CAD mit Austausch über Papier oder PDF-Dateien und ohne zentrale Verwaltung und Kooperation

Level 1 – 2D/3D-CAD mit Austausch, zentraler Verwaltung und Kollaboration über Common Data Environment

Level 2 – 3D-BIM-Modell mit Möglichkeit von weiteren Informationsdimensionen (4D: Ablaufplanung, 5D: Kosten)

Level 3 – Digitaler Zwilling als BIM-Modell mit min. 6 Dimensionen (bspw. 6D: Lebenszyklusmanagement, 7D: Ökobilanzierung) als integrierte und kollaborative Prozessumgebung bspw. als Web-Anwendung oder interaktives Netzwerk

Level 4 – Digitaler Zwilling mit zusätzlicher Integration von Inspektionsdaten oder Monitoringsystemen

Level 5 – Digitaler Zwilling mit zusätzlicher Integration von datengetriebenen Simulationen und Prognosen (ggf. mit KI) als automatisiertes Entscheidungsunterstützungssystem

In einem Review werden die meisten (30 %) DT-Veröffentlichungen dem Facility Management und die zweitmeisten (24 %) dem SHM zugeordnet [174]. Ein SHM-DT-Konzept ist bspw. die Verknüpfung von Monitoring-Daten, BIM-Modellen und weiteren Dokumenten in einer Online-Plattform [175] und das anschließende Ableiten von Zustandsbewertungen und -prognosen [176]. Als Pilotprojekt sei die „smartBRIDGE“ [177] (Köhlbrandbrücke in Hamburg) genannt. Die Bestandsbrücke wurde digitalisiert und mit Sensorik bestückt, deren Messdaten automatisiert im Modell hinterlegt und ausgewertet werden [178, 179]. Aus den Analysen werden Zuverlässigkeitsindizes berechnet und kontinuierlich aktualisiert [179, 180].

Die gesichteten Projekte kombinieren SHM und BIM teilweise erfolgreich, allerdings sind die Konzepte in der Regel prototypisch bzw. proprietär und nicht praktisch übertragbar auf andere Anwendungsfälle und Objekte. Dementgegen zielt die vorliegende Arbeit auf die Entwicklung möglichst universell einsetzbarer Methoden mit Fokus auf Praktikabilität und Schnittstellenoffenheit ab. Damit möglichst viele Objekte und Planungsbüros geeignet für das entwickelte Konzept sind, wird im Weiteren anders als bei den vorgestellten Beispielen der Schwerpunkt nicht auf Monitoring-Systeme, sondern auf Inspektionsdaten (Level 4) nach dem Stand der Technik (vgl. Abschnitt 2.1.3.1) und die daraus resultierende Instandsetzungsplanung (Level 5) gelegt.

In Kapitel 3 werden die Methoden zur Implementierung der Diagnosedaten in BIM und in Kapitel 4 die abgeleiteten Zustandsprognosen beschrieben. Die resultierende Entscheidungsunterstützung bei der Instandsetzungsplanung wird in Kapitel 5 vorgestellt. Wesentliche Voraussetzung für die automatisierte Verknüpfung der zugrundeliegenden Daten und Prozesse ist die Interoperabilität selbiger.

2.3.3 Interoperabilität

Digitale Zwillinge haben den Anspruch, möglichst viel Funktionalität innerhalb eines Modells bereitzustellen. Darüber hinaus kann ein BIM-Modell auch mit externer Software verknüpft und um deren Funktionen erweitert werden. Als Beispiel sei die Kombination aus BIM und einer Brandsimulationssoftware genannt, um verschiedene Brandszenarien und Fluchtwege modellieren und somit den Brandschutz besser bei der Gebäudeplanung berücksichtigen zu können [181].

Diese sogenannte Interoperabilität beschränkt sich nicht auf Softwares, sondern kann auch auf Datenbanken und web-basierte Plattformen [182] ausgeweitet werden. So wurde bspw. eine Schnittstelle zwischen der ÖKOBAUDAT-Datenbank und BIM gefordert, um den Aufwand von BIM-basiertem LCA zu reduzieren [183]. Allerdings sind solche Schnittstellen alleine noch keine Garanten für Interoperabilität. In einer Studie zu BIM-basierter LCA in Kombination mit der ÖKOBAUDAT-Datenbank konnten lediglich 5,5 % der BIM-Objekte unmittelbar mit den zugehörigen Datensätzen verknüpft werden und 94,5 % der Objekte benötigten weitere Anpassungen [184]. Informationsverlust und Inkompatibilitäten bzw. mangelhafte Interoperabilität führen letztendlich zu Zeit- und Geldverlusten [185]. Entsprechend wird der Interoperabilität eine hohe Bedeutung für die zukünftige Entwicklung und Nutzung von BIM zugeschrieben, sodass der Thematik ganze Forschungsarbeiten gewidmet werden [185, 186, 187].

Durch die Verknüpfung verschiedener Softwares können nahezu beliebige Funktionen ergänzt und Anwendungsfälle abgebildet werden. Allerdings findet bei dem Wechsel von einem System ins andere oft ein Informationsverlust statt. Der womöglich signifikanteste Verlust ist die Kenntnis der Objektrelationen (räumlich) zueinander, die in der BIM-Software vorhanden ist, jedoch beim Datenexport bzw. dem Auslesen des Datensatzes außerhalb einer BIM-Umgebung zunächst verloren geht [188]. Daher wird die

Entwicklung eines einzelnen Systems angestrebt, das alle Funktionen und Informationen bündelt und IFC-konform weitergeben kann [189].

2.3.3.1 Datenformate

Jedes BIM-Element trägt gewisse Informationen, sogenannte Merkmale, welche das Bauteil definieren oder die Spezifikationen beschreiben. In der Regel werden diese Merkmale in der BIM-Autoren-Software in einem proprietären Dateiformat gespeichert. Das IFC-Format (Industry Foundation Classes) wurde von buildingSMART zur Interoperabilität entwickelt und ist standardisiert, (schnittstellen-)offen und das meistgenutzte Dateiformat für BIM-Modelle [190]. Beim Übertrag vom proprietären Dateiformat in das offene IFC-Format kann es jedoch zu Informationsverlust kommen, wenn die Merkmale nicht in das IFC-Muster passen. So konnten Informationen aus Monitoring-Systemen und Sensoren, die über Revit (Autodesk) in einem Modell implementiert wurden, nur teilweise auch als IFC-Datei exportiert werden [191]. Daher wird für eine einheitliche Datenkommunikation durch das buildingSMART Data Dictionary (bsDD) eine Art Wörterbuch für die gemeinsame Sprache in der BIM-gestützten Zusammenarbeit gegeben. Da auch das bsDD jedoch nicht alle nötigen Fälle abdeckt, wird die Verwendung eines (nationalen) Merkmalservers für die einheitliche Informationsübergabe vorgeschlagen [192].

Ein Review zur BIM-basierten Zustandsüberwachung benennt die Limitierung des IFC-Formates für das Auswerten und Austauschen von Messdaten und schließlich die Interoperabilität als eine der größten Herausforderungen für die aktuelle Forschung [193]. Trotz aller Einschränkungen von IFC ist es wohl als einziges standardisiertes und transparentes Dateiformat geeignet, um echte Interoperabilität zwischen verschiedenen Softwareumgebungen und Stakeholdern zu schaffen. Mit geeigneten Methoden können auch in IFC bislang ungenutzte Informationen verankert werden, wie bspw. die Temperatur und der Reifegrad von Betonbauteilen über mit Sensorik bestückte Schalungen [194]. Solche Funktionserweiterungen erfolgen in der Regel über eine Programmierschnittelle (API) und die Programmierung der gewünschten Funktionen.

2.3.3.2 Dynamo und Python

Interoperabilität kann zwischen mehreren Softwares geschaffen werden, indem sie jeweils bspw. mit IFC-Daten kompatibel sind und diese auslesen und bearbeiten können. Darüber hinaus kann Interoperabilität auch geschaffen werden, indem die Funktionen der jeweiligen Softwares über APIs gebündelt werden. Prinzipiell können fast alle Software-Operationen auch als Funktionen in einer Programmiersprache abgebildet werden, da letztendlich die Softwares lediglich grafische Benutzeroberflächen von darunterliegenden Programmierskripten sind. Eine in Wissenschaft und Technik weit verbreitete Programmiersprache ist Python, jedoch werden zunehmend visuelle Programmiersprachen entwickelt. Solche visuellen Programmiersprachen erfordern nicht die Erstellung von Quelltexten, sondern stellen grafische Elemente für Funktions-Knoten zur Verfügung, durch deren Verbindung Funktionsabläufe und somit Programme vergleichsweise intuitiv erstellt werden können. Intuitivität und steilere Lernkurven solcher visuellen Programmiersprachen führen zu zunehmender Verbreitung und Bedeutung für BIM-Entwicklungen.

Ein Review zur Nutzung visueller Programmierumgebungen bei Infrastrukturprojekten identifiziert Dynamo (Autodesk), eingebettet in Revit, als die am meisten verbreitete und genutzte Programmiersprache im Bausektor [195]. Dynamo kann vielseitig eingesetzt werden, bspw. um das BIM-Modell mit Sensordaten der Klimaüberwachung anzureichern [196], Behaglichkeit und Nutzerverhalten zu simulieren [197] oder bei der Planung von Erhaltungsmaßnahmen zu unterstützen [198].

In der vorliegenden Arbeit wird Dynamo primär verwendet, um Daten der Bauwerksdiagnose im BIM-Modell zu implementieren (siehe Kapitel 3). Darüber hinaus dient es als Schnittstelle für Python-Skripte, die Funktionen über den Umfang von Dynamo hinaus ermöglichen. In Kapitel 4 wird beschrieben, wie die Funktionalität von GeNIe über den Wrapper PySMILE in einem Dynamo-Skript implementiert und anschließend für Prognosen direkt in der BIM-Umgebung genutzt wird. Kapitel 5 erläutert die Implementierung von regelkonformen Diagnosedatenauswertungen und Instandsetzungsplanungen über Python-Skripte und Dynamo. Darüber hinaus wurden Skripte entwickelt, um die verschiedenen Analyseergebnisse vergrößert und koloriert im Modell darstellen und somit besser in situ bewerten zu können (siehe Abschnitt 6.4).

2.3.3.3 BIM in situ

Neben Schnittstellen zwischen verschiedenen Softwares wird auch zunehmend die Schnittstelle zwischen Mensch und Maschine bzw. digitaler und realer Welt erforscht und weiterentwickelt. Extended Reality (XR) beschreibt das Spektrum von physischer bis hin zu digitaler Realität und umfasst Augmented Reality (AR), Mixed Reality (MR) und Virtual Reality (VR). Während VR rein digitale Inhalte visualisiert, werden bei AR digitale Inhalte und reale Welt überlagert. MR vereint digitale und reale Inhalte und erlaubt, anders als bei AR, deren Interaktion miteinander. Durch XR kann eine Schnittstelle zwischen Mensch und BIM-Modell geschaffen und digitale Informationen in situ dargestellt und weiter angereichert werden. Die Einsatzmöglichkeiten sind dabei ebenso vielseitig wie die von BIM und DTs.

Als technische Grundlage von XR dienen in der Regel Handhelds wie Smartphones oder Tablets. Es werden aber auch Brillen und technisch erweiterte Bauhelme [199] speziell für diese Anwendung entwickelt. In jedem Fall findet eine optische Überlagerung von Realität und Modell statt. Über AR können dann bspw. Aufgaben ebenso wie Pfade zur nächsten Station eingeblendet werden [200]. Mittels MR können zusätzlich Elemente aus der physischen Realität in die digitale überführt werden. Diese Technologie kann bspw. die Bauwerksinspektion unterstützen, indem beobachtete Abplatzungen oder Risse automatisch von einer KI erfasst und vermessen werden [201].

Ein Review zu DTs und XR schlussfolgert, dass Bauwerksuntersuchungen prinzipiell durch die Darstellung von Inspektionsdaten über XR bereichert werden können [168]. In einer Probandenstudie stellte sich die AR-gestützte Inspektion als effektiver sowie zeitsparender gegenüber der konventionellen Herangehensweise heraus und die Probanden bevorzugten den AR-Ansatz und fühlten sich durch ihn entlastet [202]. Die angereicherten BIM-Modelle der vorliegenden Arbeit wurden ebenfalls mittels AR in situ visualisiert, siehe Abschnitt 6.4.

2.3.3.4 Verwendete Hard- und Software

Die entwickelte Methodik sollte reproduzierbar und mit so wenigen (proprietären) Softwares wie möglich umsetzbar sein. Darüber hinaus sollten die Anforderungen an die Hardware so gering wie möglich sein, damit keine besonders leistungsfähigen Geräte für die verschiedenen Operationen (insb. die Bayes'sche Inferenz mit hohem Rechenanspruch) erforderlich sind.

Bei der Bestands- und Zustandserfassung wurde die Messtechnik dem Stand der Technik entsprechend ausgewählt. Der Rechner war ein gewöhnlicher Büro-PC mit für BIM-Anwendungen vergleichsweise geringer Leistungsfähigkeit. Die verwendete Software ist in Tabelle 2.1 und die verwendete Hardware in Tabelle 2.2 aufgelistet. Die Versionsnummer entspricht jeweils dem zuletzt verwendeten Stand.

Tabelle 2.1: Verwendete Software

Software	Version	Entwickler	Verwendung
Punktwolkenverarbeitung			
Cyclone REGISTER 360	2021.1.2	Leica Geosystems	Import von Rohdaten der Laserscans und Export als E57-Dateien
ReCap	v.22.0	Autodesk	Bearbeitung und manuelle Vermessung von Punktwolken
CloudCompare	2.12 alpha	Open Source	Bearbeitung und Auswertung von Punktwolken
Building Information Modeling			
Revit	22.0.2.392	Autodesk	Erstellung und Bearbeitung von BIM-Modellen
BIMvision	2.26.2	Datacomp	Darstellung von IFC-Dateien und Einfärbung entsprechend der Objektparameter
VisualLive	3.5.40	Unity	in-situ-Darstellung der BIM-Modelle mittels AR
Datenauswertung			
GeNIe	Academic Version 4.0.2304.0	BayesFusion	Grafische Erstellung und Auswertung von Bayes'schen Netzen
Profometer Link	2.2	Proceq / Screening Eagle	Import von Rohdaten der Betondeckungs- und Potenzialfeldmessungen und Export als CSV-Dateien
Programmierung			
Dynamo	2.10.1.4002	Open Source / Autodesk	Visuelle Programmierung in Revit
Python	3.8.3	Python Software Foundation	Programmiersprache
CloudComPy	2.12	Paul Rascle and Daniel Girardeau-Montaut	Python-Wrapper für CloudCompare
PySMILE	2.0.8	BayesFusion	Python-Wrapper für GeNIe
Spyder	4.2.5	Open Source	Python-Entwicklungsumgebung

Tabelle 2.2: Verwendete Hardware

Hardware	**Ausführung**	**Hersteller**	**Verwendung**
		Rechner	
Prozessor	Core™ i5-10400 CPU @ 2.90 GHz	Intel®	u. a. Berechnung der Bayes'schen Netze und Implementierung der Diagnosedaten in BIM
Grafikkarte	UHD Graphics 630	Intel®	–
Festplatte	256 GB SSD	k.A.	–
Arbeitsspeicher	16 GB RAM	k.A.	–
		Messtechnik	
Laserscanner	RTC 360	Leica Geosystems	Erstellung der Punktwolken
Betondeckungs- und Potenzialfeldmessgerät	Profometer PM 650 + Corrosion	Proceq / Screening Eagle	Bauwerksdiagnose durch das Ingenieurbüro Raupach Bruns Wolff

3 Methodik zur digitalisierten Zustandserfassung

Die in dieser Arbeit behandelten Methoden zur digitalisierten Zustandserfassung und -bewertung wurden basierend auf einer Bauwerksdiagnose von einer Tiefgarage aus Stahlbeton (vgl. Abschnitt 2.1.3.1) entwickelt. Zusätzlich zu der Bauwerksdiagnose wurden Laserscans des Reallabors mit dem RTC 360 (Leica Geosystems) durchgeführt. Aus den Punktwolken wurde im Rahmen einer Masterarbeit mit Revit ein as-built-BIM-Modell abgeleitet. Dieses BIM-Modell wurde anschließend mittels Dynamo und Python sukzessive mit Informationen zum Ist-Zustand angereichert, um ein as-is-Modell zu erhalten.

Die konkrete Anreicherung des Reallabors, die Auswertung der Diagnosedaten sowie die abgeleiteten Zustandsprognosen und Handlungsempfehlungen werden in Kapitel 6 beschrieben. Zunächst sollen jedoch die dabei zugrundeliegenden und entwickelten Methoden vorgestellt werden. Dieses Kapitel befasst sich mit der Auswertung von Punktwolken hinsichtlich der Erfassung von Schadstellen als Erweiterung der Bauwerksdiagnose sowie der IFC-konformen Implementierung von Diagnoseergebnissen im BIM-Modell.

3.1 Punktwolkenbasierte Schadstellenanalyse

Beim untersuchten Bestandsbauwerk erfolgte die nachträgliche BIM-Modellierung anhand von Punktwolken, die zusätzlich zur Bauwerksdiagnose erstellt wurden. Bei der nachträglichen BIM-Modellierung wurden Geometrien wie Bauteiloberflächen idealisiert und unabhängig von der tatsächlichen Beschaffenheit als eben und schadfrei dargestellt. Punktwolken enthalten jedoch die Informationen über die tatsächlichen Geometrien und können daher genutzt werden, um Bauteilgeometrien präzise auszuwerten und hinsichtlich Schädigungen zu analysieren.

3.1.1 Manuelles Vermessen der Punktwolke

Die wohl technisch niederschwelligste Methode zum Auswerten von Punktwolken ist das manuelle Vermessen mittels entsprechender Werkzeuge der Punktwolken-Software. In Abbildung 3.1 sind (a) die herkömmliche und (b) die punktwolkenbasierte Vermessung einer Schadstelle gezeigt. Bei dem gezeigten Beispiel wurden Vermessungswerkzeuge der Punktwolken-Software Recap (Autodesk) verwendet, um die Höhe (121 mm), Breite (104 mm) und Tiefe (12,5 mm) der Schadstelle sowie den Durchmesser (5,8 mm) des freigelegten Bewehrungsstabes zu messen.

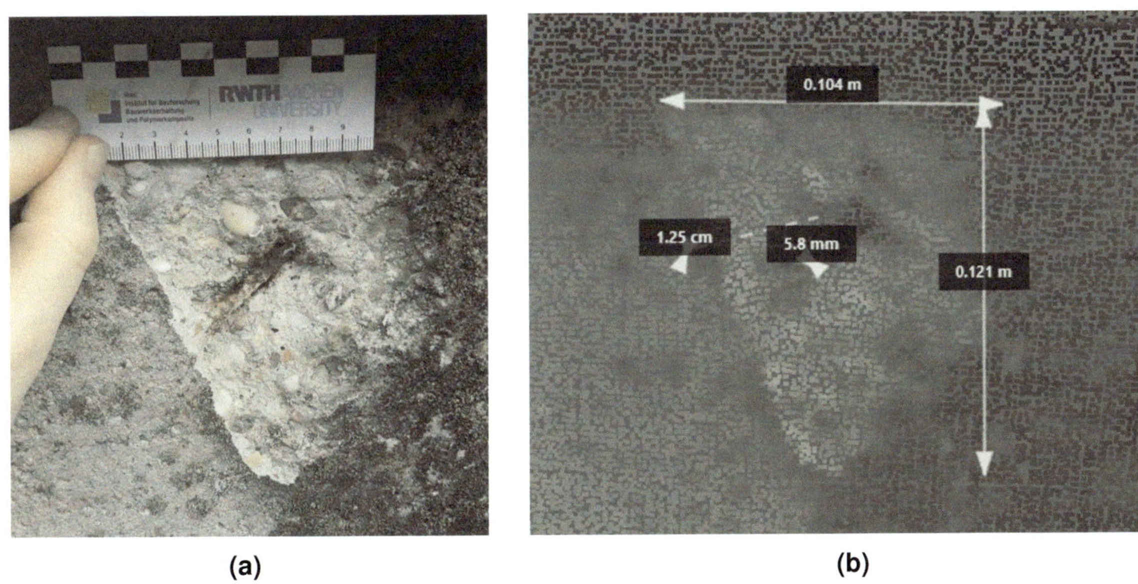

Abbildung 3.1: (a) Herkömmliche und **(b)** punktwolkenbasierte Vermessung einer Schadstelle

Gegenüber der herkömmlichen Herangehensweise hat die punktwolkenbasierte Vermessung den Vorteil, dass die Daten digital dokumentiert und räumlich verortet sind. Allerdings ist der Aufwand nicht wesentlich geringer und es wird eine Software benötigt. Da instandsetzungsbedürftige Bauten oft einige zu vermessende Schadstellen vorweisen, kann der Aufwand relativ hoch werden.

In Kapitel 2 wurde besprochen, dass Rentabilität eine wesentliche Voraussetzung für die Anwendung digitaler Methoden ist. Entsprechend sollte die punktwolkenbasierte Schadstellenanalyse effizienter gestaltet werden, um den Aufwand zu senken und somit die Rentabilität zu erhöhen. Durch die Verwendung von geeigneter Software lassen sich Punktwolken gezielt und großflächig auswerten.

3.1.2 Analyse mittels CloudCompare

Die Punktwolken-Software CloudCompare ist kostenlos, leistungsstark und wurde bereits in einigen Forschungsarbeiten (bspw. [203, 204, 205]) zur Auswertung und zum Vergleich von Punktwolken und Meshes verwendet. Durch Gegenüberstellungen von zwei Punktwolken oder einer Punktwolke und einem Mesh können Abweichungen detektiert und so ggf. Schadstellen identifiziert werden.

Der untersuchte Parkbau wies an einer Stelle starke Betonabplatzungen infolge von Bewehrungskorrosion auf. Aufgrund der Orientierung der Schadstelle lag die abgeplatzte Betondeckung jedoch noch in der Schadstellenmulde. Von dieser Schadstelle wurde vor und nach Entfernen des abgeplatzten Betons je eine Punktwolke anhand von drei Laserscans erstellt. Abbildung 3.2 zeigt (a) den verwendeten Laserscanner sowie (b) die Schadstelle vor und (c) nach Entfernen der abgeplatzten Betondeckung. Die Punktwolken wurden zugeschnitten, von parkenden Fahrzeugen bereinigt, auf einen Punktabstand von 1 mm reduziert und sind in Abbildung 3.3 dargestellt.

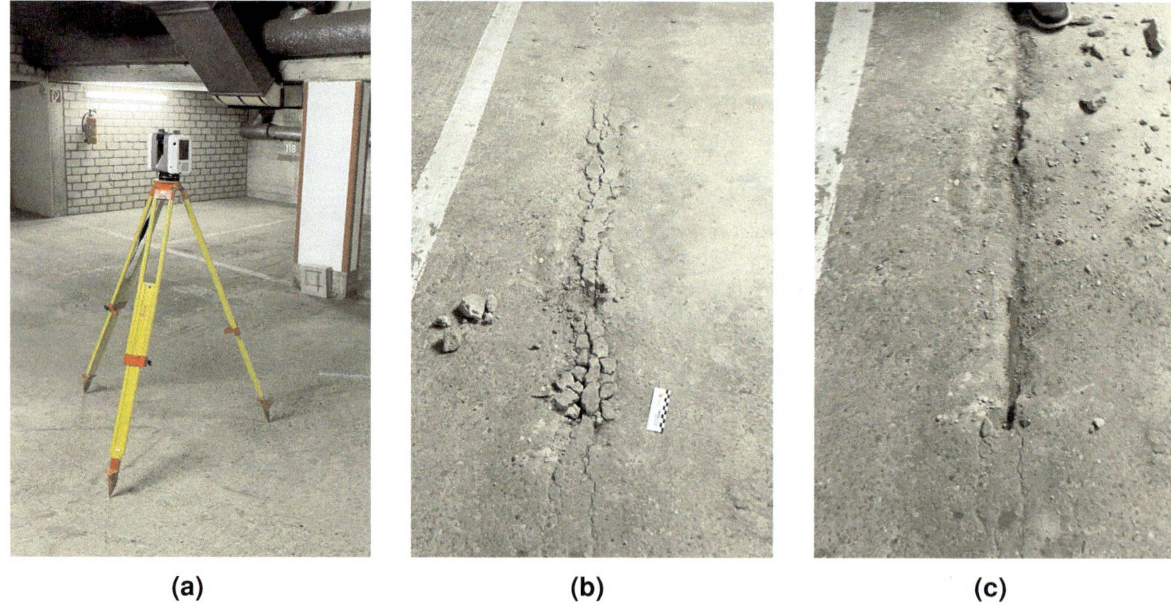

(a) (b) (c)

Abbildung 3.2: **(a)** Laserscanner Leica RTC360 **(b)** Schadstelle mit abgeplatzter Betondeckung **(c)** Schadstelle nach Entfernen der abgeplatzten Betondeckung (Copyright: Maverick Koller)

Anhand dieser Schadstelle werden im Folgenden gängige Methoden der Differenzanalyse („Cloud to Cloud" bzw. „Cloud to Mesh") sowie der eigens entwickelte Ansatz zur automatisierten Schadstellenanalyse demonstriert.

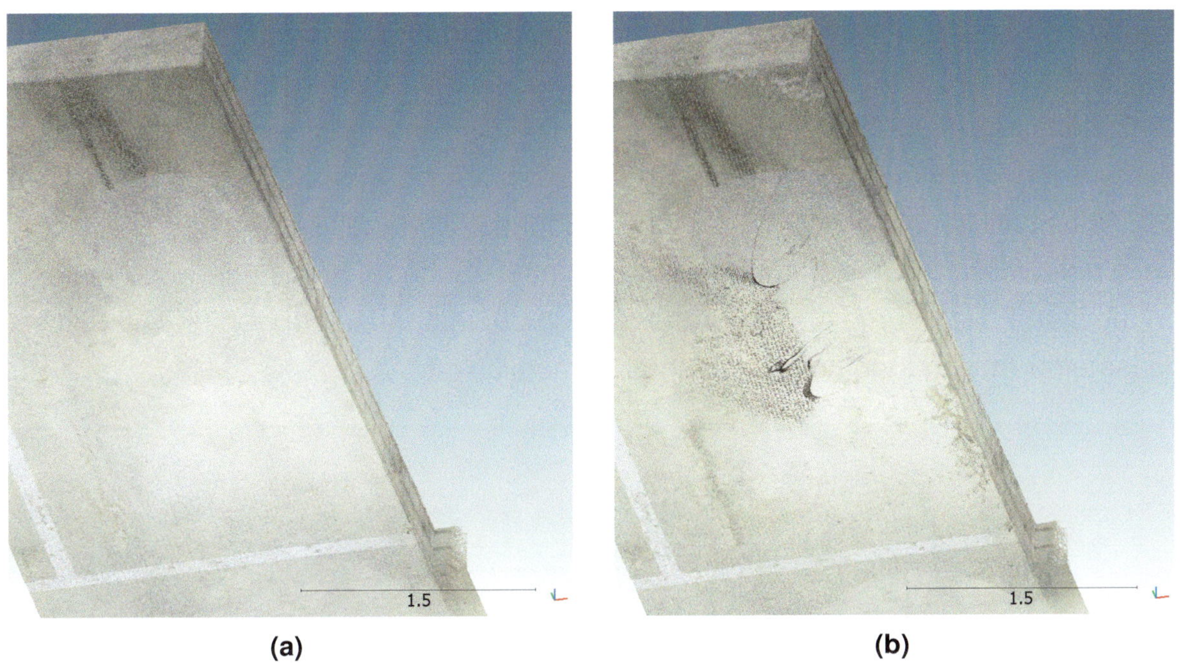

(a) (b)

Abbildung 3.3: Punktwolke der Schadstelle **(a)** vor und **(b)** nach Entfernen der abgeplatzten Betondeckung

3.1.2.1 Cloud to Cloud

CloudCompare verfügt über zwei Werkzeuge zum Vergleich von Punktwolken – „Cloud-to-Cloud-Distance" (C2C) und „Multiscale Model-to-Model Cloud Comparison" (M3C2). Für beide Methoden sind diverse (Fein-)Einstellungen möglich, auf die hier jedoch nicht weiter eingegangen werden soll. An dieser Stelle soll lediglich deren prinzipielle Eignung für die Analyse von Schadstellen im Kontext der Bauwerkserhaltung bewertet werden. Für weiterführende Erläuterungen zu C2C und M3C2 wird auf einschlägige Literatur verwiesen [203, 206].

Die Punktwolken aus Abbildung 3.3 wurden miteinander verglichen und die Ergebnisse der Differenzanalyse sind in Abbildung 3.4 für (a) C2C und (b) M3C2 für eine maximale Distanz von 5 cm gezeigt. In den Farblegenden sind die Abweichungen in m gegeben, sodass der Tiefpunkt der Schadstelle ~ 5 cm beträgt.

Abbildung 3.4a zeigt, dass die C2C-Analyse richtungsunabhängig die Abstände der Punktwolken ermittelt und somit nicht zwischen dem Fehlvolumen der Schadstelle und der am Rande des Parkplatzes angehäuften abgeplatzten Betondeckung unterscheidet. Für die Schadstellenanalyse ist lediglich das Fehlvolumen relevant und Erhöhungen wie bspw. Lichtschalter oder Feuerlöscher sollen nicht als Schaden erfasst werden. Entsprechend wird C2C im weiteren Verlauf als ungeeignet für die Schadstellenanalyse in diesem Kontext angenommen. Die Ergebnisse von M3C2 (siehe Abbildung 3.4b) zeigen eine Richtungsabhängigkeit, sodass die Schutthaufen am Rande des Parkplatzes ausgeblendet und lediglich die Abweichungen der Schadstelle dargestellt werden können. M3C2 ist außerdem präziser und robuster als C2C [203, 204, 205]. Prinzipiell könnte M3C2 daher für die Schadstellenanalyse geeignet sein, sofern zwei Punktwolken für die Zustände vor und nach Schadensentstehung vorliegen. In den meisten Fällen dürfte diese Voraussetzung bei Instandsetzungen nicht erfüllt sein, sodass eine Anwendung nur eingeschränkt möglich ist.

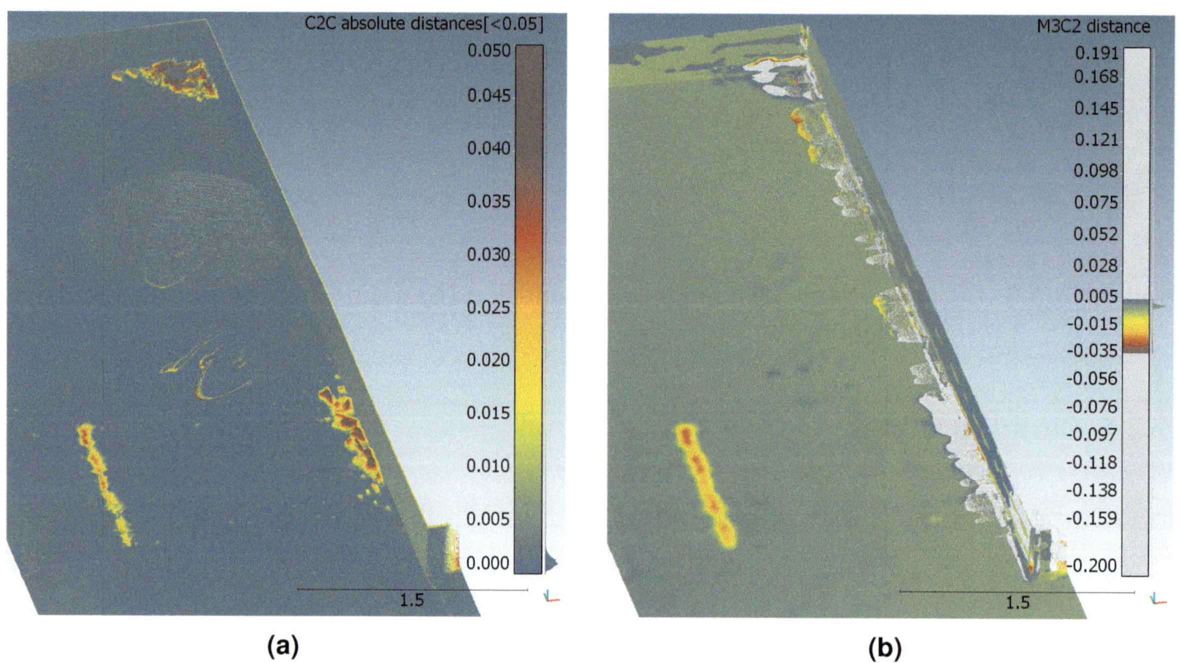

Abbildung 3.4: Ergebnisse der Differenzanalyse für **(a)** C2C und **(b)** M3C2

3.1.2.2 Cloud to Mesh

Liegt nur eine Punktwolke für den Zeitpunkt nach der Schadensentstehung vor, so kann die ursprünglich ungeschädigte Bauteiloberfläche durch ein Mesh approximiert werden. Wird eine entsprechend große Maschenweite eingestellt, können Fehlvolumina überbrückt und so relativ glatte Oberflächen erstellt werden. Mittels „Cloud-to-Mesh-Distance“ (C2M) können die Distanzen zwischen der Punktwolke und dem Mesh berechnet werden. In Abbildung 3.5 sind (a) das aus der Punktwolke abgeleitete Mesh und (b) die Ergebnisse der Differenzanalyse mittels C2M dargestellt.

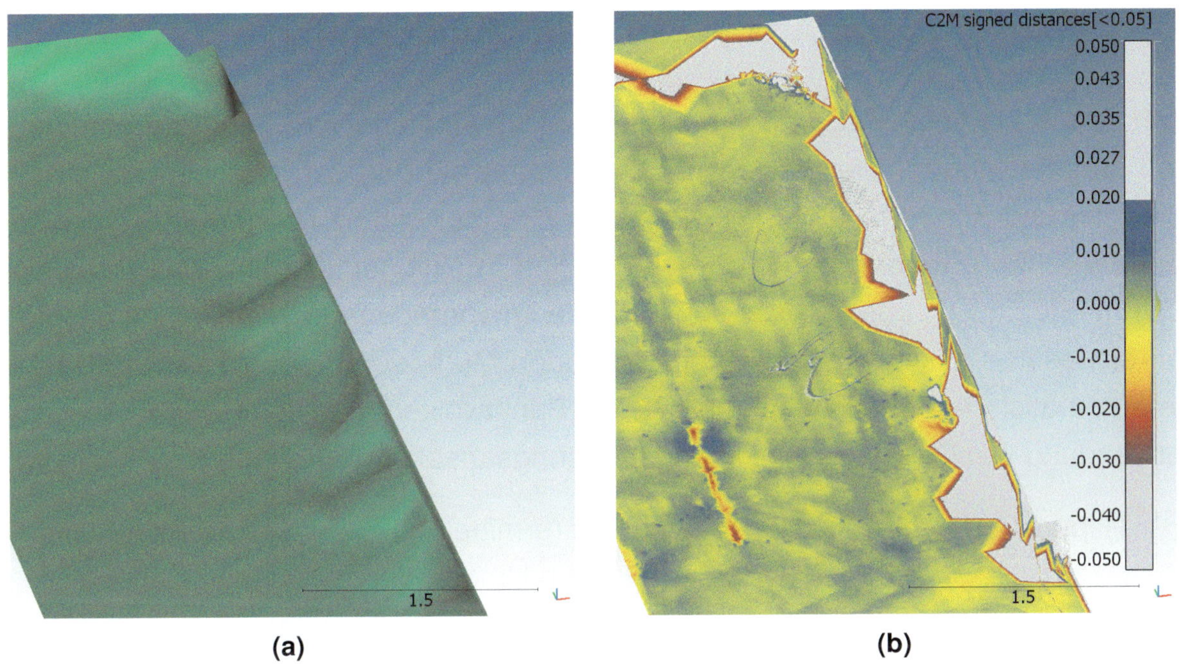

Abbildung 3.5: **(a)** Aus Punktwolke abgeleitetes Mesh **(b)** Ergebnisse der Differenzanalyse mittels C2M

Ähnlich wie C2C ist C2M nicht richtungsabhängig, sodass die zusätzlichen Volumina durch Schutt und Interpolationen (infolge der Mesh-Erstellung) zwischen Boden und Wand ebenfalls erfasst werden. Zur Übersichtlichkeit wurden lediglich Differenzen bis 3 cm dargestellt, weshalb die Kehle zwischen Wand und Boden in Abbildung 3.5b nicht dargestellt wird. Dieser Richtungsunabhängigkeit könnte entgegengewirkt werden, indem aus dem Mesh wieder eine Punktwolke generiert und diese dann mittels M3C2 verglichen werden würde. Wohingegen die Schadstelle selbst relativ präzise erfasst wird, birgt dieses Vorgehen das Risiko von Fehlanalysen durch das Glätten der Punktwolke. Dieses Glätten ist erforderlich, um eine „ursprüngliche“ Bauteiloberfläche zu approximieren, aber führt bei jeglichen Geometriesprüngen (Übergang zwischen Boden und Wand) zu starken Fehlannahmen, sodass eine Eignung für den vorliegenden Anwendungsfall zweifelhaft ist.

Bei korrekter Anwendung von bestehenden Methoden wie C2C, M3C2 oder C2M werden zwar die Differenzen relativ präzise ermittelt, allerdings erfolgt keine volumetrische Vermessung der Schadstelle. So können die Tiefen von Schadstellen ermittelt, aber keine baupraktischen Auswertungen (kleinstes umschließendes Rechteck, Volumenberechnung) durchgeführt werden. Um dennoch die durch die nachträgliche BIM-Modellierung vorliegenden Punktwolken für eine Schadstellenanalyse nutzen zu können, wurde ein automatisierter Ansatz entwickelt.

3.1.3 Automatisierte Analyse mittels CloudComPy

Über den Wrapper CloudComPy kann der Funktionsumfang von CloudCompare in Python genutzt werden. Dies ermöglicht die Automatisierung von Abläufen bei der Bearbeitung und Auswertung von Punktwolken. Darüber hinaus können die verschiedenen (Zwischen-)Ergebnisse mit weiteren Python-Funktionen kombiniert und so bspw. auch mathematisch ausgewertet werden. Wie im vorangegangen Abschnitt beschrieben erwiesen sich die zur Verfügung stehenden Methoden nicht als zweckmäßig für die automatisierte Schadstellenanalyse von Punktwolken. Infolgedessen wurde unter Verwendung von CloudComPy folgender Lösungsansatz programmiert:

1) punktweise die Oberflächenvariation (ermittelt aus den Eigenvektoren zu $\frac{\lambda_3}{\lambda_1+\lambda_2+\lambda_3}$ [207]) anhand der relativen Umgebung in Abhängigkeit eines Radius (hier 0,1 m) berechnen (siehe Abbildung 3.6a)
2) Grenzwert für Oberflächenvariation definieren, ab dem ein Schaden vorliegt (hier 0,002)
3) Punktwolke auf den geschädigten Bereich beschneiden bzw. alle Punkte mit einer Oberflächenvariation unterhalb des Grenzwertes entfernen (siehe farbiger Bereich in Abbildung 3.6b)
4) Punkte im Randbereich des Schadens ermitteln, indem die ursprüngliche Punktwolke so beschnitten wird, dass lediglich Punkte mit einer Oberflächenvariation gering unterhalb des Grenzwertes (hier 80 bis 100 % des Grenzwertes) enthalten sind
5) aus der Punktwolke des Randbereiches mit dem Facet-Plugin (weitere Informationen siehe [208]) eine ebene Facette approximieren (entspricht quasi der interpolierten, „ursprünglichen" Bauteiloberfläche)
6) Kontur der Facette ableiten (siehe rote Linie in Abbildung 3.6b)
7) zufällig 100 Punkte innerhalb der Kontur bestimmen (dient der späteren Implementierung in BIM, vgl. Abschnitt 3.2.4.1)
8) Richtungsvektor zwischen der Facette und dem Schwerpunkt der beschnittenen Punktwolke bestimmen
9) Transformationsmatrix aus Facette ermitteln und auf die Schadstellen-Punktwolke anwenden, sodass die Schadstellen-Punktwolke in der x-y-Ebene liegt und parallel zur z-Achse ausgerichtet ist.

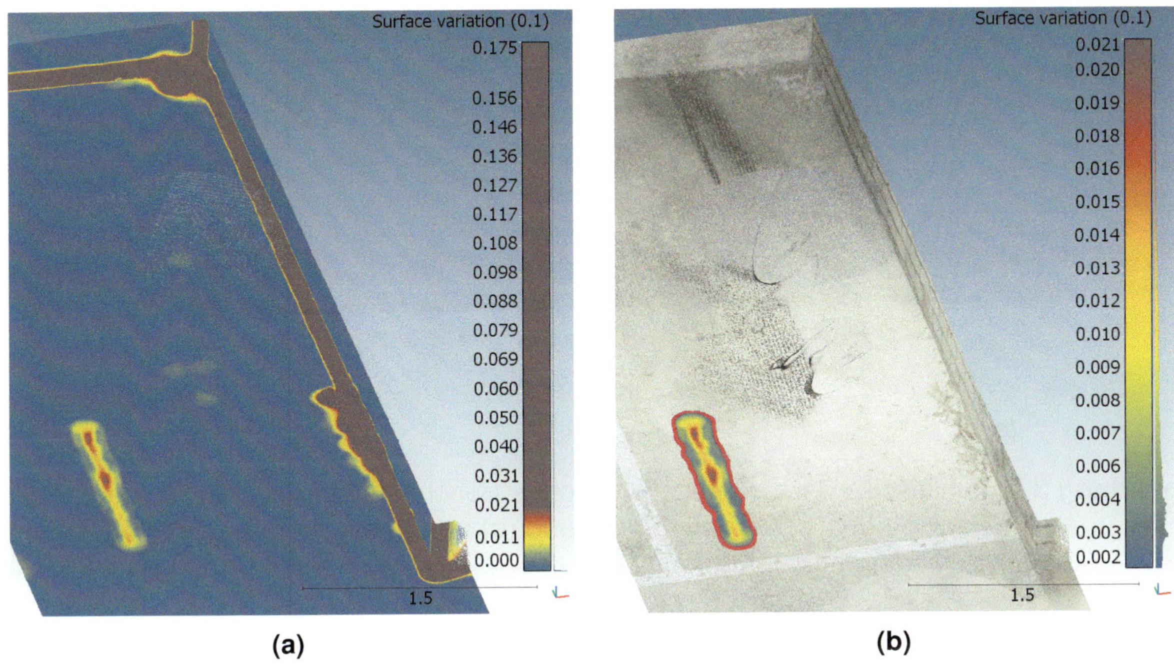

Abbildung 3.6: (a) Oberflächenvariation der Input-Punktwolke **(b)** Kontur der Facette der Schadstellen-Punktwolke

10) ggf. Punkte der Schadstellen-Punktwolke im orthogonalen Abstand einer Toleranzgrenze zur x-y-Ebene entfernen, sodass nur bestimmte Abweichungen als Schaden erfasst werden (bspw. (a) keine Toleranzgrenze / Beschneidung, (b) nur Punkte unterhalb der x-y-Ebene oder (c) nur Punkte weiter als 5 mm unter der x-y-Ebene, siehe Abbildung 3.7)
11) Berechnung von Länge, Breite, Tiefe, Fläche und Volumen dieser Punktwolke als komplexe Geometrie
12) Berechnung von Länge, Breite, Tiefe, Fläche und Volumen des kleinsten umschließenden Quaders
13) Export der Punktwolken, Konturen, Facetten und Analyseergebnisse als E57-, BIN-, PLY-, OBJ- und / oder CSV-Dateien

Der gesamte Prozess benötigt nur eine Punktwolke (nach Entstehen des Schadens) als Input und neben der Angabe der Grenzwerte / Toleranzen kein manuelles Zutun. Entsprechend der oben aufgeführten Nomenklatur (C2C, C2M) könnte dieses Vorgehen als automatisiertes Cloud-to-Facet (C2F) bezeichnet werden. Die Distanzberechnung erfolgt zwischen Punktwolke und Facette und nicht zwischen zwei Punkten (wie bspw. bei C2C), sodass die Ermittlung der Schadstellentiefe weniger abhängig von

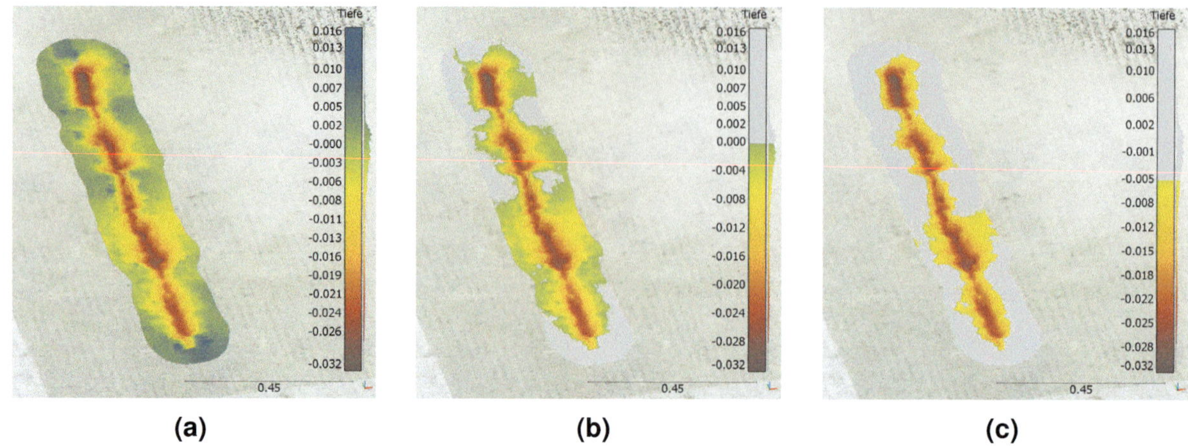

Abbildung 3.7: Punktwolke der Schadstelle **(a)** ohne Beschneidung, **(b)** nach Entfernen aller Punkte oberhalb der x-y-Ebene und **(c)** nach Entfernen aller Punkte mit einer Tiefe von weniger als 5 mm

den jeweiligen Punktdichten ist. Zusätzlich zu der Distanzberechnung erfolgt auch eine Berechnung von Schadstellenfläche und -volumen sowohl für die komplexe Geometrie als auch für den kleinsten umschließenden Quader („minimal bounding box" bzw. „minBB"). Die Ergebnisse der Schadstellenanalyse sind für die drei unterschiedlichen Toleranzgrenzen aus Abbildung 3.7 in Tabelle 3.1 gegeben.

Tabelle 3.1: Ergebnisse der Schadstellenanalyse für (A) keine Toleranzgrenze, (B) nur Punkte unterhalb der x-y-Ebene und (C) nur Punkte weiter als 5 mm unter der x-y-Ebene

Berechnungsart	**Parameter**	**Toleranzgrenze**			**Einheit**	$\frac{B-A}{A}$ **in %**	$\frac{C-A}{A}$ **in %**
		A	**B**	**C**			
kleinster Quader (minBB)	Länge	160,9	153,8	147,9	cm	-4,4	-8,1
	Breite	26,3	25,6	22,6	cm	-2,7	-13,9
	Tiefe	3,2	3,2	2,7	cm	0,0	-15,8
	Fläche	4227	3932	3346	cm^2	-7,0	-20,9
	Volumen	13.377	12.444	8915	cm^3	-7,0	-33,4
komplex	Fläche	3587	2834	1698	cm^2	-21,0	-52,7
	Volumen	2529	2555	2389	cm^3	1,0	-5,6
Einsparung komplex vs. minBB	Fläche	-15,1	-27,9	-49,2	%		
	Volumen	-81,1	-79,5	-73,2	%		

Das Volumen der komplexen Geometrie ist für Variante A niedriger als für Variante B, weil bei A manche Punkte oberhalb der x-y-Ebene liegen und somit negativ in das Volumen einfließen. Entsprechend werden Varianten B und C gegenüber A als sinnvoller erachtet. Die maximale Tiefe (minBB) ist bei C 0,5 cm geringer als bei A und B, weil der kleinste umschließende Quader nicht an die x-y-Ebene gebunden ist und bei Variante

C erst bei z = -5 mm beginnt. Entsprechend ist das Volumen (minBB) bei C deutlich geringer als bei B. Das Volumen der komplexen Geometrie wird jeweils gegenüber der x-y-Ebene ermittelt und ist somit weniger abhängig von der Toleranzgrenze. Dafür ist jedoch die Fläche (komplex) stärker abhängig von der Toleranzgrenze und ist bei Variante C 52,7 % geringer als bei Variante A.

In jedem betrachteten Fall sind Flächen und Volumina der komplexen Geometrie deutlich geringer als die des kleinsten Quaders. So wird bspw. für Variante B ein 79,5 % geringeres Volumen berechnet bei komplexer Betrachtung. Neben dem Vorteil einer automatisierten Schadstellenvermessung könnten somit auch präzisere Bedarfskalkulationen durchgeführt werden. Darüber hinaus sind manche Instandsetzungsverfahren bzw. -produkte nach TR IH nur bis zu bestimmten Flächen / Tiefen anwendbar. Eine präzisere Berechnung und teilweise signifikant kleinere Flächen könnten daher in manchen Fällen zur Anwendbarkeit von Verfahren / Produkten führen, die bei herkömmlicher Betrachtung nicht gegeben wäre.

Die im beschriebenen Lösungsansatz mittels CloudComPy benannten Voreinstellungen für die Grenzwerte und Parameter wurden empirisch ermittelt und müssen ggf. für andere Punktwolken / Schadstellen angepasst werden. Im betrachteten Bauwerk lag nur eine geeignete Schadstelle vor, sodass die punktwolkenbasierte Schadstellenanalyse noch an weiteren Punktwolken erprobt und weiterentwickelt werden sollte. Essenziell zur Detektion der Schadstelle ist die Betrachtung der Oberflächenvariation. Sollte das beschriebene Programm sich bei anderen Schadstellengeometrien als ungeeignet erweisen, könnten zusätzliche Abfragen und Einschränkungen hinsichtlich weiterer geometrischer Eigenschaften implementiert und bei der Analyse berücksichtigt werden. Das beschriebene Vorgehen soll lediglich demonstrieren, wie Punktwolken neben der as-built-Modellierung für die Zustandserfassung funktionalisiert werden können. Nach der as-built-Modellierung und Zustandserfassung erfolgt die as-is-Modellierung durch die Implementierung der Diagnoseergebnisse in BIM.

3.2 Implementierung der Bauwerksdiagnose in BIM

Im vorangegangenen Kapitel wurde beschrieben, wie durch die Anreicherung von BIM-Modellen mit Daten und Funktionen Digitale Zwillinge entstehen. In dieser Arbeit wird dabei der Fokus auf Level 4 und 5 der BIM-Reifegrade (vgl. Abschnitt 2.3.2) gelegt, also die Integration von Inspektionsdaten und Monitoringsystemen sowie von datengetriebenen Simulationen und Prognosen als automatisiertes Entscheidungsunterstützungssystem. In diesem Abschnitt werden die Methoden beschrieben, mit denen die Ergebnisse der Bauwerksdiagnose in BIM implementiert werden. Dabei wurden alle vorliegenden Untersuchungen betrachtet und jeweils mit einem eigenen Dynamo-Skript berücksichtigt. Bei der Implementierung müssen sowohl Informationsgehalt als auch räumliche Verortung erhalten bleiben.

Die Lokalisierung der jeweiligen Untersuchungen erfolgt auf der Baustelle in einem relativen Koordinatensystem, in der Regel ausgerichtet an Bauteilkanten. Weiterhin unterscheiden sich die Messverfahren an der Anzahl an relevanten Dimensionen, bspw. bei flächigen Messungen gegenüber punktuellen Untersuchungen. Entsprechend werden die verschiedenen Verfahren der Bauwerksdiagnose folgendermaßen eingeteilt und betrachtet:

1D-Messverfahren

- Carbonatisierungstiefe
- Druckfestigkeit
- Oberflächen- bzw. Haftzugfestigkeit
- tiefengestaffelter Chloridgehalt

2D-Messverfahren

- Korrosionswahrscheinlichkeit bzw. elektrochemisches Potenzial
- Risse
- Hohlstellen

3D-Messverfahren

- Schadstellen
- Betondeckung bzw. Bewehrungslage

4D-Messverfahren

- Monitoring-Systeme

Die verschiedenen Verfahren werden mit unterschiedlichen Geräten und / oder Methoden durchgeführt, sodass die Ergebnisse jeweils unterschiedlich formatiert vorliegen. Für eine möglichst schnittstellenoffene Arbeitsweise wurden daher die Rohdaten vor der Implementierung einheitlich formatiert.

3.2.1 Anforderungen an Input und Output

3.2.1.1 Eingangsdaten

Da die dieser Arbeit zugrundeliegende Bauwerksdiagnose vor Beginn der Forschungsarbeiten durchgeführt wurde, erfolgte während der Untersuchungen keine spezielle Aufbereitung der Daten hinsichtlich einer späteren BIM-Implementierung. Infolgedessen lagen die Ergebnisse als Texte, Bilder, Tabellen und proprietäre Dateien der Formate PDF, TXT, JPG, XLSX und PQM vor.

Für die Implementierung in BIM sollten möglichst wenige Zwischenschritte erforderlich sein. Allerdings kann Dynamo nicht jeden Dateityp einlesen und die Maschinenlesbarkeit ist essenziell für die angestrebte Automatisierung. Entsprechend wurden PDF-Dateien manuell in CSV- oder XLSX-Dateien überführt. Bei zukünftigen Bauwerksdiagnosen könnte dieser Schritt entfallen, indem die Daten direkt in einer maschinenlesbaren Tabelle eingegeben werden.

Die Betondeckungs- und Potenzialfeldmessungen wurden mit einem Profometer PM 650 + Corrosion (Proceq / Screening Eagle) durchgeführt, sodass die Datensätze über die Software Profometer Link weiterverarbeitet werden mussten. In dieser Arbeit wurden keine Operationen mit Profometer Link durchgeführt, außer die Daten als CSV-Dateien zu exportieren.

Einen Spezialfall bildeten die Rohdaten zur Verortung von Rissen und Hohlstellen, da diese manuell in Pläne eingezeichnet wurden. Die entsprechenden Informationen lagen als Bilddateien vor. Dennoch konnte eine Konvertierung in eine CSV-Datei erfolgen, dies wird näher in Abschnitt 3.2.3.2 erläutert. Auf diese Weise wurden die Diagnosedaten für einen automatisierbaren Import in BIM zur Verfügung gestellt.

3.2.1.2 IFC-konforme Anreicherung

Neben den Eingangsdaten sollte auch das angereicherte BIM-Modell schnittstellenoffen sein. Daher sollte die Implementierung so erfolgen, dass jegliche Informationen im IFC-Format erhalten bleiben. Da das IFC-Format einige Restriktionen mit sich bringt (vgl. Abschnitt 2.3.3.1), wurden entsprechende Revit-Familien für die zu implementierenden Datensätze erstellt. Diese Revit-Familien werden in den folgenden Abschnitten abgebildet und kurz beschrieben.

Jeder Familie wurden die jeweils benötigten Eigenschaften zum Speichern der entsprechenden Informationen hinzugefügt. Revit erlaubt den IFC-konformen Export von Revit-Eigenschaftssätzen, sodass die Eigenschaften der verschiedenen Objekte auch im IFC-Modell abrufbar sind. Zur besseren Übersichtlichkeit wurden die unterschiedlichen Familien als verschiedene IFC-Entitäten exportiert (bspw. IfcGrid, IfcBuildingElementProxy), worauf beim jeweiligen Verfahren hingewiesen wird.

3.2.2 Eindimensionale Messverfahren

„Eindimensional" bedeutet in diesem Kontext, dass die untersuchte Bauteileigenschaft punktuell ermittelt bzw. auf die Tiefe bezogen wird. Ein Bohrkern ist bspw. dreidimensional, die daran ermittelte Carbonatisierungstiefe ist jedoch eindimensional.

3.2.2.1 Bohrkernentnahme

Bohrkerne ermöglichen die Untersuchung verschiedener Bauteileigenschaften. In dieser Arbeit wurden Informationen zu Durchmesser (D), Länge (L), Entnahmedatum, Prüfdatum, Carbonatisierungstiefe, Druck- und Zugfestigkeit berücksichtigt und für verschiedene Messstellen in einer Excel-Tabelle wie in Tabelle 3.2 gegeben.

Tabelle 3.2: Eingangsdaten bei der Implementierung von Bohrkernen

Bauteilbezeichnung	**Distanz in m**		**Durchmesser in m**	...	**Carbonatisierungstiefe in mm**
	x	**y**			
W1	3,0	1,0	0,1	...	16
⋮	⋮	⋮	⋮	⋱	⋮

Jeder Zeile geht eine Bauteilbezeichnung vorweg, sodass für das betrachtete Bauteil bei einer Ausführung des Dynamo-Skriptes zur Implementierung jeweils alle vorliegenden Datensätze berücksichtigt werden können. Die Verortung des jeweiligen Bohrkerns erfolgt durch die Angabe einer Distanz zu einem relativen Nullpunkt (i. d. R. Bauteilecke) entlang einer x- und y-Achse (i. d. R. Bauteilkante). Für den Bohrkern in Tabelle 3.2 bedeutet dies bspw., dass er 3 m rechts von der linken Bauteilkante in einer Höhe von 1 m entnommen wurde.

Die jeweiligen x- und y-Achsen können durch Auswählen der Bauteilkanten in Revit an Dynamo übermittelt werden. Bei der Ausführung des Dynamo-Skriptes zur Implementierung fordert die Eingabemaske (siehe Abbildung 3.8a) folgenden Input:

Input über Eingabemaske

- Dateipfad zur Datentabelle angeben
- x-Achse auswählen
- y-Achse auswählen
- Bauteilbezeichnung eingeben

Anschließend erfolgen die Implementierung des Bohrkern-Objektes an der entsprechenden Stelle im betrachteten Bauteil (siehe Abbildung 3.8b) und die Anreicherung mit den vorliegenden Informationen (siehe Abbildung 3.8c). Das Bauteil-Objekt (Wand) muss keine spezifischen Bedingungen hinsichtlich der BIM-Parametrisierung erfüllen. Das Skript ist so geschrieben, dass es bauteilunabhängig das Bohrkern-Objekt entsprechend des lokalen Koordinatensystems rotiert und in Richtung der negativen z-Achse, also in das betrachtete Bauteil hinein, platziert.

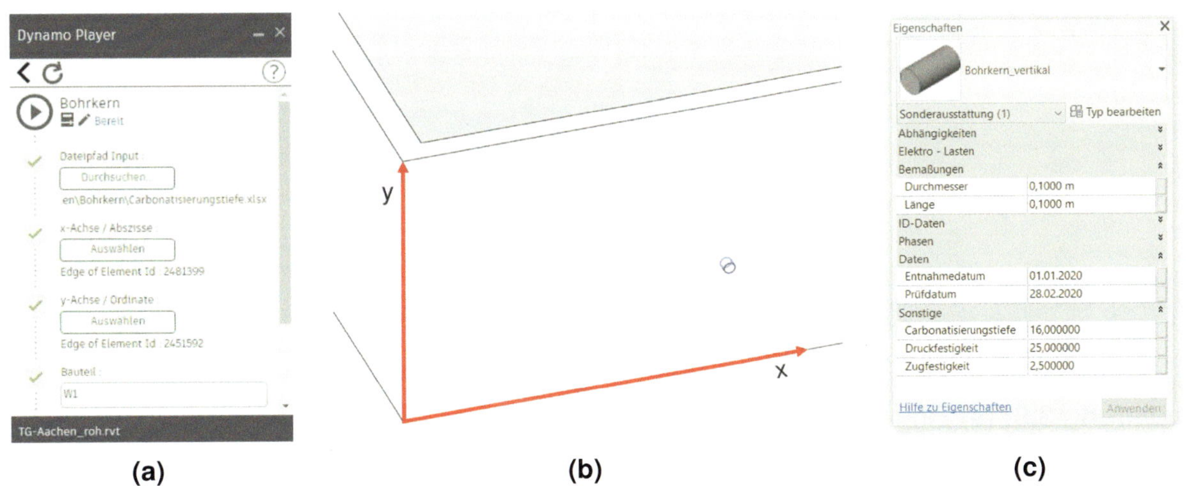

Abbildung 3.8: **(a)** Eingabemaske des Dynamo-Players **(b)** Implementierung in BIM **(c)** Eigenschaften eines Bohrkern-Objektes

In der aktuellen Ausführung ist das Skript auf horizontale und vertikale, ebene Flächen beschränkt, da ansonsten die Rotation des Bohrkern-Objektes nicht korrekt funktioniert. Diese Einschränkung gilt für alle folgenden Implementierungen, die Skripte könnten jedoch zukünftig für gewölbte oder geneigte Bauteile angepasst werden. Der IFC-Export der Bohrkern-Objekte erfolgt als IfcBuildingElementProxy.

3.2.2.2 Bohrmehlentnahme

Die Implementierung von Bohrmehlentnahmeproben erfolgt sehr ähnlich wie die der Bohrkernentnahme. Das entsprechende Dynamo-Skript fordert den gleichen Input (siehe Abbildung 3.9a), allerdings für eine beliebige Anzahl an Messtiefen. Für jeden Schritt des Tiefenprofils muss die jeweilige Schrittweite und der bestimmte Chloridgehalt gegeben werden. Anschließend erfolgt die Implementierung in BIM durch die Verordnung mehrerer zylindrischer Objekte hintereinander (siehe Abbildung 3.9b), jeweils angereichert mit Informationen zu Durchmesser, Länge / Schrittweite, Tiefe, Entnahme- und Prüfdatum, Chloridgehalt sowie Probenbezeichnung (siehe Abbildung 3.9c). Der IFC-Export der Chloridprofil-Objekte erfolgt als IfcBuildingElementProxy.

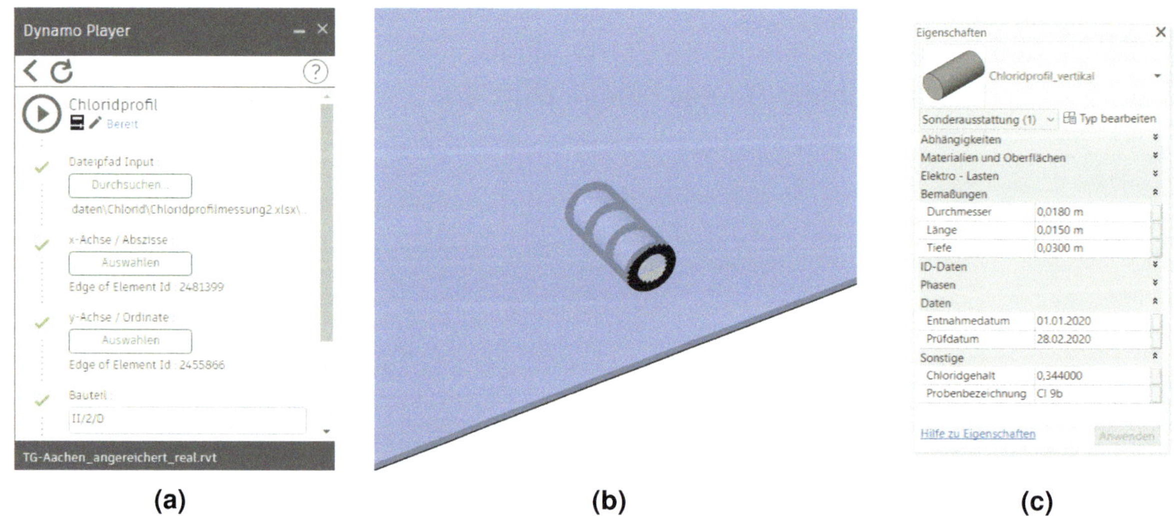

Abbildung 3.9: **(a)** Eingabemaske des Dynamo-Players **(b)** Implementierung in BIM **(c)** Eigenschaften eines Chloridprofil-Objektes

3.2.3 Zweidimensionale Messverfahren

Zweidimensionale Messverfahren sind in diesem Kontext flächige Untersuchungen. Neben der Potenzialfeldmessung zählen die Verortung von Hohlstellen und Rissen dazu. Auch wenn Risse vernachlässigbare Breiten und Tiefen für die geometrische Darstellung aufweisen, erfolgt die hier maßgebende Verortung im Raum durch die Angabe eines Start und Endpunktes in der zweidimensionalen x-y-Ebene.

3.2.3.1 Potenzialfeldmessung

Die Potenzialfeldmessung ist im Prinzip ein lineares Messverfahren, dass jedoch in der Regel in mehreren Bahnen ausgeführt wird und somit zu flächigen Untersuchungsergebnissen führt. Tabelle 3.3 zeigt beispielhaft Eingangsdaten einer solchen Messung. Bei der vorliegenden Untersuchung wurde in Laufrichtung (x) alle 10 cm ein Messwert aufgenommen und der Abstand zwischen zwei Bahnen (y) beträgt 25 cm.

Tabelle 3.3: Eingangsdaten bei der Implementierung von Potenzialfeldmessungen

Index		**Distanz in m**		**Potenzial in mV**
x	**y**	**x**	**y**	
1	1	0,00	0,00	-149
2	1	0,10	0,00	-148
3	1	0,20	0,00	-133
⋮	⋮	⋮	⋮	⋮
418	42	41,70	10,25	-57
419	42	41,80	10,25	-29
420	42	41,90	10,25	-56

Anders als bei den eindimensionalen Messverfahren wird die Potenzialfeldmessung in situ ggf. nicht anhand der Kanten des untersuchten Bauteils lokal verortet, sondern anhand der von anderen Bauteilen – bspw. kann sich der Nullpunkt bei einer Messung an einer Teilfläche der Bodenplatte als Fluchtpunkt der Kanten anderer Bauteile ergeben. Für die Implementierung in BIM mittels der entwickelten Dynamo-Skripte ist dies jedoch keine Einschränkung, es können weiterhin wie bei den eindimensionalen Verfahren die entsprechenden Kanten beliebiger Bauteile ausgewählt werden und das lokale Koordinatensystem wird entsprechend aufgespannt. Es muss lediglich noch nach Ausführen des Skriptes per Mausklick ein Punkt im ersten Quadraten der betrachteten Fläche ausgewählt werden, falls die gewählten Kanten im negativen x- bzw. y-Bereich liegen. Der Nullpunkt entspricht dann also dem Fluchtpunkt der Bauteilkanten und die Ausrichtung des lokalen Koordinatensystems entspricht der Wahl des ersten Quadranten. Bei der Ausführung des Dynamo-Skriptes fordert die Eingabemaske (siehe Abbildung 3.10a) folgenden Input:

Input über Eingabemaske

- Dateipfad zur Datentabelle angeben

- x-Achse auswählen
- y-Achse auswählen
- Laufrichtung wählen (in x- oder y-Richtung)
- Skalierung parallel und orthogonal zur Laufrichtung (de-)aktivieren
- bei aktivierter Skalierung Bauteilflächen als Raumbegrenzung auswählen

Während die Laufrichtung in den Eingangsdaten als x-Richtung definiert ist, kann dies im lokalen Koordinatensystem anders sein, sodass eine Auswahl der Laufrichtung möglich ist. Zusätzlich können die Werte skaliert werden, sodass die Messlänge exakt der Distanz bis zu einem auszuwählenden Bauteil entspricht. Unebenheiten führen oft zu Messlängen, die von der Luftlinie abweichen, was somit korrigiert werden kann.

In Abbildung 3.10b ist ein Potenzialfeld gezeigt, das so skaliert wurde, dass es exakt bis zu den angrenzenden Wänden reicht. Der Einfluss der Skalierung kann durch die Breite (10,25 cm) und Länge (23,94 cm) bzw. deren Abweichung von den ursprünglichen Schrittweiten (10 bzw. 25 cm) neben dem zugehörigen Potenzial den erstellten Potenzialfeld-Objekten entnommen werden, siehe Abbildung 3.10c. Der IFC-Export der Potenzialfeld-Objekte erfolgt als IfcGrid.

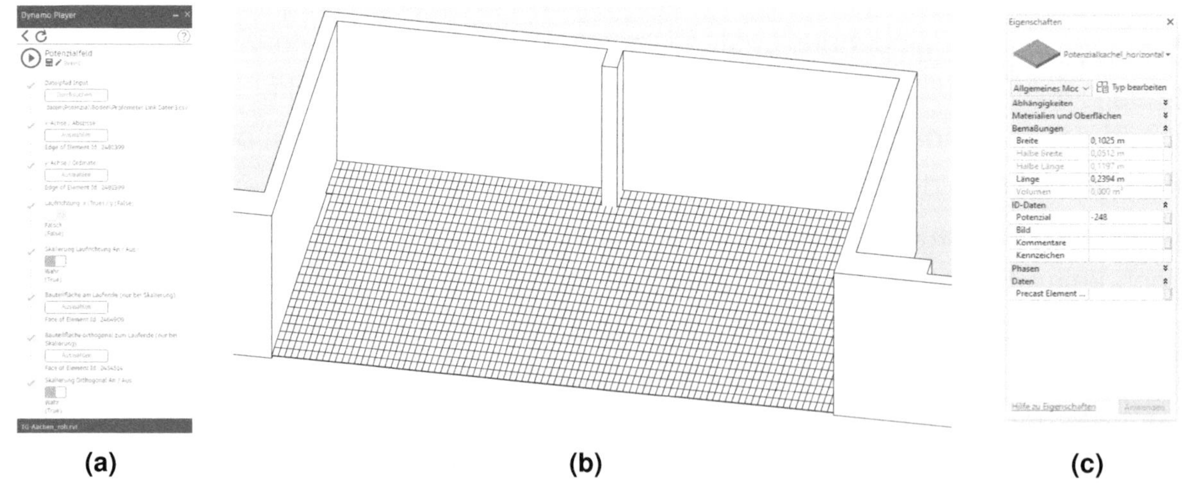

(a) (b) (c)

Abbildung 3.10: **(a)** Eingabemaske des Dynamo-Players **(b)** Implementierung in BIM **(c)** Eigenschaften eines Potenzialfeld-Objektes

3.2.3.2 Risse und Hohlstellen

In Abschnitt 2.3.3.3 wurde beschrieben, dass Risse mittels AR erfasst und ausgewertet werden können. Dies entspricht jedoch noch nicht dem Stand der Technik, sodass herkömmliche Bauwerksdiagnosen zur Risskartierung auf Bestandspläne und manuelle Zeichnungen zurückgreifen. Infolgedessen liegen die Daten nicht maschinenlesbar vor, sondern als Skizzen in einem Bild (vgl. Abbildung 2.16, Seite 21). Zur Aufbereitung solcher Kartierungspläne von Rissen und Hohlstellen wurde ein Programm geschrieben, das den Import von Bilddateien ermöglicht. In diesem Programm können die vier maßgeblichen Ecken der Hohlstellen sowie Start- und Endpunkt der Risse gewählt und anschließend als lokale Koordinaten in einem maschinenlesbaren Datensatz exportiert werden. Zur Transformation dieser lokalen Koordinaten müssen zusätzlich zwei senkrechte Bauteilkanten (bzw. Eckpunkte im 2D-Plan) ausgewählt werden. Bei der Implementierung in BIM werden in Revit dieselben zwei Bauteilkanten ausgewählt. Anschließend erfolgt automatisch eine Koordinatentransformation und die Datensätze werden passend skaliert und rotiert. Bei der Ausführung des Dynamo-Skriptes fordert die Eingabemaske (siehe Abbildung 3.11a) folgenden Input:

Input über Eingabemaske

- Dateipfad zur Datentabelle angeben
- 1. Bauteilkante auswählen
- 2. Bauteilkante auswählen
- Bauteilfläche auswählen, auf die die Risse und Hohlstellen projiziert werden sollen (bspw. Boden)

Anschließend erfolgt die automatische Erstellung von Hohlstellen- (Rauten) und Riss-Objekten (Linien), siehe Abbildung 3.11b. Während die Hohlstellen keine weiteren Informationen enthalten, können den Rissen Daten zur Rissbreite und -klasse hinzugefügt werden (siehe Abbildung 3.11c). Der IFC-Export der Riss- und Hohlstellen-Objekte erfolgt als IfcCovering.

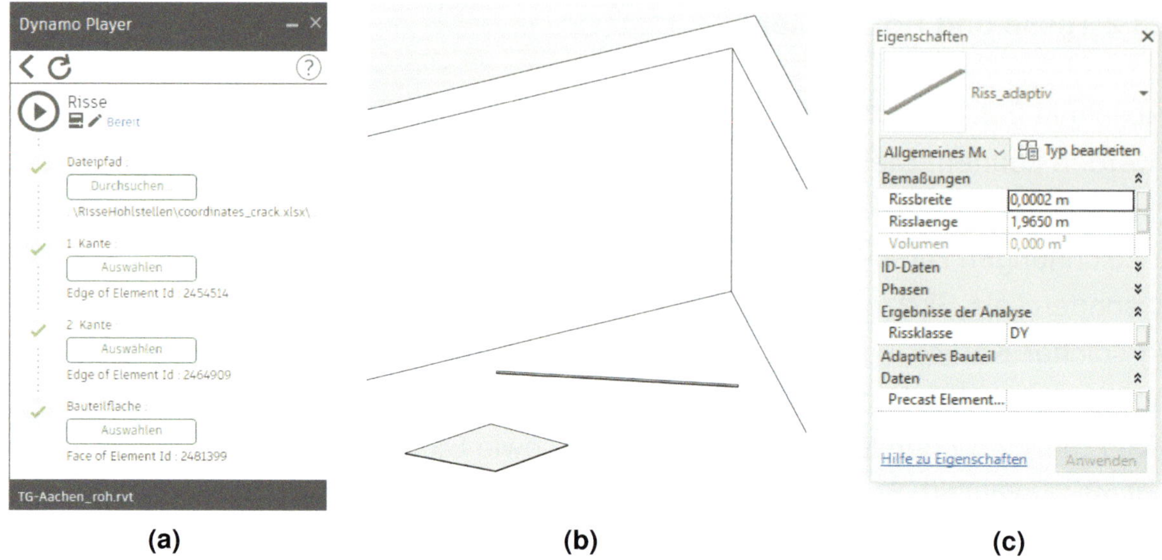

(a) (b) (c)

Abbildung 3.11: **(a)** Eingabemaske des Dynamo-Players **(b)** Implementierung in BIM **(c)** Eigenschaften eines Riss-Objektes

3.2.4 Dreidimensionale Messverfahren

Als dreidimensionale Messverfahren gelten in diesem Kontext Untersuchungen, deren Ergebnisse anhand von drei Raumrichtungen zu implementieren sind. Dazu gehören die Schadstellenanalyse wie in Abschnitt 3.1.3 beschrieben sowie Betondeckungsmessungen. Das Verfahren zur Messung der Betondeckung wird zwar zweidimensional durchgeführt, als Ergebnis muss jedoch ein Objekt in der entsprechenden Tiefe (dritte Dimension) positioniert werden.

3.2.4.1 Schadstellen

Durch die Implementierung von Schadstellen in einem as-built-Modell erfolgt sogenanntes Damage Information Modeling bzw. die Erstellung eines as-damaged-Modells [209]. In Abschnitt 3.1.3 wurde eine Schadstelle mittels Punktwolke analysiert und für die Implementierung in BIM vorbereitet. Der benötigte Datensatz liegt dadurch maschinenlesbar als CSV-Datei vor. Es bedarf lediglich noch einer Transformation der Koordinatensysteme. Dazu können in CloudCompare drei Bauteilflächen ausgewählt und deren Normalenvektoren als CSV-Datei exportiert werden. In einem separaten Dynamo-Skript können dann in Revit diese Normalenvektoren importiert, die zugehörigen drei Bauteilflächen ausgewählt und somit automatisch eine Transformationsmatrix erstellt und ebenfalls als CSV-Datei exportiert werden. Bei der Ausführung des

Dynamo-Skriptes fordert die Eingabemaske (siehe Abbildung 3.12a) folgenden Input:

Input über Eingabemaske

- Dateipfad zur Schadensanalyse angeben
- Dateipfad zur Transformationsmatrix angeben

Anschließend erfolgt die automatische Implementierung der Schadstelle (siehe Abbildung 3.12b) und die Anreicherung mit den zugehörigen Analyseergebnissen (komplexe Geometrie und kleinster umschließender Quader, siehe Abbildung 3.12c).

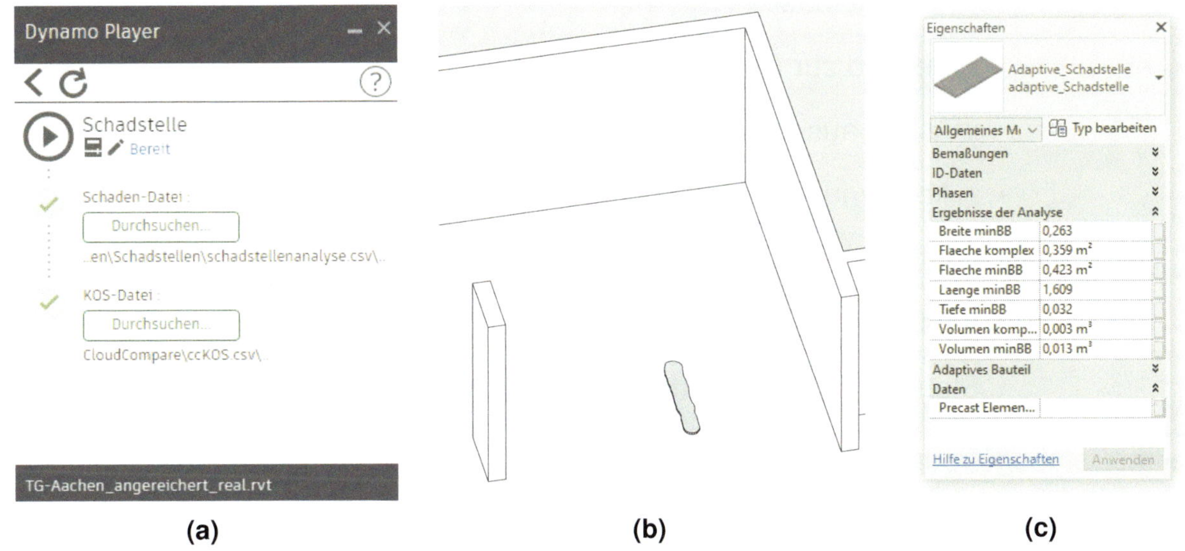

Abbildung 3.12: **(a)** Eingabemaske des Dynamo-Players **(b)** Implementierung in BIM **(c)** Eigenschaften eines Schadstellen-Objektes

Es ist möglich, das geschädigte Bauteil um die Geometrie der Schadstelle zu reduzieren. Der Schaden könnte also bspw. einen entsprechenden Hohlkörper in die Bodenplatte einbringen, siehe bspw. [210]. In der vorliegenden Arbeit wird der Schaden jedoch als temporäres Objekt verstanden, das primär der Dokumentation und übersichtlichen Darstellung dient. Daher platziert das hier entwickelte Dynamo-Skript den Schaden einige Zentimeter oberhalb des zugehörigen Bauteils, damit es bspw. noch über dem Potenzialfeld liegt und sichtbar bleibt bei gleichzeitiger Ansicht. Der IFC-Export der Schadstellen-Objekte erfolgt als IfcCovering.

3.2.4.2 Betondeckungsmessung

Die Betondeckungsmessung ist ein lineares Messverfahren, dass jedoch in der Regel kreuzweise und ggf. auch in mehreren Bahnen ausgeführt wird und somit zu flächigen

Untersuchungsergebnissen führt. Im Folgenden bezieht sich die Betondeckungsmessung auf Datensätze, die mittels induktiver Verfahren erstellt wurden. Für eine BIM-Implementierung von Bewehrungslagen aus GPR-Datensätzen wird auf [211] verwiesen. In Abhängigkeit des Stahlstabdurchmessers erfolgt eine Angabe der Betondeckung. Für die Implementierung in BIM wird ein entsprechendes Objekt in der Tiefe der Summe aus Betondeckung und dem halben Stabdurchmesser platziert. Bei der Ausführung des Dynamo-Skriptes zur Implementierung einzelner Betondeckung-Objekte fordert die Eingabemaske (siehe Abbildung 3.13a) folgenden Input:

Input über Eingabemaske

- Dateipfad zur Datentabelle angeben
- x-Achse auswählen
- y-Achse auswählen
- Laufrichtung wählen (in x- oder y-Richtung)
- Versatz orthogonal und parallel zur Laufrichtung eingeben
- Stabdurchmesser in mm eingeben

Bei maßstabsgetreuer Implementierung sind die erstellten Objekte teilweise sehr klein (siehe Abbildung 3.13b), daher wurden diverse Hilfsskripte zur Vergrößerung, Einfärbung und Projizierung auf die Bauteiloberfläche erstellt (siehe Abschnitt 6.4). Die implementierten Betondeckung-Objekte können neben der Betondeckung und dem Durchmesser auch den Bewehrungsgrad in cm^2/m enthalten (siehe Abbildung 3.13c). Da die Bauteilgeometrien ebenfalls in BIM abrufbar sind, könnte der Bewehrungsgrad auch in cm^2/m^2 berechnet werden.

Das Skript zur Implementierung wurde für den Spezialfall einer einzelnen Betondeckungsmessung um die vier Seiten einer Stütze herum erweitert. In dieser Variante des Skriptes können vier x-Achsen gewählt werden. Ein Algorithmus verortet solange die Messpunkte des Scans auf der Startseite des Bauteils, bis die erreichte Messstrecke der Breite der Bauteilseite entspricht. Dann erfolgt eine Translation und Rotation des lokalen Koordinatensystems, sodass es auf die folgende Bauteilseite ausgerichtet ist. Die nächsten Messpunkte werden auf der zweiten Bauteilseite verortet bis die Messstrecke der summierten Breiten der ersten und zweiten Bauteilseite entspricht. Es erfolgt eine erneute Koordinatensystemtransformation und der Prozess wird wiederholt, bis alle Messpunkte in den vier Stützenseiten implementiert wurden.

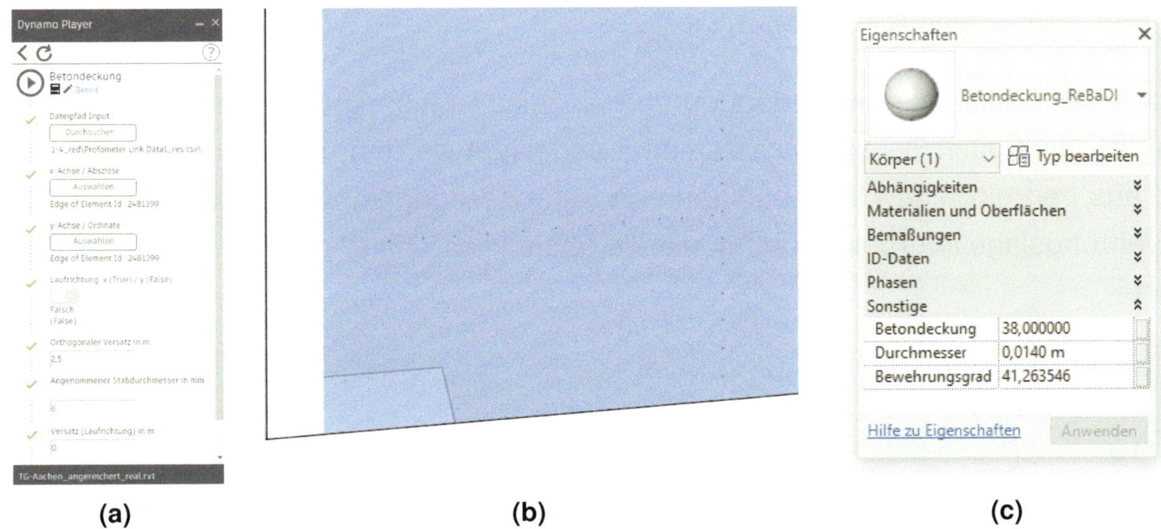

Abbildung 3.13: **(a)** Eingabemaske des Dynamo-Players **(b)** Implementierung in BIM **(c)** Eigenschaften eines Betondeckung-Objektes

Während aus einem einzelnen Scan lediglich als kugelförmige Objekte dargestellte Messpunkte vorliegen, können durch die kombinierte Betrachtung mehrerer paralleler Scans auch Bewehrungsstäbe interpoliert werden. Im Projekt „Ressourceneffiziente Bauwerkserhaltung durch digitale Innovationen (ReBaDI)“ im Rahmen des Zukunft Bau Pop-Up Campus 2022 wurde an einer Stahlbetonwand in einem Bürogebäude flächig die Betondeckung ermittelt. Anschließend wurden jeweils alle parallelen Scans gesammelt in einem Python-Skript verglichen, ausgewertet, in Abhängigkeit eines Toleranzbereiches transformiert und als CSV-Dateien exportiert. Bei der Ausführung eines separaten Dynamo-Skriptes zur Implementierung von Bewehrungseisen-Objekten fordert die Eingabemaske (siehe Abbildung 3.14a) folgenden Input:

Input über Eingabemaske

- Dateipfad zum Ordner der Datentabellen angeben
- x-Achse auswählen
- y-Achse auswählen
- Laufrichtung wählen (in x- oder y-Richtung)
- Bauteilfläche auswählen, in der die Bewehrung implementiert werden soll
- Bewehrungstyp wählen (Drop-Down-Menü mit der in Revit hinterlegten Auswahl)

- Sichtbarkeit (de-)aktivieren

Neben der punktuellen Hinterlegung von einzelnen Messpunkten der Betondeckung können somit auch Bewehrungselemente abgeleitet werden. In Abbildung 3.14b wurden aus den einzelnen Messpunkten von Betondeckungsmessungen die Punkte der Bewehrungslage interpoliert und somit die tatsächliche Lage der Bewehrung approximiert.

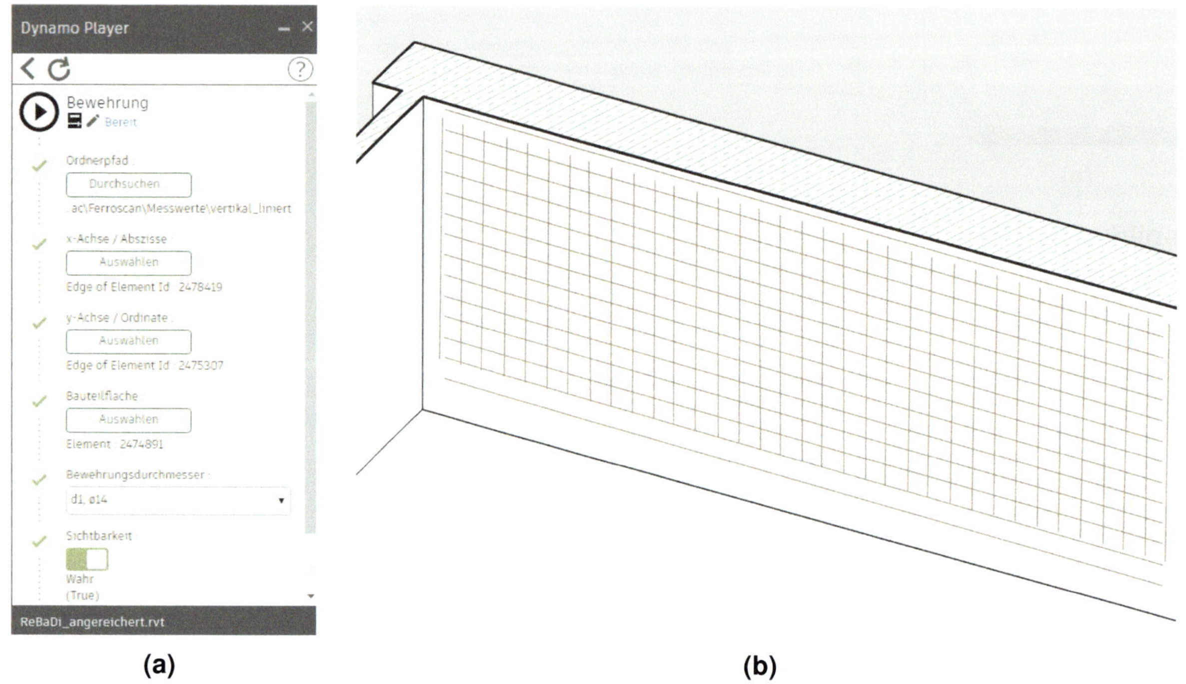

(a) (b)

Abbildung 3.14: (a) Eingabemaske des Dynamo-Players **(b)** Implementierung in BIM

Für solch eine flächige Implementierung von Bewehrungsmatten werden eine Vielzahl an parallelen Scans benötigt. Außerdem ist dieses Vorgehen fehleranfällig bei Bewehrungsstößen, Überlappungen, etc., sodass es noch weiterer Forschung für eine zuverlässige Anwendung bedarf. Daher und weil für den betrachteten Parkbau kaum parallele Scans vorliegen, werden im weiteren Verlauf dieser Arbeit lediglich Betondeckung-Objekte betrachtet. Diese Messpunktobjekte sind außerdem besser geeignet für eine Berechnung von charakeristischen Betondeckungen (siehe Abschnitt 5.2.2), da eine diskrete Stichprobe und keine stetigen Bewehrungsverläufe vorliegen. Der IFC-Export der Betondeckung- und Bewehrungseisen-Objekte erfolgt als IfcVirtualElement.

3.2.5 Vierdimensionale Messverfahren

Als vierdimensionale Messverfahren werden in diesem Kontext kontinuierliche Messungen bzw. Monitoring-Systeme verstanden. Entsprechende Datensätze können über Dynamo bspw. als XLSX- oder CSV-Datei eingelesen werden, allerdings ist ein BIM-Modell bzw. eine IFC-Datei derzeit nur eingeschränkt für Echtzeit-Anwendungen geeignet. Es ist möglich, Monitoringdatensätze automatisch beim Öffnen des Modells in Revit auszulesen und so jeweils den zum Startzeitpunkt aktuellen Stand im Modell zu hinterlegen [191]. Da im betrachteten Parkbau kein Monitoring-System installiert ist, wurde kein entsprechendes Objekt im Modell implementiert. Allerdings ermöglichen weitere Dynamo-Skripte zur Auswertung der Diagnosedaten (siehe Abschnitt 5.2.2) den Import von Monitoring-Datensätzen. Für eine spätere Anwendung ohne Revit und nur mit einem IFC-Modell als Grundlage könnten die IFC-Dateien kontinuierlich mittels Python (ggf. unter Einbeziehung von IfcOpenShell) aktualisiert werden.

4 Zeitlich und räumlich aufgelöste Zustandsprognosen

Nach der Anreicherung von BIM-Modellen mit maschinenlesbaren Diagnosedaten können diese Informationen zur Zustandsbewertung sowie zur Kalibrierung von Schädigungsmodellen genutzt werden. Mit diesen Schädigungsmodellen können die Zustände für beliebige Zeitpunkte prognostiziert werden. Da die Daten der Bauwerksdiagnose den jeweiligen Bauteilen zugeordnet werden können, erfolgen diese Prognosen zusätzlich in einem räumlichen Kontext. Im Folgenden werden Bayes'sche Netze für die Kalibrierung der Schädigungsmodelle genutzt. Wie in Abschnitt 2.2.3 beschrieben führt dies zu robusten und transparenten, jedoch rechenleistungs- und somit zeitintensiven Kalibrierungen. Bei der Erforschung und Entwicklung der in dieser Arbeit vorgelegten Methoden war ein übergreifendes Ziel deren Praktikabilität. Entsprechend sollte der entwickelte Ansatz möglichst vollständig in einer BIM-Umgebung auszuführen sein und weder die erforderliche Softwarekompetenz noch die benötigte Bearbeitungszeit wesentlich erhöhen. Infolgedessen wurde die Erstellung und Auswertung der Bayes'schen Netze automatisiert und signifikant beschleunigt.

4.1 Automatisierung der Bayes'schen Inferenz

Zur Automatisierung der Bayes'schen Inferenz wurde die Software GeNIe bzw. der zugehörige Python-Wrapper PySMILE genutzt. Prinzipiell ließe sich die Bayes'sche Inferenz auch ohne zusätzliche Software in Python umsetzen, allerdings erlaubt die Verwendung von PySMILE den Export von XDSL-Dateien und deren anschließende grafische Visualisierung in GeNIe. Auf diese Weise können die verschiedenen Prozesse transparent und nachvollziehbar abgewickelt und die Analyseergebnisse dauerhaft nutzbar gemacht werden. Dies soll Akzeptanz und Vertrauen in die Verwendung von künstlicher Intelligenz (vgl. Abschnitt 2.2.3) bei Zustandsbewertungen gewährleisten. Zur Beschleunigung oder Entkopplung von proprietärer Software könnten zukünftig auch Python-Bibliotheken wie PyTorch oder pomegranate genutzt werden.

4.1.1 Komprimierung der Schädigungsmodelle

In der ursprünglichen Beschreibung der fib-Modelle sind mehrere Ebenen von Modellparametern und deren Berechnungsarten gegeben, vgl. Abschnitt 2.2.1 bzw. Formeln 2.3 bis 2.9 und Formeln 2.11 bis 2.14. Da der Rechenaufwand der Bayes'schen Inferenz exponentiell mit der Anzahl an Zufallsgrößen steigt [132], sollten Bayes'sche Netze mit möglichst wenigen Knoten erstellt werden. Entsprechend wurden die Schädigungsmodelle komprimiert, sodass alle Knoten mit nur einer Kante vom Zielknoten (Carbonatisierungstiefe bzw. Chloridgehalt in bestimmter Tiefe) entfernt sind.

In Formel 4.1 ist das komprimierte Modell für Carbonatisierung gegeben. Da als Reallabor eine Tiefgarage betrachtet wird, wurde für die niederschlagsabhängigen Modellparameter $ToW = p_{SR} = 0$ angenommen, sodass die Witterungsfunktion (vgl. Formel 2.8, Seite 29) mit $W(t) = 1$ unberücksichtigt bleibt. Der Übertragungsparameter für Ausführungsqualität k_c zur Berücksichtigung der Nachbehandlungsdauer wurde, da diese unbekannt ist, ebenfalls nicht übernommen.

$$d_k(t) = \sqrt{2 \cdot \left[\frac{1 - \left(\frac{RH_{ist}}{100}\right)^{f_e}}{1 - \left(\frac{RH_{ref}}{100}\right)^{f_e}} \right]^{g_e} \cdot \left(k_t \cdot R_{ACC,0}^{-1} + \varepsilon_t\right) \cdot C_S \cdot \sqrt{t}} \tag{4.1}$$

$d_k(t)$: Carbonatisierungstiefe zum Zeitpunkt t in mm

RH_{ist} : relative Luftfeuchtigkeit in der carbonatisierten Randschicht des Betons in %

RH_{ref} : relative Referenzluftfeuchtigkeit in %

f_e : Exponent

g_e : Exponent

k_t : Regressionsparameter

$R_{ACC,0}^{-1}$: inverser effektiver Carbonatisierungswiderstand von trockenem Beton, bestimmt zum Zeitpunkt t_0 mit der Schnellcarbonatisierungsmethode ACC, in $\frac{\mathrm{mm}^2/\mathrm{a}}{\mathrm{kg/m}^3}$

ε_t : Errorterm zur Berücksichtigung prüftechnisch bedingter Fehler in $\frac{\mathrm{mm}^2/\mathrm{a}}{\mathrm{kg/m}^3}$

C_S : CO_2-Konzentration der Umgebungsluft in kg/m^3

t : Beaufschlagungsdauer in a

Das komprimierte Modell für Chlorideintrag ist in Formel 4.2 gegeben.

$$Cl(x,t) = Cl_{\Delta x} \cdot \left[1 - \operatorname{erf}\left(\frac{x - \Delta x}{2 \cdot \sqrt{\exp\left[b_e\left(\frac{1}{T_{ref}} - \frac{1}{T_{ist}}\right)\right] \cdot D_{RCM,0} \cdot \left(\frac{t_0}{t}\right)^a \cdot t}}\right)\right] \tag{4.2}$$

$Cl(x,t)$: Chloridgehalt des Betons in der Tiefe x zum Zeitpunkt t in M.-%

$Cl_{\Delta x}$: Chloridgehalt des Betons in der Tiefe Δx in M.-%

erf : Fehlerfunktion

x : Eindringtiefe in mm

Δx : Eindringtiefe, die durch intermittierenden Chlorideintrag vom Fick'schen Verhalten abweicht, in mm

b_e : Regressionsparameter in K

T_{ref} : Referenztemperatur in K

T_{ist} : Bauteiltemperatur in K

$D_{RCM,0}$: Chloridmigrationskoeffizient von wassergesättigtem Beton, bestimmt zum Zeitpunkt t_0 mit der Testmethode RCM, in mm^2/a

t_0 : Referenzzeitpunkt in a

t : Betonalter in a

a : Altersexponent

4.1.2 Startwerte und Grenzen

Zur Erstellung der Bayes'schen Netze werden neben den Modellen auch Startwerte (a priori) und Grenzen für die verschiedenen Zufallsgrößen bzw. Knoten, die mittels Bayes'scher Inferenz kalibriert werden sollen, benötigt. Der Betonkalender 2011 nennt statistische Parameter für die Fälle der Carbonatisierung einer Bauwerksfassade und den Chlorideintrag bei Stützen einer Tiefgarage [212]. Diese Werte sind in den Tabellen B.1 und B.2, Seiten B 1 und B 2, gegeben und werden im Weiteren als a-priori-Werte angenommen. Für die zu kalibrierenden Zufallsgrößen sind die statistischen Parameter und Momente in Tabellen 4.1 und 4.2 gegeben. Abweichend von den Angaben in Tabelle B.1 wurde RH_{ist} in Tabelle 4.1 als Beta-Verteilung (vgl. Abschnitt 2.2.1.3) implementiert (Mittelwert und Standardabweichung bleiben dabei unverändert). Es wurde angenommen, dass kein CO_2-Konzentrationszuwachs durch zusätzliche CO_2-Emissionen vorliegt und das Bauwerksalter zum Zeitpunkt der Untersuchung („Gegenwart") 45 a beträgt.

Tabelle 4.1: Statistische Parameter und Momente (a priori) der zu kalibrierenden Zufallsgrößen bei Carbonatisierung

Parameter	Verteilung	Mittelwert	Standardabweichung	Schiefe	Einheit
RH_{ist}	Beta (7,44; 2,35)·100	75,95	12,95	-0,684	%
k_t	Normal (1,25; 0,35)	1,249	0,351	0,018	–
$R_{ACC,0}^{-1}$	Normal (4226; 1640)	4242	1611	0,070	$\frac{\mathrm{mm}^2/\mathrm{a}}{\mathrm{kg}/\mathrm{m}^3}$
ε_t	Normal (315,5; 48,0)	315,6	47,7	-0,002	$\frac{\mathrm{mm}^2/\mathrm{a}}{\mathrm{kg}/\mathrm{m}^3}$
C_S	Normal (0,00082; 0,00010)	0,00082	0,00010	-0,008	kg/m^3

Tabelle 4.2: Statistische Parameter und Momente (a priori) der zu kalibrierenden Zufallsgrößen bei Chlorideintrag

Parameter	Verteilung	Mittelwert	Standardabweichung	Schiefe	Einheit
$Cl_{\Delta x}$	Lognormal (0,45; 0,65)	1,752	1,001	0,966	M.-%
Δx	Beta (1,898; 8,766) · 50	8,867	5,576	0,900	mm
b_e	Normal (4800; 700)	4799	699	-0,012	K
T_{ist}	Normal (283,15; 3,00)	283,17	3,01	-0,005	K
$D_{RCM,0}$	Normal (60,0; 12,6)	60,12	12,61	0,023	mm^2/a
a	Beta (4,075; 9,508)	0,300	0,119	0,411	–

Zur Diskretisierung der Zufallsgrößen (vgl. Abschnitt 2.2.3) werden Intervallgrenzen benötigt. Die angenommenen Intervallgrenzen sind in Tabellen 4.3 und 4.4 für Carbonatisierung und Chlorideintrag gegeben.

Tabelle 4.3: Intervallgrenzen der zu kalibrierenden Zufallsgrößen bei Carbonatisierung

Parameter	Untergrenze	Obergrenze	Einheit
RH_{ist}	0	100	%
k_t	0	5	–
$R^{-1}_{ACC,0}$	0	20.000	$\frac{\mathrm{mm}^2/\mathrm{a}}{\mathrm{kg}/\mathrm{m}^3}$
ε_t	1	1000	$\frac{\mathrm{mm}^2/\mathrm{a}}{\mathrm{kg}/\mathrm{m}^3}$
C_S	0	0,01977	kg/m^3

Tabelle 4.4: Intervallgrenzen der zu kalibrierenden Zufallsgrößen bei Chlorideintrag

Parameter	Untergrenze	Obergrenze	Einheit
$Cl_{\Delta x}$	0	5	M.-%
Δx	0	50	mm
b_e	0	10.000	K
T_{ist}	233,15	333,15	K
$D_{RCM,0}$	0	200	mm^2/a
a	0	1	–

Mit den Informationen aus Tabellen 4.1 bis 4.4 sowie den Formeln 4.1 und 4.2 können Bayes'sche Netze erstellt werden.

4.1.3 Erstellung der Bayes'schen Netze

Prinzipiell ließen sich die Bayes'schen Netze auch manuell erstellen und anschließend über die Kombination aus Dynamo mit Python und PySMILE in die BIM-Umgebung (Revit) importieren. Zur Erhöhung der Praktikabilität sowie der Reduzierung möglicher Fehlerquellen wurde die Erstellung der Bayes'schen Netze jedoch automatisiert und für eine BIM-Implementierung aufbereitet. Quelltext 4.1 zeigt die Erstellung eines Bayes'schen Netzes mit PySMILE.

Quelltext 4.1: Erstellung eines Bayes'schen Netzes mit PySMILE

```
"""
Funktion: SMILE importieren und Bayes'sches Netz erstellen
"""

import pysmile

net =pysmile.Network()
```

Dieses Netz ist zunächst leer, sodass die benötigten Knoten hinzugefügt werden müssen. GeNIe bzw. SMILE unterscheiden zwischen verschiedenen Arten von Knoten, bspw. Knoten für Boole'sche Operationen oder zur Einbettung stetiger Funktionen wie sie bei den Zufallsvariablen der fib-Modelle vorliegen. Zur Erstellung solcher Funktions-Knoten wurde die Python-Funktion aus Quelltext 4.2 definiert.

Quelltext 4.2: Python-Funktion zur Erstellung von Funktions-Knoten

```
"""
Input: Bayes'sches Netz (net), Abkuerzung (ID), Beschreibung (name), x-
                                      Position (x_pos), y-Position (y_pos),
       Funktion (formula), untere Intervallgrenze (lo), obere
                                             Intervallgrenze (hi)

Funktion: Erstellung von Funktions-Knoten im Bayes'schen Netz
"""

def create_eq_node(net, ID, name, x_pos, y_pos, formula, lo, hi):
   handle =net.add_node(pysmile.NodeType.EQUATION, ID)
   net.set_node_name(handle, name)
   net.set_node_position(handle, x_pos, y_pos, 85, 55)
   formula =str(ID) +"=" +formula
   net.set_node_equation(handle, formula)
   net.set_node_equation_bounds(handle, lo, hi)
   return handle
```

Die Skripte zur vollständigen Erstellung der Netze für Carbonatisierung und Chlorideintrag sind in den Quelltexten C.1 und C.2, Seiten C 1 und C 3, gegeben. Dabei wird zwischen Input-, Output-, Evidenz- und „Bayes"-Knoten unterschieden. Input-Knoten dienen der Eingabe von diskreten (Zeit) oder stetigen (Betondeckung) Eingangsgrößen, die zur Prognose oder Zuverlässigkeitsanalyse benötigt werden. Output-Knoten stellen das Endergebnis der fib-Modelle (vgl. Formeln 4.1 und 4.2) dar. Evidenz-Knoten sind jene Knoten, für die Evidenzen vorliegen (Carbonatisierungstiefen oder Chloridgehalte für bestimmte Tiefen). Bei Carbonatisierung entsprechen die Output-Knoten den Evidenz-Knoten. Bei Chlorideintrag entsprechen die Evidenz-Knoten den Output-

Knoten in bestimmten Tiefenintervallen. Dies geschieht in Anlehnung an die Erstellung von Chloridprofilen mit gewissen Schrittweiten (vgl. Abschnitt 2.1.3.1), sodass die Evidenz gleichverteilt über die jeweilige Schrittweite so vorliegt wie sie auch bestimmt wurde. Als Bayes-Knoten werden die Knoten bezeichnet, die kalibriert werden sollen (siehe Tabellen 4.1 und 4.2). Die Ansichten der mit SMILE erstellten a-priori-Netze in GeNIe sind in den Abbildungen 4.1 und 4.2 dargestellt. Dabei wurden jeweils ein Input-Knoten für die Zeit hinzugefügt und ein Bauteilalter von 45 a angenommen sowie drei Evidenz-Knoten erstellt.

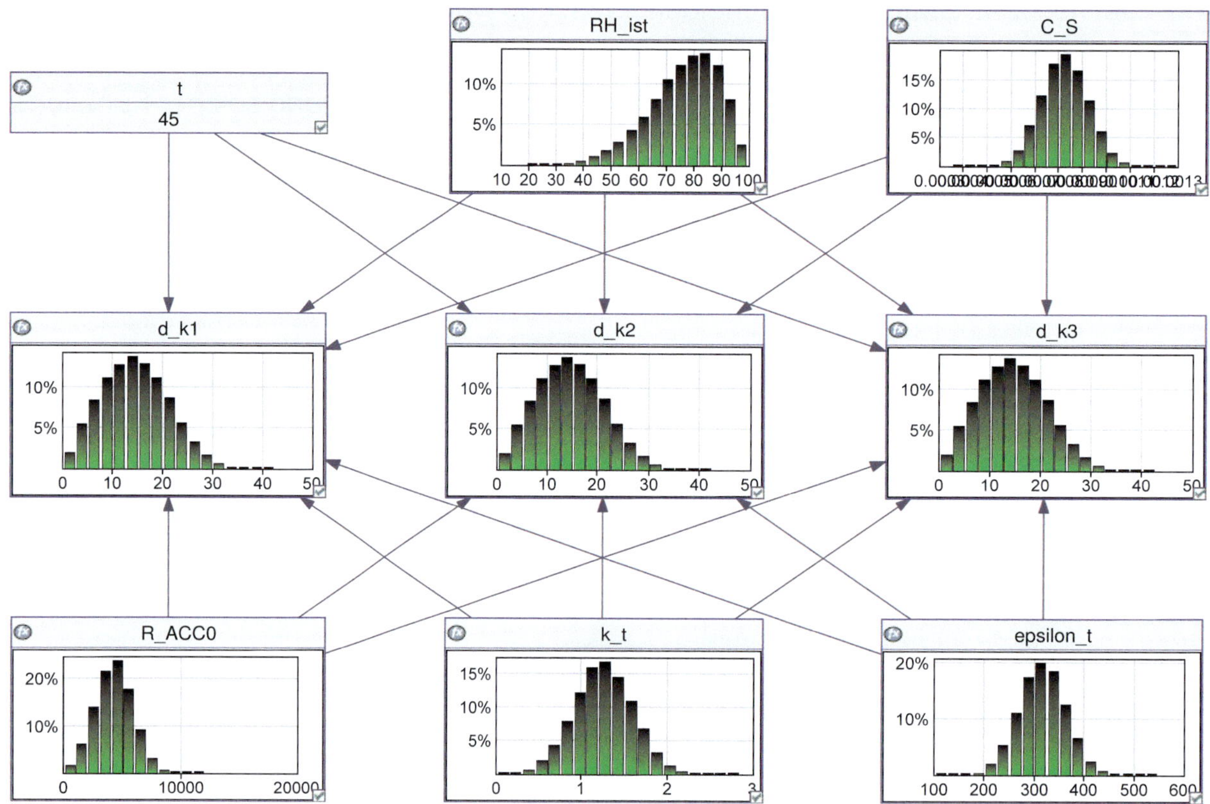

Abbildung 4.1: Ansicht des a-priori-Netzes für Carbonatisierung in der Software GeNIe

Liegen Monitoring-Daten zur relativen Luftfeuchtigkeit und -temperatur vor, so können diese mittels der Funktionen der Quelltexte C.3 und C.4, Seiten C 5 und C 6, gefittet (vgl. Abschnitt 2.2.1.3) und die resultierenden Funktionen im Bayes'schen Netz implementiert werden. Die Parametergrenzen aus den Tabellen 4.3 und 4.4 sind sehr weit gewählt, damit die Bayes'sche Inferenz einen großen Bereich abdecken und die Zufallsgrößen entsprechend kalibrieren kann. Sollen diese Grenzen angepasst werden, bspw. weil weitere Informationen vorliegen, können dafür die Quelltexte C.5 und C.6, Seiten C 7 und C 8, genutzt werden. Nach einer Anpassung der Intervallgrenzen müssen die jeweiligen Knoten neu diskretisiert werden. Dazu wurde die Funktion in Quell-

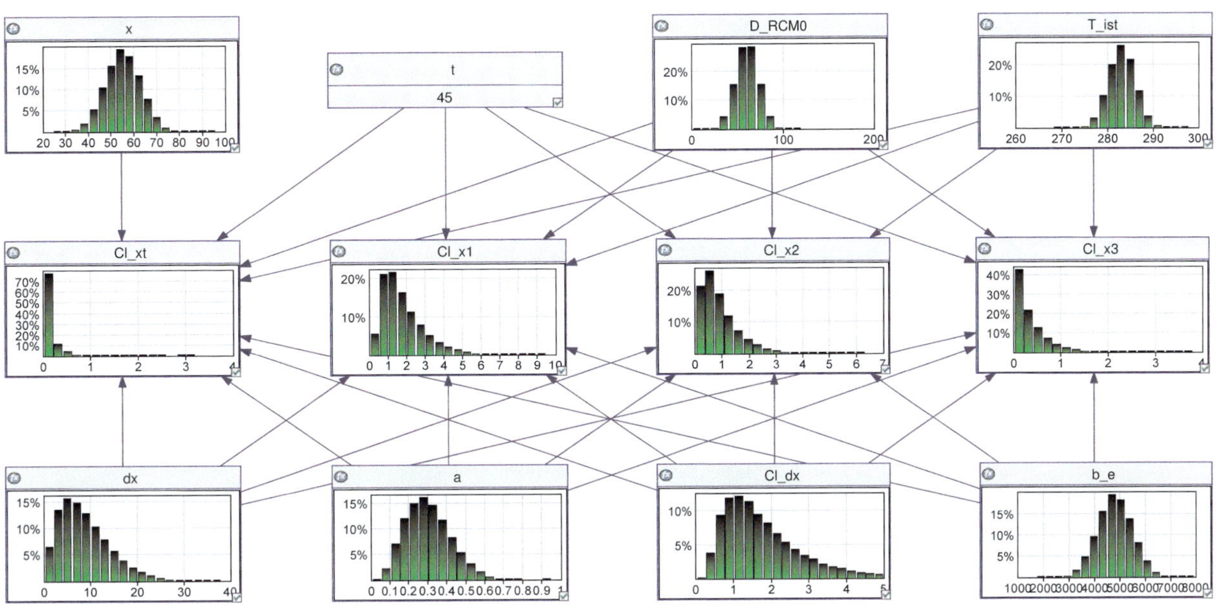

Abbildung 4.2: Ansicht des a-priori-Netzes für Chlorideintrag in der Software GeNIe

text 4.3 definiert. Auf diese Weise können beliebige Knoten anhand ihres Identifikators (SMILE- bzw. GeNIe-interne Bezeichnung der Knoten) entsprechend der gewünschten Anzahl an Klassen diskretisiert werden. Die Funktion wurde so geschrieben, dass die Intervallbreite jeder einzelnen (diskretisierten) Klasse gleich groß ist.

Bei der Bayes'schen Inferenz rechnet SMILE mit den Mittelwerten des jeweiligen Intervalls einer Klasse. Das ist insbesondere bei den Evidenz-Knoten von Bedeutung. Angenommen es wird eine Carbonatisierungstiefe von 45 mm gemessen und der Evidenz-Knoten ist so diskretisiert, dass die erste Klasse das Intervall [0, 50] abdeckt, dann würde bei der Bayes'schen Inferenz diese Klasse und somit die Evidenz mit einem Wert von 25 mm berücksichtigt werden. Entsprechend sollte die Diskretisierung der Evidenz-Knoten an die Evidenzen angepasst werden, um möglichst geringe Abweichungen zu erzielen. In dieser Arbeit wurden die Evidenz-Knoten daher so diskretisiert, dass für jede einzigartige Evidenz eine Klasse mit einem engen Intervall hinzugefügt wird. Zwischen diesen Klassen liegen jeweils Klassen mit größeren Intervallen, die aufgrund fehlender Evidenz keine Berücksichtigung bei der Inferenz finden. Quelltext C.7, Seite C 9, zeigt dieses Vorgehen für das Beispiel Carbonatisierung und Intervallgrenzen im Abstand von $\pm$ 0,1 mm um die Evidenz herum – das Prozedere für Chlorideintrag verläuft analog.

Nach Erstellung und Diskretisierung der verschiedenen Knoten können die Evidenzen bei Carbonatisierung mit der Funktion aus Quelltext 4.4 eingepflegt werden – Chlorid-

Quelltext 4.3: Python-Funktion zur Rediskretisierung der Knoten nach Anpassung der Intervallgrenzen

```
"""
Input: Bayes'sches Netz (net), Identifikator (node_handle), Anzahl an Klassen (count)

Funktion: Knoten rediskretisieren
"""

def rediscretize(network, node_handle, count):
    bounds =network.get_node_equation_bounds(node_handle)
    lo =bounds[0]
    hi =bounds[1]
    iv =[
        pysmile.DiscretizationInterval(
            "State" +str(i), lo +(i +1) *(hi -lo) /count
        )
        for i in range(count)
    ]
    network.set_node_equation_discretization(node_handle, iv)
    del bounds
```

eintrag erfolgt analog, jedoch mit Berücksichtigung der jeweiligen Tiefe bzw. Schrittweite. Durch `update_beliefs()` erfolgt nach Eingabe der Evidenz die Ausführung der Bayes'schen Inferenz. Sowohl Präzision als auch benötigte Laufzeit dieses Prozesses hängen maßgeblich von der Anzahl an Klassen und Simulationen ab.

Quelltext 4.4: Python-Funktion zur Eingabe von Evidenzen bei Carbonatisierung

```
"""
Input: Evidenz (evidence_d_k), Bayes'sches Netz (net)

Funktion: Evidenz einpflegen und Netz aktualisieren
"""

for d_ki in range(len(evidence_d_k)):
  node ="d_k" +str(d_ki +1)
  net.set_cont_evidence(node, evidence_d_k[d_ki])

net.update_beliefs()
```

In Veröffentlichungen zur Bayes'schen Inferenz bzw. MCS (vgl. Abschnitt 2.2.3) werden unterschiedlich hohe Anzahlen an Simulationen genannt und bspw. 1000 [213], 10.000 [112, 113], 50.000 [111, 113] und bis zu 1.000.000 oder 10.000.000 [130] Simulationen verwendet. Bei der Diskretisierung werden bspw. 10 [214] oder bis zu 20 [215] Klassen verwendet. Hohe Anzahlen an Simulationen und insbesondere an Klassen führen zu extensiven Laufzeiten, während ab einem gewissen Schwellenwert der Mehrwert für die Präzision einen Grenzwert erreicht. Unter Berücksichtigung der Praktikabilität des entwickelten Verfahrens gilt es daher, die Laufzeit und somit die Anzahl an Klassen und Simulationen zu minimieren. Im nächsten Abschnitt werden Parameterstudien zur Laufzeit und Präzision und insbesondere der Ansatz der iterativen Inferenz zur Optimierung des Verfahrens beschrieben.

4.1.4 Iterative Inferenz

Je weniger Informationen über die zu kalibrierenden Zufallsgrößen vorliegen, desto größer sind die Unsicherheiten bzw. die zugehörigen Intervalle. Je weiter die Intervallgrenzen sind, desto höher muss die Anzahl an Klassen sein, um eine hochauflösende Diskretisierung bei der Bayes'schen Inferenz zu erreichen. Präzise Berechnungen werden also durch eine hohe Anzahl an Klassen erreicht, oder durch die Einengung der Intervallgrenzen. Da die Kalibrierung der Schädigungsmodelle trotz praktikabler Anwendbarkeit präzise Ergebnisse liefern soll, wurden die Bayes'sche Inferenz iterativ implementiert und dabei die Intervallgrößen der verschiedenen Modellparameter sukzessive reduziert.

Abbildung 4.3 zeigt das Ablaufdiagramm der iterativen Inferenz. Zunächst erfolgt die erste Inferenz bzw. Berechnung des Bayes'schen Netzes (oben links). Im nächsten Schritt werden die Prognoseergebnisse (Output-Knoten) mit den vorliegenden Diagnosedaten (Evidenz-Knoten) verglichen und verschiedene Abbruchkriterien geprüft. Werden die Abbruchkriterien erfüllt (grüner Pfeil), erfolgt der Abbruch der Iteration. Sind die Abweichungen der Prognose von der Evidenz zu hoch (roter Pfeil), werden die Intervallgrenzen der verschiedenen Modellparameter angepasst. Sollte nach dieser Anpassung ein Update fehlschlagen (roter Pfeil), wird die Iteration abgebrochen und der letzte funktionale Zustand wiederhergestellt. Bei erfolgreicher Reduzierung (grüner Pfeil) folgen die Kalibrierung der Zufallsgrößen und die nächste Iteration bzw. Inferenz. Ein ähnliches Prozedere wird beim „Approximate Bayesian Computation" (ABC) durchgeführt. Bei ABC werden mittels iterativer Schleifen Parameterschätzungen vorgenommen, wobei anfangs eine grobe Auflösung vorliegt und diese immer weiter präzisiert wird [216, 217]. Im vorliegenden Fall dient die iterative Berechnung insbesondere der Einschränkung der Intervallgrenzen der Zufallsgrößen, wobei die zugehörigen Modellparameter ebenfalls bei jeder Iteration neu ermittelt werden. Die einzelnen Schritte von Abbildung 4.3 werden im Folgenden näher erläutert.

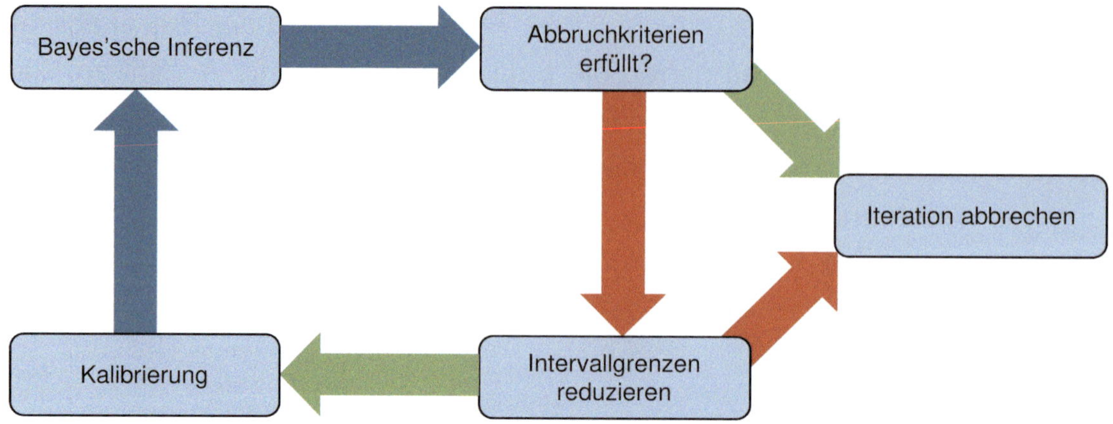

Abbildung 4.3: Ablaufdiagramm der iterativen Inferenz

4.1.4.1 Abbruchkriterien

Es können beliebige Abbruchkriterien definiert werden, um das Ende der Iteration einzuleiten bzw. ein Mindestmaß an Präzision zu fordern. Mit der vordefinierten SMILE-Funktion `get_node_sample_stats("node")` können von beliebigen Knoten („node") Mittelwert, Standardabweichung, Minimum und Maximum abgerufen werden. Wird diese Funktion auf einen Output-Knoten angewandt, können die statistischen Abweichungen der prognostizierten Größe von den Evidenzen berechnet werden. Je geringer die tolerierten Abweichungen sind, desto mehr Iterationen wird die Inferenz voraussichtlich durchlaufen. Zu geringe Toleranzen können dazu führen, dass die Bayes'sche Inferenz fehlschlägt und keine geeignete Parameterkombination ermittelt wird. In diesem Fall bricht die Iteration automatisch ab.

Für die Modellierung der Carbonatisierung hat es sich als praktikabel erwiesen, bezüglich des Mittelwertes relative Abweichungen (bezogen auf die Evidenz) von unter $\pm 10\,\%$ zu fordern. Bezogen auf die Standardabweichung sollen die relativen Abweichungen $\leq 30\,\%$ sein. Werden beide Abbruchkriterien gleichzeitig erfüllt, wird die Iteration beendet. Liegt nur ein Messwert für die Carbonatisierungstiefe vor, kann keine Standardabweichung ermittelt werden und es ist lediglich die Betrachtung des Mittel- bzw. Einzelwertes möglich.

Hinsichtlich der Modellierung des Chlorideintrags wird für jede betrachtete Tiefe des Chloridprofils ein Abbruchkriterium geprüft. Liegen mehrere Messwerte für dieselbe Tiefe vor, werden diese gesammelt betrachtet. Da das Verfahren auch funktionieren sollte, wenn je Tiefe nur ein Chloridgehalt vorliegt, konnte die Standardabweichung nicht berücksichtigt werden. Stattdessen wird für jede Tiefe der Mittelwert des zugehörigen Evidenz-Knotens berechnet und mit den vorliegenden Chloridprofilen (ebenfalls gemittelt je Tiefe) verglichen. Die Evidenz-Knoten dienen somit als Output-Knoten für die entsprechende Tiefe, daher müssen vor der statistischen Betrachtung alle Evidenzen mit `clear_all_evidence()` gelöscht und die Wahrscheinlichkeiten anschließend mit `net.update_beliefs()` neu berechnet werden. Liegen gleichzeitig alle prognostizierten Chloridgehalte innerhalb eines Bereiches von $\pm 20\,\%$ bezogen auf die Evidenzen, wird die Iteration abgebrochen.

Bei Bedarf können die Grenzwerte der Abbruchkriterien oder auch deren Definition beliebig angepasst werden. Es könnten bspw. auch absolute Abweichungen oder statistische Momente wie die Schiefe berücksichtigt werden. Die in dieser Arbeit verwendeten Abbruchkriterien wurden empirisch ermittelt und für ausreichend robust und präzise befunden. Abweichende Forderungen können signifikanten Einfluss auf die Laufzeit und Stabilität des Programms haben.

4.1.4.2 Reduzierung der Intervallgrenzen

Bei der Diskretisierung in n Klassen wird eine Zufallsgröße entsprechend ihrer Grenzen $[a_1,\, b_n]$ in n Teilintervalle $[a_1,\, b_1]$, ..., $[a_n,\, b_n]$ unterteilt. Im Rahmen der iterativen Inferenz wird für jede Klasse die zugehörige Wahrscheinlichkeit $p_i = \int_{a_i}^{b_i} f(x)\mathrm{d}x$ des Teilintervalls $[a_i,\, b_i]$ entsprechend der durchgeführten Bayes'schen Inferenz berechnet (siehe Quelltext C.8, Seite C 10). Um die Grenzen des Gesamtintervalls einzuengen, werden jeweils die ersten und letzten Teilintervalle (i = 1 bzw. $i = n$) untersucht. Gilt $p_i \leq 0{,}01$, so wird das Teilintervall gelöscht und es folgt eine Reduzierung der Intervallgrenzen, bspw. zu $[a_2,\, b_2]$, ..., $[a_n,\, b_n]$. Gilt $0{,}01 < p_i \leq \frac{1}{5 \cdot n}$, so wird das Teilintervall halbiert (bspw. $[\frac{a_1+b_1}{2},\, b_1]$). Die Grenzwerte (1 % und 20 % des Mittelwertes) sind empirisch ermittelt worden und werden im Weiteren verwendet. Eine Anpassung ist ebenso möglich wie bei den Abbruchkriterien und es sind ähnliche Einflüsse auf das Programm zu erwarten. Bei jeder Iteration werden also unwahrscheinliche Teilintervalle entfernt bzw. verkleinert, sodass die Intervallgrenzen des jeweiligen Knotens zunehmend eingeengt werden. Tritt der Fall ein, dass bei zwei Iterationen hintereinander bei keinem Knoten eine Reduzierung der Intervallgrößen stattfindet, wird die Iteration abgebrochen. Nach jeder Anpassung der Intervallgrenzen werden die Knoten mit Quelltext 4.3 rediskretisiert. Sollte die anschließende Neuberechnung des Netzes mit `net.update_beliefs()` fehlschlagen, wird der zuletzt funktionierende Zustand wiederhergestellt und die Iteration beendet.

4.1.4.3 Kalibrierung der Modellparameter

Nach erfolgter Einschränkung der Intervallgrenzen und Rediskretisierung werden die Modellparameter kalibriert. Dabei werden die Funktionen der Knoten als Treppenfunktionen (vgl. Abschnitt 2.2.1.4) entsprechend der jeweils berechneten Wahrscheinlichkeiten (vgl. Quelltext C.8, Seite C 10) überschrieben. Die zugehörige Python-Funktion ist in Quelltext C.9, Seite C 10, gegeben. Anschließend erfolgt eine erneute Bayes'sche Inferenz bzw. die nächste Iteration (vgl. Abbildung 4.3). Der Prozess der iterativen Inferenz ist in Quelltext C.10, Seite C 11, für den Fall der Carbonatisierung gezeigt (Chlorideintrag verläuft analog).

4.1.5 Validierung

Zur Validierung der iterativen Inferenz wurden für synthetische Datensätze Parameterstudien zu Laufzeiten und Präzision durchgeführt und die Ergebnisse in Abhängigkeit der Anzahl an Simulationen und Klassen mit dem konventionellen Ansatz (einmalige Inferenz) verglichen. Die Startwerte aus den Tabellen 4.1 und 4.2 wurden in zusätzlichen Netzen angepasst, sodass Fehlannahmen vorlagen (siehe Tabellen B.3 und B.4, Seite B 3). Aus den Output-Knoten wurden zugehörige Evidenzen abgeleitet, siehe Tabelle 4.5.

Tabelle 4.5: Synthetische Evidenzen für Carbonatisierungstiefen und Chloridgehalte

Chloridgehalt in M.-% in der Tiefe		
0 - 15 mm	**15 - 30 mm**	**30 - 45 mm**
1,915	0,294	0,022
Carbonatisierungstiefe in mm		
16,5	23,4	31,2

Zunächst wurde die benötigte Anzahl an Simulationen untersucht, um reproduzierbare Werte zu erzielen. Dafür wurden, so wie bei allen weiteren Betrachtungen, für jede Kombination aus Anzahl an Simulationen und Klassen jeweils drei Kalibrierungen durchgeführt und anschließend statistisch ausgewertet. Die folgenden Berechnungen wurden für 1000, 5000, 10.000, 50.000 und 100.000 Simulationen bei einer konstanten Anzahl an 6 Klassen durchgeführt.

Abbildung 4.4 zeigt die Residuen der Abbruchkriterien bei Carbonatisierung (Mittelwert und Standardabweichung) jeweils als Mittelwert μ sowie zzgl. und abzgl. der Standardabweichung σ und die benötigte Laufzeit über die Anzahl an Simulationen. Als Residuum wird die verbliebene relative Abweichung der Prognose vom Zielwert (Evidenz) nach der Bayes'schen Inferenz bezeichnet.

In Formel 4.3 ist der Fit der Laufzeit als Funktion mit dem zugehörigen Bestimmtheitsmaß R^2 gegeben. Ab 10.000 Simulationen sind die Streubänder sehr gering und die Werte nahezu konstant, sodass die iterative Inferenz ab dieser Anzahl an Simulationen für den vorliegenden Fall reproduzierbar ist. Die Laufzeit t verläuft mit einem Exponenten für N von 1,011 nahezu proportional zur Anzahl an Simulationen. Da die Anzahl an Klassen nicht variiert wurde, ist der Einfluss bzw. Exponent von b nicht repräsentativ.

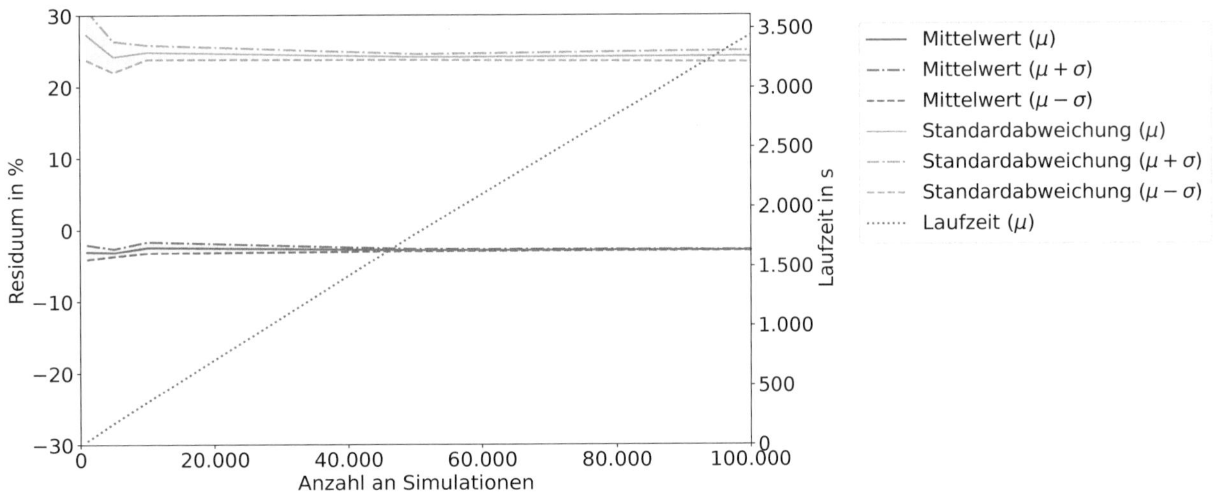

Abbildung 4.4: Residuen der Abbruchkriterien und Laufzeit über die Anzahl an Simulationen bei Carbonatisierung

$$t(b, N) = 6{,}460 \cdot 10^{-5} \cdot b^{3{,}448} \cdot N^{1{,}011}, \quad (R^2 = 0{,}993), \quad \text{iterativ} \tag{4.3}$$

t : Laufzeit in s

b : Anzahl an Klassen

N : Anzahl an Simulationen

Bei Chlorideintrag unterscheiden die Abbruchkriterien nicht zwischen Mittelwert und Standardabweichung, sondern zwischen den Tiefen (vgl. Abschnitt 4.1.4.1). Um die Präzision der Kalibrierung über alle Tiefen hinweg beurteilen zu können, wird neben den Residuen der einzelnen Tiefen noch die Quadratwurzel der mittleren Quadratsumme der Residuen (QMQR) betrachtet. Residuen, QMQR und Laufzeit sind für Chlorideintrag in Abbildung 4.5 dargestellt. Der Fit der Laufzeit ist in Formel 4.4 gegeben und zeigt mit einem Exponenten von 0,96 ebenfalls ein nahezu proportionales Verhältnis zur Anzahl an Simulationen. Die Streubänder der Residuen variieren je nach Tiefe und zeigen die größten Streuungen in der Tiefe 30 - 45 mm. Dies wird darauf zurückgeführt, dass die Residuen relative Größen und die Zielwerte in der Tiefe 30 - 45 mm am niedrigsten sind, siehe Tabelle 4.5. Somit führen auch geringe absolute Abweichungen zu hohen relativen Abweichungen. Die Betrachtungsgröße QMQR ist ab einer Anzahl an 50.000 Simulationen konstant.

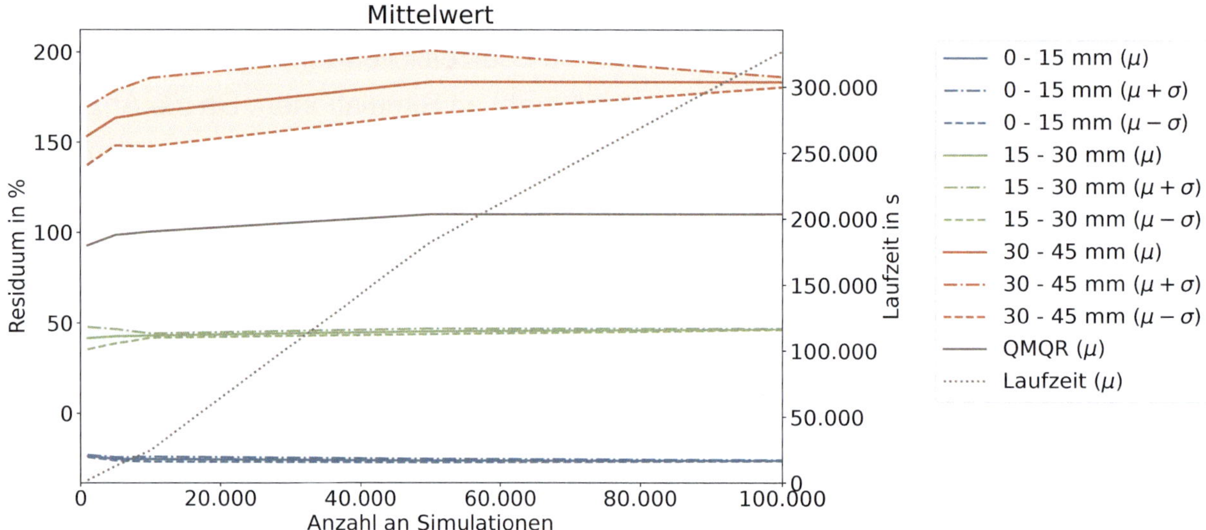

Abbildung 4.5: Residuen der Abbruchkriterien und Laufzeit über die Anzahl an Simulationen bei Chlorideintrag

$$t(b, N) = 7{,}683 \cdot 10^{-6} \cdot b^{7{,}500} \cdot N^{0{,}960}, \quad (R^2 = 0{,}997), \quad \text{iterativ} \tag{4.4}$$

t : Laufzeit in s

b : Anzahl an Klassen

N : Anzahl an Simulationen

Für den weiteren Verlauf wird aus den Abbildungen 4.4 und 4.5 abgeleitet, dass ab 10.000 Simulationen die iterative Inferenz größtenteils reproduzierbar ist und spätestens ab 50.000 Simulationen konstante Ergebnisse erzielt werden. Konservativ wird im Weiteren die Anzahl an Simulationen auf 50.000 eingestellt.

Die Laufzeit ist nach Formeln 4.3 und 4.4 etwa proportional zur Anzahl an Simulationen, die geringen Differenzen werden dem Overhead des Python-Skriptes zugeschrieben. Der Einfluss der Anzahl an Klassen auf die Laufzeit kann aus diesen Funktionen nicht zuverlässig abgeleitet werden. Zur Bewertung von Präzision und Laufzeit in Abhängigkeit der Anzahl an Klassen wurden weitere Berechnungen durchgeführt.

Abbildungen 4.6 und 4.7 zeigen die Laufzeiten und Residuen bei Carbonatisierung für sowohl die iterative als auch die konventionelle Inferenz für 3 bis 15 Klassen. Die zugehörigen Fits der Laufzeitfunktionen sind in Formeln 4.5 und 4.6 gegeben. Wohingegen die Laufzeit der iterativen Inferenz bei geringen Anzahlen an Klassen ein Vielfaches jener der konventionellen Inferenz beträgt, nähern sich die Laufzeiten mit höheren Anzahlen an Klassen stetig weiter an, was auf den geringeren Exponenen (4,148 statt 4,951) zurückgeführt wird.

Während die Residuen der Mittelwerte (siehe Abbildung 4.6) unabhängig von der Berechnungsmethode bei allen betrachteten Anzahlen an Klassen innerhalb des Toleranzbereiches der Abbruchkriterien liegen, weist die konventionelle Methode bei niedrigen Anzahlen an Klassen signifikant höhere Residuen bei der Standardabweichung (Abbildung 4.7) auf. Das wird auf die fehlende Reduzierung der Intervallgrenzen zurückgeführt, da die Modellparameter infolgedessen ein breites Spektrum an Werten annehmen können.

Erst ab 11 Klassen erreicht die konventionelle Methode die gleichen Residuen der Standardabweichung wie die iterative Inferenz, allerdings bei größeren Abweichungen (Unterschreitungen) vom Mittelwert. Somit werden die Abbruchkriterien beim konventionellen Ansatz erst ab 11 Klassen erfüllt und eine mittlere Laufzeit von 6150 s erreicht. Die Abbruchkriterien werden bei der iterativen Inferenz bei 3 Klassen bereits im Mittel nach 104 s erfüllt. Somit kann durch die iterative Inferenz für Carbonatisierung die Laufzeit bei ausreichender Präzision um 98,3 % reduziert werden.

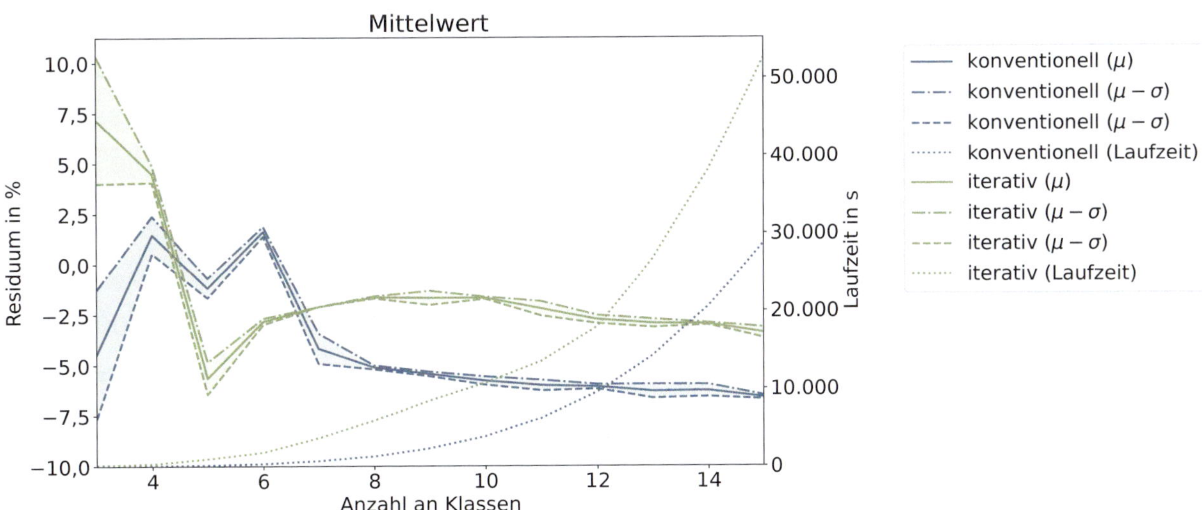

Abbildung 4.6: Residuen der Mittelwerte und Laufzeiten für iterative und konventionelle Inferenz über die Anzahl an Klassen bei Carbonatisierung

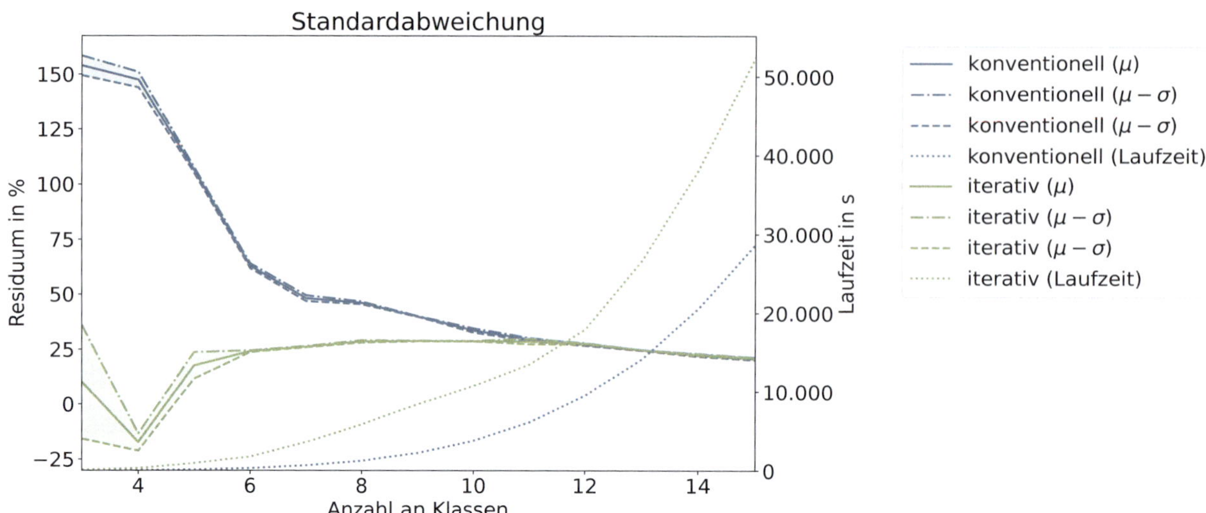

Abbildung 4.7: Residuen der Standardabweichungen und Laufzeiten für iterative und konventionelle Inferenz über die Anzahl an Klassen bei Carbonatisierung

$$t(b, N) = 1{,}351 \cdot 10^{-5} \cdot b^{4{,}148} \cdot N, \quad (R^2 = 0{,}992), \quad \text{iterativ} \tag{4.5}$$

$$t(b, N) = 8{,}652 \cdot 10^{-7} \cdot b^{4{,}951} \cdot N, \quad (R^2 = 1{,}000), \quad \text{konventionell} \tag{4.6}$$

t : Laufzeit in s

b : Anzahl an Klassen

N : Anzahl an Simulationen

Für Chlorideintrag sind die Laufzeiten und Residuen der QMQR für sowohl die iterative als auch die konventionelle Inferenz für 3 bis 9 Klassen in Abbildung 4.8 dargestellt. Die zugehörigen Funktionen der Laufzeitfits sind in den Formeln 4.7 und 4.8 gegeben. Aufgrund einer nach Formel 4.7 kalkulierten Laufzeit von 27,7 d bei 9 Klassen wurde die iterative Inferenz nur bis zu 8 Klassen durchgeführt. Wohingegen die QMQR bei der iterativen Inferenz relativ konstant im Bereich um 100 % liegt, liegt sie bei der konventionellen Methode zwischen 200 und 700 %.

Unter der Annahme einer linearen Regression kann die QMQR der konventionellen Inferenz mit Formel 4.9 berechnet werden. Nach Formel 4.9 wären 10,558 Klassen und nach Formel 4.6 entsprechend 88.016 s notwendig, um die gleiche QMQR zu erreichen wie die iterative Inferenz bei 3 Klassen nach einer mittleren Laufzeit von 1063 s. Somit kann die Laufzeit bei vergleichbarer Präzision für Chlorideintrag durch die iterative Inferenz um 98,8 % reduziert werden.

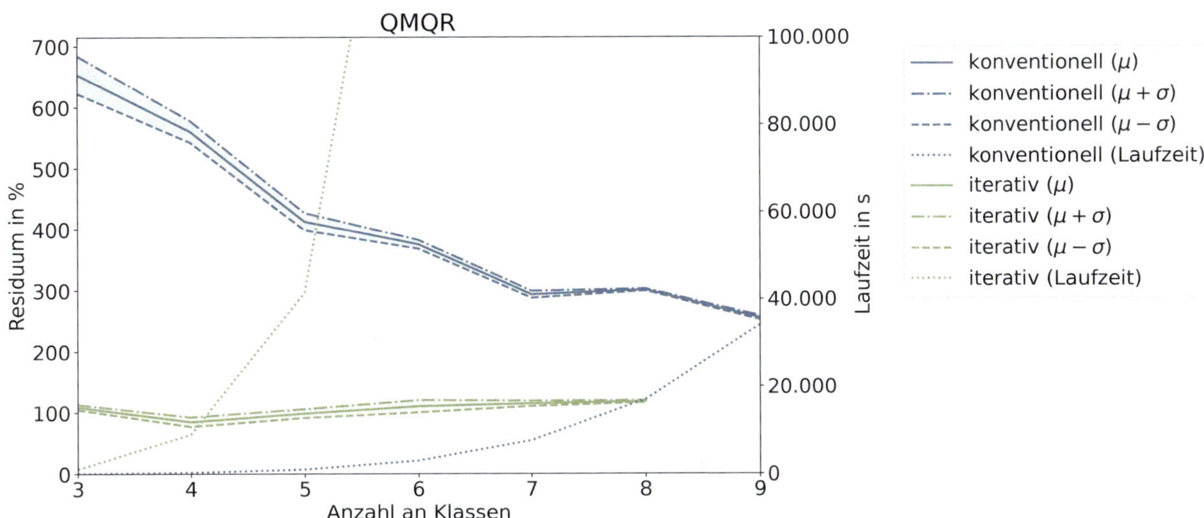

Abbildung 4.8: Quadratwurzeln der mittleren Quadratsummen der Residuen (QMQR) und Laufzeiten für iterative und konventionelle Inferenz über die Anzahl an Klassen bei Chlorideintrag

$$t(b, N) = 7{,}597 \cdot 10^{-5} \cdot b^{6{,}077} \cdot N, \quad (R^2 = 0{,}998), \quad \text{iterativ} \tag{4.7}$$

$$t(b, N) = 1{,}416 \cdot 10^{-6} \cdot b^{5{,}954} \cdot N, \quad (R^2 = 1{,}000), \quad \text{konventionell} \tag{4.8}$$

t : Laufzeit in s
b : Anzahl an Klassen
N : Anzahl an Simulationen

$$\mathrm{QMQR}(b) = 799{,}8 - 65{,}44 \cdot b, \quad (R^2 = 0{,}906), \quad \text{konventionell} \tag{4.9}$$

QMQR : Quadratwurzel der mittleren Quadratsumme der Residuen in %
b : Anzahl an Klassen

Die Reduzierung der Laufzeiten ist abhängig von den vorliegenden Evidenzen. In Abschnitt 6.3.1.2 werden für die Evidenzen des Reallabors jedoch Laufzeiteinsparungen in vergleichbaren Größenordnungen erzielt. Bei den betrachteten Fällen wurden mittels der iterativen Inferenz im Vergleich zur konventionellen Methode größtenteils unabhängig von der Anzahl an Klassen ausreichend präzise Kalibrierungen erzielt. Der Verlauf der modellierten Mittelwerte sowie der 10- und 90-%-Quantile über die Iteration hinweg ist am Beispiel der Carbonatisierung für 50.000 Simulationen und 4 Klassen in Abbildung 4.9 dargestellt. In 7 Iterationen nähern sich Mittel- und Quantilwerte der modellierten Carbonatisierung jenen der Evidenzen an. Dabei schwankt das modellierte, bemessungsrelevante 90-%-Quantil (vgl. Abschnitt 2.1.2.3) innerhalb eines Bereiches von ~ 30 mm und entspricht am Iterationsende exakt dem der Evidenzen, welches

20 mm unter dem Maximalwert liegt. Dies soll verdeutlichen, dass hohe Residuen bzgl. der Standardabweichung (vgl. konventioneller Ansatz in Abbildung 4.7) besonders kritisch für die spätere Planung einer Instandsetzungsmaßnahme bzw. Eignungsprüfung eines Instandsetzungsverfahrens sind.

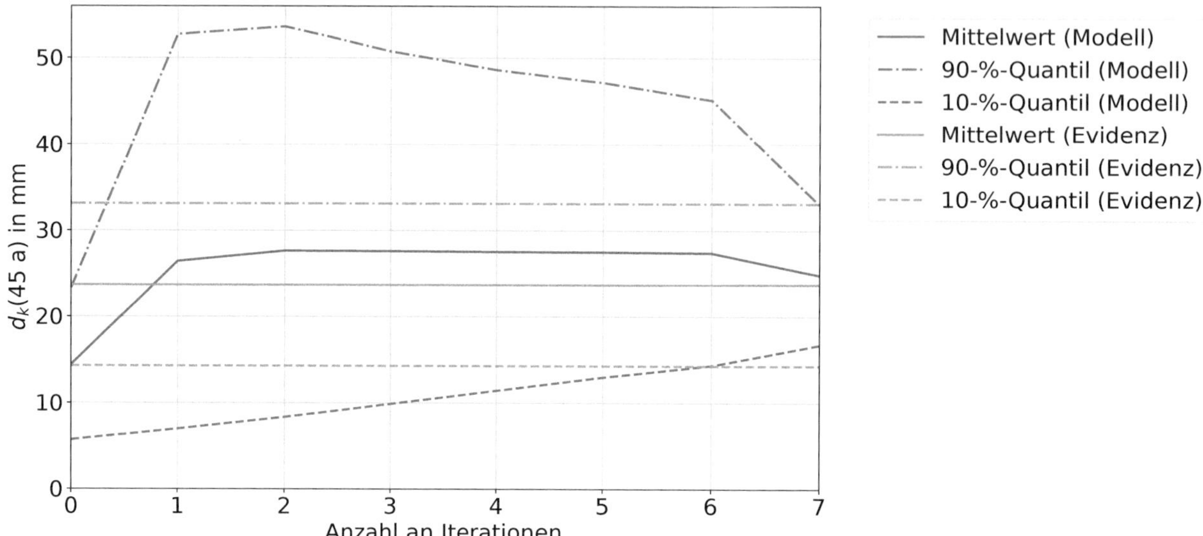

Abbildung 4.9: Modellierte und gemessene Carbonatisierungstiefen über die Anzahl an Iterationen

Die Verläufe für tiefenabhängige Chloridgehalte über die Anzahl an Iterationen (für 50.000 Simulationen und 4 Klassen) sind in den Abbildungen A.3, A.4 und A.5, Seite A 2, gegeben. Abbildung 4.10 zeigt die Mittelwerte der Chloridgehalte inkl. der Streubänder für die Modellierung nach iterativer bzw. konventioneller Inferenz sowie für die Evidenz. Die absoluten Differenzen zwischen iterativer und konventioneller Methode sind über die betrachtete Eindringtiefe hinweg nahezu konstant. Insbesondere in den hohen Eindringtiefen weicht der konventionelle Ansatz jedoch verhältnismäßig stark von der Evidenz ab und mit der iterativen Inferenz werden relativ präzise Chloridgehalte ermittelt. Da der Chloridgehalt i. d. R. in Höhe der Bewehrung besonders relevant ist (vgl. Abschnitt 2.1.2), ist eine präzise Modellierung in der entsprechenden Tiefe von großer Bedeutung für zuverlässige Prognosen. Durch eine Anpassung der Abbruchkriterien (vgl. Abschnitt 4.1.4.1) könnten Residuen in Tiefe der Bewehrung besonders stark gewichtet werden. Alternativ könnten auch Bereiche um den Schwellenwert oder den kritischen Chloridgehalt herum besonders gewichtet werden, um im relevanten Bereich die maximale Präzision zu erzielen.

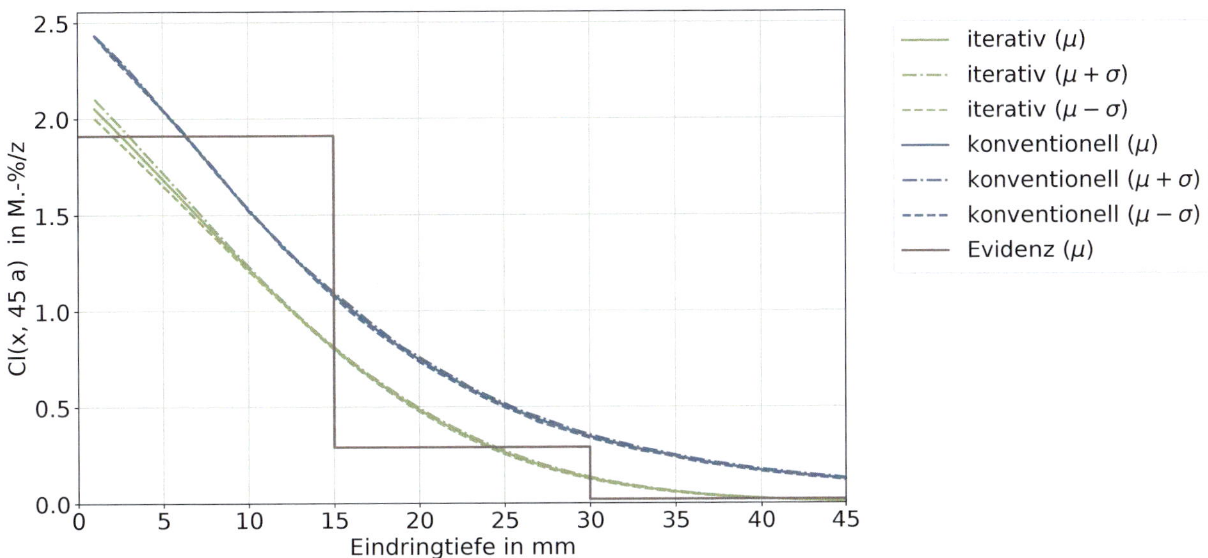

Abbildung 4.10: Modellierte und gemessene Chloridgehalte über die Eindringtiefe

Mittelwerte und Standardabweichungen der a-priori-angenommenen und konventionell bzw. iterativ a-posteriori-ermittelten Carbonatisierungstiefen sowie die Evidenzen und die jeweiligen Residuen sind für 50.000 Simulationen und 4 Klassen in Tabelle 4.6 gegeben. Wohingegen die Residuen der Mittelwerte konventionell und iterativ unter 5 % liegen und somit die beiden Ansätze in dem Fall ähnlich präzise sind, ist insbesondere die Standardabweichung durch die iterative Inferenz (und somit die Reduzierung der Intervallgrenzen) wesentlich präziser modelliert, was eine zuverlässigere Bestimmung des 90-%-Quantils ermöglicht. Die entsprechenden Werte für die Modellierung des Chlorideintrags sind in Tabelle 4.7 aufgeführt. Wohingegen die iterative Inferenz im vorliegenden Fall in oberflächennahen Bereichen die Chloridgehalte stärker unterschätzt als der konventionelle Ansatz, werden in den bemessungsrelevanten tieferen Lagen durch sie signifikant geringere Abweichungen erzielt.

Aus den Ergebnissen dieses Abschnittes wird geschlussfolgert, dass durch die iterative Inferenz deutlich reduzierte Laufzeiten und Residuen erzielt werden können. Durch sie sind Bayes'sche Netze geeignet für effiziente Kalibrierungen von Schädigungsmodellen und somit für deren praktikable Implementierung in BIM. Im weiteren Verlauf der Arbeit werden 4 Klassen bei der iterativen Inferenz als zweckmäßig und als angemessenes Verhältnis aus Laufzeit und Präzision angenommen.

Tabelle 4.6: Statistische Auswertung der angenommenen (a priori), konventionell bzw. iterativ modellierten (a posteriori) sowie gemessenen Carbonatisierungstiefen (Evidenz)

Größe	**a priori**	**a posteriori**		**Evidenz**	**Einheit**
		konventionell	**iterativ**		
Mittelwert μ	14,45	23,95	24,78	23,69	mm
Standardabweichung σ	6,64	18,35	6,14	7,36	mm
Residuum von μ	-39,0	1,1	4,6	–	%
Residuum von σ	-9,8	149,2	-16,6	–	%

Tabelle 4.7: Statistische Auswertung der angenommenen (a priori), konventionell bzw. iterativ modellierten (a posteriori) sowie gemessenen Chloridgehalte (Evidenz)

Größe	**a priori**	**a posteriori**		**Evidenz**	**Einheit**
		konventionell	**iterativ**		
Mittelwert μ_1 (0 - 15 mm)	1,84	1,80	1,48	1,91	M.-%
Mittelwert μ_2 (15 - 30 mm)	0,93	0,66	0,39	0,29	M.-%
Mittelwert μ_3 (30 - 45 mm)	0,39	0,23	0,05	0,02	M.-%
Residuum von μ_1	-4,0	-6,2	-22,5	–	%
Residuum von μ_2	215,7	126,3	33,7	–	%
Residuum von μ_3	1684,8	942,1	115,5	–	%
QMQR in %	980,6	548,8	70,7	–	%

4.1.6 Progression der Modellparameter

Abbildungen 4.11 und 4.12 zeigen die Ansichten der iterativ erstellten a-posteriori-Netze in GeNIe. Bei einigen Modellparametern ist deutlich die Stufenform der Treppenfunktion zu erkennen. Verglichen mit den Abbildungen 4.1 und 4.2 sind die Intervallgrenzen teilweise sichtbar reduziert. Die zugehörigen statistischen Momente (a priori) der kalibrierten Zufallsgrößen sind in Tabellen 4.8 und 4.9 gegeben.

Während diese Abbildungen und Tabellen jeweils den letzten Stand nach der iterativen Inferenz zeigen, können ebenfalls die Progressionen der Modellparameter dargestellt werden. In der animierten[1] Abbildung 4.13 ist bspw. die Progression während der iterativen Kalibrierung des Carbonatisierungs-Modells für die relative Luftfeuchte RH_{ist} dargestellt. Abbildung 4.14 zeigt die Iteration anhand des Altersexponenten a zur Modellierung des Chlorideintrags. Die Progressionen der übrigen Modellparameter sind in Abbildungen A.6 bis A.14, Seiten A 3 bis A 7, gegeben.

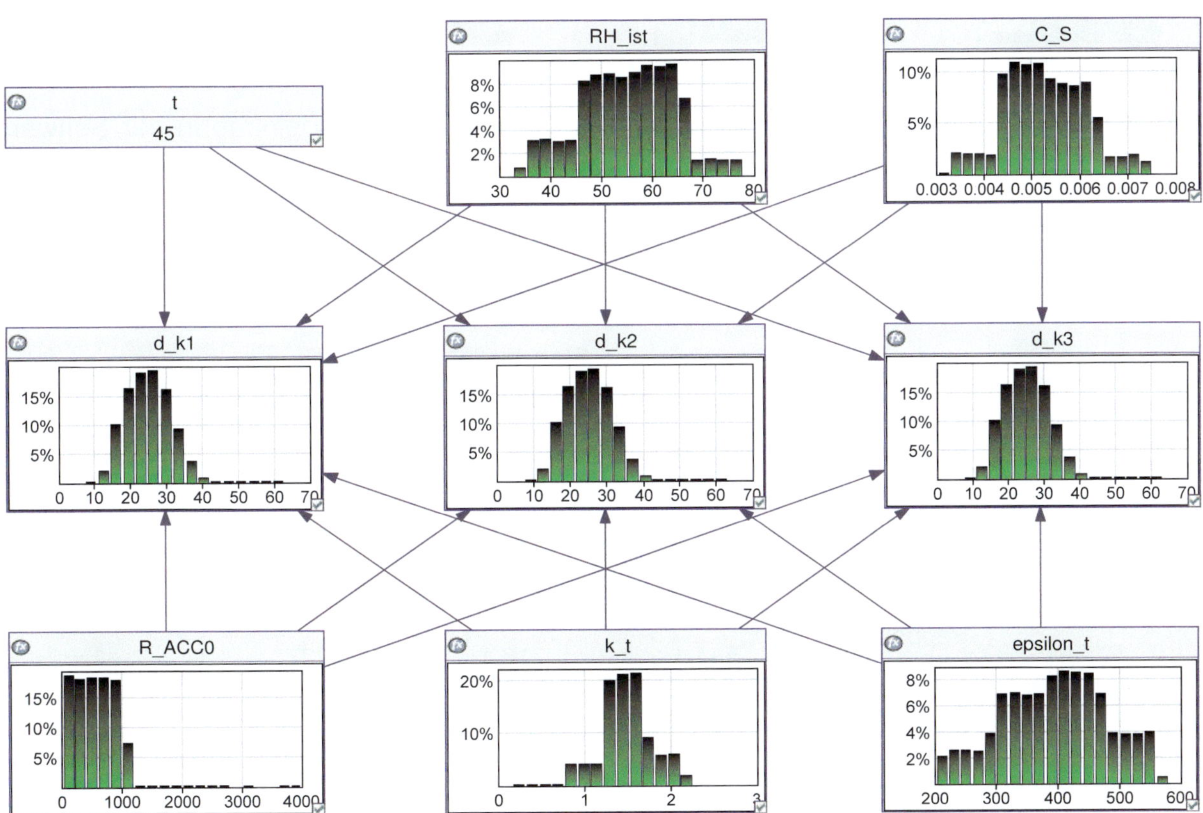

Abbildung 4.11: Ansicht des a-posteriori-Netzes (iterativ) für Carbonatisierung in der Software GeNIe

[1] In der PDF-Datei der vorliegenden Arbeit sind animierte Abbildungen enthalten. Zum Abspielen wird ein JavaScript-kompatibler PDF-Viewer benötigt. Im gedruckten Zustand wird das letzte Standbild der Animation gezeigt. Für weitere Informationen wird auf das LaTeX-Paket „animate" verwiesen.

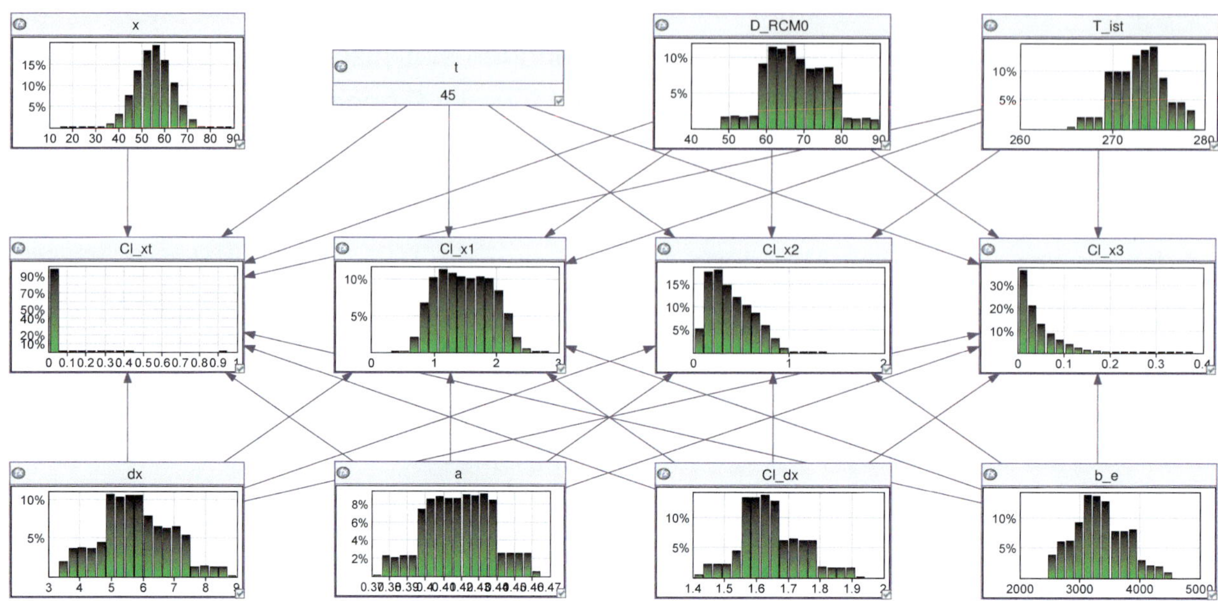

Abbildung 4.12: Ansicht des a-posteriori-Netzes (iterativ) für Chlorideintrag in der Software GeNIe

Tabelle 4.8: Statistische Momente der iterativ kalibrierten Zufallsgrößen bei Carbonatisierung

Parameter	Verteilung	Mittelwert	Standardabweichung	Schiefe	Einheit
RH_{ist}	Treppenfunktion	54,96	9,26	-0,099	%
k_t	Treppenfunktion	1,469	0,301	-0,020	–
$R^{-1}_{ACC,0}$	Treppenfunktion	544,1	318,1	0,227	$\frac{\mathrm{mm^2/a}}{\mathrm{kg/m^3}}$
ε_t	Treppenfunktion	394,7	85,7	-0,121	$\frac{\mathrm{mm^2/a}}{\mathrm{kg/m^3}}$
C_S	Treppenfunktion	0,00526	0,00086	0,095	kg/m^3

Tabelle 4.9: Statistische Momente der iterativ kalibrierten Zufallsgrößen bei Chlorideintrag

Parameter	Verteilung	Mittelwert	Standardabweichung	Schiefe	Einheit
$Cl_{\Delta x}$	Treppenfunktion	1,644	0,099	0,374	M.-%
Δx	Treppenfunktion	5,763	1,151	0,201	mm
b_e	Treppenfunktion	3336	444	0,271	K
T_{ist}	Treppenfunktion	272,84	2,79	-0,132	K
$D_{RCM,0}$	Treppenfunktion	67,80	8,34	0,159	mm²/a
a	Treppenfunktion	0,418	0,019	-0,021	–

Tabellen 4.10 und 4.11 zeigen die Intervallgrenzen der iterativ kalibrierten Modellparameter sowie die Reduzierung der Intervallgrößen (verglichen mit a-priori) bei Carbonatisierung bzw. Chlorideintrag. Über alle Parameter hinweg liegt die Reduzierung der Intervallgrößen zwischen 56,9 % (RH_{ist}) und 91,3 % (a). Durch die iterative Inferenz konnte die Intervallgröße von a von 1 auf 0,087 reduziert werden. Somit ist die gesamte Intervallbreite a-posteriori geringer als die a-priori angenommene Standardabweichung von 0,119 (vgl. Tabelle 4.2). Unter Berücksichtigung des hohen Einflusses und der schwierigen Bestimmbarkeit des umstrittenen [109] Altersexponenten a können somit situationsspezifisch wertvolle Informationen über die den fib-Modellen zugrundeliegenden Parameter gesammelt werden.

Neben der Robustheit der Bayes'schen Netze erlauben sie Rückschlüsse über einzelne Modellparameter. Diese Informationen könnten bspw. bei der Betrachtung eines ähnlichen Bauwerks oder der erneuten Betrachtung desselben Objektes zu einem zweiten Instandsetzungszeitpunkt als a-priori-Werte genutzt werden.

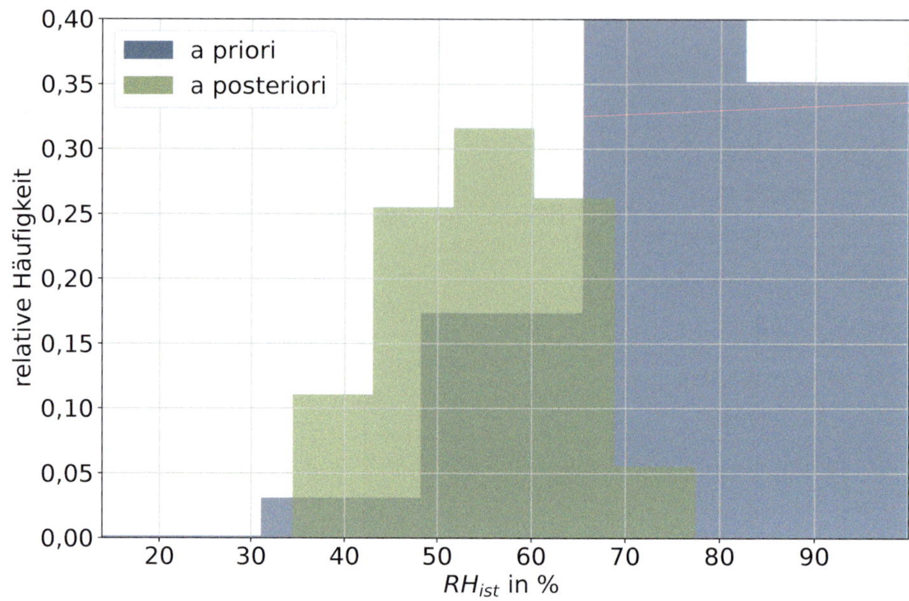

Abbildung 4.13: Animation zur Progression des Modellparameters RH_{ist} während der iterativen Inferenz

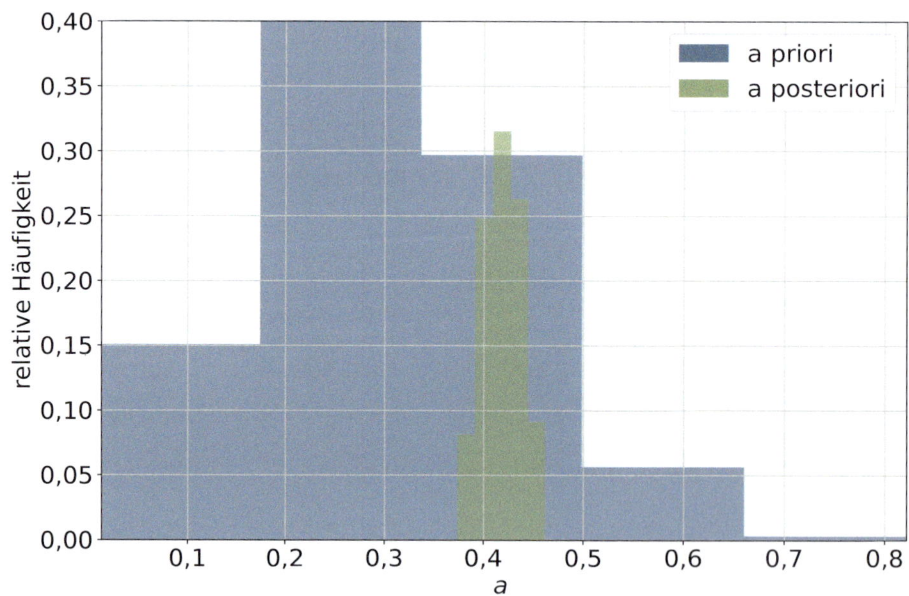

Abbildung 4.14: Animation zur Progression des Modellparameters a während der iterativen Inferenz

Tabelle 4.10: Intervallgrenzen der iterativ kalibrierten Modellparameter sowie die Reduzierung der Intervallgrößen (verglichen mit a-priori) bei Carbonatisierung

Parameter	Untergrenze	Obergrenze	Einheit	Reduzierung der Intervallgröße in %
RH_{ist}	34,38	77,44	%	56,9
k_t	0,269	2,153	–	62,3
$R^{-1}_{ACC,0}$	0	4328	$\frac{mm^2/a}{kg/m^3}$	78,4
ε_t	204,4	562,9	$\frac{mm^2/a}{kg/m^3}$	64,1
C_S	0,00324	0,00743	kg/m^3	78,8

Tabelle 4.11: Intervallgrenzen der iterativ kalibrierten Modellparameter sowie die Reduzierung der Intervallgrößen (verglichen mit a-priori) bei Chlorideintrag

Parameter	Untergrenze	Obergrenze	Einheit	Reduzierung der Intervallgröße in %
$Cl_{\Delta x}$	1,421	1,914	M.-%	90,1
Δx	3,434	8,759	mm	89,4
b_e	2500	4463	K	80,4
T_{ist}	265,8	278,7	K	87,1
$D_{RCM,0}$	47,59	89,67	mm^2/a	79,0
a	0,374	0,461	–	91,3

Die Ergebnisse dieses Abschnittes dienen als Demonstration der automatisierten, iterativen Inferenz und sind nicht uneingeschränkt auf andere Modelle oder Evidenzen übertragbar. Für einen solchen Transfer müssten weitere Untersuchungen mit größeren und diverseren Datensätzen durchgeführt werden. In der vorliegenden Arbeit diente die Automatisierung und insbesondere die signifikante Reduzierung der Rechenzeit bei der Bayes'schen Inferenz durch Iteration primär der Praktikabilität und anschließenden Implementierung in BIM.

4.2 Implementierung der Bayes'schen Inferenz in BIM

Über SMILE kann die Funktionalität von GeNIe in Python bereitgestellt werden. Mittels Dynamo kann Python in Revit ausgeführt werden. Auf diese Weise entsteht eine Interoperabilität zwischen GeNIe und Revit und Bayes'sche Netze können in einer BIM-Software erstellt und ausgewertet werden. Der in Abschnitt 4.1 beschriebene Workflow wurde somit in BIM implementiert. Da die Diagnosedaten ebenfalls im BIM-Modell verfügbar sind (vgl. Abschnitt 3.2), kann ein direkter Bezug zwischen Bayes'schen Netzen und den Evidenzen hergestellt werden.

4.2.1 Zeitlicher und räumlicher Bezug

Nach der Kalibrierung der Bayes'schen Netze können die Schädigungsmodelle genutzt werden, um vergangene, gegenwärtige und zukünftige Bauteilzustände zu modellieren. Bei den prognostizierten Größen handelt es sich ebenso wie bei den Modellparametern um Zufallsgrößen, sodass Wahrscheinlichkeitsverteilungen abgeleitet werden können. In Abbildung 4.15 ist die Wahrscheinlichkeitsverteilung der Carbonatisierungstiefe für das kalibrierte Netz aus Tabelle 4.8 dargestellt. Es ist zu sehen, dass in diesem Fall sowohl Mittelwert als auch Standardabweichung der Carbonatisierungstiefe mit der Zeit steigen. Für das nach der TR IH bemessungsrelevante 90-%-Quantil ist der zeitliche Bezug also von großer Bedeutung.

Im Vergleich zur Carbonatisierung führt bei Chlorideintrag die Eindringtiefe zu einer weiteren Dimension neben der Zeitachse. Bei einer dreidimensionalen Darstellung ist demnach die Darstellung der Wahrscheinlichkeitsverteilung nicht mehr möglich. In Abbildung 4.16 ist daher der Mittelwert des Chloridgehaltes über Eindringtiefe und Zeit für die Modellparameter aus Tabelle 4.9 dargestellt. Weitere Diagramme zu Standardabweichung und Variationskoeffizient sind in Abbildungen A.15 und A.16, Seiten A 7 und A 8, gegeben.

Neben dem zeitlichen Bezug auf ein vorzugebendes oder im BIM-Modell hinterlegtes Bauteilalter sind mit der Carbonatisierungstiefe und dem tiefenabhängigen Chloridgehalt Informationen zum Schädigungsfortschritt mit einem räumlichen Bezug im BIM-Modell hinterlegt. Neben dem Output der jeweiligen Netze liegen auch die Evidenzen in einem räumlichen Bezug vor. Durch die Implementierung in BIM können objektspezifisch die jeweils hinterlegten Diagnosedaten abgerufen und als Evidenz zur Kalibrierung des jeweiligen Netzes verwendet werden.

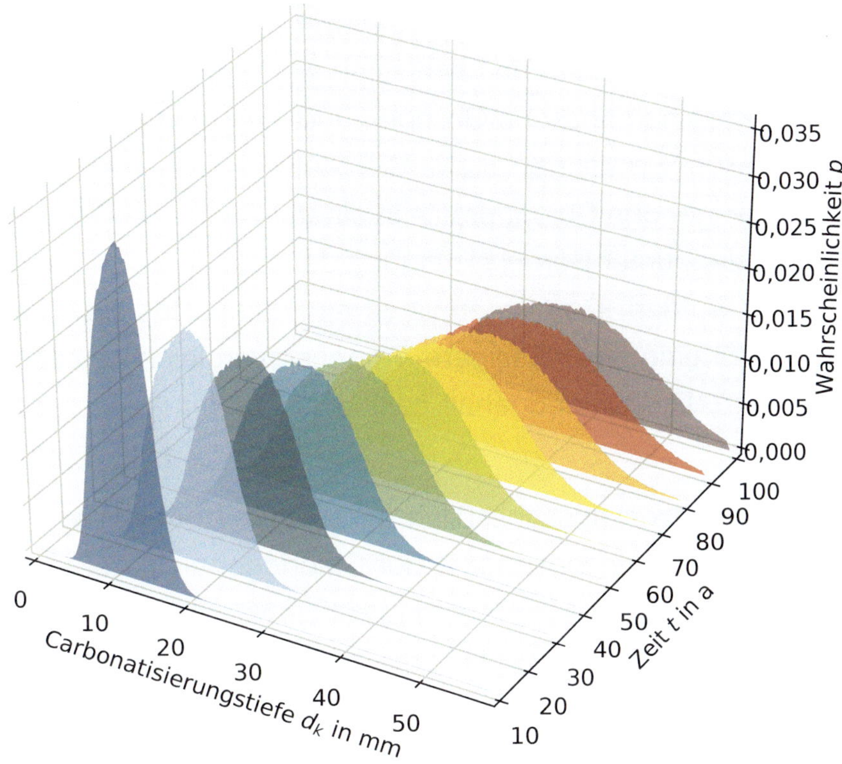

Abbildung 4.15: Wahrscheinlichkeitsverteilungen der Carbonatisierungstiefen über die Zeit

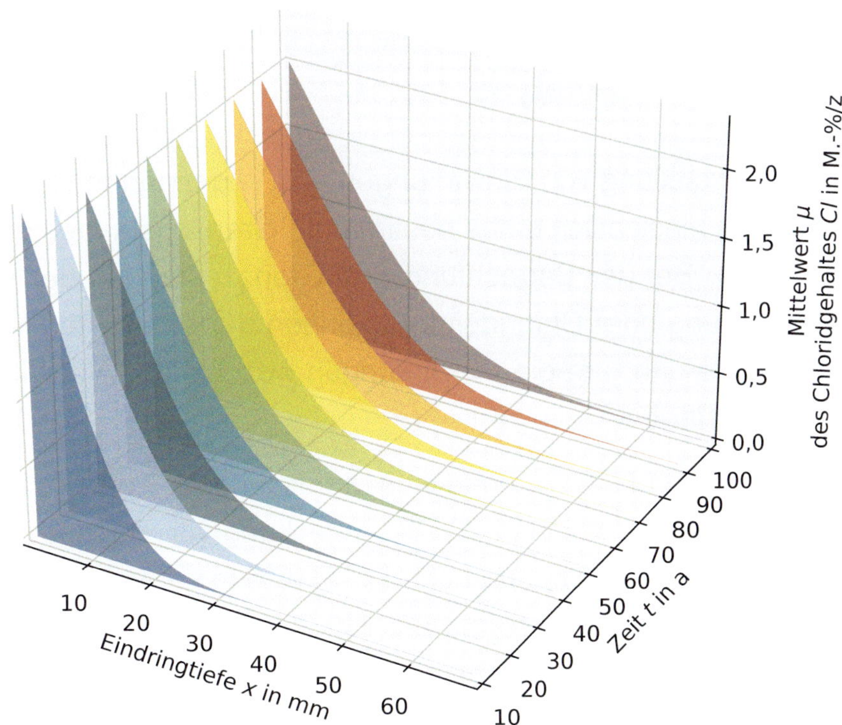

Abbildung 4.16: Mittelwerte der Chloridgehalte über die Eindringtiefe und die Zeit

Auf diese Weise können für eine beliebige Auswahl an Bauteilen einzeln oder gruppiert die Schädigungsmodelle kalibriert und analysiert werden. Dies ermöglicht die Unterteilung eines Bauwerks in semantische Gruppen und die automatisierte Berechnung der verschiedenen Größen. So können bspw. die Stützen eines Parkdecks gruppiert betrachtet und die vorliegenden Chloridprofile in einem räumlichen Kontext (zugehörig zu den gewählten Stützen, unter Berücksichtigung der jeweiligen Entnahmetiefe / Schrittweite) ausgewertet werden. Das Ergebnis ist ein kalibriertes Bayes'sches Netz, das exportiert und ggf. für eine zuverlässigere Prognose vergleichbar exponierter Bauteile genutzt werden kann. Der Chloridgehalt kann anschließend zeit- und tiefenabhängig modelliert werden.

Wohingegen die Evidenzen ausschließlich Informationen über bestimmte Tiefen tragen, ist für die Bemessung insbesondere der Chloridgehalt in der jeweiligen Tiefe der Bewehrung bzw. in einem gewissen Abstand zur Bewehrung relevant. Diese Tiefe variiert zwischen den betrachteten Bauteilen. Durch die maschinenlesbare Implementierung der Betondeckung (vgl. Abschnitt 3.2.4.2) ist diese Information ebenfalls für das Bayes'sche Netz verfügbar. Infolgedessen können die Carbonatisierungstiefen und Chloridgehalte im räumlichen Bezug zur Bewehrung ausgewertet und somit Aussagen über die jeweilige Zuverlässigkeit getroffen werden.

4.2.2 Zuverlässigkeitsanalyse

Durch die Gegenüberstellung von Einwirkungen und Widerständen kann die Zuverlässigkeit eines Bauteils hinsichtlich eines bestimmten Grenzzustandes bewertet werden (vgl. Abschnitt 2.2.2). Bei der Betrachtung des Grenzzustandes der Depassivierung infolge Carbonatisierung oder Chlorideintrag können die kalibrierten Modelle aus Abschnitt 4.1 genutzt werden, um die Einwirkungen abzubilden. Als Widerstand ist die Tiefe der Bewehrungslage anzusetzen.

Durch die Implementierung der Betondeckungsmessungen liegen im entsprechenden BIM-Modell punktuelle Informationen zur Betondeckung vor. Bei der Zuverlässigkeitsanalyse bzw. Instandsetzungsplanung nach TR IH wird in der Regel jedoch mit charakteristischen Betondeckungen gerechnet. Zur Ermittlung der charakteristischen Betondeckung bzw. eines bestimmten Quantils wird in dieser Arbeit der quantitative Nachweis nach Tabelle A.1 des DBV-Merkblatts „Betondeckung und Bewehrung nach Eurocode 2“ [32] verwendet. Der Nachweis wurde in Python umgesetzt und ist in Quelltext C.11, Seite C 13, gegeben. Wohingegen dieser quantitative Nachweis einfach umzusetzen ist, ist die Auswahl der Eingangsdaten komplexer. Die punktuell hinterlegten Betondeckung-Objekte (vgl. Abschnitt 3.2.4.2) müssen entsprechend gruppiert werden, bevor sie für den Nachweis geeignet sind. Es gilt daher, die punktuellen Diagnosedaten des linearen Messverfahrens in einem dreidimensionalen Kontext zu untersuchen.

Ähnlich wie die Evidenzen, die objektspezifisch abgerufen werden, werden bei der Auswertung in BIM die jeweils in den Bauteilen ausgewählten Betondeckung-Objekte extrahiert. In einem weiteren Python-Skript werden diese Objekte bauteilspezifisch räumlich analysiert. Zunächst werden die Objekte entsprechend des hinterlegten Betondeckungswertes verschoben und so auf die Bauteiloberfläche projiziert. Anschließend ermittelt das Skript, welche Objekte in einer Linie verlaufen und welche benachbart sind. Benachbarte Objekte, die in einer Linie verlaufen, werden zu einer Gruppe zusammengefasst. Bei einer kreuzweisen Messung der Betondeckung liegen bspw. zwei zueinander orthogonale Linien bzw. Gruppen an Betondeckung-Objekten vor. Für jede dieser Gruppen wird der quantitative Nachweis durchgeführt. Je nach Orientierung und mittlerer Betondeckung der verschiedenen Gruppen werden diese in vordere und hintere Bewehrungslage unterteilt. Dieses Vorgehen wird in Abschnitt 6.2 an einem praktischen Beispiel demonstriert.

Neben dem statistischen Nachweis der Betondeckung können die einzelnen Betondeckung-Objekte genutzt werden, um die Widerstände hinsichtlich Depassivierung konkret zu beschreiben. Dabei kann zwischen Bauteilgruppen, Bauteilen und Bauteilseiten unterschieden werden und die automatisierte Implementierung der Bayes'schen Inferenz ermöglicht die Zuverlässigkeitsanalyse für die jeweilige Auswahl unmittelbar in der BIM-Umgebung. In Quelltext C.12, Seite C 14, ist das Python-Skript zur Zuverlässigkeitsanalyse mittels MCS für die Betrachtung von Stützenseiten zur Ausführung in BIM gegeben. Dabei werden mit einer Ausführung des Skriptes für die Gegenwart, die nahe Zukunft (+ 5 a) sowie für das Ende der Restnutzungsdauer Versagenswahrscheinlichkeiten und Zuverlässigkeitsindizes nach Cornell für die Grenzzustände Depassivierung infolge Carbonatisierung bzw. Chlorideintrag für jede Stützenseite einzeln ermittelt. Als Widerstand wird die Betondeckung entsprechend der jeweils vorliegenden Messwerte als Treppenfunktion abgebildet. Eine Anwendung für Bauteile bzw. Bauteilgruppen erfolgt analog. Dieses Skript speichert die Daten nicht unmittelbar, sondern stellt sie als Output für weitere Knoten im Dynamo-Netz zur Verfügung. Im nächsten Schritt werden diese Daten verwendet, um das BIM-Modell weiter anzureichern und die Ergebnisse der Analyse objektspezifisch abzuspeichern.

4.2.3 Datenträger-Objekt

Als übergreifendes Ziel der diversen interoperablen Prozesse sollen die Ergebnisse der verschiedenen Analysen (Zuverlässigkeiten, Betondeckungen, etc.) in BIM visualisiert werden. Dabei soll dies möglichst unabhängig von der Parametrisierung des zugrundeliegenden BIM-Modells geschehen. Das Verfahren soll möglichst versatil auf verschiedene BIM-Objekte anwendbar sein, sodass die betrachteten Bauteile keine speziellen Eigenschaften aufweisen oder bestimmten Familien entsprechen müssen. Um dennoch die Analyseergebnisse als BIM-Objekt repräsentieren zu können, wurde ein Datenträger-Objekt als adaptive Familie erstellt, siehe Abbildung 4.17a.

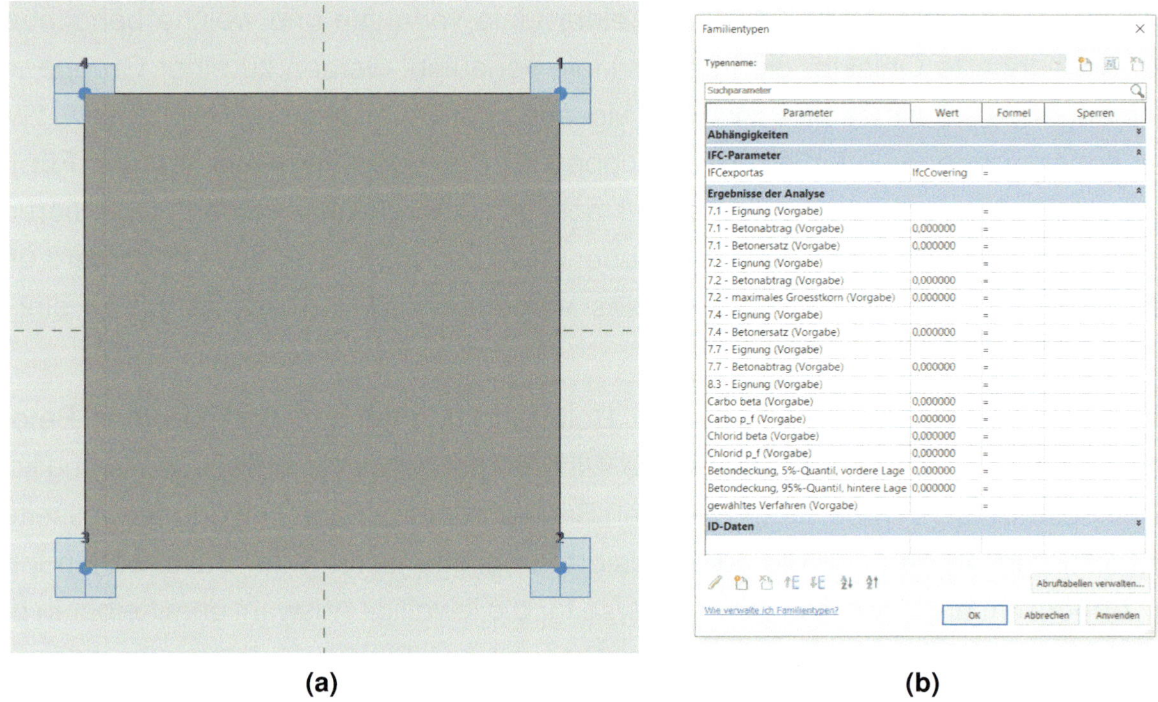

(a) (b)

Abbildung 4.17: (a) Ansicht und **(b)** Eigenschaften der Datenträger-Objekt-Familie

Bei der Analyse einer Bauteilseite wird nach der Extraktion der beinhalteten Diagnosedaten und deren Auswertung das Datenträger-Objekt in einem geringen Abstand zur jeweiligen Bauteiloberfläche entsprechend der zugehörigen Geometrie platziert. Durch geeignete Familieneigenschaften können quasi beliebige Analyseergebnisse in dem Objekt gespeichert werden, siehe Abbildung 4.17b. Die Implementierung wird in Abschnitt 6.3 an einem praktischen Beispiel demonstriert. Der IFC-Export des Datenträger-Objektes erfolgt als IfcCovering.

Die Eigenschaften des Datenträger-Objektes enthalten neben den Versagenswahrscheinlichkeiten (p_f) und Zuverlässigkeitsindizes (β) für Carbonatisierung und Chlorideintrag sowie den charakteristischen Betondeckungen der vorderen und hinteren Bewehrungslagen auch Informationen zu verschiedenen Instandsetzungsverfahren nach TR IH. Deren Ermittlung wird im folgenden Kapitel erläutert.

5 Digitalisierte Instandsetzungsplanung

Nach der Implementierung von Bauwerksdiagnosedaten und Bayes'schen Netzen sind in der BIM-Umgebung die nötigen Informationen und Funktionen zur Planung von Instandsetzungsverfahren nach TR IH (vgl. Abschnitt 2.1.2) maschinenlesbar verfügbar. Um die verfügbaren Daten automatisiert hinsichtlich der Instandsetzungsplanung auswerten zu können, müssen die zugrundeliegenden Regeln und Randbedingungen in Entscheidungsbäume bzw. maschinenlesbare Kriterien übersetzt werden. Im Folgenden wird die BIM-basierte Eignungsprüfung und Bemessung von Instandsetzungsverfahren nach der TR IH anhand der implementierten Diagnosedaten und der mit ihnen kalibrierten Schädigungsmodelle beschrieben.

5.1 Eignungsprüfung und Bemessung der Verfahren nach definierten Kriterien

In der TR IH werden für manche Instandsetzungsverfahren spezifische Anwendungsgrenzen und -kriterien definiert. Je spezifischer die Beschreibung eines Verfahrens ist bzw. die Anwendungskriterien definiert werden, desto besser eignet es sich für die Implementierung als Quelltext für eine automatisierte Eignungsprüfung und Bemessung. Neben der Bewertung der Eignung eines Verfahrens können teilweise auch anhand quantifizierter Kriterien Aussagen zur Ausführung getroffen, bspw. zum nötigen Betonabtrag oder zur Dicke des BES.

In der TR IH werden für die Verfahren aus Abschnitt 2.1.2 Randbedingungen und Vorgaben so spezifisch definiert, dass eine BIM-Implementierung möglich ist. Für diese fünf Verfahren wurden die Skripte zur Eignungsprüfung und Bemessung über ein Dynamo-Skript in der BIM-Umgebung rechenfähig hinterlegt. Dies ermöglicht die bauteilspezifische Prüfung anhand der implementierten Diagnosedaten. Bei manchen Verfahren fordert die TR IH Nachweise zum Schädigungsverlauf bis zum Ende der Restnutzungsdauer. In diesen Fällen werden die jeweiligen Betrachtungsgrößen mittels der kalibrierten fib-Modelle prognostiziert.

Sofern nicht anders angegeben, sind im Folgenden aufgeführte Kennwerte entweder Längen in mm oder Chloridgehalte in M.-% bezogen auf die Zementmasse. Zur Nachvollziehbarkeit der beschriebenen Kriterien werden in den jeweiligen Tabellen der verschiedenen Verfahren Verweise zu zugrundeliegenden Abbildungen bzw. Absätzen (jeweils bezogen auf den Abschnitt der TR IH zum entsprechenden Verfahren) aufgeführt. Außerdem wird die Formel aufgeführt, mit der das jeweilige Kriterium bei der Ausführung des Skriptes in der BIM-Umgebung berechnet wird.

Neben den zu prüfenden Kriterien werden jeweils die Outputs beschrieben, die im Datenträger-Objekt (vgl. Abschnitt 4.2.3) gespeichert bzw. als CSV-Dateien exportiert werden. Die Berechnungen werden jeweils für die Gegenwart sowie für die nahe Zukunft (+ 5 a) und sowohl für die ausgewählte Gruppe an Bauteilen, die beinhalteten Bauteile als auch (bei Stützen) die einzelnen Bauteilseiten durchgeführt.

5.1.1 Verfahren zum Erhalt oder der Wiederherstellung der Passivität

5.1.1.1 Verfahren 7.1 – Erhöhung bzw. Teilersatz der Betondeckung mit zusätzlichem Mörtel oder Beton

Für die Tabellen in diesem Abschnitt gilt die Legende aus Tabelle 5.1. Da bei Verfahren 7.1 die Passivität zum Instandsetzungszeitpunkt noch gegeben sein muss, ist lediglich die Betondeckung der vorderen Bewehrungslage relevant. Für diese wird konservativ das 5-%-Quantil verwendet. Zur Erhöhung bzw. zum Teilersatz der Betondeckung mit zusätzlichem Mörtel oder Beton können aus der TR IH die Kriterien nach Tabelle 5.2 abgeleitet werden.

Tabelle 5.1: Legende zu Verfahren 7.1

d_a : Dicke des alkalischen Betons über der Bewehrung in mm

$c_{5,v}$: 5-%-Quantil der Betondeckung (vordere Bewehrungslage) in mm

$d_{k,90}$: 90-%-Quantil der Carbonatisierungstiefe in mm

$d_{c,krit}$: Tiefe, in der der mittlere Chloridgehalt dem kritischen korrosionsauslösenden Chloridgehalt entspricht, in mm

d_A : erforderliche Abtragstiefe in mm

$d_{c=1,5\%}$: Tiefe, in der der mittlere Chloridgehalt 1,5 M.-% entspricht, in mm

d_E : Dicke des BES in mm

$d_{c,lim}(t_R)$: Tiefe, in der der mittlere Chloridgehalt über die Restnutzungsdauer dem jeweiligen Grenzwert entspricht, in mm

$d_{k,90}(t_R)$: 90-%-Quantil der Carbonatisierungstiefe am Ende der Restnutzungsdauer in mm

$d_{a,R}$: Dicke des verleibenden alkalischen Betons über der Bewehrung nach Betonabtrag in mm

Tabelle 5.2: Kriterien zu Verfahren 7.1

Kriterium	**Beschreibung**	**Formel**	**Verweis auf TR IH Teil 1**	**Verweis auf Skizze**
A	min. 10 mm alkalischer Beton über der Bewehrung	$d_a \geq 10$ $d_a = c_{5,v} - d_{k,90}$	Abb. 4	Abb. 2.2a
B	Tiefe des kritischen Chloridgehaltes min. 10 mm vor der Bewehrung	$c_{5,v} - d_{c,krit} \geq 10$	Absatz (4) a)	Abb. 2.3a
C	Betonabtrag bis Chloridgehalt in der verbleibenden Altbetonschicht unter 1,5 M.-%	$d_A \geq d_{c=1,5\%}$	Absatz (4) b)	Abb. 2.3a

Tabelle 5.2: Kriterien zu Verfahren 7.1 (Fortsetzung)

D	Dicke des BES so, dass über die Restnutzungsdauer der Chloridgehalt den Wert von 0,5 M.-% (bei Spannbeton 0,2 M.-%) an der der Einwirkung abgewandten Seite nicht überschreitet	$d_E \geq d_{c,lim}(t_R)$	Absatz (4) c)	Abb. 2.3b
E	Dicke des BES so, dass über die Restnutzungsdauer die Carbonatisierungsfront den Bewehrungsstahl nicht erreicht	$d_E \geq d_{k,90}(t_R) - d_{a,R}$	Absatz (3)	Abb. 2.2b

Das Instandsetzungsverfahren ist genau dann anwendbar, wenn mindestens 10 mm zwischen der Bewehrung und sowohl der Carbonatisierungsfront (A) als auch der Tiefe des kritischen Chloridgehaltes (B) liegen, also nach Tabelle 5.3 $A \cap B$ gilt.

Tabelle 5.3: Eignungsprüfung von Verfahren 7.1

	$\boldsymbol{A}$	$\boldsymbol{\bar{A}}$
$\boldsymbol{B}$	✓	×
$\boldsymbol{\bar{B}}$	×	×

Nach TR IH gilt der Erhalt der Passivität durch Umverteilung des im Altbeton enthaltenen Chlorides unter dem Einfluss des nach der Instandsetzung eindringenden Chlorides über den Zeitraum der Restnutzungsdauer als sichergestellt, wenn $B \cap C \cap D$ [13]. Bei entsprechend hohen Chloridgehalten muss daher Betonabtrag nach Tabelle 5.4 stattfinden.

Tabelle 5.4: Erforderliche Abtragstiefe bei Verfahren 7.1

erforderliche Abtragstiefe
$d_A \geq d_{c=1,5\%}$ entsprechend C

Die Mindestdicke des BES ermittelt sich aus Tabelle 5.5.

Tabelle 5.5: Mindestdicke des BES bei Verfahren 7.1

Dicke des Betonersatzsystems
$d_E \geq \begin{cases} d_{c,lim}(t_R) \text{ entsprechend } D \\ d_{k,90}(t_R) - d_{a,R} \text{ entsprechend } E \end{cases}$

Das entsprechende Python-Skript zur Eignungsprüfung und Bemessung von Verfahren 7.1 in Dynamo rechnet anhand der Formeln aus Tabelle 5.2 und liefert die Bewertung der Eignung, die erforderliche Abtragstiefe sowie die Mindestdicke des BES (vgl. Tabellen 5.3, 5.4 und 5.5) als Output.

5.1.1.2 Verfahren 7.2 – Ersatz von chloridhaltigem oder carbonatisiertem Beton

Verfahren 7.2 ist bei depassivierter Bewehrung und auch bei Carbonatisierungstiefen und Chlorideindringtiefen bis hinter die Bewehrung anwendbar. Zur Prüfung der Depassivierung der jeweiligen Bewehrungslage wird konservativ das 5-%-Quantil der entsprechenden Betondeckung verwendet.

Zur Berechnung des Betonabtrags hinter der Bewehrung wird konservativ das 95-%-Quantil der Betondeckung der hinteren Bewehrungslage verwendet. Dies kann zu hohen Abtragstiefen führen. Für weniger strenge Bemessungen können diese Parameter beliebig angepasst und bspw. Mittelwerte verwendet werden. In der Praxis würde der Betonabtrag wohl eher lokal eingestellt bzw. an die jeweilige Bewehrungslage angepasst werden und nicht über die gesamte Bauteilfläche hinweg gleichmäßig erfolgen. Prinzipiell könnte dies auch in der BIM-Umgebung abgebildet werden, allerdings wären dafür flächige Betondeckungsmessungen notwendig, die für das Reallabor nicht vorlagen.

Für die Tabellen in diesem Abschnitt gilt die Legende aus Tabelle 5.6. Zum Ersatz von chloridhaltigem oder carbonatisiertem Beton können aus der TR IH die Kriterien nach Tabelle 5.7 abgeleitet werden.

Tabelle 5.6: Legende zu Verfahren 7.2

$d_{k,90}$: 90-%-Quantil der Carbonatisierungstiefe in mm

$c_{5,v}$: 5-%-Quantil der Betondeckung (vordere Bewehrungslage) in mm

$d_{c,krit}$: Tiefe, in der der mittlere Chloridgehalt dem kritischen korrosionsauslösenden Chloridgehalt entspricht, in mm

d_{EA} : Dicke des BES und erforderliche Abtragstiefe in mm

$c_{5,h}$: 5-%-Quantil der Betondeckung (hintere Bewehrungslage) in mm

$c_{95,h}$: 95-%-Quantil der Betondeckung (hintere Bewehrungslage) in mm

$d_{S,h}$: Betonstahldurchmesser (hintere Bewehrungslage) in mm

$d_{c=1,5\%}$: Tiefe, in der der mittlere Chloridgehalt 1,5 M.-% entspricht, in mm

D_{max} : Größtkorn des BES in mm

Tabelle 5.7: Kriterien zu Verfahren 7.2

Kriterium	Beschreibung	Formel	Verweis auf TR IH Teil 1	Verweis auf Skizze
A	Bewehrung durch Carbonatisierung örtlich oder vollflächig depassiviert	$d_{k,90} \geq c_{5,v}$	Absatz (2) a)	Abb. 2.4a
B	kritischer Chloridgehalt örtlich oder vollflächig überschritten	$d_{c,krit} \geq c_{5,v}$	Absatz (2) b)	Abb. 2.5a
C	bei Carbonatisierung bis hinter die Bewehrung Betonabtrag bis 10 bzw. 15 mm hinter die Bewehrung bei Stahlstabdurchmessern $<$ bzw. $\geq$ 16 mm	$d_{k,90} > c_{5,h} + d_{S,h}$ $d_{EA} \geq c_{95,h} + d_{S,h} + 10$ bei $d_{S,h} < 16$ $d_{EA} \geq c_{95,h} + d_{S,h} + 15$ bei $d_{S,h} \geq 16$	Absatz (4)	Abb. 2.4b

Tabelle 5.7: Kriterien zu Verfahren 7.2 (Fortsetzung)

D	bei kritischem Chlorideintrag bis > 30 mm hinter die Bewehrung Betonabtrag bis min. 30 mm hinter der Bewehrung und so, dass der Chloridgehalt im verbleibenden Altbeton 1,5 M.-% nicht überschreitet	$d_{c,krit} > c_{5,h} + d_{S,h} + 30$ $d_{EA} \geq c_{95,h} + d_{S,h} + 30$ $d_{EA} \geq c_{95,h} + d_{c=1,5\%}$	Absatz (5)	Abb. 2.6b
E	Größtkorn des BES darf max. $\frac{1}{3}$ der Abtragstiefe hinter der Bewehrung betragen	$D_{max} \leq \frac{d_{EA}-c_{95,h}-d_{S,h}}{3}$	Absatz (6)	–

Das Instandsetzungsverfahren ist anwendbar, wenn die Bewehrung durch Carbonatisierung (A) oder Chlorideintrag (B) depassiviert ist, also nach Tabelle 5.8 $A \cup B$ gilt.

Tabelle 5.8: Eignungsprüfung von Verfahren 7.2

	A	$\bar{A}$
B	✓	✓
$\bar{B}$	✓	×

Nach TR IH ergeben sich erforderliche Abtragstiefe und Mindestdicke des BES in Abhängigkeit der Betondeckung, der Carbonatisierungstiefe, des Chlorideintrags und des Stabdurchmessers, siehe Tabelle 5.9.

Tabelle 5.9: Erforderliche Abtragstiefe und Mindestdicke des BES bei Verfahren 7.2

	C	$\bar{C}$
D	$d_{EA} \geq \begin{cases} c_{95,h} + d_{S,h} + (10 \vee 15) \\ c_{95,h} + d_{S,h} + 30 \\ c_{95,h} + d_{c=1,5\%} \end{cases}$	$d_{EA} \geq \begin{cases} d_{k,90} \\ c_{95,h} + d_{S,h} + 30 \\ c_{95,h} + d_{c=1,5\%} \end{cases}$
$\bar{D}$	$d_{EA} \geq \begin{cases} c_{95,h} + d_{S,h} + (10 \vee 15) \\ d_{c,krit} \end{cases}$	$d_{EA} \geq \begin{cases} d_{k,90} \\ d_{c,krit} \end{cases}$

Zur Gewährleistung eines hohlstellenfreien Einbringens des BES ist dessen Größtkorn auf die Abtragstiefe hinter der Bewehrung abzustimmen, siehe Tabelle 5.10.

Tabelle 5.10: Maximales Größtkorn des BES bei Verfahren 7.2

Größtkorn des BES
$D_{max} \leq \frac{d_{EA}-c_{95,h}-d_{S,h}}{3}$ entsprechend E

Das entsprechende Python-Skript zur Eignungsprüfung und Bemessung von Verfahren 7.2 in Dynamo rechnet anhand der Formeln aus Tabelle 5.7 und liefert die Bewertung der Eignung, die erforderliche Abtragstiefe sowie die Mindestdicke und den maximalen Größtkorndurchmesser des BES (vgl. Tabellen 5.8, 5.9 und 5.10) als Output.

5.1.1.3 Verfahren 7.4 – Realkalisierung von carbonatisiertem Beton durch Diffusion

Für die Tabellen in diesem Abschnitt gilt die Legende aus Tabelle 5.11. Verfahren 7.4 ist nach TR IH nur anwendbar, wenn kein Chlorideintrag vorliegt. Da der Grundchloridgehalt von Betonen i. d. R. zwischen 0,1 und 0,2 M.-%/z liegt, wurde zur Implementierung in BIM ein zusätzlicher Parameter, der tolerierte Chloridgehalt Cl_{tol}, eingeführt. Bei der Ausführung des entsprechenden Skriptes kann ein Grenzwert für den Chloridgehalt vorgegeben werden, bis zu dem der Chlorideintrag als vernachlässigbar angenommen wird.

Tabelle 5.11: Legende zu Verfahren 7.4

Cl_{max} :	maximaler vorliegender Chloridgehalt in M.-%
Cl_{tol} :	tolerierter Chloridgehalt, der noch nicht als Chlorideintrag gilt, in M.-%
$d_{k,90}$:	90-%-Quantil der Carbonatisierungstiefe in mm
d_E :	Dicke des BES in mm
$d_{k,90}(t_R)$:	90-%-Quantil der Carbonatisierungstiefe am Ende der Restnutzungsdauer in mm

Zur Realkalisierung von carbonatisiertem Beton durch Diffusion können aus der TR IH die Kriterien nach Tabelle 5.12 abgeleitet werden.

Tabelle 5.12: Kriterien zu Verfahren 7.4

Kriterium	Beschreibung	Formel	Verweis auf TR IH Teil 1	Verweis auf Skizze
A	kein Chlorideintrag	$d_{max} \leq d_{tol}$	Absatz (2)	–
B	größte Carbonatisierungstiefe im Altbeton kleiner als 40 mm	$d_{k,90} \leq 40$	Absatz (4)	Abb. 2.7a
C	Dicke des BES so, dass über die Restnutzungsdauer die Carbonatisierungsfront im BES verbleibt, jedoch min. 20 mm	$d_E \geq d_{k,90}(t_R)$ $d_E \geq 20$	Absatz (5)	Abb. 2.7b

Das Instandsetzungsverfahren ist genau dann anwendbar, wenn sowohl kein Chlorideintrag vorliegt (A) als auch die größte Carbonatisierungstiefe im Altbeton kleiner als 40 mm ist (B), also nach Tabelle 5.13 $A \cap B$ gilt.

Tabelle 5.13: Eignungsprüfung von Verfahren 7.4

	$\boldsymbol{A}$	$\boldsymbol{\bar{A}}$
$\boldsymbol{B}$	$\checkmark$	$\times$
$\boldsymbol{\bar{B}}$	$\times$	$\times$

Die Mindestdicke des BES ermittelt sich aus Tabelle 5.14.

Tabelle 5.14: Mindestdicke des BES bei Verfahren 7.4

Dicke des Betonersatzsystems
$d_E \geq \begin{cases} d_{k,90}(t_R) \text{ entsprechend } C \\ 20 \text{ entsprechend } C \end{cases}$

Das entsprechende Python-Skript zur Eignungsprüfung und Bemessung von Verfahren 7.4 in Dynamo rechnet anhand der Formeln aus Tabelle 5.12 und liefert die Bewertung der Eignung sowie die Mindestdicke des BES (vgl. Tabellen 5.13 und 5.14) als Output.

5.1.1.4 Verfahren 7.7 – Beschichtung

Für die Tabellen in diesem Abschnitt gilt die Legende aus Tabelle 5.15.

Tabelle 5.15: Legende zu Verfahren 7.7

d_a :	Dicke des alkalischen Betons über der Bewehrung in mm
$c_{5,v}$:	5-%-Quantil der Betondeckung (vordere Bewehrungslage) in mm
$d_{k,90}$:	90-%-Quantil der Carbonatisierungstiefe in mm
$d_{c,krit}$:	Tiefe, in der der mittlere Chloridgehalt dem kritischen korrosionsauslösenden Chloridgehalt entspricht, in mm
d_A :	erforderliche Abtragstiefe in mm
$d_{c=1,5\%}$:	Tiefe, in der der mittlere Chloridgehalt 1,5 M.-% entspricht, in mm

Bei einer Beschichtung zum Erhalt oder der Wiederherstellung der Passivität können aus der TR IH die Kriterien nach Tabelle 5.16 abgeleitet werden.

Tabelle 5.16: Kriterien zu Verfahren 7.7

Kriterium	**Beschreibung**	**Formel**	**Verweis auf TR IH Teil 1**	**Verweis auf Skizze**
A	min. 10 mm alkalischer Beton über der Bewehrung	$d_a \geq 10$ $d_a = c_{5,v} - d_{k,90}$	Absatz (2)	Abb. 2.8a
B	Tiefe des kritischen Chloridgehaltes min. 10 mm vor der Bewehrung	$c_{5,v} - d_{c,krit} \geq 10$	Absatz (3)	Abb. 2.9a
C	Betonabtrag bis Chloridgehalt in der verbleibenden Altbetonschicht unter 1,5 M.-%	$d_A \geq d_{c=1,5\%}$	Absatz (3)	Abb. 2.9a

Das Instandsetzungsverfahren ist genau dann anwendbar, wenn mindestens 10 mm zwischen der Bewehrung und sowohl der Carbonatisierungsfront (A) als auch der Tiefe des kritischen Chloridgehaltes (B) liegen, also nach Tabelle 5.17 $A \cap B$ gilt.

Tabelle 5.17: Eignungsprüfung von Verfahren 7.7

	A	$\bar{A}$
B	✓	×
$\bar{B}$	×	×

Nach TR IH muss Altbeton mit Chloridgehalten $\geq$ 1,5 M.-% abgetragen werden, siehe Tabelle 5.18.

Tabelle 5.18: Erforderlicher Betonabtrag bei Verfahren 7.7

erforderliche Abtragstiefe
$d_A \geq d_{c=1,5\%}$ entsprechend C

Das entsprechende Python-Skript zur Eignungsprüfung und Bemessung von Verfahren 7.7 in Dynamo rechnet anhand der Formeln aus Tabelle 5.16 und liefert die Bewertung der Eignung sowie die erforderliche Abtragstiefe (vgl. Tabellen 5.17 und 5.18) als Output.

5.1.2 Verfahren zur Erhöhung des elektrischen Widerstandes

5.1.2.1 Verfahren 8.3 – Beschichtung

Für die Tabellen in diesem Abschnitt gilt die Legende aus Tabelle 5.19.

Tabelle 5.19: Legende zu Verfahren 8.3

Cl_c	Chloridgehalt in Tiefe der Bewehrung (5-%-Quantil der vorderen Bewehrungslage) in M.-%

Bei einer Beschichtung zur Erhöhung des elektrischen Widerstandes kann aus der TR IH das Kriterium nach Tabelle 5.20 abgeleitet werden.

Tabelle 5.20: Kriterien zu Verfahren 8.3

Kriterium	**Beschreibung**	**Formel**	**Verweis auf TR IH Teil 1**	**Verweis auf Skizze**
A	Chloridgehalt in Tiefe der Bewehrung < 1,5 M.-%	$Cl_c < 1{,}5$	Absatz (6)	–

Das Instandsetzungsverfahren ist anwendbar, wenn der Chloridgehalt in Tiefe der Bewehrung 1,5 M.-% unterschreitet, also nach Tabelle 5.21 A gilt.

Tabelle 5.21: Eignungsprüfung von Verfahren 8.3

A	$\bar{A}$
✓	×

Der Chloridgehalt aus Tabelle 5.22 wird als Mittelwert des entsprechenden Knotens des kalibrierten Bayes'schen Netzes ermittelt.

Tabelle 5.22: Chloridgehalt in Tiefe der Bewehrung bei Verfahren 8.3

Chloridgehalt in Tiefe der Bewehrung
Cl_c

Das entsprechende Python-Skript zur Eignungsprüfung und Bemessung von Verfahren 8.3 in Dynamo rechnet anhand der Formeln aus Tabelle 5.20 und liefert die Bewertung der Eignung sowie den Chloridgehalt in Tiefe der Bewehrung (vgl. Tabellen 5.21 und 5.22) als Output.

5.2 BIM als Entscheidungsunterstützungssystem

Als übergreifendes Ziel dieser Arbeit gilt die Entwicklung eines BIM-basierten Systems als Entscheidungshilfe bei der Instandsetzungsplanung. Dieses System gründet auf mit Diagnosedaten angereicherten BIM-Modellen (vgl. Abschnitt 3.2) und daraus abgeleiteten zeitlich und räumlich aufgelösten Zustandsbewertungen und -prognosen (vgl. Abschnitt 4.2). Die maschinenlesbare Kenntnis der Ist-Zustände für Gegenwart und Zukunft ermöglicht die automatisierte Eignungsprüfung und Bemessung von Instandsetzungsverfahren (vgl. Abschnitt 5.1). In den vorangegangenen Abschnitten wurden die entsprechenden Prozesse und die Übersetzung in Quelltexte bzw. deren Implementierung in BIM beschrieben. Auf diese Weise entstehen BIM-zentrierte, interoperable Module, die als Komponenten eines Entscheidungsunterstützungssystems verstanden und zu einem solchen zusammengesetzt werden können. In diesem Abschnitt wird beschrieben, wie die verschiedenen Module in einem Dynamo-Skript kombiniert und BIM-Modelle als Entscheidungsunterstützungssystem genutzt werden können. Die praktische Ausführung und Diskussion der erzielten Ergebnisse erfolgt in Kapitel 6.

Das Dynamo-Skript zur Auswertung der hinterlegten Diagnoseergebnisse bzw. Unterstützung der Instandsetzungsplanung besteht aus über 700 Knoten, von denen einige weitere Python-Skripte enthalten und ausführen. Eine konkrete Beschreibung der einzelnen Arbeits- und Rechenschritte wäre im Rahmen dieser Arbeit weder praktikabel umsetzbar noch zielführend. Stattdessen wird das Konzept anhand eines schematischen Skriptes, siehe Abbildung 5.1, beschrieben. Das Skript kann in drei Teile unterteilt werden: Input (grün), Analyse (orange) und Output (blau).

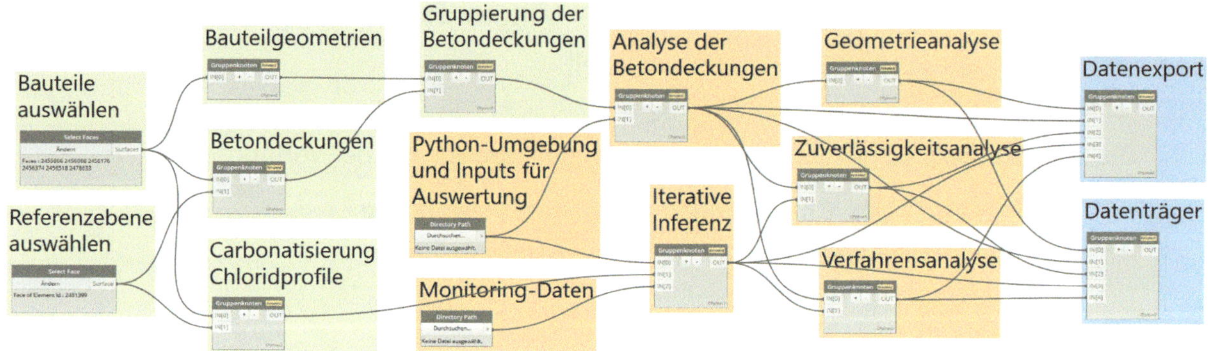

Abbildung 5.1: Schematisches Dynamo-Skript zur Unterstützung der Instandsetzungsplanung

5.2.1 Selektion der Bauteilgruppe

Als erste Schritte bei der Ausführung des Dynamo-Skriptes zur Unterstützung der Instandsetzungsplanung müssen die zu betrachtenden Bauteile sowie eine Referenzebene ausgewählt werden, siehe Abbildung 5.2. Die Referenzebene wird durch die Selektion einer horizontalen Oberfläche im BIM-Modell bestimmt und dient als geometrische Referenz bzw. als x-y-Ebene. Im weiteren Verlauf können unter Angabe einer beliebigen Höhe Objekte entsprechend ihrer Distanz zu dieser Ebene gefiltert werden. Auf diese Weise können bspw. bei der Betrachtung von Stützenfüßen nur Messwerte mit einem Abstand von maximal 0,5 m zur Bodenplatte berücksichtigt werden.

Die Auswahl der zu analysierenden Objekte erfolgt über die Auswahl von Bauteiloberflächen. Dabei wurde das Skript in zwei Varianten geschrieben. Diese Skripte sind prinzipiell sehr ähnlich, unterscheiden sich jedoch etwas hinsichtlich der Handhabung der Bauteilgeometrien. Eine Variante ist für Wände bzw. beliebige Flächen ausgelegt und betrachtet jede selektierte Bauteilfläche einzeln, unabhängig von angrenzenden Flächen. So kann bspw. die Vorderseite einer Wand ausgewählt werden, ohne dass die übrigen fünf (oder mehr) Flächen des BIM-Objektes berücksichtigt werden. Zur

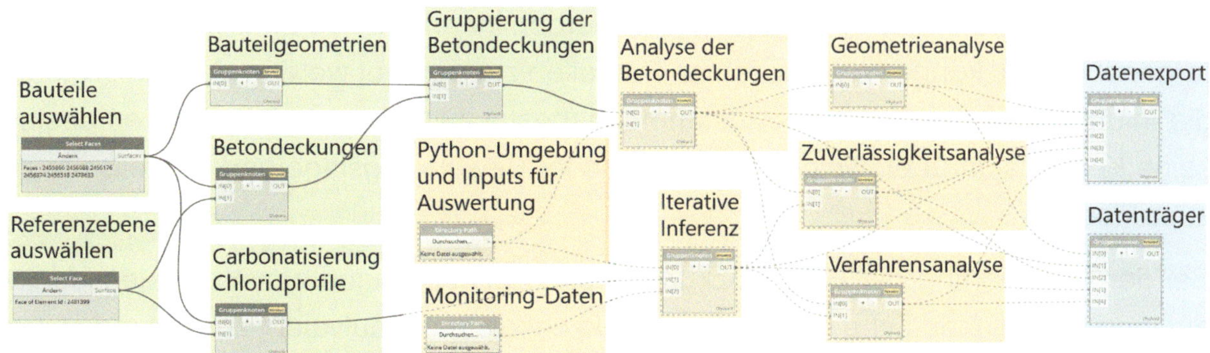

Abbildung 5.2: Schematisches Dynamo-Skript zur Unterstützung der Instandsetzungsplanung – Input

Betrachtung von Stützen müssten bspw. die vier Seiten einzeln ausgewählt werden und eine Auswertung würde jede Seite unabhängig voneinander betrachten. Diese Herangehensweise ist relativ robust und erlaubt die Ausführung des Skriptes für nicht-quaderförmige BIM-Objekte.

Die zweite Ausführung des Skriptes ist für quaderförmige Stützen optimiert und erlaubt die Betrachtung der Bauteilflächen im Kontext zueinander. Konkret bedeutet das, dass bei der Betrachtung einer Stütze lediglich eine Seite / Oberfläche selektiert werden muss und das Skript ermittelt das zugrundeliegende dreidimensionale Objekt und alle übrigen Stützenseiten. Die Betrachtung und anschließende Auswertung bezieht sich jeweils auf alle vier Stützenseiten als Komponenten eines Bauteils. Dies erlaubt weitere Analysen und präzisere Gruppierungen der Analysen (vgl. Abschnitt 5.2.2). Da der Funktionsumfang der zweiten Variante größer ist, wird im Folgenden diese vorgestellt.

Nach der Selektion der zu betrachtenden Bauteile und der Referenzebene ermittelt das Skript die zugehörigen Bauteilgeometrien (Breite, Höhe, Tiefe, BIM-Objekt des Bauteils, BIM-Objekte der Bauteilflächen) und extrahiert alle in den ausgewählten Bauteilen implementierten Betondeckungen, Carbonatisierungstiefen und Chloridprofile. Wurden keine Diagnoseergebnisse wie in Abschnitt 3.2 beschrieben implementiert, schlägt die Ausführung des Skriptes fehl bzw. führt zu keinen Ergebnissen.

Sind die vorliegenden Chloridgehalte auf die Betonmasse bezogen, werden diese nach Vorgabe eines Umrechnungsfaktors automatisch in Bezug auf die Zementmasse umgerechnet. Zur Maximierung des Ertrags der Daten zu Carbonatisierungstiefen und Chloridgehalten werden alle vorliegenden Daten in einer Stichprobe zusammengefasst. Entsprechend sollten bei der Selektion nur solche Bauteile ausgewählt werden, deren Expositionen vergleichbar sind.

Die Daten der Betondeckungsmessungen werden innerhalb des Skriptes in Listen weitergegeben und können den einzelnen Bauteilen zugeordnet werden. Allerdings liegen die Informationen zunächst als zusammenhangslose Messpunkte vor und es besteht keine Kenntnis darüber, welche Punkte welcher Bewehrungslage und Bauteilseite zuzuordnen sind.

Bei der Gruppierung der Betondeckungen projiziert ein Algorithmus die Messpunkte auf jene Bauteiloberfläche, zu der die Projektionsdistanz äquivalent zur Betondeckung zzgl. des halben Stabdurchmessers ist. Dadurch können die verschiedenen Messpunkte den Bauteilseiten zugeordnet werden. Im nächsten Schritt prüft der Algorithmus, welche Messpunkte in einer Linie liegen und gruppiert diese zu einer Bewehrungslage. Schließlich wird je Lage der Mittelwert der Betondeckung ermittelt und die Lage mit der im Mittel höheren Betondeckung als hintere Bewehrungslage definiert.

5.2.2 3D-kontextualisierte Diagnosedaten und Auswertungen

Im zweiten Teil des Dynamo-Skriptes zur Unterstützung der Instandsetzungsplanung erfolgt die Analyse der implementierten und extrahierten Diagnosedaten, siehe Abbildung 5.3. Als zusätzlicher Input, der nicht konkret mit dem BIM-Modell zusammenhängt, müssen der Dateipfad zur Python-Umgebung und weitere Informationen für die Auswertung gegeben werden. Der Dateipfad ist notwendig, damit verschiedene Python-Module und insbesondere PySMILE zum Systempfad von Revit hinzugefügt und die Interoperabilität hergestellt werden. Außerdem muss ein Dateipfad angegeben werden, der als Zielordner für das Speichern / Exportieren der Ergebnisse dient. Falls Monitoring-Daten bei der Erstellung der Bayes'schen Netze berücksichtigt werden sollen (vgl. Abschnitt 4.1.3), muss der Dateipfad zu den Rohdaten gegeben werden.

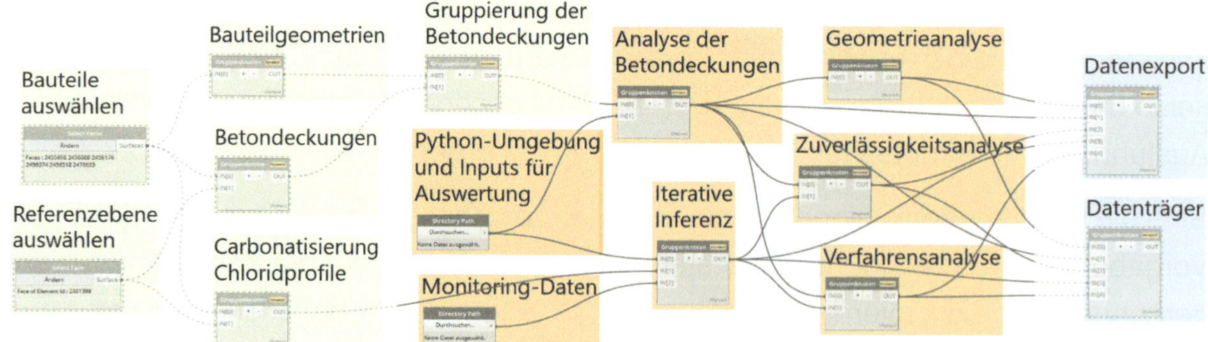

Abbildung 5.3: Schematisches Dynamo-Skript zur Unterstützung der Instandsetzungsplanung – Analyse

Sofern nicht die voreingestellten Werte verwendet werden sollen, müssen außerdem folgende Informationen gegeben werden:

Bayes'sche Netze

- Anzahl an Simulationen
- Anzahl an Klassen
- Bauwerksalter

Zuverlässigkeitsprognosen

- Restnutzungsdauer
- geforderter Zuverlässigkeitsindex (Carbonatisierung)
- geforderter Zuverlässigkeitsindex (Chlorideintrag)

Eignungsprüfung und Bemessung

- kritischer korrosionsauslösender Chloridgehalt
- tolerierter Chloridgehalt (vgl. Abschnitt 5.1.1.3)
- Mindestbetondeckung für den quantitativen Nachweis der Betondeckung nach Tabelle A.1 des DBV-Merkblatts „Betondeckung und Bewehrung nach Eurocode 2"

Entsprechend der vorgegebenen Konfiguration erfolgen die Analyse der charakteristischen Betondeckungen (vgl. Quelltext C.11, Seite C 13) sowie die Erstellung und iterative Kalibrierung der Bayes'schen Netze (vgl. Abschnitt 4.1). Die Ergebnisse der Betondeckungsanalyse werden zur Analyse von sowohl der Zuverlässigkeit als auch der Instandsetzungsverfahren sowie der Geometrie benötigt.

Die Geometrieanalyse wird nur bei der Skript-Variante für Stützen durchgeführt und leitet aus den Betondeckungen im dreidimensionalen Kontext der jeweiligen Stütze die Exzentrizität und Neigung des Bewehrungskorbes ab. Nimmt bspw. die Betondeckung mit der Höhe auf einer Stützenseite ab und auf der gegenüberliegenden Seite zu, so ist der Bewehrungskorb womöglich geneigt. Zur Berechnung der Neigung wird pro Stützenseite eine Linie über die Werte der Betondeckung der vorderen Bewehrungslage (horizontale Bügelbewehrung) gefittet und deren Winkel zur globalen z-Achse bestimmt. Anschließend werden die zugehörigen Winkel zweier gegenüberliegender Seiten gemittelt und so die mittlere Neigung für die beiden Bauteilachsen ermittelt.

Beträgt die mittlere Betondeckung einer Seite das Vielfache der anderen Seite, so wurde der Bewehrungskorb wahrscheinlich exzentrisch eingebaut. Zur Berechnung der Exzentrizität wird im Skript die mittlere Betondeckung der hinteren Bewehrungslage (senkrechte Stabbewehrung) verwendet. Somit gilt der ermittelte Wert nur für die Höhe des zugehörigen horizontalen Scans und kann bei geneigten Bewehrungskörben in verschiedenen Höhen unterschiedlich ausfallen.

Bei der Zuverlässigkeitsanalyse werden Versagenswahrscheinlichkeiten und Zuverlässigkeitsindizes für die Gegenwart, die nahe Zukunft (+ 5 a) sowie für das Ende der Restnutzungsdauer ermittelt und mit den geforderten Werten verglichen. Die Verfahrensanalyse führt die Eignungsprüfung und Bemessung für die hinterlegten Instandsetzungsverfahren nach TR IH durch. Sowohl die Zuverlässigkeits- als auch die Verfahrensanalyse wird jeweils für die Gruppe der ausgewählten Bauteile, für alle Bauteile einzeln sowie für die einzelnen Bauteilseiten (bei Stützen) durchgeführt.

5.2.3 Export und Weiterverarbeitung der Analyseergebnisse

Der letzte Teil des Dynamo-Skriptes zur Unterstützung der Instandsetzungsplanung dient dem Export und der Weiterverarbeitung der Analyseergebnisse, siehe Abbildung 5.4.

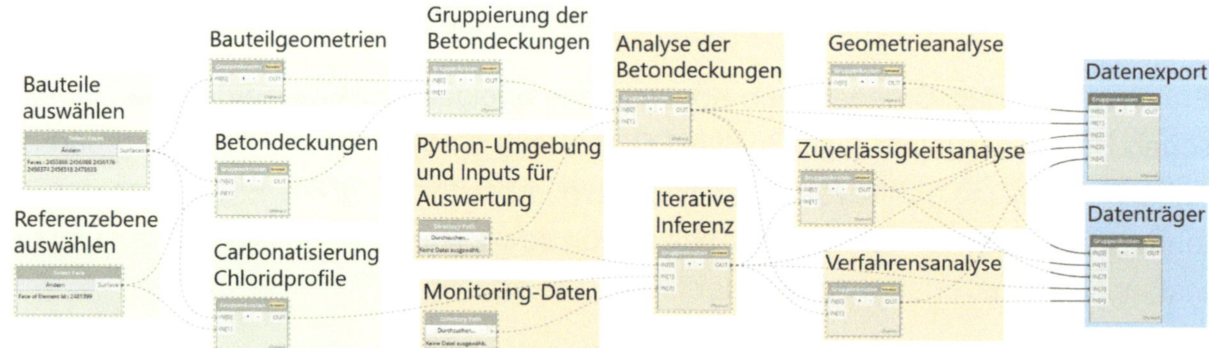

Abbildung 5.4: Schematisches Dynamo-Skript zur Unterstützung der Instandsetzungsplanung – Output

Folgende Ergebnisse werden als CSV-Dateien exportiert:

Datenexport

- Namen, IDs und Geometrien der selektierten Bauteile
- Anzahl der hinterlegten Diagnoseergebnisse

- statistische Auswertung der Betondeckungen (Quantile, Mittelwerte, ...) separiert nach vorderer und hinterer Bewehrungslage (je Gruppe, Bauteil, Seite)
- Exzentrizität und Neigung des Bewehrungskorbes (bei Stützen)
- Konfiguration und Evidenzen der Bayes'schen Netze
- geforderte und erzielte Zuverlässigkeiten (je Gruppe, Bauteil, Seite)
- Eignung und Bemessung der Verfahren (je Gruppe, Bauteil, Seite) inkl. Bewertung der verschiedenen Kriterien und Outputs nach Abschnitt 5.1

Zusätzlich werden die a-priori-Netze sowie iterativ die a-posteriori-Netze als XDSL-Dateien und die aktuelle Ansicht des BIM-Modells als JPG-Datei gespeichert. Im Datenträger-Objekt werden folgende Informationen als entsprechende Eigenschaften abgespeichert:

Datenträger-Objekt

- 5-%-Quantil der Betondeckung der vorderen Bewehrungslage
- 95-%-Quantil der Betondeckung der hinteren Bewehrungslage
- Eignung und Bemessung der Verfahren (je Seite)
- erzielte Zuverlässigkeiten (je Seite)

5.2.4 Anwendungsgrenzen

Die Anwendung des Dynamo-Skriptes zur Unterstützung der Instandsetzungsplanung unterliegt gewissen Grenzen. In der derzeitigen Ausführung erfordern sowohl die geometrische Bauteilanalyse als auch die Erstellung des Datenträger-Objektes ebene, rechteckige Bauteilflächen. Weiterhin müssen diese Flächen entweder horizontal oder vertikal orientiert sein. Prinzipiell könnte das Skript für geneigte und gekrümmte Flächen ausgebaut werden, die technischen Voraussetzungen sind gegeben.

Lediglich für die fünf Instandsetzungsverfahren aus Abschnitt 5.1 regelt die TR IH die Anwendungsgrenzen und -bedingungen spezifisch genug, um daraus konkrete Entscheidungsbäume abzuleiten und die Eignungsprüfung und Bemessung zu automatisieren. Ebenso wird derzeit keine Unterstützung bei der Produktauswahl gegeben. Es wird weiter daran geforscht, die Entscheidungsprozesse der sachkundigen Planung für weitere Instandsetzungsverfahren und Produktauswahlen maschinenlesbar zu übersetzen.

Zum aktuellen Bearbeitungsstand ist die vorgestellte Methode für die Anwendung nach einer einzigen Bauwerksdiagnose optimiert. In den verschiedenen Skripten wird entsprechend der Untersuchungszeitpunkt aller implementierten Diagnosedaten als Gegenwart angenommen. Dies ist von Relevanz bei der Erstellung und Kalibrierung der Bayes'schen Netze. Bei der derzeitigen Ausführung werden die Bayes'schen Netze mit Evidenzen von einem Untersuchungszeitpunkt kalibriert.

Bei einigen Diagnose-Objekten (vgl. Abschnitt 3.2) werden die Daten der Entnahme und Prüfung als Objekteigenschaften hinterlegt, sodass Informationen zu den Untersuchungszeitpunkten prinzipiell vorliegen und berücksichtigt werden können. Für künftige Ausführungen könnten durch die Skripte also, sollten mehrere Untersuchungszeitpunkte vorliegen, über die Zeit hinweg die Bayes'schen Netze weiter kalibriert werden.

6 Applikation am Demonstrationsobjekt

In den Kapiteln 3 bis 5 wurde eine Methodik zur BIM-basierten Instandsetzungsplanung erarbeitet. Die verschiedenen Prozesse sowie daraus resultierende Ergebnisbewertungen und Darstellungsmöglichkeiten werden in diesem Kapitel an einem Reallabor anwendungsnah demonstriert. Anschließend erfolgt die Diskussion des wissenschaftlichen Erkenntnisgewinns und des potenziellen Nutzens der entwickelten Methodik für die Baupraxis.

6.1 Vorliegende Diagnoseergebnisse

Das Demonstrationsobjekt wurde im Rahmen einer Bauwerksdiagnose vom Ingenieurbüro Raupach Bruns Wolff untersucht. Wohingegen die gesamte Tiefgarage untersucht wurde, beschränkt sich das Reallabor auf die unterste Ebene des Objektes. Im Folgenden werden die Diagnosedaten, die für diesen Teil vorliegen, aufgeführt.

6.1.1 Carbonatisierungstiefen

Die Carbonatisierungstiefen wurden durch den Phenolphthalein-Test an frisch aufgestemmten Bruchflächen bestimmt. An insgesamt drei Untersuchungsstellen an Wandbauteilen (vgl. Abbildung 2.13, Seite 18) wurden Carbonatisierungstiefen von 5, 16 und 19 mm ermittelt. An den Stützen wurden keine Carbonatisierungstiefenmessungen durchgeführt. Die Daten wurden als PDF-Datei zur Verfügung gestellt und in eine Excel-Tabelle überführt.

6.1.2 Chloridprofile

Innerhalb des Bereiches des Reallabors wurden an drei Stützen sowie an einer Wand und der Bodenplatte (vgl. Abbildung 2.13, Seite 18) Bohrmehlproben entnommen und Chloridprofile ermittelt. Es wurden jeweils drei Tiefen mit Schrittweiten von 15 mm betrachtet. Der Bohrdurchmesser betrug 18 mm. Bei den Untersuchungen von vertikalen Bauteilen wurden die Bohrmehlproben in Bodennähe entnommen. Die im Labor ermittelten Chloridgehalte bezogen auf die Betonmasse sind in Tabelle 6.1 gegeben. Zur Umrechnung des Chloridgehaltes bezogen auf die Zementmasse wurde der Faktor 7 angenommen. Die Daten wurden als Excel-Tabelle zur Verfügung gestellt.

Tabelle 6.1: Tiefenabhängige Chloridgehalte bezogen auf die Betonmasse

Bauteilart	**Profil Nr.**	**Chloridgehalt in M.-% in der Tiefe**		
		0 - 15 mm	**15 - 30 mm**	**30 - 45 mm**
Stütze	Cl1	0,294	0,344	0,361
	Cl2	0,164	0,115	0,068
	Cl3	0,090	0,162	0,177
Wand	Cl9	0,155	0,410	0,263
Boden	Cl13	0,179	0,124	0,124
	Cl14	0,405	0,626	0,213
	Cl15	0,541	0,355	0,049

6.1.3 Betondeckung und Bewehrungslage

Alle Wände und Stützen aus Stahlbeton wurden mit mindestens je einem horizontalen und einem vertikalen Scan zur Betondeckungsmessung untersucht. Insgesamt wurden 13 horizontale und 13 vertikale Scans an den Wänden und je vier Scans längs und quer auf der Bodenplatte durchgeführt, dabei wurde ein Stabdurchmesser der Bewehrungsmatten von 6 mm angenommen.

Die Stützen wurden entsprechend ihrer Zugänglichkeit untersucht. Von den insgesamt elf Stützen sind sechs freistehend und eine Stütze bildet eine Ecke zwischen zwei Wänden (Stütze I 11 in Abbildung 2.13, Seite 18) Die übrigen vier Stützen bilden zwei Stützenpaare bzw. Doppelstützen (Stützen I 4/5 und I 9/10 in Abbildung 2.13, Seite 18). Entsprechend konnten nur sechs Stützen allseitig untersucht werden, bei diesen Stützen wurde je Stützenseite ein vertikaler Scan sowie ein horizontaler Scan um alle Seiten herum durchgeführt. An den übrigen fünf Stützen, die nicht voll zugänglich sind, wurde je ein vertikaler und ein horizontaler Scan an je zwei der vier Bauteilseiten durchgeführt. Bei allen Stützen wurde ein Bügeldurchmesser von 6 mm und ein Längsstabdurchmesser von 20 mm angenommen. Insgesamt wurden 1729 Messpunkte auf einer Messstrecke von 209,9 m erzeugt. Die Daten wurden als PQM-Dateien für Profometer Link zur Verfügung gestellt und als CSV-Dateien exportiert.

6.1.4 Korrosionswahrscheinlichkeit

Es wurden vier flächige Potenzialfeldmessungen an der Bodenplatte durchgeführt (vgl. Abbildungen A.17 bis A.20, Seiten A 8 und A 9). Es wurden 19 weitere Messungen in den Sockelbereichen der Wände und Stützen durchgeführt. Je Stütze wurde ein Scan um alle zugänglichen Seiten herum durchgeführt. Die Linienscans wurden im Abstand von 25 cm durchgeführt und haben einen Messwert alle 10 cm aufgenommen. Die Daten wurden als PQM-Dateien zur Verfügung gestellt und als CSV-Dateien exportiert.

6.1.5 Geometrische Bestandserfassung

Risse und Hohlstellen wurden im Lageplan eingezeichnet, vgl. Abbildung 2.16, Seite 21. Die Daten wurden als JPG-Datei zur Verfügung gestellt. Zusätzlich zu der Bauwerksdiagnose durch das Ingenieurbüro Raupach Bruns Wolff wurde mit einem Laserscanner eine Punktwolke vom Reallabor erstellt. Dazu wurden sechs Scans durchgeführt. Die Panorama-Ansicht eines Scans ist in Abbildung 6.1 dargestellt.

Abbildung 6.1: Panorama-Ansicht eines Laserscans im Reallabor

Abbildung 6.2 zeigt die Punktwolke in ReCap, eingefärbt entsprechend der Höhenkoordinate. Blaue Bereiche liegen niedriger als gelbe, sodass dort die Wahrscheinlichkeit von stehendem Wasser erhöht ist.

Abbildung 6.2: Darstellung der Punktwolke, eingefärbt entsprechend der Höhenkoordinate

6.2 Anreicherung des BIM-Modells

Aus der Punktwolke wurde im Rahmen einer Masterarbeit mit Revit ein BIM-Modell abgeleitet, siehe Abbildung 6.3. Dabei wurden die Bauteilgeometrien vereinfacht als eben und rechtwinklig angenommen. Anschließend erfolgte die Implementierung der Daten aus Abschnitt 6.1 nach Kapitel 3 ebenfalls in Revit. Um die IFC-Konformität der implementierten Daten zu demonstrieren, sind die folgenden Abbildungen unter Verwendung des kostenlosen BIM-Viewers BIMvision (Datacomp) entstanden. Einige der Darstellungen zeigen implementierte Diagnose-Objekte entsprechend einer Eigenschaft eingefärbt. Dazu wurde das kostenpflichtige BIMvision-Plugin „Advanced Reports“ genutzt.

Die Risse, Hohl- und Schadstellen wurden entsprechend der Dokumentation im BIM-Modell implementiert, siehe Abbildung 6.4a. Abbildung 6.4b zeigt die Informationen der Schadstellenanalyse gemäß Tabelle 3.1, Seite 58. Für die betrachteten Instandsetzungsverfahren und folgenden Auswertungen werden diese Informationen nicht weiter verwendet. Die BIM-Implementierung der Schadstellen dient jedoch der vollständigen Visualisierung des Ist-Zustandes sowie der Quantifizierung vom Instandsetzungsbedarf. Außerdem könnten bei der Implementierung weiterer Instandsetzungsverfahren Werte zur Fläche und Tiefe der Schadstellen automatisiert bei der Eignungsprüfung von Verfahren nach Prinzip 3 „Reprofilierung oder Querschnittsergänzung“ verwendet werden.

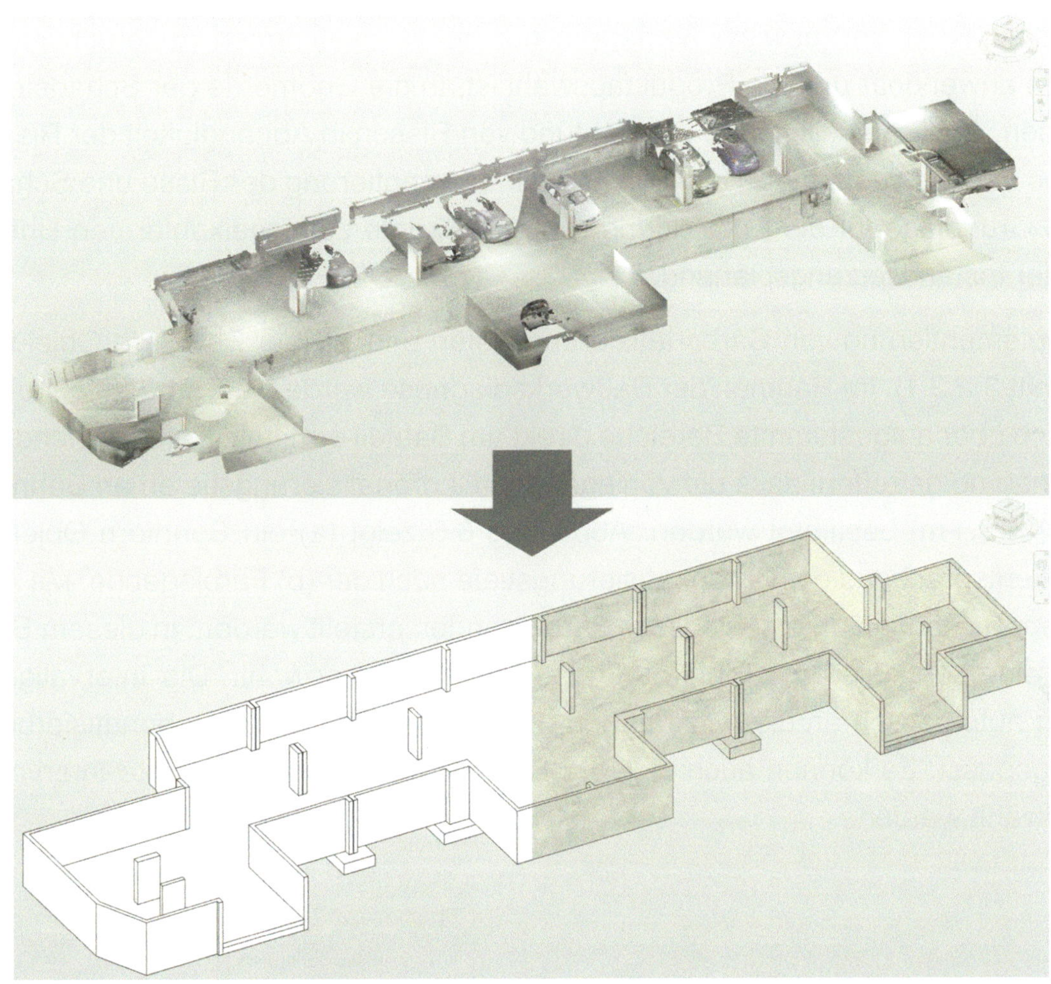

Abbildung 6.3: Punktwolke (oben) und BIM-Modell (unten) des Reallabors

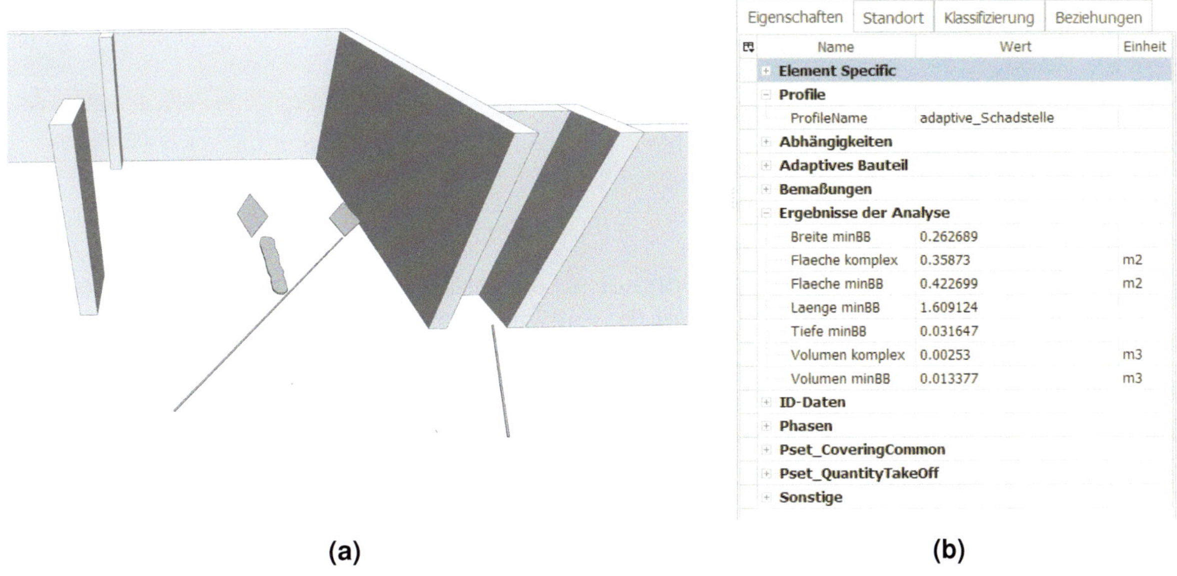

Abbildung 6.4: **(a)** Darstellung von Rissen, Hohl- und Schadstellen **(b)** Eigenschaften des Schadstellen-Objektes mit Informationen der Schadensanalyse

Nach der TR IH sind gewisse Verfahren nur bis zu bestimmten Ausbruchtiefen und -flächen anwendbar und die Produktauswahl ist an die Geometrie der Schadstelle anzupassen. Ähnliches gilt für die Betrachtung von Rissen in Abhängigkeit der Rissbreite und des Feuchtezustandes. Somit dient die Implementierung der Risse und Schadstellen als Grundlage für die Entwicklung weiterer Skripte zur regelkonformen Unterstützung der Instandsetzungsplanung.

Die Implementierung von Carbonatisierungstiefen erfolgt über Bohrkern-Objekte (vgl. Abschnitt 3.2.2.1). Im Rahmen der Bauwerksdiagnose wurde die Carbonatisierungstiefe jedoch über aufgestemmte Bereiche direkt am Bauteil ermittelt. Entsprechend wurde die Annahme getroffen, dass die vorliegenden Carbonatisierungstiefen an Bohrkernen ($L = D = 0{,}1$ m) bestimmt wurden. Abbildung 6.5 zeigt (a) ein Bohrkern-Objekt, eingefärbt entsprechend der Carbonatisierungstiefe nach der (b) Farblegende. Mit Advanced Reports können unterschiedliche Farblegenden erstellt werden. In diesem Beispiel wurde eine kontinuierliche Einfärbung von grün bis rot gewählt. Die Intervallgrenzen wurden automatisch an die minimal und maximal vorliegenden Carbonatisierungstiefen angepasst. Es können auch diskrete Farbverläufe sowie bestimmte Intervallgrenzen gewählt werden.

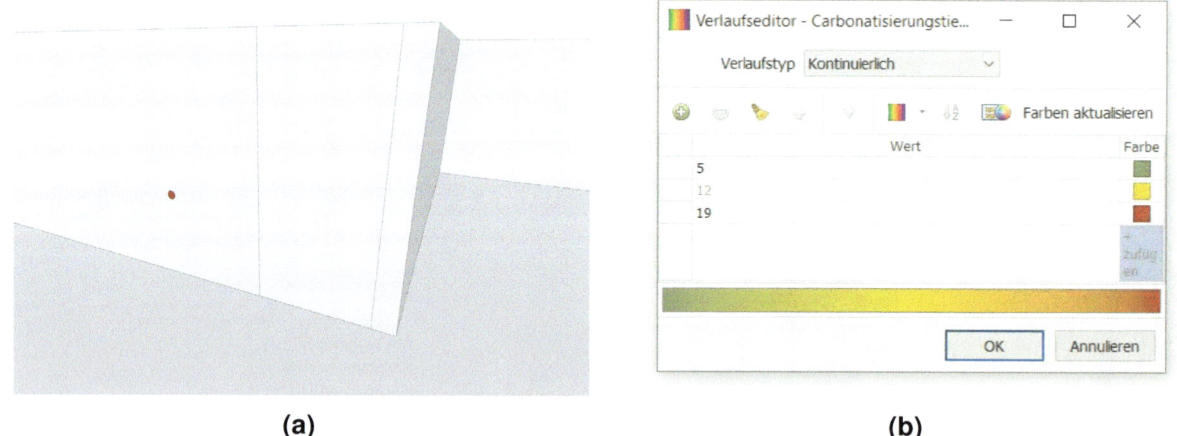

(a) (b)

Abbildung 6.5: (a) Darstellung eines Bohrkerns, eingefärbt entsprechend der Carbonatisierungstiefe in mm nach der **(b)** Farblegende

Abbildung 6.6 zeigt (a) das Chloridprofil „Cl2“ nach Tabelle 6.1, eingefärbt entsprechend des Chloridgehaltes in M.-% bezogen auf die Betonmasse nach der (b) Farblegende. Bei der Implementierung der verschiedenen Chloridprofile wurde die Annahme getroffen, dass die Bohrmehlentnahme in 5 cm Abstand zur Bodenplatte stattfand.

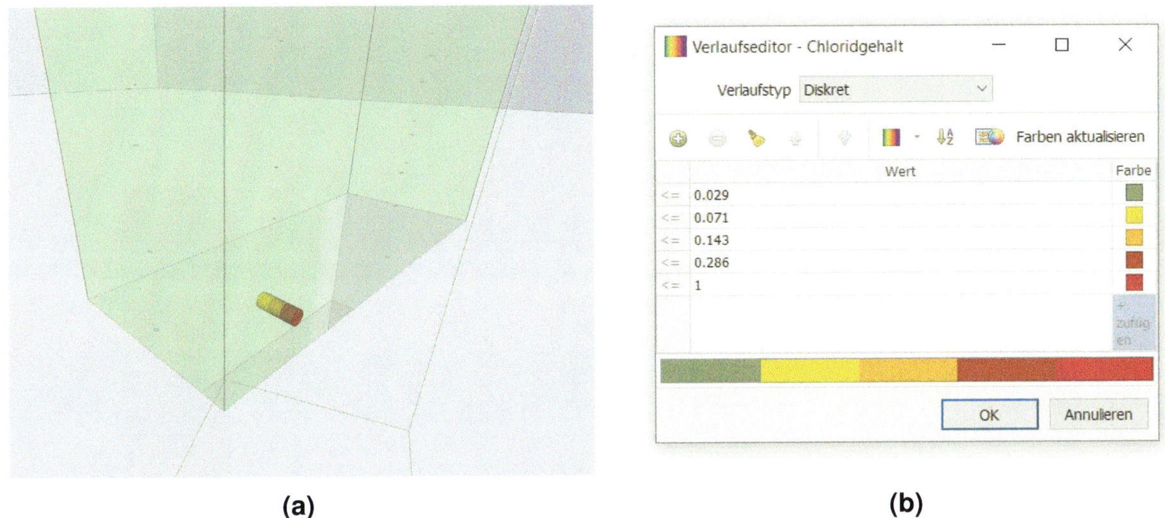

Abbildung 6.6: **(a)** Darstellung eines Chloridprofils, eingefärbt entsprechend der Chloridgehalte in M.-% nach der **(b)** Farblegende

Alle implementierten Diagnosedaten können über BIMvision bzw. Advanced Reports ebenfalls tabellarisch dargestellt werden. Abbildung 6.7 zeigt die Übersicht der BIM-implementierten Chloridprofile und Bohrkerne. Das zugehörige Plugin erlaubt den Export diverser Daten aus dem BIM-Modell heraus, sodass das angereicherte BIM-Modell als eine Art digitales Bauwerksbuch verstanden werden kann.

In der dargestellten Ansicht sind Chloridgehalte und Carbonatisierungstiefen aufgeführt und farblich codiert. Das gleiche Prinzip würde auch für Schadstellen und ihre Flächen bzw. Volumina funktionieren, sodass ein entsprechend angereichertes BIM-Modell neben der Dokumentation auch zur Kalkulation genutzt werden kann.

Abbildung 6.8a zeigt die Implementierung des Potenzialfeldes in BIM, koloriert entsprechend der Farblegende in Abbildung 6.8b. Bei der Implementierung wurde die Skalierung (vgl. Abschnitt 3.2.3.1) aktiviert, sodass die Messstrecken entsprechend der tatsächlichen Distanzen zwischen Start- und Endpunkt angepasst wurden. Als Ergebnis sind die vier Potenzialfelder aus Abbildungen A.17 bis A.20, Seiten A 8 und A 9, in einer Darstellung sichtbar und räumlich im Gebäude verortet.

Nummer	IFC Typ (Elementspezifisch)	Name (Elementspezifisch)	Carbonatisierungstiefe (Sonstige)	Chloridgehalt (Sonstige)	Objektenanzahl
					33751
1	**Raster**				31884
2	**Virtual Element**				1729
3	**Wand - Standard**				41
4	**Bauelement Proxy**				24
4.1	Bauelement Proxy	Chloridprofil_vertikal:Chloridprofil_vertikal:2872817		0.155	
4.2	Bauelement Proxy	Chloridprofil_vertikal:Chloridprofil_vertikal:2872818		0.41	
4.3	Bauelement Proxy	Chloridprofil_vertikal:Chloridprofil_vertikal:2872819		0.263	
4.4	Bauelement Proxy	Chloridprofil_vertikal:Chloridprofil_vertikal:2872835		0.294	
4.5	Bauelement Proxy	Chloridprofil_vertikal:Chloridprofil_vertikal:2872836		0.344	
4.6	Bauelement Proxy	Chloridprofil_vertikal:Chloridprofil_vertikal:2872837		0.361	
4.7	Bauelement Proxy	Chloridprofil_vertikal:Chloridprofil_vertikal:2872886		0.09	
4.8	Bauelement Proxy	Chloridprofil_vertikal:Chloridprofil_vertikal:2872887		0.162	
4.9	Bauelement Proxy	Chloridprofil_vertikal:Chloridprofil_vertikal:2872888		0.177	
4.10	Bauelement Proxy	Chloridprofil_vertikal:Chloridprofil_vertikal:2872919		0.164	
4.11	Bauelement Proxy	Chloridprofil_vertikal:Chloridprofil_vertikal:2872920		0.115	
4.12	Bauelement Proxy	Chloridprofil_vertikal:Chloridprofil_vertikal:2872921		0.068	
4.13	Bauelement Proxy	Chloridprofil_horizontal_Boden:Chloridprofil_horizontal_Boden:2872936		0.405	
4.14	Bauelement Proxy	Chloridprofil_horizontal_Boden:Chloridprofil_horizontal_Boden:2872937		0.626	
4.15	Bauelement Proxy	Chloridprofil_horizontal_Boden:Chloridprofil_horizontal_Boden:2872938		0.213	
4.16	Bauelement Proxy	Chloridprofil_horizontal_Boden:Chloridprofil_horizontal_Boden:2872957		0.179	
4.17	Bauelement Proxy	Chloridprofil_horizontal_Boden:Chloridprofil_horizontal_Boden:2872958		0.124	
4.18	Bauelement Proxy	Chloridprofil_horizontal_Boden:Chloridprofil_horizontal_Boden:2872959		0.124	
4.19	Bauelement Proxy	Chloridprofil_horizontal_Boden:Chloridprofil_horizontal_Boden:2873018		0.541	
4.20	Bauelement Proxy	Chloridprofil_horizontal_Boden:Chloridprofil_horizontal_Boden:2873019		0.355	
4.21	Bauelement Proxy	Chloridprofil_horizontal_Boden:Chloridprofil_horizontal_Boden:2873020		0.049	
4.22	Bauelement Proxy	Bohrkern_vertikal:Bohrkern_vertikal:2869872	16		
4.23	Bauelement Proxy	Bohrkern_vertikal:Bohrkern_vertikal:2869882	19		
4.24	Bauelement Proxy	Bohrkern_vertikal:Bohrkern_vertikal:2869883	5		
5	**Stütze**				20
6	**Bekleidung/Belag**				18
7	**Öffnung**				14
8	**Decke**				14
9	**Geschoss**				4
10	**Gebäude**				1
11	**Projekt**				1
12	**Baustelle**				1

Abbildung 6.7: Übersicht der BIM-implementierten Chloridprofile und Bohrkerne

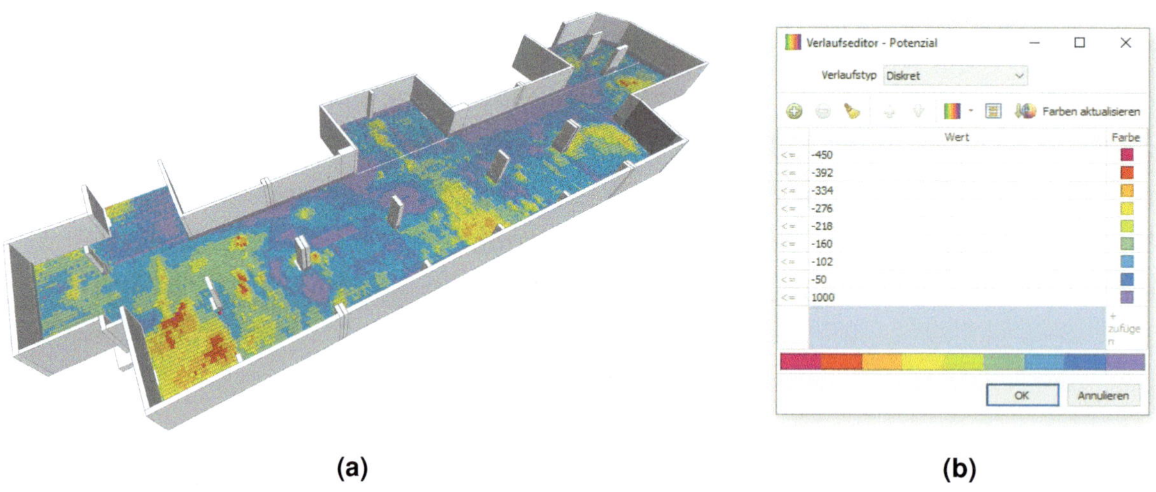

(a) (b)

Abbildung 6.8: **(a)** Darstellung eines Potenzialfeldes, eingefärbt entsprechend der Potenziale in mV nach der **(b)** Farblegende

Die vorliegenden Betondeckungsmessungen wurden vollständig in BIM implementiert. Da die einzelnen Objekte in der angenommenen Größe (6 bzw. 20 mm) und entsprechend der tatsächlichen Betondeckung innerhalb der Bauteile platziert wurden, sind diese schlecht sichtbar bei der Darstellung in BIM. Eine praktikable Visualisierung unter Verwendung von AR wird in Abschnitt 6.4 vorgestellt. An dieser Stelle werden jedoch nicht die konkreten Betondeckung-Objekte, sondern deren Projektionen auf die Bauteilflächen (vgl. Abschnitt 5.2.1) gezeigt.

Abbildung 6.9 zeigt die Darstellung der Betondeckungsanalyse in Dynamo / Revit als Übersicht. Die roten und grünen Punkte stellen vergrößerte, an die Oberfläche projizierte und eingefärbte Betondeckung-Objekte dar. Grüne Punkte sind Teil der hinteren Bewehrungslagen, rote Teil der vorderen Bewehrungslagen. Am Beispiel der Wandfläche links in Abbildung 6.9 wird ersichtlich, dass auch beim Vorliegen von mehreren Scans je Wand die Lagen korrekt zugewiesen werden – jeweils die horizontalen Scans sind grün und die beiden vertikalen rot.

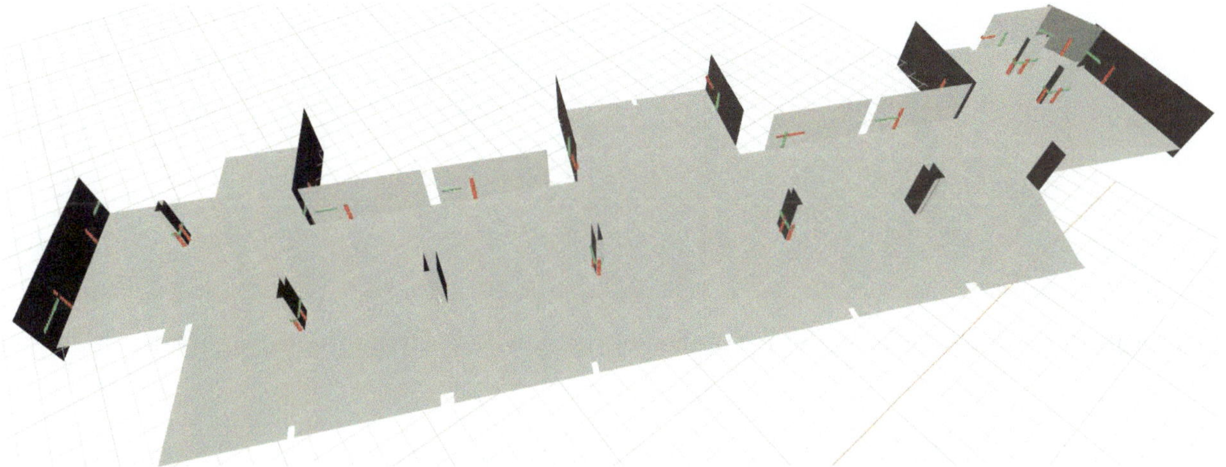

Abbildung 6.9: Darstellung der Betondeckungsanalyse in Dynamo / Revit – Übersicht

Eine Nahaufnahme der Darstellung der Betondeckungsanalyse ist in Abbildung 6.10 dargestellt. Am Beispiel der Stützen wird ersichtlich, dass die horizontalen Linien (grün), zugehörig zur vertikalen Stabbewehrung, hinter den vertikalen Linien (rot), zugehörig zur horizontalen Bügelbewehrung, liegen. Diese Daten dienen als Grundlage zur Auswertung der (charakteristischen) Betondeckungen der verschiedenen Bewehrungslagen je Bauteil(-seite).

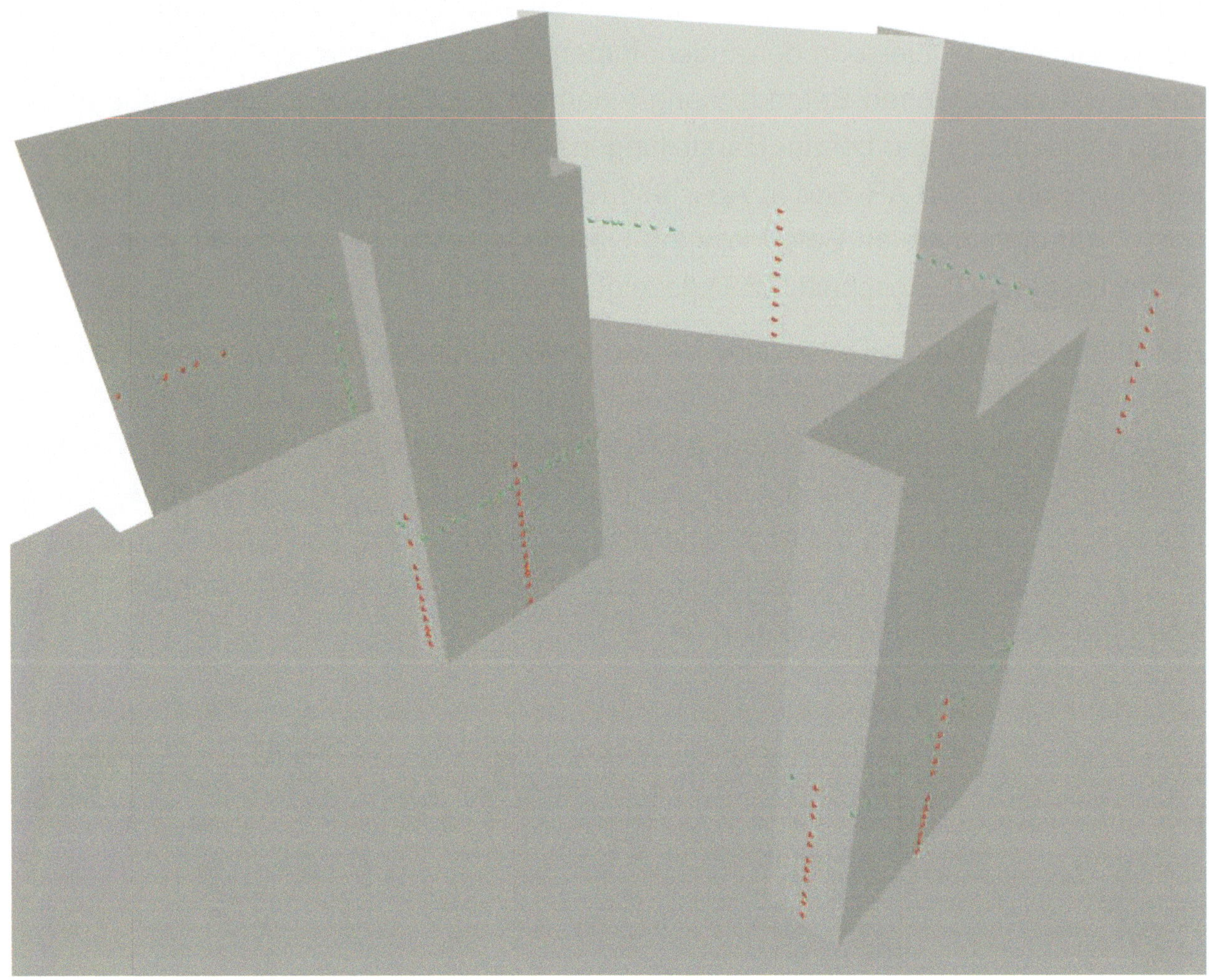

Abbildung 6.10: Darstellung der Betondeckungsanalyse in Dynamo / Revit – Nahaufnahme

6.3 Auswertung der implementierten Daten

In Abschnitt 5.2.4 wurden die Anwendungsgrenzen des Dynamo-Skriptes zur Unterstützung der Instandsetzungsplanung und die Notwendigkeit von ebenen, rechteckigen Bauteilflächen beschrieben. Die Bodenplatte ist zwar als eben idealisiert worden, allerdings vieleckig (siehe Abbildung 6.9) und somit ungeeignet für die automatisierte Auswertung. Dennoch kann die Darstellung der Untersuchungsergebnisse und insbesondere deren Kontextualisierung, also der Betrachtung unter Berücksichtigung der räumlichen Beziehungen zueinander, für die Instandsetzungsplanung genutzt werden. Ein Beispiel ist in Abbildung 6.11 gegeben, indem (a) das Höhenprofil und (b) das Potenzialfeld der Bodenplatte gegenübergestellt werden. Kritische Korrosionspotenziale sowie Schadstellen und Risse zeigen sich insbesondere in der Nähe des am tiefsten liegenden Bereiches (blau), in dem stehendes Wasser am wahrscheinlichsten ist. Auf diese Weise können BIM-implementierte Diagnosedaten praktikabel zur Ursachenanalyse von Bauwerksschäden verwendet werden.

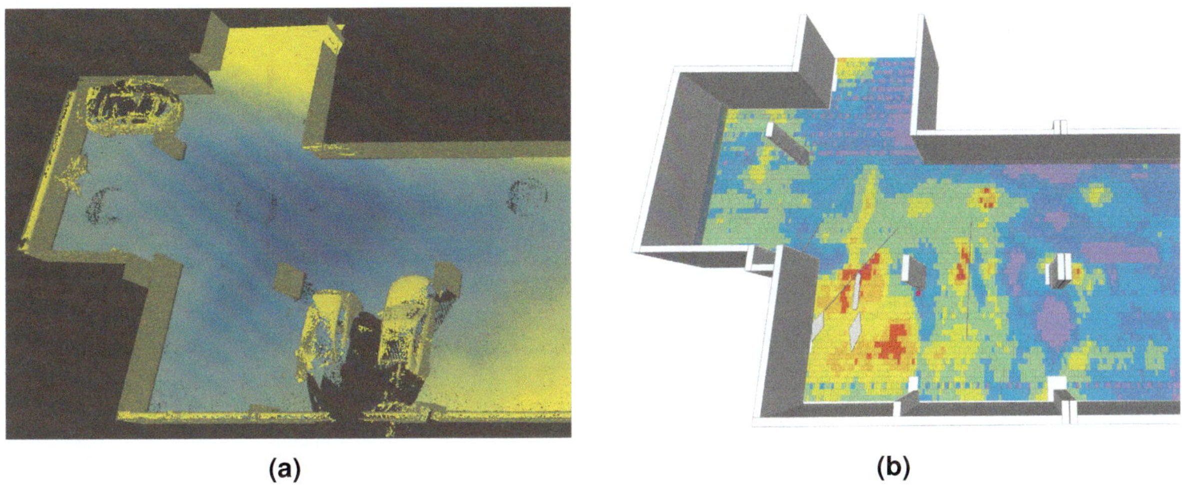

(a) (b)

Abbildung 6.11: (a) Höhenprofil und **(b)** Potenzialfeld der Bodenplatte

Neben der Gegenüberstellung von Höhenprofil und Potenzialfeld können bspw. auch Hohlstellen im dreidimensionalen Kontext betrachtet werden. Abbildung 6.12 zeigt die Hohlstellen als Rauten über dem eingefärbten Potenzialfeld. Es ist zu erkennen, dass die Hohlstellen ungefähr in den Bereichen mit minimalen Potenzialen identifiziert wurden. Dieses Beispiel soll demonstrieren wie Diagnosedaten, die prinzipiell unabhängig voneinander erhoben wurden, in der BIM-Umgebung kontextualisiert werden können. Auf diese Weise können verschiedene Messverfahren übersichtlich gegenübergestellt, Diagnosedaten und deren Ursachen besser interpretiert und so die Instandsetzungsplanung der Bodenplatte vereinfacht werden.

Betrachtungen zu Gefälle, Hohlstellen und Korrosionswahrscheinlichkeit können bei der Instandsetzungsplanung hilfreich und ggf. notwendig sein. Bei der Eignungsprüfung und Bemessung der Instandsetzungsverfahren in Abschnitt 5.1 werden sie nach TR IH jedoch nicht unmittelbar gefordert. Stattdessen werden primär Informationen zu Betondeckung, Carbonatisierungstiefe und Chloridgehalt herangezogen. In den folgenden Abschnitten werden diese Informationen am Beispiel von Wänden und freistehenden Stützen ausgewertet.

Zur Demonstration unterschiedlicher Szenarien werden die in den Wänden und Stützen vorliegenden Evidenzen unabhängig voneinander betrachtet. Eine gemeinsame Betrachtung wäre ebenso möglich, wenn sowohl Wände als auch die einzelnen Stützenseiten gleichzeitig selektiert würden.

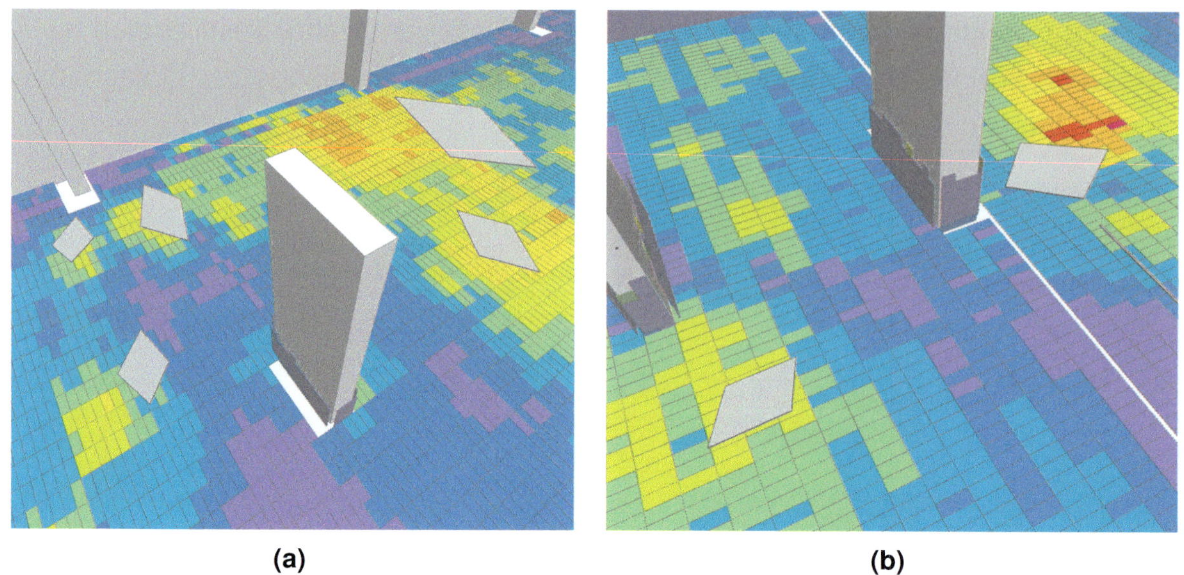

Abbildung 6.12: Ansicht der Hohlstellen im Kontext des Potenzialfeldes in den Bereichen der **(a)** Stütze 3 und der **(b)** Stützen 5 und 6

Zur Auswertung wurde das Skript folgendermaßen konfiguriert (vgl. Abschnitt 5.2.2):

Bayes'sche Netze

- Anzahl an Simulationen: 50.000
- Anzahl an Klassen: 4
- Bauwerksalter: 45 a

Zuverlässigkeitsprognosen

- Restnutzungsdauer: 25 a
- geforderter Zuverlässigkeitsindex (Carbonatisierung): β = 1,0
- geforderter Zuverlässigkeitsindex (Chlorideintrag): β = 0,5

Eignungsprüfung und Bemessung

- kritischer Chloridgehalt: Cl_{crit} = 1,00 M.-%
- tolerierter Chloridgehalt: Cl_{tol} = 0,05 M.-%
- Mindestbetondeckung: 40 mm

In Abschnitt 2.2.1.2 wurde die Komplexität des kritischen Chloridgehaltes beschrieben. Die TR IH nennt daher lediglich einen Schwellenwert von 0,5 M.-%/z, ab dem eine sachkundige Begutachtung erfolgen sollte [13]. Dieser Schwellenwert sowie ein Grenzwert von 1,5 M.-%/z finden bereits bei der Auswahl bzw. Eignungsprüfung der Instandsetzungsverfahren Berücksichtigung (vgl Tabelle 5.2). Als Abgrenzung zu diesen beiden Kriterien wird daher der kritische Chloridgehalt zu 1,0 M.-%/z angenommen. Zusätzlich werden die Anzahlen an Simulationen und Klassen für die Evidenzen in den Wänden bzw. Stützen erneut validiert (vgl. Abschnitt 4.1.5), um den Einfluss der iterativen Inferenz für die vorliegenden Diagnosedaten zu demonstrieren und die Effektivität zu bestätigen. Wenn nicht anders angegeben, beziehen sich die folgenden Betrachtungen und Darstellungen auf die Gegenwart.

6.3.1 Betrachtung der Wände

In diesem Abschnitt werden jeweils die zwölf Wände des Reallabors aus Stahlbeton betrachtet. Unabhängig von der Reihenfolge, in der die verschiedenen Elemente selektiert werden, erfolgt die Nummerierung der Wände bei der automatisierten Auswertung anhand deren Bauteil-IDs. Diese IDs werden bei der BIM-Modellierung erstellt und sind für jedes Objekt einmalig. Zur eindeutigen Zuordnung der Wandnummern außerhalb der BIM-Umgebung wird auf Abbildung 2.13, Seite 18, verwiesen. Die Wände 1 bis 12 entsprechen dort den Wänden W1, W10, W9, W8, W2, W3 (linke Hälfte), W4, W6 (linke Hälfte), W7, W3 (rechte Hälfte), W5 und W6 (rechte Hälfte). Von links nach rechts entsprechend Abbildung 6.9 ist somit die Reihenfolge der Wände 1, 5, 6, 10, 7, 11, 8, 12, 9, 4, 3, 2. Beim Export der Analyseergebnisse werden die IDs der Wände in einer CSV gespeichert, sodass die Zuordnung auch im Nachhinein möglich ist.

6.3.1.1 Analyse der Betondeckung (Wände)

Abbildung 6.13 zeigt (a) die Wände bzw. Datenträger-Objekte im BIM-Modell, eingefärbt entsprechend der (b) Farblegende bzw. der 95-%-Quantile der Betondeckungen der hinteren Bewehrungslagen. Eine entsprechende Darstellung der 5-%-Quantile der Betondeckungen der vorderen Bewehrungslagen ist in Abbildung A.21, Seite A 10, gegeben. Eine solche Ansicht ermöglicht die schnelle und einfache visuelle Begutachtung der bauteilspezifischen Betondeckungen. Die 95-%-Quantile variieren zwischen 23 und 72 mm und sind relevant für die Eignungsprüfung und Bemessung von Verfahren 7.2, da Betonabtrag und Größtkorn des BES von der Lage der hinteren Bewehrung abhängen (vgl. Abschnitt 5.1.1.2). Bei grün gefärbten Wänden in Abbildung 6.13 sind, sofern Carbonatisierung bzw. Chlorideintrag bis hinter die Bewehrung vorliegt, große Abtragstiefen erforderlich. Allerdings ist dieser Fall unwahrscheinlicher gegeben, je höher die 5-%-Quantile der Betondeckungen der hinteren Bewehrungslagen sind.

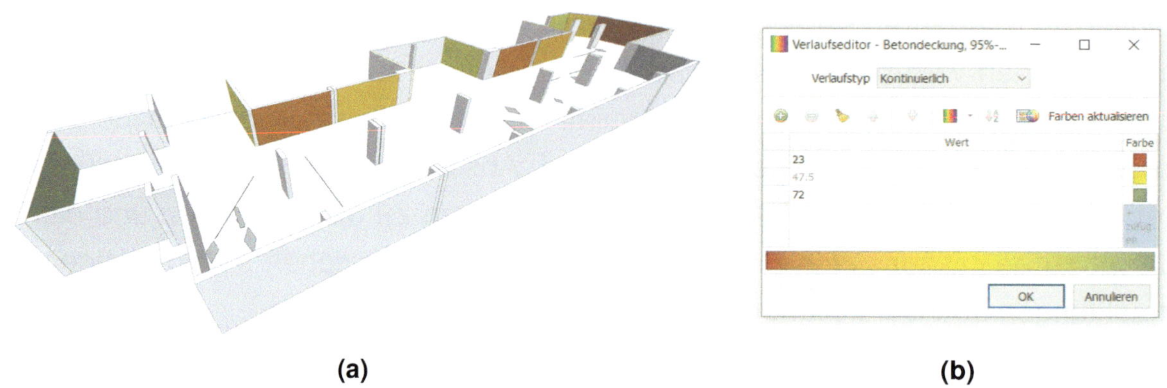

(a) (b)

Abbildung 6.13: **(a)** Darstellung der Wände, eingefärbt entsprechend der 95-%-Quantile der Betondeckungen der hinteren Bewehrungslagen in mm nach der **(b)** Farblegende

Bei der Darstellung in der BIM-Software wird jeweils ein Parameter bauteilspezifisch visualisiert. Zusätzlich werden jedoch CSV-Tabellen exportiert, die zur automatisierten Erstellung von Diagrammen geeignet sind. Wohingegen sich die BIM-Ansichten gut zur Orientierung und visualisierenden Arbeit mit Diagnosedaten eignen, sind Diagramme ggf. besser geeignet für Berichte oder Analysen außerhalb einer BIM-Umgebung wie in der vorliegenden Arbeit. In Abbildung 6.14 sind entsprechende Kreisdiagramme zur gleichzeitigen Betrachtung der (a) 5-%-Quantile und (b) 95-%-Quantile der Betondeckungen der hinteren Bewehrungslagen gezeigt. Der innere Kreis repräsentiert die Betrachtung aller Bauteile als eine Stichprobe und der äußere Kreis gibt den Wert der jeweiligen Wand an. Die Teilflächen der äußeren Kreissegmente sind proportional zu den tatsächlichen Flächen der Wände. So ist Wand 2 bspw. deutlich größer als Wand 3. Wände mit niedrigen 5-%-Quantilen und gleichzeitig hohen 95-%-Quantilen bspw. benötigen mit hoher Wahrscheinlichkeit größere Betonabtragstiefen.

Abbildung 6.14 zeigt keinen klaren Zusammenhang zwischen den 5- und 95-%-Quantilen. Daher können weitere Größen zur Analyse der Betondeckungen herangezogen werden. Die Quantilwerte sind neben den Mittelwerten (siehe Abbildung 6.15) insbesondere von den Standardabweichungen (siehe Abbildung 6.16) abhängig. Während höhere Mittelwerte sowohl die 5- als auch die 95-%-Quantile erhöhen, führen höhere Standardabweichungen zu niedrigeren 5-%-Quantilen und höheren 95-%-Quantilen. Abbildung 6.16b stellt Wand 1 eindeutig als die Wand mit den höchsten Streuungen bei der Betondeckung der hinteren Bewehrungslage dar. Entsprechend ergeben sich große Differenzen (46,9 mm) zwischen dem 5-%-Quantil (24,8 mm) und dem 95-%-Quantil (71,7 mm), siehe Abbildung 6.14.

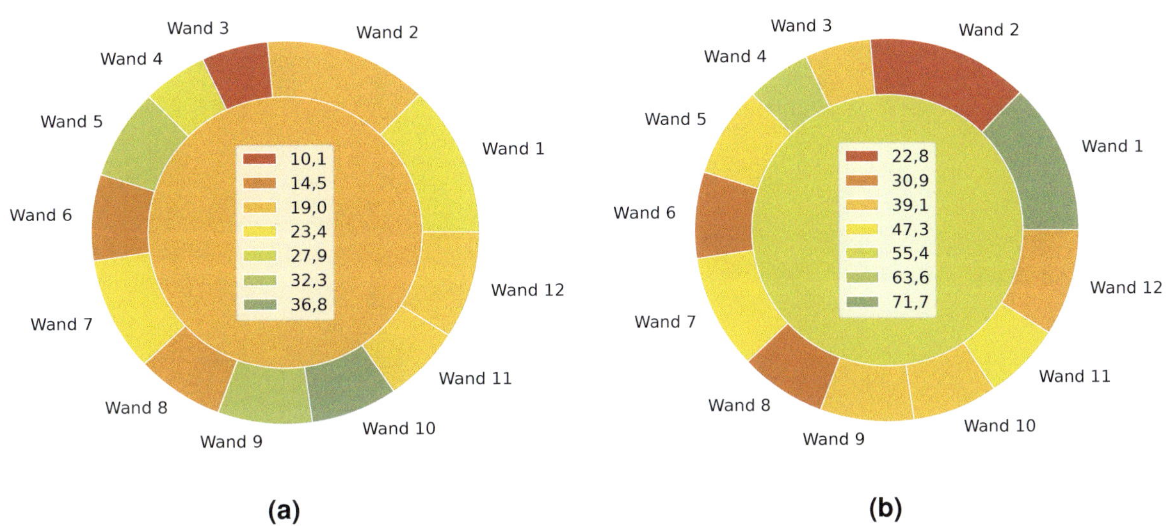

Abbildung 6.14: **(a)** 5-%-Quantile und **(b)** 95-%-Quantile der Betondeckungen der hinteren Bewehrungslagen der Wände in mm

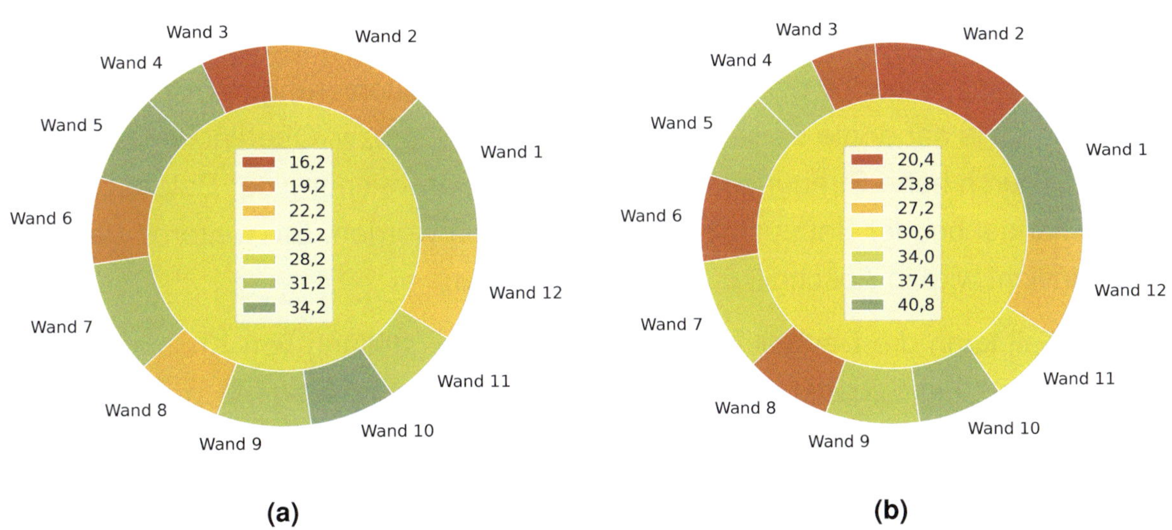

Abbildung 6.15: Mittelwerte der Betondeckungen der **(a)** vorderen und **(b)** hinteren Bewehrungslagen der Wände in mm

Abbildung 6.15 zeigt einen ähnlichen Farbverlauf für die Mittelwerte der (a) vorderen und (b) hinteren Bewehrungslagen. Das kann darauf zurückgeführt werden, dass die Lagen der Bewehrungsmatten miteinander verbunden sind und somit im Mittel ähnliche Betondeckungen vorweisen. Demgegenüber zeigen die Farbverläufe in Abbildung 6.16 für die Standardabweichungen der (a) vorderen und (b) hinteren Bewehrungslagen keinen klaren Zusammenhang und bei manchen Wänden (bspw. Wand 5 und Wand 10) streuen die Werte der vorderen Bewehrungslagen stärker als jene der hinteren Lagen. Bei Betrachtung der vorderen Bewehrungslagen fällt auf, dass die fünf Wände mit den niedrigsten Mittelwerten (2, 3, 6, 8 und 12, vgl. Abbildung 6.15a) gleichzeitig die nied-

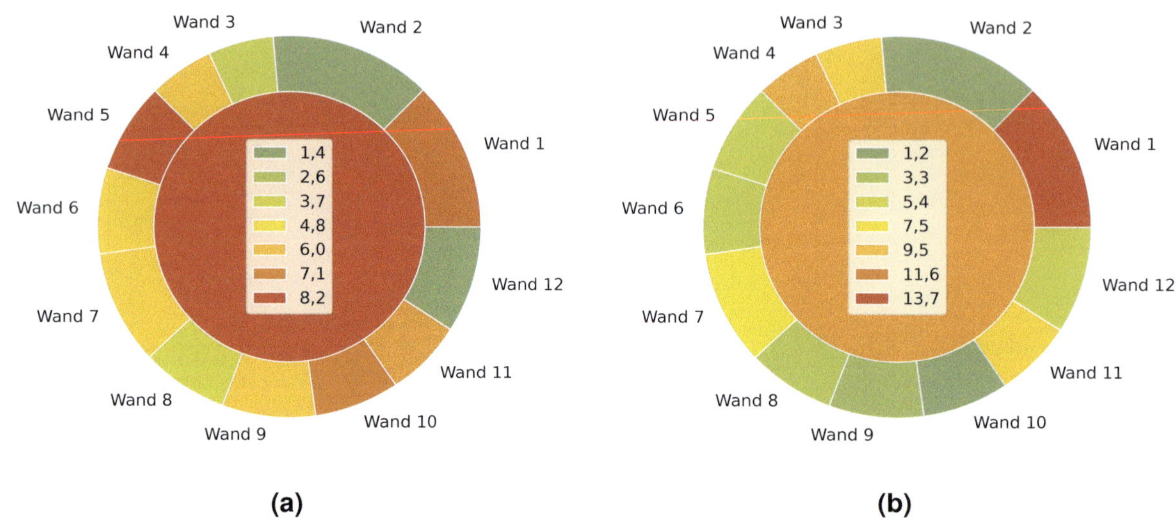

Abbildung 6.16: Standardabweichungen der Betondeckungen der **(a)** vorderen und **(b)** hinteren Bewehrungslagen der Wände in mm

rigsten Standardabweichungen haben (vgl. Abbildung 6.16a). Daraus kann abgeleitet werden, dass die Kontrolle der Betondeckung bzw. Positionierung der Bewehrung zuverlässiger ist, je näher die Bewehrung an der Schalung bzw. Oberfläche liegt. Umgekehrt kann durch hohe Streuungen bei der Standardabweichung der Betondeckungen ggf. auf Mängel bei der Bauausführung geschlossen werden. Ein weiteres Beispiel in dieser Hinsicht wird in Abschnitt 6.3.2.1 beschrieben.

In jedem Fall kann die Darstellung in BIM bzw. die Erstellung von Kreisdiagrammen genutzt werden, um Schadensursachen und Instandsetzungsbedarfe zu untersuchen. Die Diagramme in den Abbildungen 6.14, 6.15 und 6.16 zeigen außerdem den Einfluss der bauteilspezifischen Betrachtung. Während bspw. die Mittelwerte der Betondeckungen bei der Betrachtung aller Bauteile zusammen (innere Kreise) tendenziell im mittleren Bereich der Gesamtskala liegen, sind die Standardabweichungen am oberen Ende der Skala. Als Ursachenbeispiele seien die Wände 2 und 10 genannt, die beide bei einzelner Betrachtung geringe Standardabweichungen (vgl. Abbildung 6.16b), jedoch sehr unterschiedliche Mittelwerte (vgl. Abbildung 6.15b) aufweisen. Bei gemeinsamer Betrachtung ergibt sich daher eine erhöhte Standardabweichung.

6.3.1.2 Kalibrierung der Schädigungsmodelle (Wände)

Die in den Wänden vorliegenden Diagnosedaten wurden genutzt, um die in der BIM-Umgebung implementierten Schädigungsmodelle für Carbonatisierung und Chlorideintrag zu kalibrieren. Abbildungen 6.17 und 6.18 zeigen die Laufzeiten und Residuen der

Mittelwerte und Standardabweichungen bei Carbonatisierung für die iterative bzw. konventionelle Inferenz in Abhängigkeit der Anzahl an Klassen. Die zugehörigen Fits der Laufzeitfunktionen sind in den Formeln 6.1 und 6.2 gegeben und liegen in vergleichbaren Größenordnungen wie bei den synthetischen Evidenzen in Formeln 4.5 und 4.6, Seite 90.

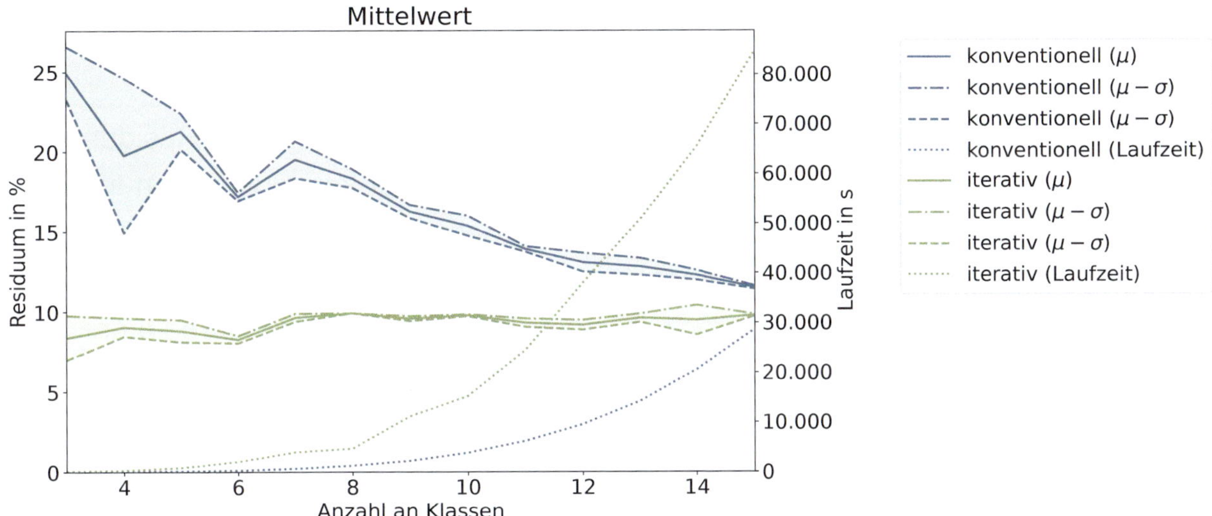

Abbildung 6.17: Residuen der Mittelwerte und Laufzeiten für iterative und konventionelle Inferenz über die Anzahl an Klassen bei Carbonatisierung – Auswertung der Wände

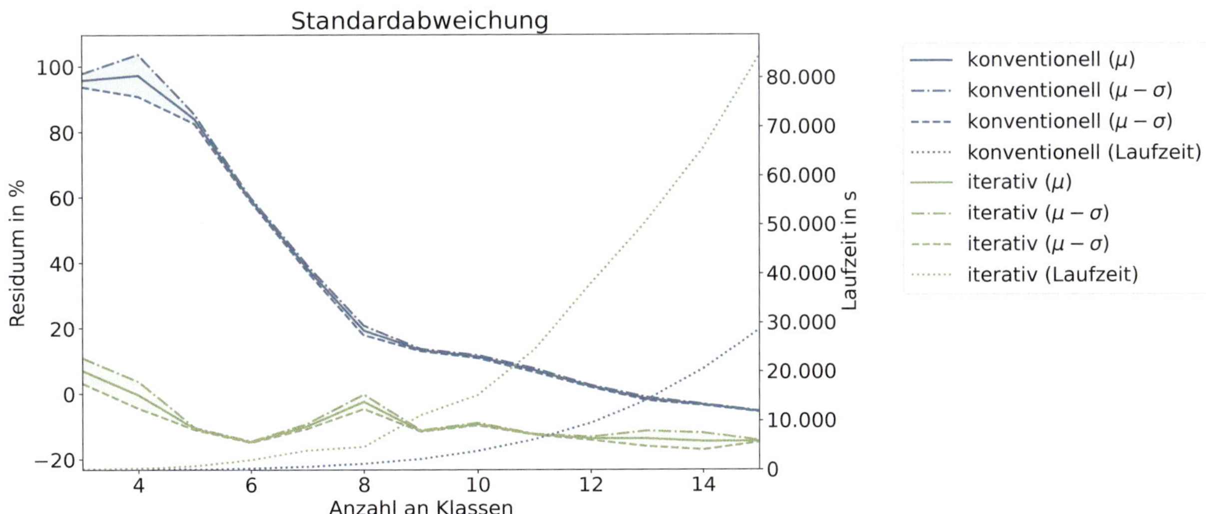

Abbildung 6.18: Residuen der Standardabweichungen und Laufzeiten für iterative und konventionelle Inferenz über die Anzahl an Klassen bei Carbonatisierung – Auswertung der Wände

$$t(b, N) = 3{,}780 \cdot 10^{-5} \cdot b^{3{,}960} \cdot N, \quad (R^2 = 0{,}998), \quad \text{iterativ} \tag{6.1}$$

$$t(b, N) = 8{,}525 \cdot 10^{-7} \cdot b^{4{,}956} \cdot N, \quad (R^2 = 1{,}000), \quad \text{konventionell} \tag{6.2}$$

t : Laufzeit in s

b : Anzahl an Klassen

N : Anzahl an Simulationen

Gegenüber den synthetischen Evidenzen (vgl. Abschnitt 4.1.5) sind die Residuen hier bei geringen Klassenanzahlen größer, insbesondere bei der konventionellen Inferenz. Bezogen auf sowohl Mittelwerte als auch Standardabweichungen sind die Residuen der iterativen Inferenz über alle betrachteten Klassen geringer als jene der konventionellen Inferenz. Die iterative Inferenz liegt bereits bei 3 Klassen innerhalb der Toleranzgrenzen, es wurde eine mittlere Laufzeit von 93 s gemessen. Bei der konventionellen Inferenz unterschreitet das Residuum selbst bei 15 Klassen bzw. nach 28.624 s nicht die geforderten 10 % Abweichung vom Mittelwert. Entsprechend führt die Iteration bei diesem Datensatz zu einer signifikanten Reduzierung der Laufzeit um mindestens 99,7 %.

Gemäß der Konfiguration wurden 50.000 Simulationen verwendet. Der Einfluss der Simulationen auf Residuen und Laufzeiten ist in Abbildung A.22 und Formel A.1, Seite A 10, gegeben. An den Wänden wurden drei Carbonatisierungstiefen gemessen, jedoch lediglich ein Chloridprofil erstellt (vgl. Tabelle 6.1). Dennoch konnte die iterative Inferenz auch bei Chlorideintrag erfolgreich durchgeführt werden.

Mittelwerte und Quantile der modellierten und gemessenen Carbonatisierungstiefen und Chloridgehalte über die Anzahl an Iterationen sind in Abbildungen A.23 bis A.26, Seiten A 11 und A 12, gegeben. Die Progressionen der verschiedenen Modellparameter sind in Abbildungen A.27 bis A.37, Seiten A 12 bis A 17, gegeben.

Abbildung 6.19 zeigt die modellierten und gemessenen Chloridgehalte über die Eindringtiefe. Das gemessene Chloridprofil weist in der ersten und letzten Tiefe etwa gleich hohe Chloridgehalte auf und der Chloridgehalt ist in der mittleren Tiefe maximal. Diese Verteilungsform kann nicht korrekt durch das fib-Modell für Chlorideintrag dargestellt werden, da dieses mathematisch auf einen mit zunehmender Tiefe abnehmenden Chloridgehalt ausgelegt ist (vgl. Formel 2.11, Seite 31).

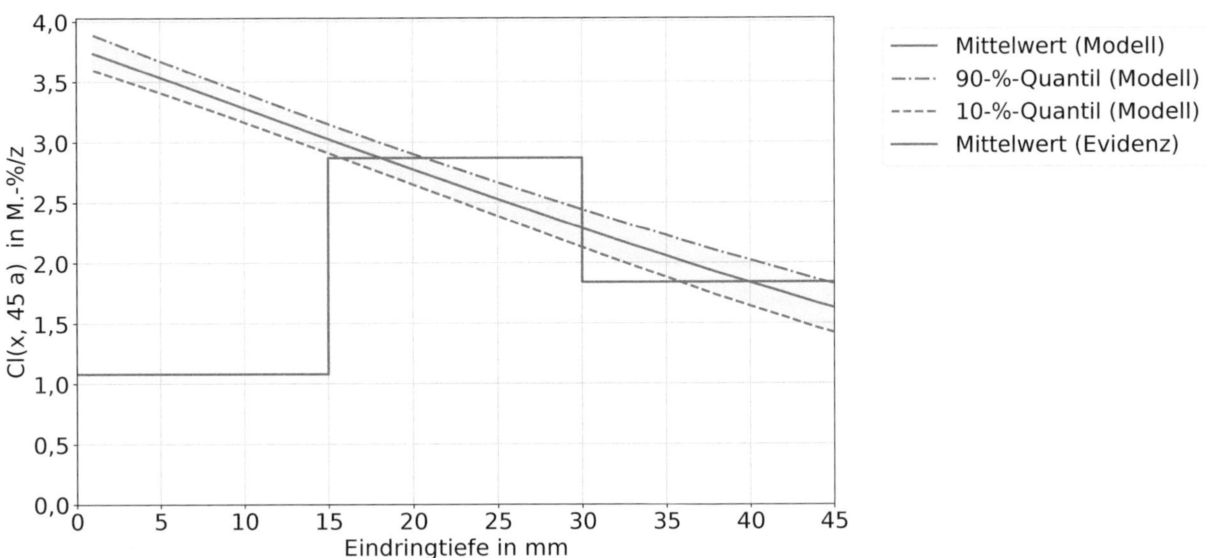

Abbildung 6.19: Modellierte und gemessene Chloridgehalte über die Eindringtiefe – Auswertung der Wände

Wohingegen die Abweichungen zwischen Modell und Evidenz in der ersten Tiefe hoch sind, werden die zwei weiteren Tiefen relativ präzise abgebildet. Da keine Wand eine mittlere Betondeckung von unter 15 mm aufweist (vgl. Abbildung 6.15a), können somit in den relevanten Tiefen die Chloridgehalte präzise berechnet werden.

Neben der Betrachtung der Gegenwart können mit den kalibrierten Modellen die Carbonatisierungstiefen und Chloridgehalte für die betrachteten Bauteile zukünftige Zustände prognostiziert werden, siehe Abbildungen 6.20 und 6.21. Die Verläufe der Standardabweichungen und Variationskoeffizienten der Chloridgehalte über die Eindringtiefe und die Zeit sind in den Abbildungen A.38 und A.39, Seite A 18, gegeben.

Bei Betrachtung der Wahrscheinlichkeitsverteilungen der Carbonatisierungstiefen über die Zeit fällt auf, dass der Mittelwert zwar gemäß des Wurzel-Zeit-Gesetzes mit fortschreitender Zeit zunehmend weniger ansteigt, die Streuung jedoch auch mit der Zeit zunimmt. Dies ist insbesondere relevant bei der Betrachtung der 90-%-Quantile gemäß TR IH und somit für die Eignungsprüfung der verschiedenen Instandsetzungsverfahren nach definierten Kriterien.

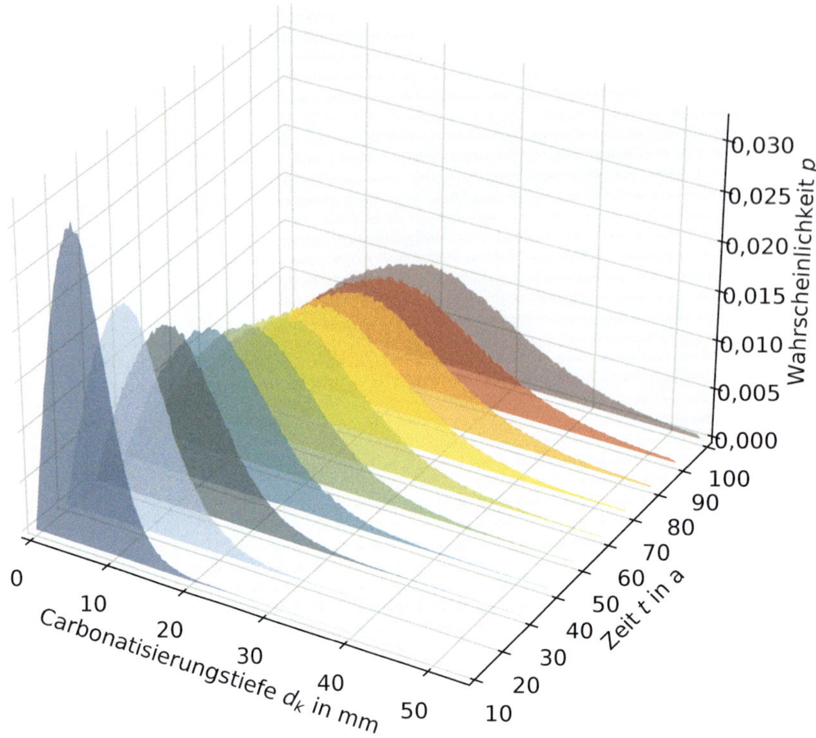

Abbildung 6.20: Wahrscheinlichkeitsverteilungen der Carbonatisierungstiefen über die Zeit – Auswertung der Wände

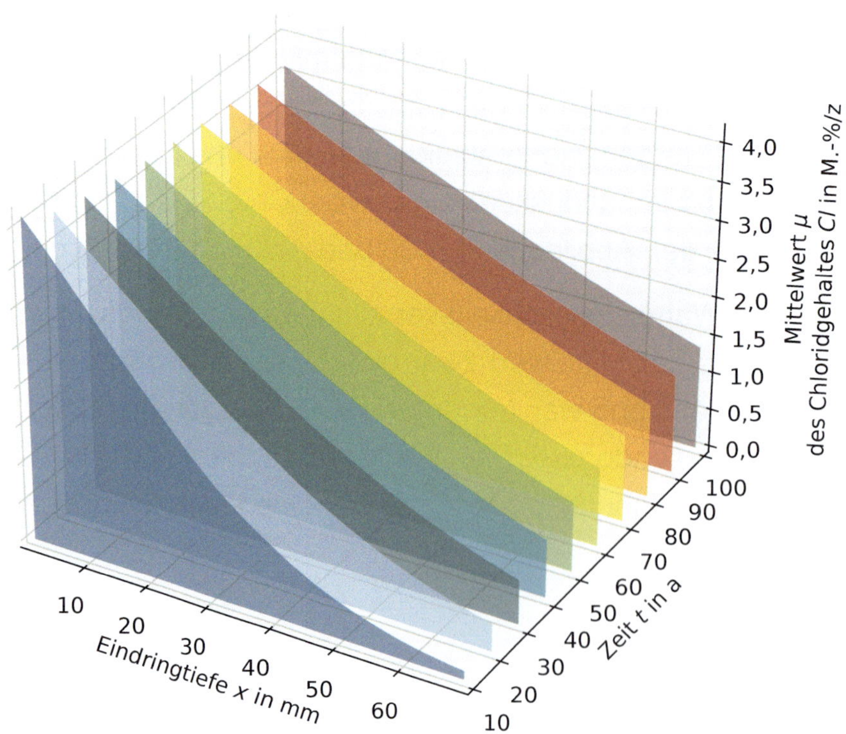

Abbildung 6.21: Mittelwerte der Chloridgehalte über die Eindringtiefe und die Zeit – Auswertung der Wände

6.3.1.3 Eignung und Ausmaß der Instandsetzungsverfahren (Wände)

Während die kalibrierten Modelle für Carbonatisierung und Chlorideintrag jeweils für alle betrachteten Wände verwendet werden und somit die Einwirkung jeweils gleich ist, ergeben sich aus den unterschiedlichen Widerständen bzw. Betondeckungen unterschiedliche Versagenswahrscheinlichkeiten. Abbildung 6.22 zeigt die Versagenswahrscheinlichkeiten (Depassivierung infolge Carbonatisierung) der Wände für die (a) Gegenwart und das (b) Ende der Restnutzungsdauer. Wohingegen die Versagenswahrscheinlichkeiten der Gegenwart zwischen 2,5 und 38,7 % liegen, steigen sie zum Ende der Restnutzungsdauer auf 8,2 bis 55,0 % an.

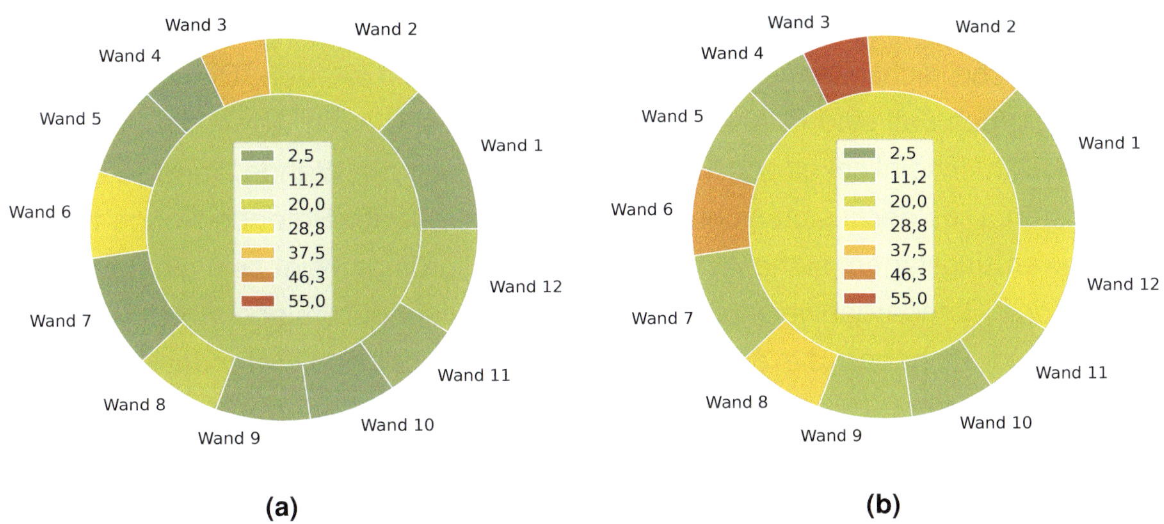

Abbildung 6.22: Versagenswahrscheinlichkeiten (Carbonatisierung) der Wände für die **(a)** Gegenwart und das **(b)** Ende der Restnutzungsdauer in %

Der Anstieg der Versagenswahrscheinlichkeiten zum Ende der Restnutzungsdauer wird neben dem erhöhten Mittelwert auch auf die höhere Streuung der Carbonatisierungstiefe zurückgeführt. Wände 3 und 6 haben am wahrscheinlichsten depassivierte Bewehrung infolge Carbonatisierung. Ursache dafür ist die bei diesen Wänden sehr geringe Betondeckung, siehe Abbildung 6.14a. Die Farbwahl entspricht einem kontinuierlichen Verlauf von der minimalen (grün) zur maximalen (rot) Versagenswahrscheinlichkeit und soll keine Bewertung darstellen. Zum Vergleich werden in der Literatur bspw. Zuverlässigkeitsindizes für Carbonatisierung bzw. Chlorideintrag von 1,5 bzw. 0,5 angestrebt, was Versagenswahrscheinlichkeiten von 6,7 bzw. 30,9 % entspricht [212].

Der kritische Chloridgehalt wurde zu 1 M.-% gesetzt und wird nach Abbildung 6.19 bis zur Tiefe von 45 mm deutlich überschritten. Entsprechend Abbildung A.41, Seite A 19, sind alle Messpunkte der vorderen Bewehrungslagen gegenwärtig infolge Chlorideintrag depassiviert und bleiben dies auch bis zum Ende der Restnutzungsdauer, es ist also ohne weitere Maßnahmen keine Verringerung der Versagenswahrscheinlichkeiten infolge Chloridumverteilung zu erwarten. In diesem Fall hat die Betrachtung der einzelnen Wände keinen Einfluss auf das Gesamtergebnis im Vergleich zur Betrachtung aller Bauteile gemeinsam. Um dennoch die Wände separat bewerten zu können, kann der Zuverlässigkeitsindex β nach Cornell herangezogen werden.

Entsprechend Quelltext C.12 werden zur Berechnung der Zuverlässigkeit beim Chlorideintragsmodell die Chloridgehalte in den tatsächlichen Tiefenlagen der Bewehrung ermittelt und dem kritischen Chloridgehalt gegenübergestellt. Nach den Formeln 2.23, 2.24 und 2.25, Seite 35, können Mittelwert und Standardabweichung der Zuverlässigkeit und aus diesen Größen der Zuverlässigkeitsindex nach Cornell auch für Versagenswahrscheinlichkeiten von 0 oder 100 % berechnet werden. Die Ergebnisse für den vorliegenden Fall sind in Abbildung 6.23 dargestellt. Auch wenn alle Wände eine Versagenswahrscheinlichkeit von 100 % vorweisen, sind die Wände 2 und 12 am unzuverlässigsten. Dies deckt sich nicht mit den Mittelwerten der Betondeckungen der vorderen Bewehrungslagen, siehe Abbildung 6.15a. Allerdings zeigt sich ein Zusammenhang mit den Standardabweichungen der Betondeckungen, siehe Abbildung 6.16a. Wände 2 und 12 haben die geringsten Streuungen bei den Betondeckungen, was geringere Streuungen der Zuverlässigkeiten und somit geringere Quotienten bei der Berechnung von β bewirkt. Bei hohen Chloridgehalten und Eindringtiefen bzw. negativen Zuverlässigkeitsindizes wie in diesem Fall führen daher geringere Streuungen der Betondeckung zu (absolut) niedrigeren Zuverlässigkeitsindizes.

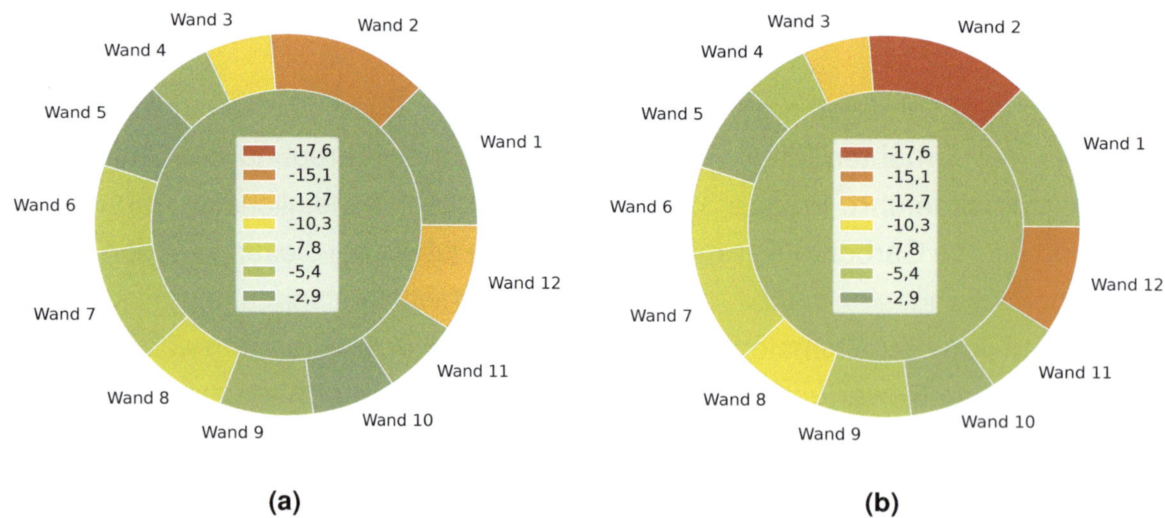

Abbildung 6.23: Zuverlässigkeitsindizes (Chlorideintrag) der Wände für die **(a)** Gegenwart und das **(b)** Ende der Restnutzungsdauer

Die Zuverlässigkeitsindizes für Carbonatisierung sind in Abbildung A.40, Seite A 19, für die Gegenwart und das Ende der Restnutzungsdauer gegeben. Für die Gegenwart werden die Ergebnisse der Zuverlässigkeitsanalyse bauteilspezifisch in den Datenträger-Objekten gespeichert, sodass eine Darstellung in BIM möglich ist. Abbildung 6.24 zeigt die Wände, eingefärbt entsprechend ihrer Versagenswahrscheinlichkeiten (Depassivierung infolge Carbonatisierung), im BIM-Modell. Auf diese Weise können die (Teil-)Bereiche mit erhöhter Wahrscheinlichkeit von Korrosionsschäden visualisiert und im dreidimensionalen Kontext untersucht werden.

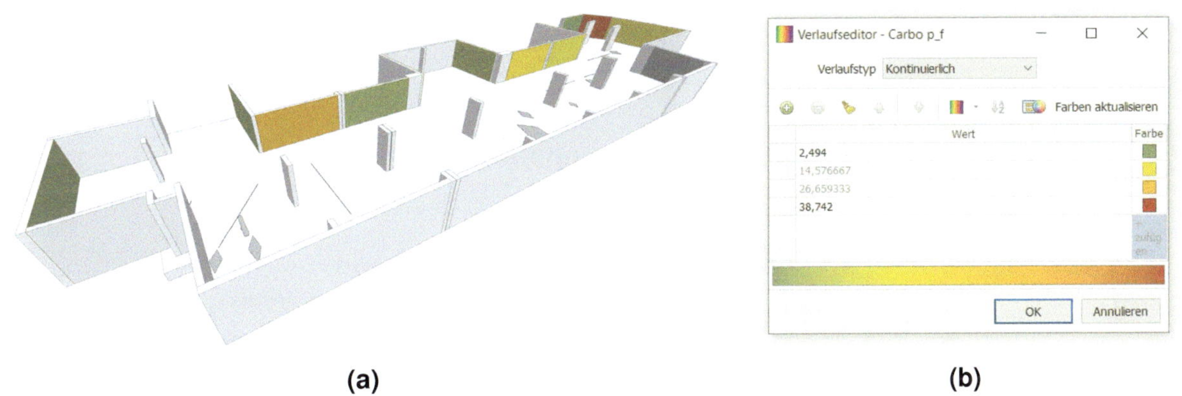

Abbildung 6.24: (a) Darstellung der Wände, eingefärbt entsprechend der Versagenswahrscheinlichkeit (Carbonatisierung) in % nach der **(b)** Farblegende

Nach den Kriterien in Abschnitt 5.1.1.2 ist Verfahren 7.2 anwendbar, wenn die Tiefe der Carbonatisierung oder des kritischen Chloridgehaltes die Bewehrung erreicht hat. Im vorliegenden Fall ist dies durch hohe Chloridgehalte bzw. niedrige Betondeckungen für sowohl die einzelnen Bauteile als auch die Gruppe der Bauteile der Fall und das Verfahren ist vollflächig anwendbar, siehe Abbildung 6.25a. Die hohen Chloridgehalte an der Bewehrung (vgl. Abschnitt 5.1.2.1) führen jedoch dazu, dass Verfahren 8.3 nicht anwendbar ist, siehe Abbildung 6.25b. Die Kreisdiagramme zur Anwendbarkeit der übrigen Verfahren sind in den Abbildungen A.42 und A.43, Seite A 20, gegeben.

In Abbildung 6.26 ist der benötigte Betonabtrag für Verfahren 7.2 bauteilspezifisch im BIM-Modell visualisiert. Wand 1 erfordert demnach einen Betonabtrag von 107,7 mm. Im Vergleich mit Abbildung 6.24 wird ein zunächst widersprüchlich erscheinendes Phänomen deutlich, das durch die BIM-basierte Auswertung transparent und objektiv nachvollzogen werden kann. Abbildung 6.24 stellt für Wand 1 ein vergleichsweise geringes Risiko der Depassivierung infolge Carbonatisierung dar, da die Betondeckungen dieser Wand im Mittel sehr hoch sind (vgl. Abbildung 6.15). Durch den relativ starken Chlorideintrag ist die Bewehrung jedoch größtenteils depassiviert (vgl. Abbildung A.41a, Seite A 19).

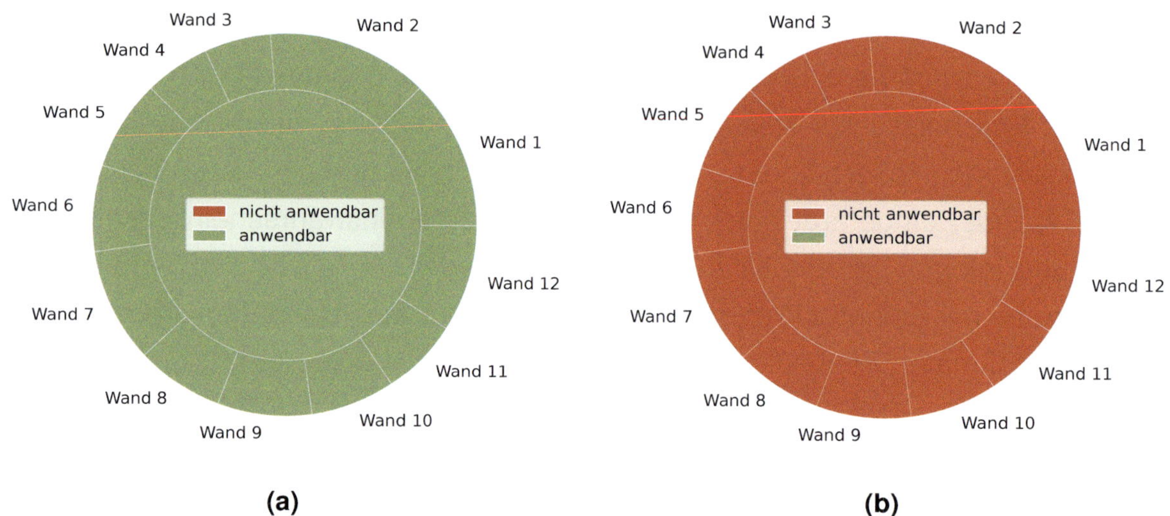

Abbildung 6.25: Eignung der Wände für **(a)** Verfahren 7.2 und **(b)** Verfahren 8.3

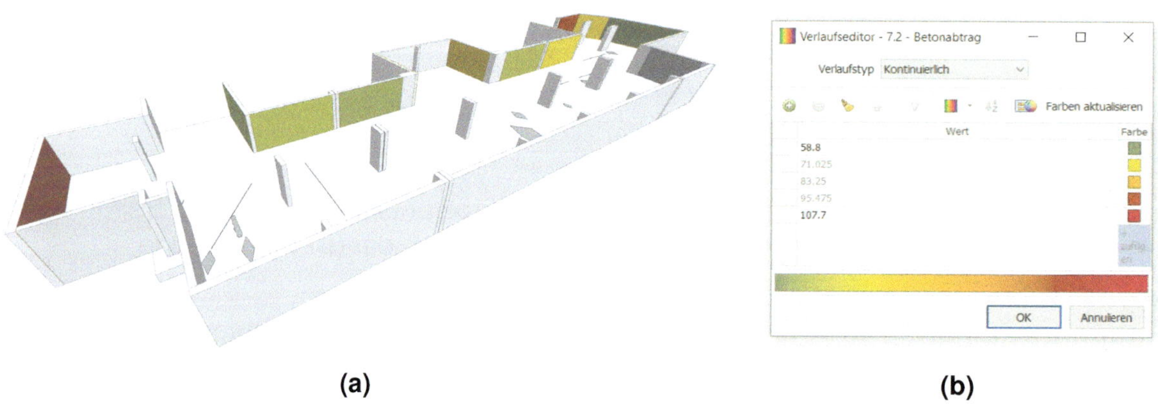

Abbildung 6.26: **(a)** Darstellung der Wände, eingefärbt entsprechend des erforderlichen Betonabtrags (Verfahren 7.2) in mm nach der **(b)** Farblegende

Bei Chlorideintrag bis hinter die Bewehrung, muss der Betonabtrag entsprechend erhöht werden (vgl. Abschnitt 5.1.1.2). Nun führt die hohe Streuung der Betondeckung der hinteren Bewehrungslage von Wand 1 (vgl. Abbildung 6.16b) dazu, dass das zugehörige 5-%-Quantil relativ gering ist (vgl. Abbildung 6.14a) und der kritische Chlorideintrag somit (zumindest teilweise) bis hinter die Bewehrung erfolgt. Entsprechend TR IH muss dann der Beton bis hinter die Bewehrung abgetragen werden. Zur Ermittlung der Abtragstiefe wurde in Tabelle 5.9, Seite 112, konservativ das 95-%-Quantil der Betondeckung der hinteren Bewehrungslage verwendet. Das 95-%-Quantil ist für Wand 1 sehr hoch (vgl. Abbildung 6.14b), sodass die in Abbildung 6.26 dargestellten hohen Abtragstiefen für diese Wand resultieren. Die jeweiligen Kriterien können beliebig im Rahmen der sachkundigen Planung angepasst werden, um bspw. höhere oder niedrigere Toleranzen und Sicherheitsfaktoren zu berücksichtigen.

Dieses Beispiel spiegelt aufgrund der streng gewählten Kriterien nicht den praxisrelevanten Instandsetzungsbedarf ab. Es soll lediglich demonstrieren, wie die verschiedenen Analyseergebnisse im räumlichen Kontext übersichtlich gegenübergestellt und somit zur Identifizierung besonders instandsetzungsbedürftiger Bauteile und als Unterstützung der sachkundigen Instandsetzungsplanung genutzt werden können. Zur weiteren Unterstützung oder Berichterstellung können bspw. die Werte der 95-%-Quantile der Betondeckungen der hinteren Bewehrungslagen neben den berechneten Abtragstiefen innerhalb der BIM-Umgebung als eingefärbte Tabelle dargestellt und bspw. für die Weitverwendung in Excel exportiert werden, siehe Abbildung A.44, Seite A 21.

6.3.2 Betrachtung der Stützen

In diesem Abschnitt werden jeweils die sechs allseitig zugänglichen Stützen des Reallabors aus Stahlbeton betrachtet. Zur eindeutigen Zuordnung der Stützennummern außerhalb der BIM-Umgebung wird auf Abbildung 2.13, Seite 18, verwiesen. Die Stützen 1 bis 6 entsprechen den Stützen II 2, I 3, I 8, I 6, II 12, II' 12. Von links nach rechts entsprechend Abbildung 6.9 ist somit die Reihenfolge der Stützen 1, 2, 4, 3, 5, 6.

6.3.2.1 Analyse der Betondeckung (Stützen)

Abbildung 6.27 zeigt die Stützen bzw. Datenträger-Objekte im BIM-Modell, eingefärbt entsprechend der 5-%-Quantile der Betondeckungen der vorderen Bewehrungslagen. Eine andere Perspektive zur Betrachtung der gegenüberliegenden Stützenseiten ist in Abbildung A.45, Seite A 22, gegeben. Um die verschiedenen Möglichkeiten der Visualisierung zu demonstrieren, wurde in diesem Beispiel eine diskrete Farblegende nach definierten Angaben gewählt und nicht wie im vorangegangenen Abschnitt eine kontinuierliche auf Basis der vorliegenden Werte. Die farbliche Variation der verschiedenen Stützenseiten (vgl. Abbildung 6.27 und Abbildung A.45, Seite A 22) weisen auf unterschiedliche Betondeckungen hin. Wie in Abschnitt 5.2.2 können mit den räumlich kontextualisierten Diagnosedaten geometrische Analysen durchgeführt werden. In Tabelle B.5, Seite B 4, sind die berechneten Exzentrizitäten je Stützenachse gegeben. Die höchste Exzentrizität zeigt dabei Stütze 3, Achse A (kürzerer Achsabstand, breitere Stützenseiten), mit einem Exzentrizitätswert von 3,19. Das bedeutet, dass die mittlere Betondeckung der vertikalen Stabbewehrung auf einer Stützenseite 3,19-fach so hoch ist wie auf der gegenüberliegenden Seite und entsprechend der Bewehrungskorb höchstwahrscheinlich außermittig eingebaut wurde.

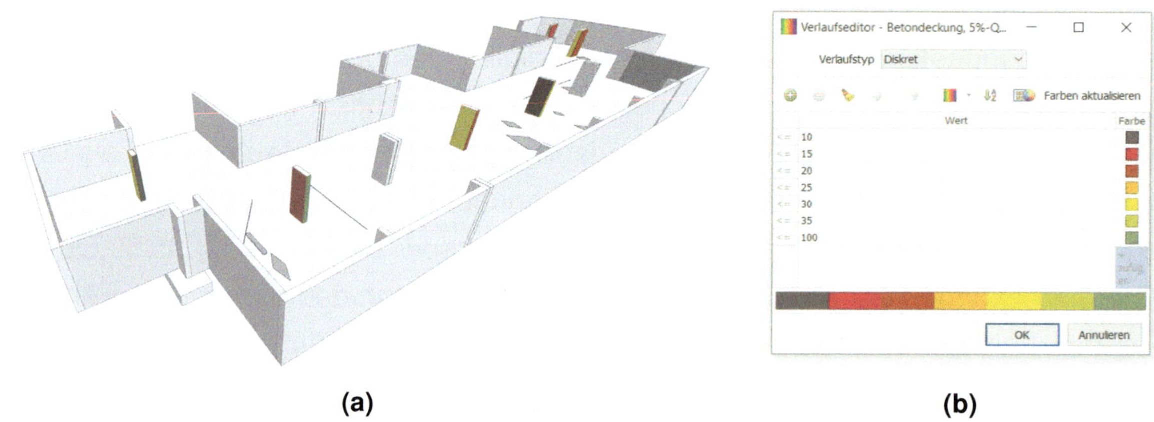

(a) (b)

Abbildung 6.27: **(a)** Darstellung der Stützen, eingefärbt entsprechend der 5-%-Quantile der Betondeckungen der vorderen Bewehrungslagen in mm nach der **(b)** Farblegende – Perspektive 1

Auch wenn die Exzentrizität anhand der hinteren Bewehrungslage berechnet wurde, zeigt sich die Heterogenität auch anhand der vorderen Bewehrungslage. Abbildung 6.28 zeigt Stütze 3 aus vier verschiedenen Perspektiven, eingefärbt entsprechend der 5-%-Quantile der Betondeckungen der vorderen Bewehrungslagen nach der Farblegende aus Abbildung 6.27b. Die eine Stützenseite der Achse A ist in (a) bzw. (b) violett dargestellt, was einer Betondeckung von $\leq 10\,\text{mm}$ entspricht, und die andere Seite ist in (c) bzw. (d) grün dargestellt, was einer Betondeckung von $> 35\,\text{mm}$ entspricht.

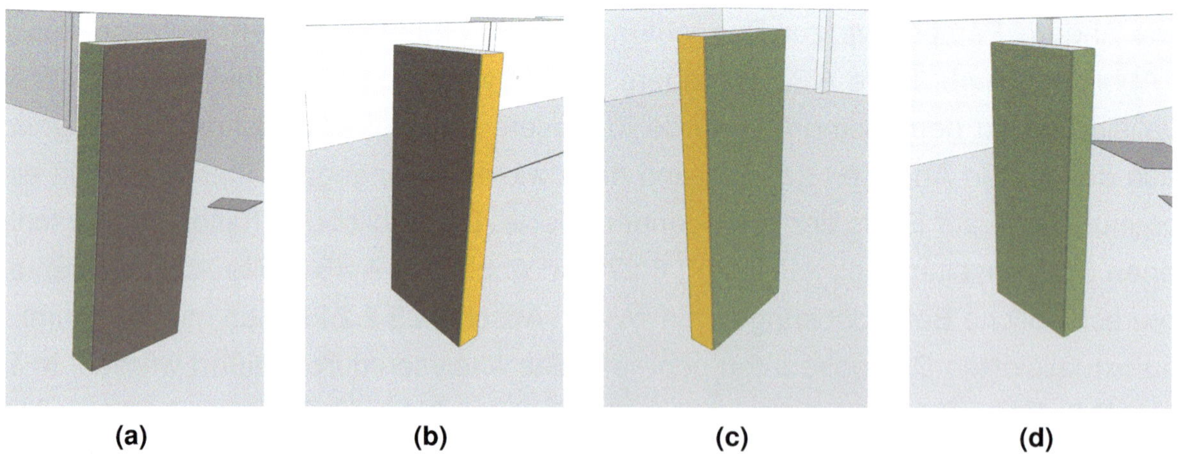

(a) (b) (c) (d)

Abbildung 6.28: Darstellung der Stütze 3, eingefärbt entsprechend der 5-%-Quantile der Betondeckungen der vorderen Bewehrungslagen aus den vier Perspektiven **(a)**, **(b)**, **(c)** und **(d)**

Die ungleichen Verhältnisse der Betondeckungen werden auch in Abbildung 6.29 deutlich, in der sowohl die (a) 5-%-Quantile der Betondeckungen der vorderen als auch die (b) 95-%-Quantile der Betondeckungen der hinteren Bewehrungslagen für alle Stützen gemeinsam und einzeln sowie für die verschiedenen Stützenseiten gegeben werden.

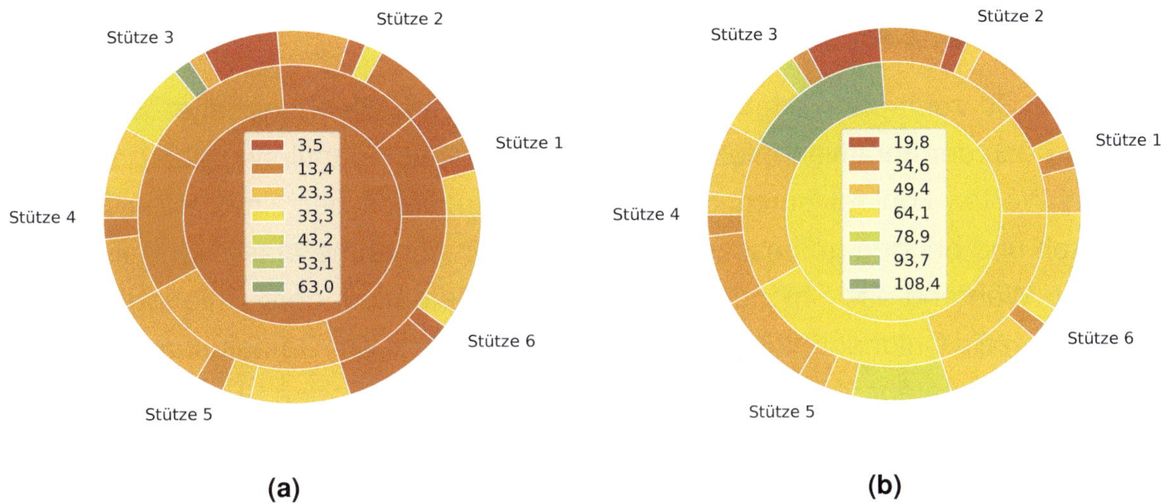

Abbildung 6.29: **(a)** 5-%-Quantile der Betondeckungen der vorderen und **(b)** 95-%-Quantile der Betondeckungen der hinteren Bewehrungslagen der Stützen in mm

Bei der gemeinsamen Betrachtung von sehr ungleichen Stützenseiten ergeben sich aufgrund hoher Streuungen große Unterschiede zwischen den 5- und 95-%-Quantilen. Während diese Quantile bei den einzelnen Seiten von Stütze 3 nicht sehr weit auseinander liegen, reichen sie bei der gemeinsamen Betrachtung von 16,1 bis 108,4 mm. 5-%-Quantile, Mittelwerte und Standardabweichungen der Betondeckungen der vorderen und hinteren Bewehrungslagen sind in den Abbildungen A.46, A.47 und A.48, Seiten A 22 und A 23, gegeben.

6.3.2.2 Kalibrierung der Schädigungsmodelle (Stützen)

Da die Vorteile der iterativen Inferenz in den Abschnitten 4.1.5 und 6.3.1.2 bereits mehrfach validiert wurden, wird an dieser Stelle auf eine erneute Betrachtung der Unterschiede gegenüber des konventionellen Ansatzes verzichtet. Die vorliegenden Diagnosedaten enthielten keine Messungen der Carbonatisierungstiefen an Stützen, die in diesem Beispiel unabhängig von den Wänden betrachtet werden. Entsprechend bleibt im Folgenden der Einfluss von Carbonatisierung unberücksichtigt und das zugehörige Modell wird so kalibriert, dass vernachlässigbar kleine Carbonatisierungstiefen erreicht werden.

Nach Tabelle 6.1 lagen drei Chloridprofile vor, allerdings wurde das Profil Cl1 an einer nicht allseitig zugänglichen Stütze ermittelt und wird somit im Weiteren nicht berücksichtigt. Mittelwerte und Quantile der modellierten und gemessenen Chloridgehalte über die Anzahl an Iterationen sind den Abbildungen A.49, A.50 und A.51, Seite A 24, zu entnehmen. Die Progressionen der verschiedenen Modellparameter sind in den Abbildungen A.52 bis A.57, Seiten A 25 bis A 27, gegeben.

Abbildung 6.30 zeigt die modellierten und gemessenen Chloridgehalte über die Eindringtiefe nach der iterativen Inferenz. Die dargestellten Quantile wurden bei den modellierten Werten konkret durch Sortieren bzw. Abzählen der simulierten Datensätze ermittelt und bei den gemessenen Werten unter Annahme einer Normalverteilung berechnet. Während das Chloridprofil Cl2 mit der Tiefe niedrigere Chloridgehalte aufweist, steigen die Chloridgehalte im Profil Cl3 mit der Tiefe an. Gemeinsam ergeben sie über die Tiefe ungefähr gleichbleibende Chloridgehalte mit hohen Streuungen. Infolgedessen erhält das Bayes'sche Netz widersprüchliche Evidenzen – die Modellparameter sollen so kalibriert werden, dass gleichzeitig hohe und niedrige Chloridgehalte modelliert werden. Zusätzlich verlangt ein Datensatz das Ansteigen des Chloridgehaltes mit der Tiefe, wozu das fib-Modell für Chlorideintrag nicht ausgelegt ist.

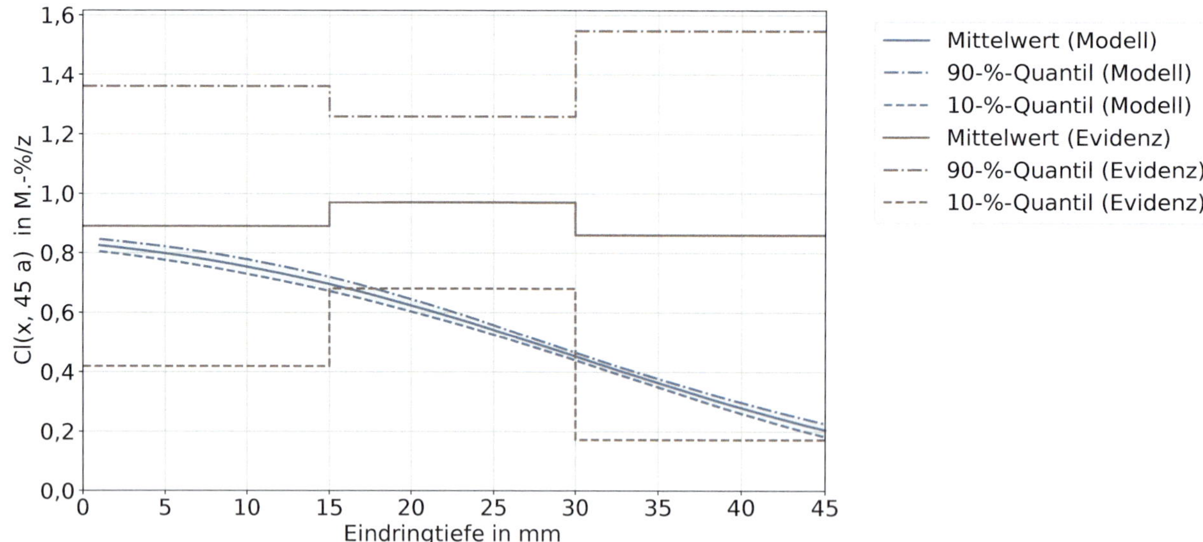

Abbildung 6.30: Modellierte und gemessene Chloridgehalte über die Eindringtiefe – Auswertung der Stützen

Auch wenn das Kalibrieren der Bayes'schen Netze trotz widersprüchlicher Evidenzen durchgeführt werden konnte, ist das resultierende Modell skeptisch zu betrachten. Der vorliegende Fall unterstreicht einen Schwachpunkt der derzeitigen Implementierung der iterativen Inferenz. Bei gegensätzlichen Evidenzen werden die Abbruchkriterien erst spät oder überhaupt nicht erfüllt. Entsprechend werden einige Iterationen durchgeführt und im vorliegenden Fall 48 Iterationen gerechnet. Als Vergleich wurden beim synthetischen Datensatz (vgl. Abschnitt 4.1.5) nur 23 und beim Datensatz der Wände (vgl. Abschnitt 6.3.1.2) lediglich 28 Iterationen benötigt.

Während der Iteration werden die Intervallgrenzen der Modellparameter zunehmend eingeschränkt, sodass sie immer weniger Streuungen zulassen. Als Resultat folgen sehr enge Verläufe der modellierten Chloridgehalte mit hohen Abweichungen von den stark streuenden Evidenzen wie in Abbildung 6.30. Dies unterstreicht, dass die entwickelte Methodik bei Entscheidungen unterstützen kann, diese jedoch nicht selbstständig treffen sollte.

Bei einem realen Anwendungsfall sollte in Erwägung gezogen werden, ein anderes Modell zu verwenden (bspw. eines, das mathematisch eine Gleichverteilung erlaubt), das Modell manuell zu kalibrieren oder jeweils nur solche Stützen gemeinsam zu betrachten, deren Diagnosedaten nicht im Widerspruch stehen. Solche Entscheidungen wären Teil einer sachkundigen Planung und werden im vorliegenden Fall nicht getroffen. Zur Demonstration der Methodik wird im Weiteren das entsprechend Abbildung 6.30 kalibrierte Modell verwendet. Abbildung 6.31 zeigt die resultierenden Prognosen der mittleren Chloridgehalte über Eindringtiefe und Zeit.

Abbildung 6.32 zeigt die resultierenden Prognosen der Standardabweichungen der Chloridgehalte über Eindringtiefe und Zeit. Die Darstellung zeigt deutlich das Bestreben des kalibrierten Modells, entsprechend der Evidenzen bei niedrigen und hohen Eindringtiefen große Streuungen abzubilden (vgl. Abbildung 6.30). Während die Form des Verlaufes prinzipiell korrekt erscheint, sind die absoluten Werte der Standardabweichungen zu gering, um den Eingangsdaten gerecht zu werden. Die Variationskoeffizienten der Chloridgehalte über die Eindringtiefe und die Zeit sind in Abbildung A.58, Seite A 28, gegeben.

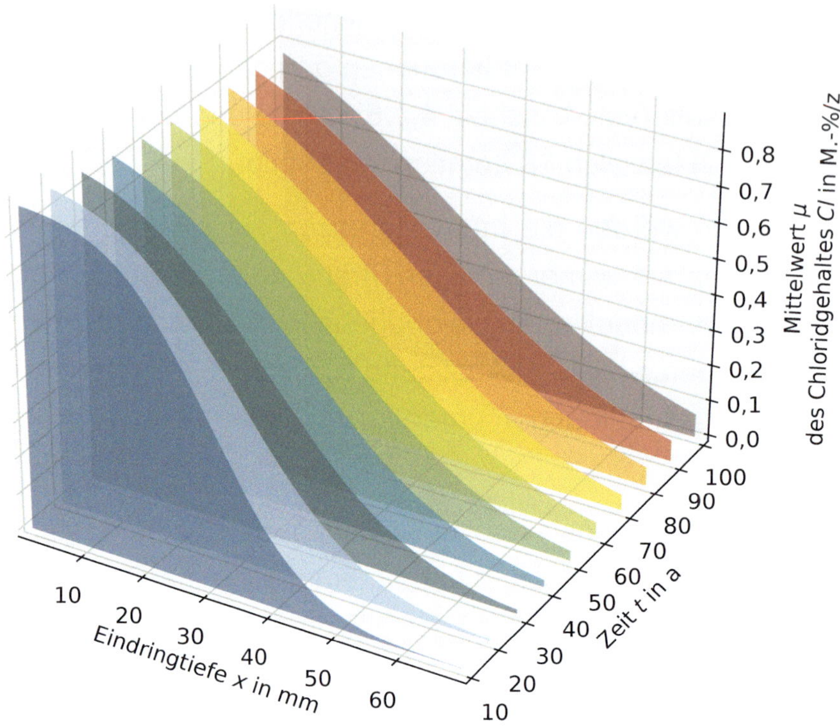

Abbildung 6.31: Mittelwerte der Chloridgehalte über die Eindringtiefe und die Zeit – Auswertung der Stützen

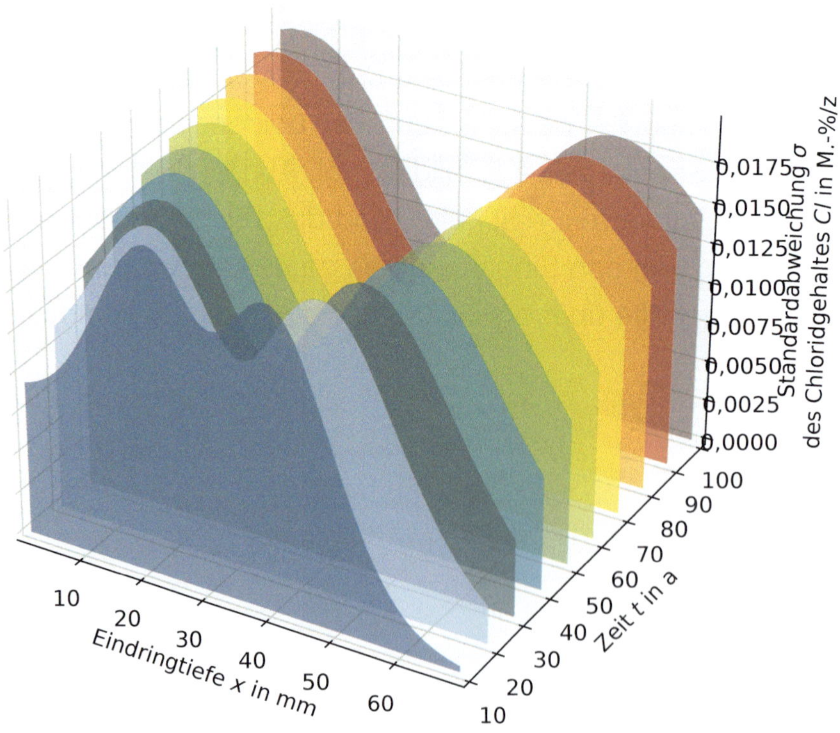

Abbildung 6.32: Standardabweichungen der Chloridgehalte über die Eindringtiefe und die Zeit – Auswertung der Stützen

6.3.2.3 Eignung und Ausmaß der Instandsetzungsverfahren (Stützen)

Nach Abbildung 6.31 wird der kritische Chloridgehalt von 1 M.-% in jeder Tiefe zu jedem Zeitpunkt unterschritten. Entsprechend beträgt die Versagenswahrscheinlichkeit (Depassivierung infolge Chlorideintrag) für jede betrachtete Stütze / -nseite 0 %. Daher werden in Abbildung 6.33 nicht die Versagenswahrscheinlichkeiten, sondern die Zuverlässigkeitsindizes zur (a) Gegenwart und zum (b) Ende der Restnutzungsdauer dargestellt. Aufgrund des geringen Einflusses der Zeit auf den Chloridgehalt (vgl. Abbildung 6.31) ergeben sich keine deutlichen Unterschiede zwischen der Gegenwart und dem Ende der Restnutzungsdauer.

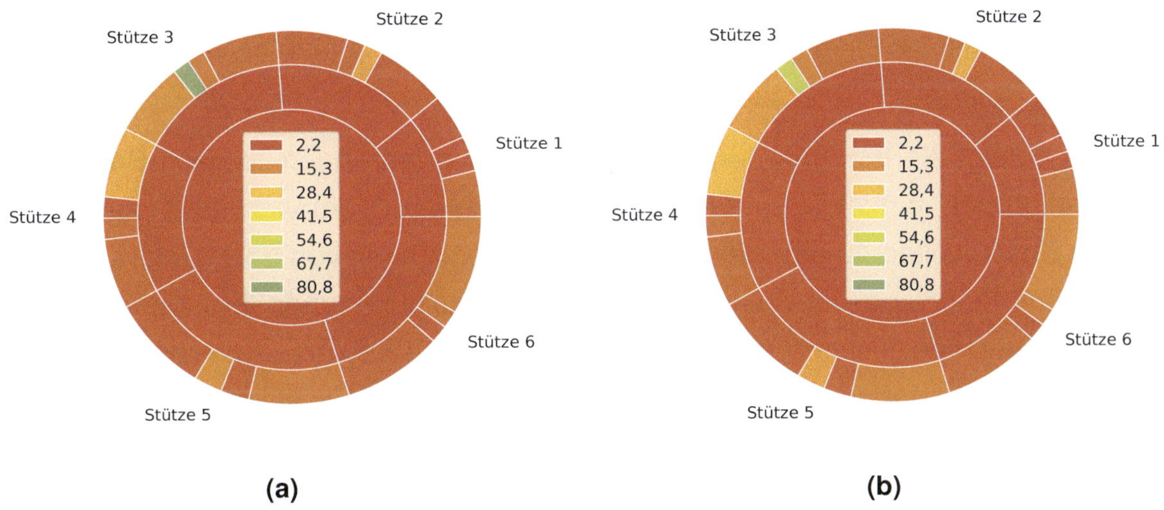

Abbildung 6.33: Zuverlässigkeitsindizes (Chlorideintrag) der Stützen für die **(a)** Gegenwart und das **(b)** Ende der Restnutzungsdauer

Nach den Kriterien in Abschnitt 5.1.1.1 ist Verfahren 7.1 anwendbar, wenn die Tiefe des kritischen Chloridgehaltes mindestens 10 mm von der Bewehrung entfernt ist. Da der kritische Chloridgehalt im vorliegenden Fall nicht erreicht wird, ist dieses Kriterien überall dort erfüllt, wo die Betondeckung mindestens 10 mm beträgt. Entsprechend ergibt sich die Anwendbarkeit des Verfahrens 7.1 nach Abbildung 6.34a. Bei der Betrachtung aller Stützen zusammen führen hohe Streuungen der Betondeckungen (vgl. Abbildung A.48a, Seite A 23) zu einem zu niedrigen 5-%-Quantil der Betondeckung und das Verfahren ist nicht anwendbar. Werden die Stützen einzeln betrachtet, weisen nur Stützen 1 und 2 zu niedrige 5-%-Quantile auf. Durch die Betrachtung der einzelnen Stützenseiten kann das Verfahren 7.1 an 19 der 24 Seiten angewandt werden.

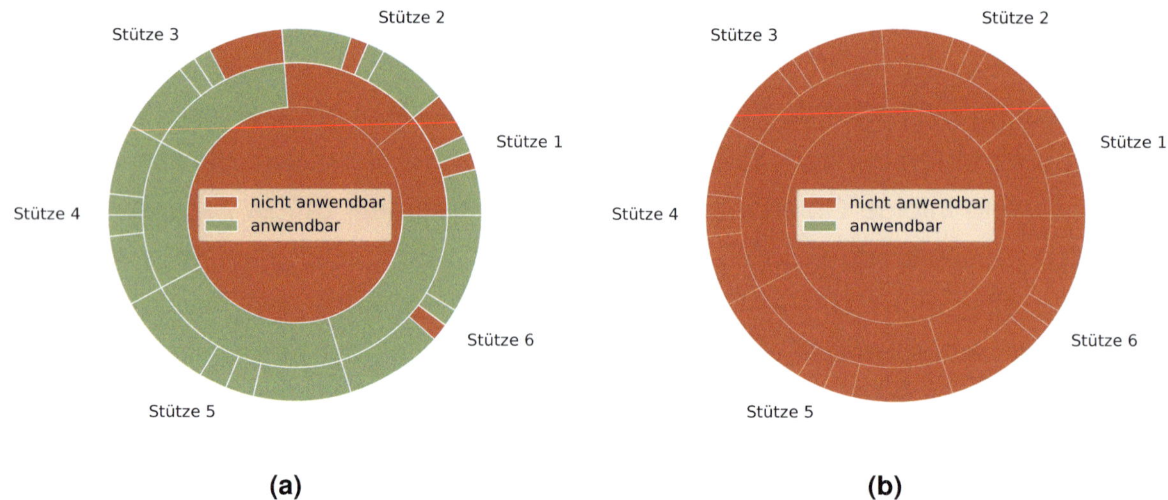

(a) (b)

Abbildung 6.34: Eignung der Stützen für **(a)** Verfahren 7.1 und **(b)** Verfahren 7.4

Tabelle 6.2 zeigt die Eignung der Stützen für das Verfahren 7.1 je nach Betrachtung als Bauteilgruppe, einzelne Bauteile oder Bauteilseiten. Demnach führt die Betrachtung von Bauteilseiten zu einer Instandsetzungsmöglichkeit von 85,1 % der Bauteilflächen gegenüber 0 % bei der Betrachtung aller Bauteile zusammen. Entsprechend kann die bauteilseitenspezifische Analyse regelkonforme Instandsetzungsverfahren ermöglichen, die bei einer anderen Art der Datenauswertung nicht anwendbar wären.

Tabelle 6.2: Eignung der Stützen für Verfahren 7.1 als Gruppe, Bauteile und Seiten

Auswahl	**geeignete Elemente**		**geeignete Fläche**	
	–	%	m^2	%
Gruppe	0 / 1	0,0	0,0 / 44,9	0,0
Bauteil	4 / 6	66,7	33,1 / 44,9	73,8
Seiten	19 / 24	79,2	38,2 / 44,9	85,1

Nach Abschnitt 5.1.1.3 ist das Verfahren zur Realkalisierung nur anwendbar, sofern kein Chlorid in den Beton eingedrungen ist. Gemäß Abbildung 6.34b ist das Verfahren 7.4 daher in keinem Fall anwendbar. Die Kreisdiagramme zur Anwendbarkeit der übrigen Verfahren sind in Abbildungen A.59 und A.60, Seiten A 28 und A 29, gegeben. In Abbildung 6.35 ist die Eignung der verschiedenen Stützenseiten für Verfahren 7.1 im BIM-Modell farblich visualisiert (grün: anwendbar, rot: nicht anwendbar).

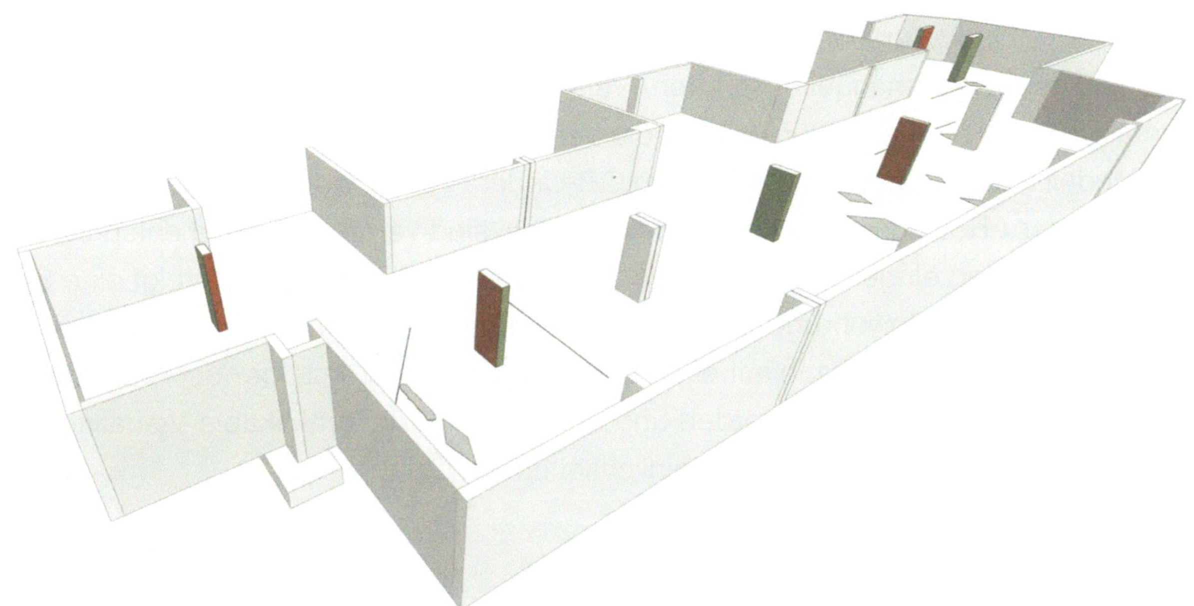

Abbildung 6.35: Darstellung der Stützen, eingefärbt entsprechend der Eignung von Verfahren 7.1 (grün: anwendbar, rot: nicht anwendbar)

6.4 Anwendung in situ

Neben der Auswertung der implementierten Daten und der Darstellung der Analyseergebnisse in einer BIM-Umgebung können sowohl Diagnosedaten als auch Planungsergebnisse auf der Baustelle visualisiert werden. Die angereicherten Modelle können als IFC-Dateien in AR-Softwares übertragen und anschließend in situ zur Zustandsbewertung verwendet werden.

Bisher wurden die Diagnosedaten maßstabsgetreu im BIM-Modell implementiert. Während dies in BIM-Umgebungen am Computer durch Zoom-Funktionen kein Hindernis darstellt, können gewisse Objekte bei der AR-Anwendung schwierig zu erkennen sein. Daher wurden weitere Dynamo-Skripte entwickelt, um bspw. die Durchmesser und Lagen der Betondeckung-Objekte anzupassen. Die verschiedenen Objekte können im Prinzip beliebig vergrößert und verschoben werden, um die Darstellung in situ zu optimieren. Weiterhin können, um nicht auf die Möglichkeit der Einfärbung von BIMvision bzw. Advanced Reports angewiesen zu sein, den Objekten Farben zugewiesen werden, die als Oberflächeneigenschaft in der IFC-Datei abgespeichert werden. Entsprechende Skripte erlauben die automatisierte Einfärbung anhand von beliebigen Farblegenden.

Abbildung 6.36a zeigt die Anwendung der AR-Software VisualLive (Unity) in situ mittels eines Tablets. Zur Verortung im Modell stehen verschiedene Möglichkeiten zur Auswahl, bspw. das manuelle Rotieren, Verschieben und Skalieren des Modells, das Einmessen über markante Punkte oder die Verortung durch das Scannen von zuvor (im BIM-Modell und am Bauwerk) platzierten QR-Codes. In Abbildung 6.36b ist die Ansicht innerhalb der AR-Umgebung zu sehen, dargestellt sind vergrößerte und entsprechend der Betondeckung eingefärbte Betondeckung-Objekte. Abbildung 6.37 zeigt eine Stelle mit freiliegender Bewehrung, an der ein besonders niedriges Potenzial gemessen wurde. Das Potenzialfeld kann mit einer beliebigen Transparenz über der realen Oberfläche ein- und ausgeblendet werden und erlaubt somit die praktikable Visualisierung der gemessenen Korrosionswahrscheinlichkeiten vor Ort.

(a)

(b)

Abbildung 6.36: **(a)** Visualisierung der Diagnosedaten über Handheld in situ (Copyright: Domenic Graffi) **(b)** Ansicht der Betondeckung in VisualLive

Da die meisten modernen Handheld-Geräte AR-tauglich sind, könnten bei Vorhandensein entsprechender Software die angereicherten Modelle neben der Instandsetzungsplanung auch für weitere Diagnosen oder die folgenden Ausführungen in der Baupraxis genutzt werden. Wohingegen die Möglichkeiten der Visualisierung kaum beschränkt sind, ist die Technik zur Verortung bzw. insbesondere zum korrekten Abgleich der echten Bewegungen mit denen in der AR-Umgebung ausbaufähig. Bei den Tastversuchen zeigte sich ein relativ starker Drift, sodass nach einigen Metern der Bewegung das Mo-

Abbildung 6.37: Ansicht des Potenzialfeldes in VisualLive

dell neu ausgerichtet werden musste. Dieser Drift wird auch in der Literatur als technische Begrenzung der Praxistauglichkeit genannt [200, 202]. Es ist zu erwarten, dass die AR-Technologie jedoch in den nächsten Jahren weiterentwickelt und mittelfristig praktikabel sein wird.

6.5 Diskussion des angereicherten BIM-Modells als Entscheidungshilfe

In den vorangegangenen Kapiteln und Abschnitten wurde die Methodik von zeitlich und räumlich aufgelösten Zustandsbewertungen und -prognosen über mit Diagnosedaten angereicherte BIM-Modelle beschrieben und praxisnah demonstriert. Im Folgenden werden aus der Applikation resultierende Möglichkeiten für den Einsatz als Entscheidungshilfe bei der Instandsetzungsplanung unter verschiedenen Gesichtspunkten diskutiert. Dabei werden auch der Nutzen des entwickelten Konzeptes einer BIM-basierten Bauwerkserhaltung für Forschung und Praxis sowie Anknüpfungspunkte für Weiterentwicklungen beschrieben.

6.5.1 Nachhaltigkeit

Zum derzeitigen Entwicklungsstand kann die vorgestellte modellzentrierte Arbeitsweise dabei unterstützen, die Nachhaltigkeit von Bauwerksdiagnosen und Instandsetzungsplanungen auf verschiedene Weisen zu erhöhen. Wohingegen bei konventioneller Dokumentation und Auswertung von Bauwerksdiagnosen verschiedene Arten von Dokumenten (Pläne, Tabellen, Fotos, ...) in hoher Stückzahl vorliegen und verwaltet werden müssen, bietet die BIM-zentrierte Arbeitsweise die Möglichkeit einer sogenannten „Single Source of Truth“ (SSoT) bzw. eines Datenmodells, in dem der gesamte und / oder aktuelle Datenbestand in maschinenlesbarer Form und in gleichbleibender Qualität nachgehalten wird. Dieses Datenmodell kann beliebig bearbeitet, aktualisiert, (bei Bedarf) zensiert und über digitale Netzwerke ausgetauscht werden.

Bei kontinuierlicher Arbeit mit der SSoT kann eine übersichtliche Versionshistorie erstellt werden, sodass rückblickend der Zuwachs an Informationen bzw. der jeweils aktuelle Stand übersichtlich und objektiv nachvollziehbar bleibt. Zusätzlich kann dadurch die Grundlage für Big Data in der Bauwerkserhaltung geschaffen werden.

Zur Nutzung von Big-Data-Technologien müssen mittels sogenanntem „Data Mining“ Informationen gesammelt werden. Dabei kommt der vorherigen Aufbereitung der Daten, also dem Reinigen, Sortieren, Einordnen und Verknüpfen, eine besondere Bedeutung zu und dies ist einer der wesentlichsten Schritte der Datenverarbeitung [218]. Eine solche Aufbereitung der Daten erfolgt bereits bei der Implementierung und Auswertung in BIM. Den entsprechenden Skripten könnten im nächsten Schritt Funktionen zum Upload der Daten in eine Cloud hinzugefügt werden, sodass das Data Mining unmittelbar nach der Bauwerksdiagnose eingeleitet werden kann.

Neben dem digitalen Nachhalten von Informationen kann der Begriff der Nachhaltigkeit in die drei Säulen Effizienz, Suffizienz und Konsistenz unterteilt werden. Insofern ist ein Vorhaben dann nachhaltig, wenn es Ressourcen effizient einsetzt und mit minimalem Einsatz maximalen Ertrag erzielt. Beispiele für Effizienzsteigerungen durch BIM wären die Koordination von Arbeitsabläufen im Bauprozess [219] oder der Einsatz als Entscheidungsunterstützungssystem bei der Zeitplanung von Renovierungsarbeiten [220].

Im Kontext der Instandsetzungsplanung bedeutet Effizienz, dass Zeitpunkte und Umfänge von Instandsetzungen so geplant werden, dass minimale Aufwendungen hinsichtlich Zeit, Kosten sowie Rohstoffen benötigt und dennoch maximale Zuverlässigkeiten gewährleistet werden. Zum einen kann die entwickelte Arbeitsweise dies unterstützen, indem die Zeitpunkte von Instandsetzungen optimiert werden. Durch entsprechend der vorliegenden Diagnosedaten kalibrierte Dauerhaftigkeitsprognosen können Versagenswahrscheinlichkeiten präziser berechnet und die idealen Zeitpunkte für Instandsetzungen ermittelt werden.

Neben dem Fortschritt der schädigenden Einwirkungen (Carbonatisierung, Chlorideintrag) können auch die Anwendungsgrenzen von Instandsetzungsverfahren gemäß aktuell gültiger Regelwerke berücksichtigt werden. Entsprechend dieser Randbedingungen und dem Fortschreiten der Schädigung sind manche Instandsetzungsverfahren nur bis zu einem gewissen Zeitpunkt einsetzbar, anschließend müssten unter Umständen größere Eingriffe in die Struktur erfolgen. Diese Abwägungen können für verschiedene Szenarien durch die automatisierte Auswertung in der BIM-Umgebung unterstützt werden, sodass die idealen Instandsetzungsverfahren und -zeitpunkte gewählt und die Maßnahmen möglichst effizient gestaltet werden können.

Zum anderen ermöglicht die automatisierte Analyse einzelner Bauteilseiten im geometrischen Kontext Effizienzsteigerungen, indem die für die Planung benötigte Arbeitszeit durch die Vergabe zeitintensiver Prozesse wie statistischer Auswertungen und dem Abgleich von vorliegenden Werten mit den Anforderungen der Regelwerke an den Computer reduziert und bei der bauteilseitenspezifischen Analyse der Instandsetzungsbedarf minimiert werden.

Hinsichtlich der Suffizienz kann die Nachhaltigkeit im Bauwesen erhöht werden, indem auf Neubauten oder vermeidbare Instandsetzungen bzw. die Ausführung besonders ressourcenintensiver Verfahren verzichtet werden kann. Solange die Gebrauchstauglichkeit von Bauten erhalten bleiben kann, müssen keine Ressourcen für Abriss und Neubau investiert werden. Vorausschauende Instandhaltungsstrategien mit zuverlässigen Prognosen und minimalinvasiven, effizienten Instandsetzungen könnten daher helfen, den Bestand möglichst lange zu erhalten und somit Neu- bzw. Ersatzbauten zu vermeiden.

Die derzeit implementieren Skripte zur Prüfung der Instandsetzungsverfahren könnten mit Datenbanken wie der ÖKOBAUDAT verknüpft werden, um bei der Wahl der Instandsetzungsverfahren oder -produkte die erforderlichen Ressourcen im ökologischen Kontext zu berücksichtigen. Durch eine entsprechende Implementierung könnte der Einsatz besonders ressourcenintensiver Verfahren und Produkte vermieden werden, ohne den Planungsaufwand wesentlich zu erhöhen.

Konsistenz im Sinne der Nachhaltigkeit zielt auf die Verträglichkeit von Natur und Technik ab. Die in der vorliegenden Arbeit betrachteten Bauten und Methoden beziehen sich auf Stahlbeton, sodass eine materielle Konsistenz schwierig zu erreichen scheint. Jedoch könnte die BIM-basierte Arbeitsweise dabei helfen, Urban Mining zielgerichteter zu betreiben. Urban Mining beschäftigt sich mit dem Erfassen und Parametrisieren der gebauten Substanz und der Wiederverwendung bzw. dem Recycling von Bauteilen und -stoffen [221].

Durch das digitale Vorhandensein von Informationen zu Geometrie, Zustand und Beschaffenheit verschiedener Bauteile können Stoffströme besser geplant und Bauwerke konkreter als Materiallager betrachtet werden. Infolge der demonstrierten Implementierung von Daten der Bauwerksdiagnose sind im angereicherten BIM-Modell Informationen zu Bewehrungslage und Bewehrungsgrad verfügbar. In Kombination mit den Bauteilvolumina lassen sich dadurch die in den jeweiligen Bauteilen gebundenen Stahlmengen kalkulieren. Zusätzlich kann der Beton auch als CO_2-Speicher betrachtet werden.

Mit der Carbonatisierungstiefe, die im BIM-Modell implementiert wurde, und entsprechenden Modellen lassen sich die Mengen an in der Bausubstanz gebundenem Kohlendioxid berechnen [222]. Ökologische Instandhaltungsstrategien könnten daher zukünftig die Menge an gebundenem CO_2 sowie die noch zu erwartende Speicherkapazität über die Restnutzungsdauer hinweg berücksichtigen.

Zusätzlich zur Vereinbarung von rohstofflichen Ressourcen ist die Konsistenz verschiedener Technologien und Arbeitsweisen ebenso zu berücksichtigen. So könnte zukünftig neben der zu erhaltenden Gebrauchstauglichkeit der gebauten Substanz mit Hinblick auf Smart Buildings und Fortschritte in der Datenverarbeitung und Robotik auch die Gebrauchstauglichkeit der Informationsinfrastruktur relevant werden.

Es werden zunehmend Methoden zur Automatisierung entwickelt, bspw. die Schadensanalyse aus drohnenbasierter Bilderfassung [223] oder Steuerung von Robotern [137], und durch Schnittstellen im BIM-Kontext eingeordnet. Zur Nutzung solcher Technologien muss die entsprechende digitale Infrastruktur verfügbar sein. Insofern schafft die nachträgliche BIM-Modellierung und BIM-basierte Instandhaltungsplanung von Bestandsbauten die Grundlage für die Anküpfung an und Verwendung von weiteren innovativen Entwicklungen.

6.5.2 Kontextualisierung

In Abschnitt 2.3.3 wurde die Bedeutung der Interoperabilität für BIM-Anwendungen beschrieben. Im weiteren Verlauf der Arbeit wurde zusätzlich der Begriff der Kontextualisierung verwendet, der hier als Oberbegriff der Interoperabilität beschrieben werden soll. Wohingegen die Interoperabilität auf die Vereinbarkeit verschiedener Technologien über entsprechende Schnittstellen abzielt, soll die Kontextualisierung dies auf semantische Zusammenhänge von Informationen und Arbeitsweisen ausweiten.

Interoperabilität wurde bspw. zwischen den zwei Softwares Revit und GeNIe geschaffen, indem die Funktionalität zur Erstellung und Auswertung von Bayes'sche Netzen über PySMILE in Dynamo implementiert wurde. Kontextualisierung beschreibt bspw. die räumlichen Zusammenhänge zwischen Bewehrungslage und Chlorideintrag, jedoch auch zwischen der AR-Visualisierung des Potenzialfeldes in situ und der sachkundigen Bewertung von Schadensursachen.

Durch das zentrale Sammeln und maschinenlesbare Verknüpfen von Diagnosedaten und Anforderungen von Regelwerken in einem räumlichen Modell werden bei der entwickelten Arbeitsweise alle vorliegenden Informationen in einem gemeinsamen Kontext betrachtet und analysiert. Dies bringt diverse Vorteile bei der Instandsetzungsplanung mit sich, die in vorangegangenen Abschnitten und Kapiteln bereits angesprochen wurden. Als Beispiel sei jedoch auf die Vielzahl der verschiedenen Schädigungsmodelle (vgl. Abschnitt 2.2.1) verwiesen. Wohingegen einige Modelle für spezifische Materialien und Arten bzw. Kombinationen von Schädigungen entwickelt wurden, erlaubt die BIM-Implementierung die Auswahl und Analyse im jeweils tatsächlich vorliegenden Kontext.

Ob Carbonatisierung und Chlorideintrag gemeinsam vorliegen oder nicht, das jeweilige Modell wird (im Rahmen der mathematischen Möglichkeiten) entsprechend des tatsächlichen Schädigungsfortschrittes kalibriert, sodass Wechselwirkungen in einem gewissen Maß berücksichtigt werden. Zusätzlich könnte bei der Wahl der Schädigungsmodelle der geometrische Zustand des jeweiligen Bauteils, bspw. Neigung, Witterung oder Risszustand, berücksichtigt werden. In Verbindung mit Data Mining könnten die gesammelten Daten im projektspezifischen Kontext von hohem Nutzung für weitere Forschungsarbeiten sein.

Zusätzliches Potenzial für die Wissenschaft liegt in der kontextualisierenden Auswertung von Schädigungsprozessen und Diagnosedaten. Bei der Ermittlung des kritischen Chloridgehaltes und Prognose von Korrosionsprozessen sollte bspw. die exponierte Stahloberfläche berücksichtigt werden, weshalb eine Verknüpfung von materialwissenschaftlichen Betrachtungen mit konstruktiven Gegebenheiten vorgeschlagen wird [224].

Bei ausreichend genauer Kenntnis der Bewehrungslage und der Carbonatisierungstiefe bzw. des Chlorideintrags könnten BIM-basierte Dauerhaftigkeitsbetrachtungen Effekte wie Makroelementbildung berücksichtigen. Relevante Randbedingungen wie eine Depassivierung der vorderen Bewehrungslage bei gleichzeitig passiver hinterer Bewehrungslage sowie ungleichmäßige Potenzialfelder [225] oder Defekte an der Anodenoberfläche (bspw. Hohlstellen hinter der Bewehrung in Abhängigkeit der Bauteilneigung bzw. Herstellungsrichtung) [226] könnten in der BIM-Umgebung geprüft und entsprechend bei der Zustandsbewertung berücksichtigt werden.

Im nächsten Schritt könnten Informationen zum erforderlichen Betonabtrag bzw. dem Restquerschnitt des jeweiligen Bauteils für statische Betrachtungen genutzt werden. Entsprechend wäre eine Art Interoperabilität zwischen verschiedenen Gewerken möglich, sofern die jeweiligen Prozesse über geeignete Schnittstellen mit der SSoT verknüpft werden.

Neben den genannten Möglichkeiten kann die Kontextualisierung bereits bei der Bauwerksdiagnose beginnen. Bei der Entnahme von Chloridprofilen sollte die Wahl der Bohrtiefen und Schrittweiten entsprechend der Betondeckung angepasst werden [45]. Durch die AR-Visualisierung der Betondeckung in situ könnte die Bohrmehlentnahme im Kontext der Bewehrungslage bauteilspezifisch angepasst werden. Zusätzlich könnte auch das Potenzialfeld berücksichtigt werden. In gewissen Maßen wird dieser Kontext bei der sachkundigen Planung bereits hergestellt, jedoch soll die vorgestellte Arbeitsweise eine Unterstützung beim Verwalten und Auswerten der verschiedenen Daten bieten und somit zu optimierten Diagnosen und Planungen führen. Bei entsprechenden Fortschritten der Diagnosegeräte wäre es außerdem denkbar, dass die BIM-Implementierung direkt in situ erfolgt. Wenn bspw. das Gerät zur Betondeckungsmessung sich ausreichend genau im BIM-Modell lokalisieren kann, könnte ein Übertrag der Daten unmittelbar erfolgen.

6.5.3 Modularität

Bei der Entwicklung von den Skripten für sowohl die BIM-Implementierung von Diagnosedaten als auch für die statistische Analyse und regelkonforme Auswertung wurde eine modulare Systemarchitektur angestrebt. Das bedeutet, dass die einzelnen Komponenten möglichst anpassungsfähig, austauschbar und erweiterbar umgesetzt wurden. Beim derzeitigen Entwicklungsstand werden lediglich die fib-Modelle für die Einleitungsphase bei Carbonatisierung bzw. Chlorideintrag betrachtet. Allerdings erlaubt die Modularität, dass stattdessen oder zusätzlich andere Modelle zur Erstellung der

Bayes'schen Netze verwendet werden. So könnten bspw. Modelle zum Korrosionsfortschritt [227, 228] oder für andere Schädigungsarten wie Sulfatangriff oder Frost-Tau-Wechsel-Beanspruchung ergänzt werden.

Die bereits implementierten Modelle wurden komprimiert (vgl. Abschnitt 4.1.1) und könnten nahezu beliebig ausgeweitet werden. Zwei Modellparameter beim fib-Modell für Carbonatisierung sind die Schlagregenwahrscheinlichkeit und die Regenhäufigkeit, die neben den Niederschlagsereignissen von der Bauteilorientierung und -neigung beeinflusst werden. Mit einem entsprechenden Modul könnten bspw. Daten der nächstgelegenen Wetterstation abgerufen und bauteilspezifisch je nach Ausrichtung und ggf. Verschattung berücksichtigt werden.

In den vorangegangenen Betrachtungen zur Zuverlässigkeit und Eignung von Instandsetzungsverfahren wurden jeweils die Gegenwart, die nahe Zukunft (+ 5 a) und das Ende der Restnutzungsdauer betrachtet. Diese Zeitpunkte könnten beliebig angepasst oder ergänzt werden. Es wäre ebenso möglich, ein Modul für Zuverlässigkeitsbetrachtungen mit zeitabhängigen Forderungen an den Zuverlässigkeitsindex zu implementieren und die zugehörigen erzielbaren Restnutzungsdauern zu berechnen.

Aktuell werden lediglich fünf Instandsetzungsverfahren nach TR IH (vgl. Abschnitt 5.1) betrachtet. Für zukünftige Anwendungen könnten weitere Module für andere Verfahren oder gar Normen erstellt werden. Zusätzlich könnte ein Modul für die Produktauswahl hinzugefügt werden. Entsprechend der punktwolkenbasierten Schadstellenanalyse (siehe Abschnitt 3.1.3) liegen Informationen zum geometrischen Ausmaß von Schadstellen in BIM vor. Diese Informationen könnten genutzt werden, um bspw. je nach Fläche und erforderlicher Schichtdicke die Eignung von Polymermörteln zu prüfen.

Bei den Analysen zur Eignung und Bemessung der Instandsetzungsverfahren wird, sofern erforderlich, für die Prognose über die Restnutzungsdauer hinweg für den Betonersatz das aus dem Bestandsbeton abgeleitete Modell verwendet. Wenn entsprechende Daten aus Laborprüfungen oder Technischen Merkblättern vorliegen, könnte ein Modul diese Daten importieren, um die Prognosen weiter zu verbessern.

Bei den Verfahren 7.7 und 8.3 (Beschichtung) hängen die Grenzwerte der Chloridgehalte mit Umverteilungsprozessen der Chloride zusammen, die von Bauteilalter, Bauteildicke und Chloridverteilung beeinflusst werden [229]. Zu diesen Einflüssen liegen die nötigen Informationen in BIM vor, sodass mit entsprechenden Modellen (bspw. [41]) bzw. Modulen die Chloridumverteilung konkret berechnet und ggf. sinnvollere Grenzwerte ermittelt werden könnten.

Mit entsprechenden Modulen könnten die Informationen der Bayes'schen Updates genutzt werden, um langfristig aus Bestandsdaten zu lernen. So könnten bspw. inverse effektive Carbonatisierungswiderstände mit Druckfestigkeiten korreliert werden, um Hypothesen wie in [230] zu prüfen und ggf. zu validieren. Bei der Bewertung der charakteristischen Druckfestigkeit anhand von Stichproben könnten die Einflüsse von Stichprobenumfang und Bauteilvolumen automatisch wie in [231] beschrieben berücksichtigt werden.

Zur Bewertung von Potenzialfeldern sollten sowohl absolute Werte als auch Potenzialgradienten berücksichtigt werden [51]. Durch das passende Modul könnten Gradienten automatisch berechnet und visualisiert werden, um die sachkundige Planung weiter zu unterstützen. Weiterhin könnte das Potenzialfeld genutzt werden, um die Bayes'schen Netze bzw. Schädigungsmodelle zu kalibrieren [232].

7 Zusammenfassung

In der vorliegenden Arbeit wurde ein Konzept zur Digitalisierung der Bauwerkserhaltung entwickelt, das auf den technischen Fortschritten der letzten Jahre aufbaut und eine modellzentrierte Arbeitsweise einleitet. Unter Verwendung der BIM-Methode wurden Daten aus Bauwerksdiagnosen und Punktwolken aus Laserscans hinsichtlich der Zustandserfassung von Bestandsbauten sowie der regelkonformen Instandsetzungsplanung ausgewertet und für bauteilspezifische Zuverlässigkeitsprognosen verwendet.

Für die entwickelten Methoden wird das Vorhandensein eines BIM-Modells bzw. einer für die nachträgliche Modellierung benötigten Punktwolke vorausgesetzt, sodass zunächst ein zusätzlicher Aufwand gegenüber herkömmlichen Instandhaltungskonzepten besteht. Um die Rentabilität der digitalisierten Arbeitsweise zu erhöhen bzw. den Nutzen von Punktwolken zu erweitern, wurde ein Algorithmus zur automatisierten Erfassung und Vermessung von Punktwolken hinsichtlich Betonabplatzungen entwickelt. Während gängige Methoden zur Differenzanalyse mehrere Punktwolken von vor und nach der Schadensbildung erfordern, wird für den entwickelten Ansatz lediglich eine einzelne Punktwolke nach Entstehung des Schadens benötigt.

Ergebnis der Schadstellenanalyse sind geometrische Angaben zu den Dimensionen des Schadens bzw. des kleinsten umschließenden Quaders sowie eine Datentabelle zum Import der Schadstelle inklusive der jeweiligen Eigenschaften ins BIM-Modell. Im betrachteten Beispiel konnte gezeigt werden, dass die Betrachtung der tatsächlichen Geometrien im Vergleich zum kleinsten umschließenden Quader je nach gewählter Toleranzgrenze zu bis zu 49,2 % kleineren Flächen und bis zu 81,1 % kleineren Volumina führen kann. Entsprechend ermöglicht das Verfahren die präzisere Kalkulation von Materialbedarfen und effiziente, objektive Schadstellenerfassungen bei schnittstellenoffener Dokumentation.

Für verschiedene Arten von bauwerksdiagnostischen Datensätzen wurden Skripte zur maschinenlesbaren Implementierung in BIM entwickelt. Auf Basis von offenen Datenformaten können die jeweiligen Informationen zu Carbonatisierungstiefen, Druck- und Zugfestigkeiten, tiefengestaffelten Chloridgehalten, Potenzialfeldmessungen, Betondeckungen, Rissbildern sowie zu Hohl- und Schadstellen mit minimiertem Aufwand in entsprechend erstellten BIM-Objekten IFC-kompatibel gespeichert werden. Dabei wurden sich aus der Praxis ergebende Randbedingungen wie bspw. das kontinuierliche Messen der Betondeckung um alle Seiten einer Stütze herum berücksichtigt, indem die lokalen Koordinatensysteme beim Erreichen der entsprechenden Punkte im Datensatz passend transformiert werden.

Zur Ermittlung und Prognose von Carbonatisierungstiefen und Chloridgehalten wurden anerkannte Schädigungsmodelle in der BIM-Umgebung als Bayes'sche Netze implementiert. Implementierte Diagnosedaten werden zur Kalibrierung der Modelle bzw. als Evidenzen für die Bayes'sche Inferenz genutzt. Während Bayes'sche Netze transparent und nachvollziehbar sind, verursachen sie vergleichsweise hohe Rechenzeiten. Um die Rechenzeiten zu minimieren und die Praktikablität der angereicherten BIM-Modelle zu maximieren, wurde die Bayes'sche Inferenz iterativ umgesetzt. Auf diese Weise konnten trotz Informationsmangel zu a-priori-Verteilungen der Modellparameter relativ präzise Vorhersagen auch bei einer geringen Anzahl an Klassen bei der Diskretisierung erreicht werden. Verglichen mit dem konventionellen Ansatz konnte somit die erforderliche Rechenzeit in den betrachteten Fällen um bis zu 99,7 % reduziert werden. Die Implementierung in BIM ermöglichte außerdem die Gegenüberstellung der modellierten Einwirkungen mit den tatsächlich vorliegenden Widerständen (Betondeckungen), sodass Zuverlässigkeiten und Versagenswahrscheinlichkeiten bauteilspezifisch bestimmt werden konnten.

Für ausgewählte Instandsetzungsverfahren wurden die Anwendungsbedingungen und Bemessungsregeln nach der Technischen Regel „Instandhaltung von Betonbauwerken“ (TR IH) über ein Skript zur Auswertung in der BIM-Umgebung implementiert. Auf diese Weise konnten für ausgewählte Bauteile Eignungsprüfungen und Bemessungen hinsichtlich der jeweiligen Verfahren automatisiert durchgeführt werden. Als Ergebnisse wurden Informationen zur Verfahrenseignung, zum erforderlichen Betonabtrag, zur erforderlichen Mindestdicke des Betonersatzsystems sowie zu dessen maximalen Größtkorn ausgegeben, als schnittstellenoffene Datensätze exportiert und in Datenträger-Objekten im BIM-Modell hinterlegt.

Die verschiedenen Betrachtungen erfolgten sowohl für die Gruppe der Bauteile, für die einzelnen Bauteile sowie, bei Stützen, für die Bauteilseiten für die Gegenwart, die nahe Zukunft (+ 5 a) sowie das Ende der Restnutzungsdauer. Bei Stützen erfolgte zudem eine Analyse der Betondeckungen im räumlichen Kontext, sodass Aussagen zu Neigung und Exzentrizität der Bewehrungskörbe getroffen werden können.

Die entwickelten Methoden wurden praxisnah an einem Reallabor angewandt und demonstriert. Dabei wurde neben verschiedenen Möglichkeiten der Visualisierung und Auswertung der Mehrwert von räumlich kontextualisierten Datensätzen diskutiert. Abbildung 7.1 zeigt die Prozessstufen der entwickelten Methode in der BIM-Umgebung durch den Übergang von der Punktwolke zum nachträglich modellierten as-built-Modell, zum as-is-Modell mit implementierten Diagnosedaten und schließlich zum mit Informationen zum zukünftigen Ist- bzw. Soll-Zustand angereicherten as-will-be-Modell.

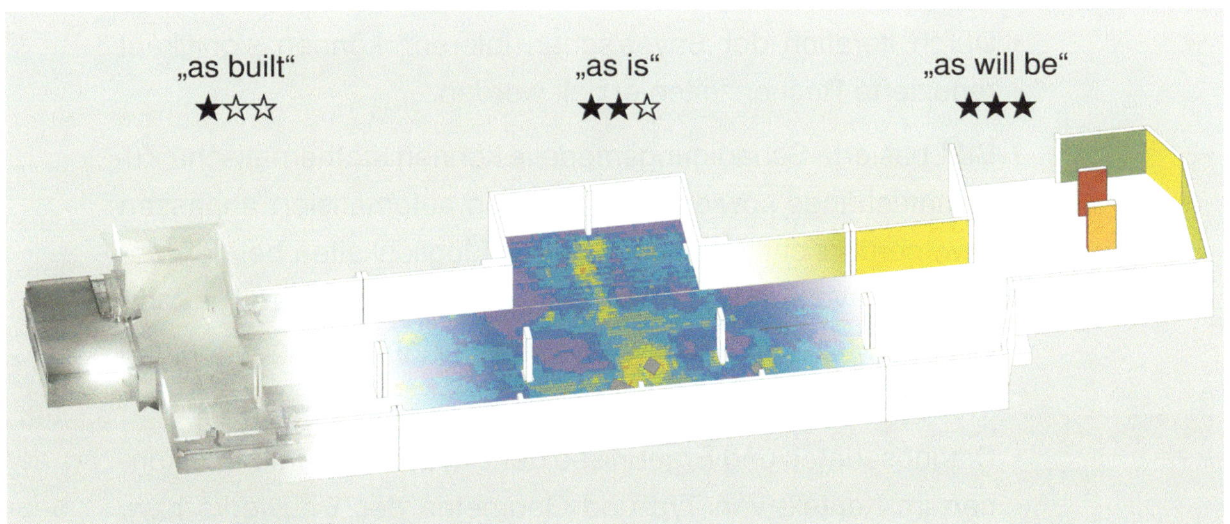

Abbildung 7.1: Visualisierung von BIM „as built“, „as is“ und „as will be“

7.1 Fazit

Zeitlich und räumlich aufgelöste Zustandsbewertungen und -prognosen über mit Diagnosedaten angereicherte BIM-Modelle können als Entscheidungshilfe bei der Instandsetzungsplanung genutzt werden. Nach der Erfassung des Ist-Zustandes eines Bestandsbauwerks kann dieser in einer BIM-Umgebung implementiert und interoperabel mit Regelwerken sowie Softwares für Punktwolkenauswertungen und Bayes'sche Statistik verknüpft werden. Auf diese Weise wird ein prädiktives BIM-Modell erstellt, das als vierdimensionales Entscheidungsunterstützungssystem bei der Instandhaltung dienen kann. Infolgedessen wird die BIM-Methode für die Bauwerkserhaltung erschlossen. Aus der vorliegenden Forschungsarbeit konnten verschiedene wissenschaftliche Erkenntnisse gewonnen und potenzielle Auswirkungen auf die Baupraxis abgeleitet werden.

Wissenschaftlicher Erkenntnisgewinn

- BIM kann für Reallabore als dreidimensionales Forschungsdatenmanagement genutzt werden. Bei entsprechender Implementierung entsprechen die Daten dabei den FAIR-Prinzipien und bleiben im BIM-Modell auffindbar („findable“), durch IFC-Kompatibilität langfristig zugänglich („accessible“), mit anderen Datensätzen kombinierbar („interoperable“) und analytisch wiederverwendbar („reusable“).
- Durch Iteration der Bayes'schen Inferenz können signifikant reduzierte Rechenzeiten erzielt werden.
- BIM-basierte Schädigungsmodelle können mathematische Zusammenhänge sowie Einflussgrößen automatisiert anpassen bzw. berücksichtigen, sodass neue Möglichkeiten bei der Modellierung von dauerhaftigkeitsrelevanten Prozessen für kombinierte Einwirkungen oder variierende Randbedingungen und Bauteilzustände entstehen.
- Diagnosedaten und Ergebnisse der Bayes'schen Inferenz können im Kontext von Typ und Geometrie des Bauwerks bzw. Bauteils in der BIM-Umgebung ausgewertet und auch aus dieser heraus exportiert werden. Bei entsprechender Handhabung könnten BIM-Modelle als SSoT die Grundlage für Data Mining bzw. Big Data im Bauwesen bilden und zukünftig zur Akquise von wertvollen Informationen zu Materialeigenschaften und baustofflichen Zusammenhängen beitragen.
- Die Automatisierung der Datenauswertung im räumlichen Kontext ermöglicht neue Betrachtungen und Analysen von größeren Datensätzen oder Korrelationen zwischen den unterschiedlichen Messgrößen. Neben den quantitativen Zusammenhängen können durch die Visualisierung auch qualitative Zusammenhänge wie bspw. zwischen Potenzialfeld und Hohlstellen in der BIM-Umgebung objektiv ausgewertet werden.
- Infolge der Modularität und Interoperabilität ist eine Anwendung der BIM-Methode für verschiedene weitere Problemstellungen und Forschungsvorhaben denkbar.

Auswirkungen auf die Baupraxis

- Durch die (semi-)automatisierte Implementierung von Daten der Bauwerksdiagnose kann ein BIM-Modell als digitales Bauwerksbuch genutzt werden. Informationen können somit zentral in digitaler Form gesammelt werden und schnittstellenoffen erhalten bleiben. BIM-visualisierte Diagnosedaten ermöglichen zudem räumliche Kontextualisierung sowie übersichtliche Darstellungen von großen Datenmengen.
- Die modellzentrierte Arbeitsweise in einer BIM-Umgebung ermöglicht die Automatisierung von statistischen Analysen und Gegenüberstellungen von ermittelten Ist-Zuständen mit Randbedingungen und Anforderungen gemäß aktueller Regelwerke. Dies ermöglicht die Verlagerung des Arbeitsschwerpunktes von Datenverwaltung zu -auswertung und -darstellung.
- Digitalisierte Arbeitsweisen führen zu Transparenz, Objektivität und Effizienz bei der Instandhaltung. Bauteilspezifische Betrachtungen können zu signifikanten Einsparungen beim Handlungsbedarf und somit zur Schonung von Ressourcen führen.
- Vollprobabilistische Schädigungsmodelle, die bislang zu komplex für die praktische Anwendung waren, können in BIM zur Instandsetzungsplanung genutzt werden.
- Verschiedene Arbeitsschritte im Rahmen der Bauwerkserhaltung, von der Zustandserfassung über die Planung zur Ausführung, können durch die BIM-Methode in Verbindung mit Laserscans und der AR-Technologie unterstützt und teilweise automatisiert werden.
- Über verschiedene Schnittstellen kann die Funktionalität von BIM erweitert werden. Interoperabilität und Automatisierung können zur Erhöhung der Rentabilität von BIM für Bestandsbauwerke führen. Die Berücksichtigung unternehmensspezifischer Anforderungen wie bspw. der Kopplung mit Software zur Angebotskalkulation ist möglich. Zukünftig könnte dadurch die BIM-Methode als praktikables Werkzeug für verschiedene Anwendungen über die Neubauplanung hinaus etabliert werden.

7.2 Ausblick

Zum derzeitigen Entwicklungsstand nutzt die erforschte Arbeitsweise proprietäre Software (Revit bzw. GeNIe). Zukünftig sollte die komplette Methodik als Open Source umgesetzt werden. Denkbar wäre die Verwendung von Programmen wie BlenderBIM oder IfcOpenShell.

Neben den betrachteten fünf Instandsetzungsverfahren sollten Entscheidungsbäume für weitere Verfahren entwickelt werden. Weiterhin wäre die Ausweitung der Funktionalität auf die Auswahl von Bauprodukten vorteilhaft für die praktische Anwendung. Kombiniert mit Datenbanken zur Ökobilanzierung könnten den verschiedenen Instandsetzungsstrategien somit Kosten, Ressourcenverbrauch und Emissionen zugewiesen werden. Hinsichtlich der Forderung nach bzw. Entwicklung von Smart Standards könnten zukünftige Regelwerke BIM-fähige Datensätze bzw. Skripte bereitstellen, um so die regelkonforme Planung zu unterstützen.

Zusätzlich zu den betrachteten Arten von Diagnosedaten könnten weitere Verfahren wie bspw. die Schadenserfassung mittels Thermografie [233] oder das Impuls-Echo-Verfahren zur Lokalisierung von Hohlstellen berücksichtigt werden. Langfristig sollten die Diagnosegeräte mit Robotik oder AR-Technologie kombiniert werden, um sowohl Erfassung als auch BIM-Implementierung der Daten weiter zu vereinfachen.

Langfristig ist zu erwarten, dass zunehmend BIM-Modelle für instandsetzungsbedürftige Gebäude vorliegen werden. Darüber hinaus werden bereits Digitale Zwillinge für Fertigbauteile entwickelt [234]. In diesem Sinne ist mit einem steigenden Bedarf an BIM-kompatiblen Methoden zur Instandhaltung zu rechnen.

Literaturverzeichnis

[1] H. Morgenstern und M. Raupach. „Digitalisierung in der Bauwerkserhaltung". In: *Beton* 12 (2021).

[2] H. Morgenstern und M. Raupach. „BIM-centred building diagnoses as a decision support tool for maintenance and repair". In: *e-Journal of Nondestructive Testing* (2022). DOI: https://doi.org/10.58286/27287.

[3] H. Morgenstern und M. Raupach. „Quantified point clouds and enriched BIM-Models for digitalised maintenance planning". In: *MATEC Web Conf.* 364 (2022). DOI: 10.1051/matecconf/202236405001.

[4] H. Morgenstern und M. Raupach. „A Novel Approach for Maintenance and Repair of Reinforced Concrete Using Building Information Modeling with Integrated Machine-Readable Diagnosis Data". In: *Construction Materials* 2.4 (2022), 314–327. DOI: 10.3390/constrmater2040020.

[5] H. Morgenstern und M. Raupach. „Predictive BIM with Integrated Bayesian Inference of Deterioration Models as a Four-Dimensional Decision Support Tool". In: *CivilEng* 4.1 (2023), 185–203. DOI: 10.3390/civileng4010012.

[6] ISO 16311-1. *Maintenance and repair of concrete structures - Part 1: General principles*. Beuth, Berlin. 2014.

[7] ISO 16311-2. *Maintenance and repair of concrete structures - Part 2: Assessment of existing concrete structures*. Beuth, Berlin. 2014.

[8] ISO 16204. *Durability - Service life design of concrete structures*. Beuth, Berlin. 2012.

[9] ISO 16311-3. *Maintenance and repair of concrete structures - Part 3: Design of repairs and prevention*. Beuth, Berlin. 2014.

[10] ISO 16311-4. *Maintenance and repair of concrete structures - Part 4: Execution of repairs and prevention*. Beuth, Berlin. 2014.

[11] DIN EN 1504-9. *Produkte und Systeme für den Schutz und die Instandsetzung von Betontragwerken - Definitionen, Anforderungen, Qualitätsüberwachung und Beurteilung der Konformität - Teil 9: Allgemeine Grundsätze für die Anwendung*

von Produkten und Systemen; Deutsche Fassung EN 1504-9:2008. Beuth, Berlin. 2008. DOI: https://dx.doi.org/10.31030/1471480.

[12] Deutsches Institut für Bautechnik (DIBt). *Muster-Verwaltungsvorschrift Technische Baubestimmungen (MVV TB)*. DIBt, Berlin. 2021.

[13] Deutsches Institut für Bautechnik (DIBt). *Technische Regel – Instandhaltung von Betonbauwerken (TR Instandhaltung) – Teil 1*. DIBt, Berlin. 2020.

[14] Deutsches Institut für Bautechnik (DIBt). *Technische Regel – Instandhaltung von Betonbauwerken (TR Instandhaltung) – Teil 2*. DIBt, Berlin. 2020.

[15] Deutscher Ausschuss für Stahlbeton e.V. (DAfStb). *Schutz und Instandsetzung von Betonbauteilen (Instandsetzungs-Richtlinie) – Teil 1: Allgemeine Regelungen und Planungsgrundsätze*. Beuth, Berlin. 2001.

[16] Deutscher Ausschuss für Stahlbeton e.V. (DAfStb). *Schutz und Instandsetzung von Betonbauteilen (Instandsetzungs-Richtlinie) – Teil 2: Bauprodukte und Anwendung*. Beuth, Berlin. 2001.

[17] Deutscher Ausschuss für Stahlbeton e.V. (DAfStb). *Schutz und Instandsetzung von Betonbauteilen (Instandsetzungs-Richtlinie) – Teil 3: Anforderungen an die Betriebe und Überwachung der Ausführung*. Beuth, Berlin. 2001.

[18] Deutscher Ausschuss für Stahlbeton e.V. (DAfStb). *Schutz und Instandsetzung von Betonbauteilen (Instandsetzungs-Richtlinie) – Teil 4: Prüfverfahren*. Beuth, Berlin. 2001.

[19] Deutscher Ausschuss für Stahlbeton e.V. (DAfStb). *Berichtigungen zur DAfStb-Richtlinie Schutz und Instandsetzung von Betonbauteilen*. Beuth, Berlin. 2002.

[20] Deutscher Ausschuss für Stahlbeton e.V. (DAfStb). *3. Berichtigung zur DAfStb-Richtlinie Schutz und Instandsetzung von Betonbauteilen*. Beuth, Berlin. 2014.

[21] Deutscher Ausschuss für Stahlbeton e.V. (DAfStb). *Anwendungshilfe zur Technischen Regel Instandhaltung von Betonbauwerken des DIBt (TR IH) in Verbindung mit der DAfStb Richtlinie Schutz und Instandsetzung von Betonbauteilen (RL SIB)*. Bd. 638. DAfStb-Heft. Beuth, Berlin, 2022.

[22] K. Bergmeister, F. Fingerloos und J.-D. Wörner. *BetonKalender 2022*. Bd. 111. Ernst & Sohn Verlag, 2022. DOI: 10.1002/9783433610879.

[23] DIN EN 14038-1. *Elektrochemische Realkalisierung und Chloridextraktionsbehandlungen für Stahlbeton - Teil 1: Realkalisierung*. Beuth, Berlin. 2016. DOI: https://dx.doi.org/10.31030/2352495.

[24] DIN EN 14038-2. *Elektrochemische Realkalisierung und Chloridextraktionsbehandlungen für Stahlbeton - Teil 2: Chloridextraktion*. Beuth, Berlin. 2020. DOI: https://dx.doi.org/10.31030/3168994.

[25] DIN EN ISO 12696. *Kathodischer Korrosionsschutz von Stahl in Beton*. Beuth, Berlin. 2022. DOI: https://dx.doi.org/10.31030/3333037.

[26] DIN 1076. *Ingenieurbauwerke im Zuge von Straßen und Wegen - Überwachung und Prüfung*. Beuth, Berlin. 1999. DOI: https://dx.doi.org/10.31030/8499929.

[27] Bundesanstalt für Wasserbau (BAW). *BAWMerkblatt – Bauwerksinspektion (MBI)*. BAW, Karlsruhe. 2010.

[28] Deutsche Gesellschaft für Zerstörungsfreie Prüfung e.V. (DGZfP). *Merkblatt B 03 – Elektrochemische Potentialmessungen zur Detektion von Bewehrungsstahlkorrosion*. DGZfP, Berlin. 2021.

[29] Deutsche Gesellschaft für Zerstörungsfreie Prüfung e.V. (DGZfP). *Merkblatt B 12 – Korrosionsmonitoring bei Stahl- und Spannbetonbauwerken*. DGZfP, Berlin. 2018.

[30] Deutsche Gesellschaft für Zerstörungsfreie Prüfung e.V. (DGZfP). *Merkblatt B 02 – Zerstörungsfreie Betondeckungsmessung und Bewehrungsortung an Stahl- und Spannbetonbauteilen*. DGZfP, Berlin. 2021.

[31] Deutscher Beton- und Bautechnik-Verein e.V. (DBV). *DBV-Merkblatt – Anwendung zerstörungsfreier Prüfverfahren im Bauwesen*. Berlin, 2014.

[32] Deutscher Beton- und Bautechnik-Verein e.V. (DBV). *DBV-Merkblatt – Betondeckung und Bewehrung nach Eurocode 2*. Berlin, 2011.

[33] W. Brameshuber u. a. „Messung der Betondeckung – Auswertung und Abnahme“. In: *Beton- und Stahlbetonbau* 99.3 (2004), 169–175. DOI: 10.1002/best.200490112.

[34] DIN EN 13791. *Bewertung der Druckfestigkeit von Beton in Bauwerken und in Bauwerksteilen*. Beuth, Berlin. 2020. DOI: https://dx.doi.org/10.31030/3049060.

[35] DIN EN 13791 / A20. *Bewertung der Druckfestigkeit von Beton in Bauwerken und in Bauwerksteilen*. Beuth, Berlin. 2022. DOI: https://dx.doi.org/10.31030/3334246.

[36] Fédération Internationale du Béton (fib). *Model Code for Service Life Design*. Bd. 34. fib Bulletins. fib, Lausanne (Schweiz), 2006. DOI: 10.35789/fib.BULL.0034.

[37] Fédération Internationale du Béton (fib). *fib Model Code for Concrete Structures 2010*. fib, Lausanne (Schweiz), 2013.

[38] S. Matthews u. a. „fib Model Code 2020: Towards a general code for both new and existing concrete structures“. In: *Structural Concrete* 19.4 (2018), 969–979. DOI: 10.1002/suco.201700198.

[39] N. Xiang u. a. „Modelling the electrical resistivity of concrete with varied water and chloride contents“. In: *Magazine of Concrete Research* 72.11 (2020), 552–563. DOI: 10.1680/jmacr.18.00198.

[40] W. Breit und C. Dauberschmidt. „Investigation on the effectiveness of the repair method 8.3 "Corrosion protection by increasing electrical resistivity" in chloride-containing concrete Part 1: Overview and recognition of Prof. Raupach's contribution“. In: *Materials and Corrosion-Werkstoffe Und Korrosion* 71.5 (2020), 696–706. DOI: 10.1002/maco.202011539.

[41] A. Celebi und W. Breit. „Investigation on the effectiveness of the repair method 8.3 "Corrosion protection by increasing the electrical resistivity" in chloride-containing concrete Part 2: Chloride redistribution in concrete after application of a system sealing surface protective coating“. In: *Materials and Corrosion* 71.5 (2020), 707–715. DOI: 10.1002/maco.202011545.

[42] F. Jacobs. „Dauerhaftigkeit von Beton im Bauteil“. In: *Beton- und Stahlbetonbau* 114.6 (2019), 383–391. DOI: 10.1002/best.201900003.

[43] S. Marx, J. Grünberg und G. Schacht. „Methoden zur Bewertung experimenteller Ergebnisse bei kleinem Stichprobenumfang“. In: *Beton- und Stahlbetonbau* (2018). DOI: 10.1002/best.201800080.

[44] K. Y. Ann und H.-W. Song. „Chloride threshold level for corrosion of steel in concrete“. In: *Corrosion Science* 49.11 (2007), 4113–4133. DOI: 10.1016/j.corsci.2007.05.007.

[45] M. Kosalla und M. Raupach. „Diagnosis of concrete structures: the influence of sampling parameters on the accuracy of chloride profiles“. In: *Materials and Structures* 51.3 (2018). DOI: 10.1617/s11527-018-1199-7.

[46] E. Helsing. „Redistribution of chlorides in concrete specimens occurring during storage“. In: *Materials and Structures* 54.3 (2021). DOI: 10.1617/s11527-021-01704-y.

[47] A. Taffe und B. Jungen. „Untersuchungen zur Genauigkeit von magnetisch induktiven Betondeckungsmessungen“. In: *Beton- und Stahlbetonbau* 111.8 (2016), 484–495. DOI: 10.1002/best.201600028.

[48] A. Taffe und S. Vonk. „Genauigkeit der Betondeckungsmessung und Grenzen der Detektion benachbarter Stäbe mit Radar“. In: *Beton- und Stahlbetonbau* 115.9 (2020), 642–652. DOI: 10.1002/best.202000025.

[49] J. Lachowicz und M. Rucka. „3-D finite-difference time-domain modelling of ground penetrating radar for identification of rebars in complex reinforced concrete structures“. In: *Archives of Civil and Mechanical Engineering* 18.4 (2018), 1228–1240. DOI: 10.1016/j.acme.2018.01.010.

[50] U. Angst und M. Büchler. „A new perspective on measuring the corrosion rate of localized corrosion“. In: *Materials and Corrosion* 71.5 (2020), 808–823. DOI: 10.1002/maco.201911467.

[51] S. Lay u. a. „Lebensdauerbemessung. Baustein für die Instandsetzungsplanung am Beispiel eines Parkhauses“. In: *Beton- und Stahlbetonbau* 103.3 (2008), 163–174. DOI: 10.1002/best.200700604.

[52] K. Reichling und M. Raupach. „Neue innovative Diagnoseverfahren zur Dauerhaftigkeitsbewertung von Stahlbetonbauteilen“. In: *Bautechnik* 90.11 (2013), 715–720. DOI: 10.1002/bate.201300038.

[53] S. Keßler, L. P. Emmenegger und A. A. Sagüés. „Korrosionsdetektion an Stahlbetonbauwerken: konventionell und innovativ“. In: *Bautechnik* 97.1 (2019), 11–20. DOI: 10.1002/bate.201900069.

[54] K. Reichling u. a. „Full surface inspection methods regarding reinforcement corrosion of concrete structures“. In: *Materials and Corrosion* 64.2 (2013), 116–127. DOI: 10.1002/maco.201206625.

[55] A. Mohan und S. Poobal. „Crack detection using image processing: A critical review and analysis“. In: *Alexandria Engineering Journal* 57.2 (2018), 787–798. DOI: 10.1016/j.aej.2017.01.020.

[56] M. Vogel, E. Kotan und H. S. Müller. „Zerstörungsfreie Untersuchung von Beton mittels Impuls-Echo-Methode - Möglichkeiten und Grenzen“. In: *Bautechnik* 95.2 (2018), 148–156. DOI: 10.1002/bate.201700075.

[57] A. Walther und H. Eisenkrein-Kreksch. „Entwicklungsstand neuer zerstörungsfreier Messmethoden in der Bauwerksuntersuchung“. In: *Bautechnik* 96.9 (2019), 702–709. DOI: 10.1002/bate.201900057.

[58] R. Moryson und H.-G. Herrmann. „BetoScan 2.0 – Werkzeug für die proaktive Lebenszyklusbetrachtung“. In: *Bautechnik* 94.10 (2017), 730–735.

[59] V. Villa u. a. „IoT Open-Source Architecture for the Maintenance of Building Facilities“. In: *Applied Sciences* 11.12 (2021). DOI: 10.3390/app11125374.

[60] F. Wedel und S. Marx. „Prognose von Messdaten beim Bauwerksmonitoring mithilfe von Machine Learning“. In: *Bautechnik* 97.12 (2020), 836–845.

[61] Y. Wang u. a. „Electrical Resistance to Monitor Carbonation and Chloride Ingress“. In: *ACI Materials Journal* 116.5 (2019). DOI: 10.14359/51716834.

[62] A. Holst, H. Budelmann und H.-J. Wichmann. „Korrosionsmonitoring von Stahlbetonbauwerken als Element des Lebensdauermanagements“. In: *Beton- und Stahlbetonbau* 105.12 (2010), 536–549. DOI: 10.1002/best.201000066.

[63] I. Dreßler, H.-J. Wichmann und H. Budelmann. „Korrosionsmonitoring von Stahlbetonbauwerken mit einem funkbasierten Drahtsensor“. In: *Bautechnik* 92.10 (2015), 683–687. DOI: 10.1002/bate.201500051.

[64] F. Hiemer u. a. „Monitoring von Bewehrungskorrosion in Rissbereichen von Stahlbetonbauwerken“. In: *Bautechnik* Ernst & Sohn Special: Messtechnik im Bauwesen (2018), 35–43.

[65] C. Driessen-Ohlenforst. „SMART-DECK: Multifunctional carbon-reinforced concrete interlayer for bridges“. In: *Materials and Corrosion* 71.5 (2020), 786–796. DOI: 10.1002/maco.202011540.

[66] P. Haardt u. a. „Die intelligente Brücke im digitalen Testfeld Autobahn“. In: *Bautechnik* 94.7 (2017), 438–444. DOI: 10.1002/bate.201700035.

[67] H. Begić und M. Galić. „A Systematic Review of Construction 4.0 in the Context of the BIM 4.0 Premise“. In: *Buildings* 11.8 (2021). DOI: 10.3390/buildings11080337.

[68] H. S. Müller und E. Bohner. „Rissbildung infolge Bewehrungskorrosion“. In: *Beton- und Stahlbetonbau* 107.2 (2012), 68–78. DOI: 10.1002/best.201100077.

[69] M. Raupach, G. Weizhong und J. Wei-Liang. „Korrosionsprodukte und deren Volumenfaktor bei der Korrosion von Stahl in Beton“. In: *Beton- und Stahlbetonbau* 105.9 (2010), 572–578. DOI: 10.1002/best.201000036.

[70] A. Rahimi u. a. „Approaches for Modelling the Residual Service Life of Marine Concrete Structures“. In: *International Journal of Corrosion* 2014 (2014), 1–11. DOI: 10.1155/2014/432472.

[71] F. Fingerloos und C. Gehlen. „Was bedeutet die „geplante Nutzungsdauer“ im Konzept der Dauerhaftigkeitsbemessung bei Parkbauten?“ In: *Beton- und Stahlbetonbau* 115.4 (2020), 312–323.

[72] T. de Larrard u. a. „Effects of climate variations and global warming on the durability of RC structures subjected to carbonation“. In: *Civil Engineering and Environmental Systems* 31.2 (2014), 153–164. DOI: 10.1080/10286608.2014.913033.

[73] S. O. Ekolu. „Implications of global CO2 emissions on natural carbonation and service lifespan of concrete infrastructures – Reliability analysis“. In: *Cement and Concrete Composites* 114 (2020). DOI: 10.1016/j.cemconcomp.2020.103744.

[74] C. Gehlen. *Probabilistische Lebensdauerbemessung von Stahlbetonbauwerken.* DAfStb-Heft 510. Beuth, 2000. DOI: https://dx.doi.org/10.2366/40317142.

[75] V.-L. Ta u. a. „A new meta-model to calculate carbonation front depth within concrete structures“. In: *Construction and Building Materials* 129 (2016), 172–181. DOI: 10.1016/j.conbuildmat.2016.10.103.

[76] J. Xia u. a. „Corrosion prediction models for steel bars in chloride-contaminated concrete: a review“. In: *Magazine of Concrete Research* 74.3 (2022), 123–142. DOI: 10.1680/jmacr.20.00106.

[77] A. S. Al-Ameeri, M. I. Rafiq und O. Tsioulou. „Combined impact of carbonation and crack width on the Chloride Penetration and Corrosion Resistance of Concrete Structures“. In: *Cement and Concrete Composites* 115 (2021). DOI: 10.1016/j.cemconcomp.2020.103819.

[78] X. Zhu u. a. „Combined effect of carbonation and chloride ingress in concrete“. In: *Construction and Building Materials* 110 (2016), 369–380. DOI: 10.1016/j.conbuildmat.2016.02.034.

[79] X. Zhu u. a. „Probabilistic analysis of reinforcement corrosion due to the combined action of carbonation and chloride ingress in concrete“. In: *Construction and Building Materials* 124 (2016), 667–680. DOI: 10.1016/j.conbuildmat.2016.07.120.

[80] E. Bastidas-Arteaga u. a. „Probabilistic lifetime assessment of RC structures under coupled corrosion–fatigue deterioration processes“. In: *Structural Safety* 31.1 (2009), 84–96. DOI: 10.1016/j.strusafe.2008.04.001.

[81] M. Fenaux u. a. „Modelling the transport of chloride and other ions in cement-based materials“. In: *Cement and Concrete Composites* 97 (2019), 33–42. DOI: 10.1016/j.cemconcomp.2018.12.009.

[82] P. Faustino u. a. „Lifetime modelling of chloride-induced corrosion in concrete structures with Portland and blended cements“. In: *Structure and Infrastructure Engineering* 12.9 (2016), 1013–1023. DOI: 10.1080/15732479.2015.1076487.

[83] E. Possan u. a. „Model to Estimate Concrete Carbonation Depth and Service Life Prediction“. In: *Hygrothermal Behaviour and Building Pathologies*. Building Pathology and Rehabilitation. 2021. Kap. Chapter 4, 67–97. DOI: 10.1007/978-3-030-50998-9_4.

[84] L. Caneda-Martínez u. a. „Durability of eco-efficient binary cement mortars based on ichu ash: Effect on carbonation and chloride resistance“. In: *Cement and Concrete Composites* 131 (2022). DOI: 10.1016/j.cemconcomp.2022.104608.

[85] M. Serdar u. a. „Corrosion behaviour of steel in mortar with wood biomass ash". In: *Materials and Corrosion* 71.5 (2020), 767–776. DOI: 10.1002/maco.202011546.

[86] R. Achenbach u. a. „Dauerhaftigkeitseigenschaften von alternativen Bindemitteln". In: *Beton- und Stahlbetonbau* 116.10 (2021), 775–785. DOI: 10.1002/best.202100056.

[87] P. S. Mangat, O. O. Ojedokun und P. Lambert. „Chloride-initiated corrosion in alkali activated reinforced concrete". In: *Cement and Concrete Composites* 115 (2021). DOI: 10.1016/j.cemconcomp.2020.103823.

[88] M. Akiyama, D. M. Frangopol und M. Suzuki. „Integration of the effects of airborne chlorides into reliability-based durability design of reinforced concrete structures in a marine environment". In: *Structure and Infrastructure Engineering* 8.2 (2012), 125–134. DOI: 10.1080/15732470903363313.

[89] Y. Guo u. a. „Evaluating the chloride diffusion coefficient of cement mortars based on the tortuosity of pore structurally-designed cement pastes". In: *Microporous and Mesoporous Materials* 317 (2021). DOI: 10.1016/j.micromeso.2021.111018.

[90] M. Shafikhani und S. E. Chidiac. „A holistic model for cement paste and concrete chloride diffusion coefficient". In: *Cement and Concrete Research* 133 (2020). DOI: 10.1016/j.cemconres.2020.106049.

[91] C. Fu, Y. Ling und K. Wang. „An innovation study on chloride and oxygen diffusions in simulated interfacial transition zone of cementitious material". In: *Cement and Concrete Composites* 110 (2020). DOI: 10.1016/j.cemconcomp.2020.103585.

[92] S. Mundra u. a. „Modelling chloride transport in alkali-activated slags". In: *Cement and Concrete Research* 130 (2020). DOI: 10.1016/j.cemconres.2020.106011.

[93] H. Beushausen, R. Torrent und M. G. Alexander. „Performance-based approaches for concrete durability: State of the art and future research needs". In: *Cement and Concrete Research* 119 (2019), 11–20. DOI: 10.1016/j.cemconres.2019.01.003.

[94] S. von Greve-Dierfeld und C. Gehlen. „Performance based durability design, carbonation part 1 - Benchmarking of European present design rules". In: *Structural Concrete* 17.3 (2016), 309–328. DOI: 10.1002/suco.201600066.

[95] S. von Greve-Dierfeld und C. Gehlen. „Performance-based durability design, carbonation, part 3: PSF approach and a proposal for the revision of deemed-

to-satisfy rules“. In: *Structural Concrete* 17.5 (2016), 718–728. DOI: 10.1002/suco.201600085.

[96] A. Rahimi. „Semiprobabilistisches Nachweiskonzept zur Dauerhaftigkeitsbemessung und -bewertung von Stahlbetonbauteilen unter Chlorideinwirkung“. Thesis. 2016.

[97] R. Neves, F. A. Branco und J. de Brito. „A method for the use of accelerated carbonation tests in durability design“. In: *Construction and Building Materials* 36 (2012), 585–591. DOI: 10.1016/j.conbuildmat.2012.06.028.

[98] A. Baumgartner u. a. „Veränderung der mechanischen Kenngrößen von Betonstabstählen durch chloridinduzierte Korrosion“. In: *Beton- und Stahlbetonbau* 114.6 (2019), 409–418. DOI: 10.1002/best.201900009.

[99] Z.-H. Lu u. a. „Effect of chloride-induced corrosion on the bond behaviors between steel strands and concrete“. In: *Materials and Structures* 54.3 (2021). DOI: 10.1617/s11527-021-01724-8.

[100] A. Poonguzhali u. a. „A Review on Degradation Mechanism and Life Estimation of Civil Structures“. In: *Corrosion Reviews* 26.4 (2008). DOI: 10.1515/corrrev.2008.215.

[101] U. M. Angst u. a. „The effect of the steel–concrete interface on chloride-induced corrosion initiation in concrete: a critical review by RILEM TC 262-SCI“. In: *Materials and Structures* 52.4 (2019). DOI: 10.1617/s11527-019-1387-0.

[102] J. Harnisch und M. Raupach. „Untersuchungen zum kritischen korrosionsauslösenden Chloridgehalt unter Berücksichtigung der Kontaktzone zwischen Stahl und Beton“. In: *Beton- und Stahlbetonbau* 106.5 (2011), 299–307. DOI: 10.1002/best.201100008.

[103] U. Angst u. a. „Critical chloride content in reinforced concrete — A review“. In: *Cement and Concrete Research* 39.12 (2009), 1122–1138. DOI: 10.1016/j.cemconres.2009.08.006.

[104] G. Ebell u. a. „Untersuchungen zum korrosionsauslösenden Chloridgehalt an nicht rostendem ferritischem Betonstahl in Mörtel“. In: *Bautechnik* 97.1 (2019), 21–31. DOI: 10.1002/bate.201900077.

[105] C. Li und K. Xiao. „Chloride threshold, modelling of corrosion rate and pore structure of concrete with metakaolin addition“. In: *Construction and Building Materials* 305 (2021). DOI: 10.1016/j.conbuildmat.2021.124666.

[106] G. J. G. Gluth u. a. „Chloride-induced steel corrosion in alkali-activated fly ash mortar: Increased propensity for corrosion initiation at defects“. In: *Materials and Corrosion* 71.5 (2020), 749–758. DOI: 10.1002/maco.202011541.

[107] C. Boschmann Käthler und U. M. Angst. „Der kritische Chloridgehalt – Bestimmung am Bauwerk und Einfluss auf die Lebensdauer“. In: *Bautechnik* 97.1 (2020), 41–47.

[108] M. Decker u. a. „Chloride migration measurement for chloride and sulfide contaminated concrete“. In: *Materials and Structures* 53.4 (2020). DOI: 10.1617/s11527-020-01526-4.

[109] M. G. Grantham, J. Gulikers und C. Mircea. „Predicting residual service life of concrete infrastructure: a considerably controversial subject“. In: *MATEC Web of Conferences* 289 (2019). DOI: 10.1051/matecconf/201928908002.

[110] J. Schneider. *Sicherheit und Zuverlässigkeit im Bauwesen - Grundwissen für Ingenieure*. 2007.

[111] S. M. Easa und W. Y. Yan. „Performance-Based Analysis in Civil Engineering: Overview of Applications“. In: *Infrastructures* 4.2 (2019). DOI: 10.3390/infrastructures4020028.

[112] R. Schneider u. a. „Assessing and updating the reliability of concrete bridges subjected to spatial deterioration - principles and software implementation“. In: *Structural Concrete* 16.3 (2015), 356–365. DOI: 10.1002/suco.201500014.

[113] N. C. Samtani und J. M. Kulicki. „Reliability Evaluation of Concrete Cover for Buried Structures from Chloride-Induced Corrosion Perspective“. In: *Journal of Bridge Engineering* 25.8 (2020). DOI: 10.1061/(asce)be.1943-5592.0001572.

[114] M. Alexander und H. Beushausen. „Durability, service life prediction, and modelling for reinforced concrete structures – review and critique“. In: *Cement and Concrete Research* 122 (2019), 17–29. DOI: 10.1016/j.cemconres.2019.04.018.

[115] S. Muin und K. M. Mosalam. „Structural Health Monitoring Using Machine Learning and Cumulative Absolute Velocity Features“. In: *Applied Sciences* 11.12 (2021). DOI: 10.3390/app11125727.

[116] W. Gao, X. Chen und D. Chen. „Genetic programming approach for predicting service life of tunnel structures subject to chloride-induced corrosion“. In: *J Adv Res* 20 (2019), 141–152. DOI: 10.1016/j.jare.2019.07.001.

[117] A. Adadi und M. Berrada. „Peeking Inside the Black-Box: A Survey on Explainable Artificial Intelligence (XAI)“. In: *IEEE Access* 6 (2018), 52138–52160. DOI: 10.1109/access.2018.2870052.

[118] O. Fink u. a. „Potential, challenges and future directions for deep learning in prognostics and health management applications“. In: *Engineering Applications*

of Artificial Intelligence 92 (2020). DOI: 10.1016/j.engappai.2020.103678.

[119] L. Sun u. a. „Review of Bridge Structural Health Monitoring Aided by Big Data and Artificial Intelligence: From Condition Assessment to Damage Detection". In: *Journal of Structural Engineering* 146.5 (2020). DOI: 10.1061/(asce)st.1943-541x.0002535.

[120] Z. Ghahramani. „Probabilistic machine learning and artificial intelligence". In: *Nature* 521.7553 (2015), 452–9. DOI: 10.1038/nature14541. URL: https://www.ncbi.nlm.nih.gov/pubmed/26017444.

[121] A. Pradhan u. a. „Approximate Bayesian inference of seismic velocity and pore-pressure uncertainty with basin modeling, rock physics, and imaging constraints". In: *Geophysics* 85.5 (2020), ID19–ID34. DOI: 10.1190/geo2019-0767.1.

[122] Y. Cui u. a. „Bayesian Calibration for Office-Building Heating and Cooling Energy Prediction Model". In: *Buildings* 12.7 (2022). DOI: 10.3390/buildings12071052.

[123] M. A. Ashtari u. a. „Cost Overrun Risk Assessment and Prediction in Construction Projects: A Bayesian Network Classifier Approach". In: *Buildings* 12.10 (2022). DOI: 10.3390/buildings12101660.

[124] H. Jung, S.-B. Im und Y.-K. An. „Probability-Based Concrete Carbonation Prediction Using On-Site Data". In: *Applied Sciences* 10.12 (2020). DOI: 10.3390/app10124330.

[125] J. Hackl und J. Kohler. „Reliability assessment of deteriorating reinforced concrete structures by representing the coupled effect of corrosion initiation and progression by Bayesian networks". In: *Structural Safety* 62 (2016), 12–23. DOI: 10.1016/j.strusafe.2016.05.005.

[126] D. Straub und I. Papaioannou. „Bayesian Updating with Structural Reliability Methods". In: *Journal of Engineering Mechanics* 141.3 (2015). DOI: 10.1061/(asce)em.1943-7889.0000839.

[127] T. Büchter u. a. „How to Train Novices in Bayesian Reasoning". In: *Mathematics* 10.9 (2022). DOI: 10.3390/math10091558.

[128] K. Lange Tatjana; Mosler. *Statistik kompakt*. Springer-Lehrbuch. Berlin, Heidelberg: Springer Berlin Heidelberg, 2017. DOI: 10.1007/978-3-662-53467-0.

[129] A. Rooch. *Statistik für Ingenieure*. Springer-Lehrbuch. 2014. DOI: 10.1007/978-3-642-54857-4.

[130] D. Straub, I. Papaioannou und W. Betz. „Bayesian analysis of rare events“. In: *Journal of Computational Physics* 314 (2016), 538–556. DOI: 10.1016/j.jcp.2016.03.018.

[131] B. Cai u. a. „Application of Bayesian Networks in Reliability Evaluation“. In: *IEEE Transactions on Industrial Informatics* 15.4 (2019), 2146–2157. DOI: 10.1109/tii.2018.2858281.

[132] D. Straub. „Stochastic Modeling of Deterioration Processes through Dynamic Bayesian Networks“. In: *Journal of Engineering Mechanics* 135.10 (2009), 1089–1099. DOI: 10.1061/(asce)em.1943-7889.0000024.

[133] J. L. Beck und S.-K. Au. „Bayesian Updating of Structural Models and Reliability using Markov Chain Monte Carlo Simulation“. In: *Journal of Engineering Mechanics* 128.4 (2002), 380–391. DOI: 10.1061/(asce)0733-9399(2002)128:4(380).

[134] H.-G. Oltmanns, H. Oltmanns und A. Dirks. „BIM-Modelle und die Bearbeitung durch Prüfingenieure“. In: *Bautechnik* 96.3 (2019), 250–258. DOI: 10.1002/bate.201900005.

[135] X. Liu u. a. „Building information modeling indoor path planning: A lightweight approach for complex BIM building“. In: *Computer Animation and Virtual Worlds* 32.3-4 (2021). DOI: 10.1002/cav.2014.

[136] X. Zhou u. a. „Accurate and Efficient Indoor Pathfinding Based on Building Information Modeling Data“. In: *IEEE Transactions on Industrial Informatics* 16.12 (2020), 7459–7468. DOI: 10.1109/tii.2020.2974252.

[137] C. Follini u. a. „BIM-Integrated Collaborative Robotics for Application in Building Construction and Maintenance“. In: *Robotics* 10.1 (2020). DOI: 10.3390/robotics10010002.

[138] Y. Lee, I. Kim und J. Choi. „Development of BIM-Based Risk Rating Estimation Automation and a Design-for-Safety Review System“. In: *Applied Sciences* 10.11 (2020). DOI: 10.3390/app10113902.

[139] I. Kim, Y. Lee und J. Choi. „BIM-based Hazard Recognition and Evaluation Methodology for Automating Construction Site Risk Assessment“. In: *Applied Sciences* 10.7 (2020). DOI: 10.3390/app10072335.

[140] A. Z. Sampaio, G. B. Constantino und N. M. Almeida. „8D BIM Model in Urban Rehabilitation Projects: Enhanced Occupational Safety for Temporary Construction Works“. In: *Applied Sciences* 12.20 (2022). DOI: 10.3390/app122010577.

[141] Q. Tang u. a. „Design and Application of Risk Early Warning System for Subway Station Construction Based on Building Information Modeling Real-Time

Model“. In: *Advances in Civil Engineering* 2021 (2021), 1–12. DOI: 10.1155/2021/8898893.

[142] B. Daniotti u. a. „The Development of a BIM-Based Interoperable Toolkit for Efficient Renovation in Buildings: From BIM to Digital Twin“. In: *Buildings* 12.2 (2022). DOI: 10.3390/buildings12020231.

[143] G. Vollmann u. a. „Use of BIM for the optimized operation of road tunnels: Modelling approach, information requirements, and exemplary implementation“. In: *Geomechanics and Tunnelling* 15.2 (2022), 167–174. DOI: 10.1002/geot.202100074.

[144] Y. Cao, S. N. Kamaruzzaman und N. M. Aziz. „Building Information Modeling (BIM) Capabilities in the Operation and Maintenance Phase of Green Buildings: A Systematic Review“. In: *Buildings* 12.6 (2022). DOI: 10.3390/buildings12060830.

[145] G. Del Duca u. a. „A Preliminary Contribution towards a Risk-Based Model for Flood Management Planning Using BIM: A Case Study of Lisbon“. In: *Sensors (Basel)* 22.19 (2022). DOI: 10.3390/s22197456.

[146] A. Naneva u. a. „Integrated BIM-Based LCA for the Entire Building Process Using an Existing Structure for Cost Estimation in the Swiss Context“. In: *Sustainability* 12.9 (2020). DOI: 10.3390/su12093748.

[147] S. Lee u. a. „Development of Building Information Modeling Template for Environmental Impact Assessment“. In: *Sustainability* 13.6 (2021). DOI: 10.3390/su13063092.

[148] T. Potrč Obrecht u. a. „BIM and LCA Integration: A Systematic Literature Review“. In: *Sustainability* 12.14 (2020). DOI: 10.3390/su12145534.

[149] E. Alasmari, P. Martinez-Vazquez und C. Baniotopoulos. „A Systematic Literature Review of the Adoption of Building Information Modelling (BIM) on Life Cycle Cost (LCC)“. In: *Buildings* 12.11 (2022). DOI: 10.3390/buildings12111829.

[150] J. P. Carvalho, L. Bragança und R. Mateus. „A Systematic Review of the Role of BIM in Building Sustainability Assessment Methods“. In: *Applied Sciences* 10.13 (2020). DOI: 10.3390/app10134444.

[151] A. Leśniak, M. Górka und I. Skrzypczak. „Barriers to BIM Implementation in Architecture, Construction, and Engineering Projects—The Polish Study“. In: *Energies* 14.8 (2021). DOI: 10.3390/en14082090.

[152] N. Lasarte u. a. „Challenges for Digitalisation in Building Renovation to Enhance the Efficiency of the Process: A Spanish Case Study“. In: *Sustainability* 13.21 (2021). DOI: 10.3390/su132112139.

[153] Elagiry u. a. „BIM4Ren: Barriers to BIM Implementation in Renovation Processes in the Italian Market". In: *Buildings* 9.9 (2019). DOI: 10.3390/buildings9090200.

[154] A. Yang u. a. „Adopting Building Information Modeling (BIM) for the Development of Smart Buildings: A Review of Enabling Applications and Challenges". In: *Advances in Civil Engineering* 2021 (2021), 1–26. DOI: 10.1155/2021/8811476.

[155] Q. Wen und R.-G. Zhu. „Automatic Generation of 3D Building Models Based on Line Segment Vectorization". In: *Mathematical Problems in Engineering* 2020 (2020), 1–16. DOI: 10.1155/2020/8360706.

[156] S. Brell-Cokcan u. a. „BIM – Towards the entire lifecycle". In: *International Journal of Sustainable Development and Planning* 13.01 (2018), 84–95. DOI: 10.2495/sdp-v13-n1-84-95.

[157] N. Hallermann u. a. „UAS-basierte Diagnostik von Infrastrukturbauwerken". In: *Bautechnik* 95.10 (2018), 720–726. DOI: 10.1002/bate.201800066.

[158] J. H. Lee, J. J. Park und H. Yoon. „Automatic Bridge Design Parameter Extraction for Scan-to-BIM". In: *Applied Sciences* 10.20 (2020). DOI: 10.3390/app10207346.

[159] M. Bassier, M. Vergauwen und F. Poux. „Point Cloud vs. Mesh Features for Building Interior Classification". In: *Remote Sensing* 12.14 (2020). DOI: 10.3390/rs12142224.

[160] M. Bassier und M. Vergauwen. „Topology Reconstruction of BIM Wall Objects from Point Cloud Data". In: *Remote Sensing* 12.11 (2020). DOI: 10.3390/rs12111800.

[161] T. Birdal u. a. „Generic Primitive Detection in Point Clouds Using Novel Minimal Quadric Fits". In: *IEEE Trans Pattern Anal Mach Intell* 42.6 (2020), 1333–1347. DOI: 10.1109/TPAMI.2019.2900309.

[162] C. Tommasi, C. Achille und F. Fassi. „From Point Cloud to Bim: A Modelling Challenge in the Cultural Heritage Field". In: *The International Archives of the Photogrammetry, Remote Sensing and Spatial Information Sciences* XLI-B5 (2016), 429–436. DOI: 10.5194/isprs-archives-XLI-B5-429-2016.

[163] M. Andriasyan u. a. „From Point Cloud Data to Building Information Modelling: An Automatic Parametric Workflow for Heritage". In: *Remote Sensing* 12.7 (2020). DOI: 10.3390/rs12071094.

[164] J. Bednorz u. a. „Methoden zur Generierung von As-Built-Modellen für Bestandsbrücken". In: *Bautechnik* 97.4 (2020), 286–294.

[165] J. Blankenbach. „Bauaufnahme, Gebäudeerfassung und BIM“. In: *Ingenieurgeodäsie*. Springer Reference Naturwissenschaften. 2017. Kap. Chapter 36, 23–53. DOI: 10.1007/978-3-662-47188-3_36.

[166] J. Blankenbach. „Building Surveying for As-Built Modeling“. In: Springer International Publishing, 2018, 393–411. DOI: 10.1007/978-3-319-92862-3_24.

[167] D. Isailović u. a. „Bridge damage: Detection, IFC-based semantic enrichment and visualization“. In: *Automation in Construction* 112 (2020). DOI: 10.1016/j.autcon.2020.103088.

[168] C. Coupry u. a. „BIM-Based Digital Twin and XR Devices to Improve Maintenance Procedures in Smart Buildings: A Literature Review“. In: *Applied Sciences* 11.15 (2021). DOI: 10.3390/app11156810.

[169] L. Hou u. a. „Literature Review of Digital Twins Applications in Construction Workforce Safety“. In: *Applied Sciences* 11.1 (2020). DOI: 10.3390/app11010339.

[170] Deutscher Beton- und Bautechnik-Verein e.V. (DBV). *Digitaler Zwilling - Strategie für den Bestandserhalt*. Bd. 51. DBV-Heft. 2021.

[171] J. C. Camposano, K. Smolander und T. Ruippo. „Seven Metaphors to Understand Digital Twins of Built Assets“. In: *IEEE Access* 9 (2021), 27167–27181. DOI: 10.1109/access.2021.3058009.

[172] T. Salem und M. Dragomir. „Options for and Challenges of Employing Digital Twins in Construction Management“. In: *Applied Sciences* 12.6 (2022). DOI: 10.3390/app12062928.

[173] S. Kaewunruen u. a. „Digital Twins for Managing Railway Bridge Maintenance, Resilience, and Climate Change Adaptation“. In: *Sensors* 23.1 (2022). DOI: 10.3390/s23010252.

[174] M. Nour El-Din u. a. „Digital Twins for Construction Assets Using BIM Standard Specifications“. In: *Buildings* 12.12 (2022). DOI: 10.3390/buildings12122155.

[175] R. Hartung u. a. „Konzept zur BIM-basierten Instandhaltung von Ingenieurbauwerken mit Monitoringsystemen“. In: *Bautechnik* 97.12 (2020), 826–835. DOI: 10.1002/bate.202000095.

[176] H. Naraniecki u. a. „Zustandsprognose von Ingenieurbauwerken auf Basis von digitalen Zwillingen und Bestandsdaten“. In: *Bautechnik* 99.3 (2022), 173–181. DOI: 10.1002/bate.202100100.

[177] M. Grabe u. a. „smartBridge Hamburg – prototypische Pilotierung eines digitalen Zwillings“. In: *Bautechnik* 97.2 (2020), 118–125. DOI: 10.1002/bate.201900108.

[178] F. Wedel u. a. „Das 3-D-Modell als Grundlage des digitalen Zwillings“. In: *Bautechnik* 99.2 (2022), 104–113. DOI: 10.1002/bate.202100092.

[179] M. Herbrand u. a. „Aggregation von Zustandsindikatoren aus Inspektions- und Monitoringdaten im Brückenbau“. In: *Bautechnik* 99.2 (2022), 95–103. DOI: 10.1002/bate.202100095.

[180] M. Herbrand u. a. „Beurteilung der Bauwerkszuverlässigkeit durch Bauwerksmonitoring“. In: *Bautechnik* 98.2 (2021), 93–104. DOI: 10.1002/bate.202000094.

[181] S. T. Shams Abadi u. a. „BIM-Based Co-Simulation of Fire and Occupants' Behavior for Safe Construction Rehabilitation Planning“. In: *Fire* 4.4 (2021). DOI: 10.3390/fire4040067.

[182] P. Hagedorn u. a. „Toolchains for Interoperable BIM Workflows in a Web-Based Integration Platform“. In: *Applied Sciences* 12.12 (2022). DOI: 10.3390/app12125959.

[183] J. Gantner u. a. „Ökobau.dat 3.0–Quo Vadis?“ In: *Buildings* 8.9 (2018). DOI: 10.3390/buildings8090129.

[184] S. Theißen u. a. „Using Open BIM and IFC to Enable a Comprehensive Consideration of Building Services within a Whole-Building LCA“. In: *Sustainability* 12.14 (2020). DOI: 10.3390/su12145644.

[185] C. I. De Gaetani, M. Mert und F. Migliaccio. „Interoperability Analyses of BIM Platforms for Construction Management“. In: *Applied Sciences* 10.13 (2020). DOI: 10.3390/app10134437.

[186] L. Duarte-Vidal u. a. „Interoperability of Digital Tools for the Monitoring and Control of Construction Projects“. In: *Applied Sciences* 11.21 (2021). DOI: 10.3390/app112110370.

[187] F. Guzzetti u. a. „BIM for Existing Construction: A Different Logic Scheme and an Alternative Semantic to Enhance the Interoperabilty“. In: *Applied Sciences* 11.4 (2021). DOI: 10.3390/app11041855.

[188] R. Sacks, M. Girolami und I. Brilakis. „Building Information Modelling, Artificial Intelligence and Construction Tech“. In: *Developments in the Built Environment* 4 (2020). DOI: 10.1016/j.dibe.2020.100011.

[189] N. Byun u. a. „Development of BIM-Based Bridge Maintenance System Considering Maintenance Data Schema and Information System“. In: *Sustainability* 13.9 (2021). DOI: 10.3390/su13094858.

[190] S. Gerbino u. a. „On BIM Interoperability via the IFC Standard: An Assessment from the Structural Engineering and Design Viewpoint“. In: *Applied Sciences* 11.23 (2021). DOI: 10.3390/app112311430.

[191] M. O'Shea und J. Murphy. „Design of a BIM Integrated Structural Health Monitoring System for a Historic Offshore Lighthouse". In: *Buildings* 10.7 (2020). DOI: 10.3390/buildings10070131.

[192] G. Fröch u. a. „Merkmalserver im Open-BIM-Prozess". In: *Bautechnik* 96.4 (2019), 338–347. DOI: 10.1002/bate.201800092.

[193] R. S. Panah und M. Kioumarsi. „Application of Building Information Modelling (BIM) in the Health Monitoring and Maintenance Process: A Systematic Review". In: *Sensors (Basel)* 21.3 (2021). DOI: 10.3390/s21030837.

[194] M. Hamooni u. a. „Extending BIM Interoperability for Real-Time Concrete Formwork Process Monitoring". In: *Applied Sciences* 10.3 (2020). DOI: 10.3390/app10031085.

[195] J. Collao u. a. „BIM Visual Programming Tools Applications in Infrastructure Projects: A State-of-the-Art Review". In: *Applied Sciences* 11.18 (2021). DOI: 10.3390/app11188343.

[196] G. Desogus u. a. „BIM and IoT Sensors Integration: A Framework for Consumption and Indoor Conditions Data Monitoring of Existing Buildings". In: *Sustainability* 13.8 (2021). DOI: 10.3390/su13084496.

[197] M. N. Uddin u. a. „Building information modeling (BIM), System dynamics (SD), and Agent-based modeling (ABM): Towards an integrated approach". In: *Ain Shams Engineering Journal* 12.4 (2021), 4261–4274. DOI: 10.1016/j.asej.2021.04.015.

[198] C. Oreto u. a. „BIM-Based Pavement Management Tool for Scheduling Urban Road Maintenance". In: *Infrastructures* 6.11 (2021). DOI: 10.3390/infrastructures6110148.

[199] I. Campero-Jurado u. a. „Smart Helmet 5.0 for Industrial Internet of Things Using Artificial Intelligence". In: *Sensors (Basel)* 20.21 (2020). DOI: 10.3390/s20216241.

[200] P.-H. Diao und N.-J. Shih. „BIM-Based AR Maintenance System (BARMS) as an Intelligent Instruction Platform for Complex Plumbing Facilities". In: *Applied Sciences* 9.8 (2019). DOI: 10.3390/app9081592.

[201] E. Karaaslan, U. Bagci und F. N. Catbas. „Artificial Intelligence Assisted Infrastructure Assessment using Mixed Reality Systems". In: *Transportation Research Record: Journal of the Transportation Research Board* 2673.12 (2019), 413–424. DOI: 10.1177/0361198119839988.

[202] K. W. May u. a. „The Identification, Development, and Evaluation of BIM-ARDM: A BIM-Based AR Defect Management System for Construction Inspections". In: *Buildings* 12.2 (2022). DOI: 10.3390/buildings12020140.

[203] D. Lague, N. Brodu und J. Leroux. „Accurate 3D comparison of complex topography with terrestrial laser scanner: Application to the Rangitikei canyon (N-Z)“. In: *ISPRS Journal of Photogrammetry and Remote Sensing* 82 (2013), 10–26. DOI: 10.1016/j.isprsjprs.2013.04.009.

[204] T. Barnhart und B. Crosby. „Comparing Two Methods of Surface Change Detection on an Evolving Thermokarst Using High-Temporal-Frequency Terrestrial Laser Scanning, Selawik River, Alaska“. In: *Remote Sensing* 5.6 (2013), 2813–2837. DOI: 10.3390/rs5062813.

[205] H. Seo, Y. Zhao und C. Chen. „Displacement Estimation Error in Laser Scanning Monitoring of Retaining Structures Considering Roughness“. In: *Sensors (Basel)* 21.21 (2021), 7370. DOI: 10.3390/s21217370.

[206] N. Ahmad Fuad u. a. „Comparing the Performance of Point Cloud Registration Methods for Landslide Monitoring Using Mobile Laser Scanning Data“. In: *The International Archives of the Photogrammetry, Remote Sensing and Spatial Information Sciences* XLII-4/W9 (2018), 11–21. DOI: 10.5194/isprs-archives-XLII-4-W9-11-2018.

[207] T. Hackel, J. D. Wegner und K. Schindler. *Contour Detection in Unstructured 3D Point Clouds*. Conference Paper. 2016. DOI: 10.1109/cvpr.2016.178.

[208] T. J. B. Dewez u. a. „Facets : A Cloudcompare Plugin to Extract Geological Planes from Unstructured 3d Point Clouds“. In: *The International Archives of the Photogrammetry, Remote Sensing and Spatial Information Sciences* XLI-B5 (2016), 799–804. DOI: 10.5194/isprs-archives-XLI-B5-799-2016.

[209] M. Artus, M. S. H. Alabassy und C. Koch. „A BIM Based Framework for Damage Segmentation, Modeling, and Visualization Using IFC“. In: *Applied Sciences* 12.6 (2022). DOI: 10.3390/app12062772.

[210] M. Artus und C. Koch. „Object-Oriented Damage Information Modeling Concepts and Implementation for Bridge Inspection“. In: *Journal of Computing in Civil Engineering* 36.6 (2022). DOI: 10.1061/(asce)cp.1943-5487.0001030.

[211] Z. Xiang, G. Ou und A. Rashidi. „An Integrated Framework for BIM Development of Concrete Buildings Containing Both Surface Elements and Rebar“. In: *IEEE Access* 11 (2023), 15271–15283. DOI: 10.1109/access.2023.3244689.

[212] K. Bergmeister, F. Fingerloos und J.-D. Wörner. *Beton-Kalender 2011*. 2010. DOI: 10.1002/9783433601013.

[213] D. Conciatori u. a. „Sensitivity of chloride ingress modelling in concrete to input parameter variability“. In: *Materials and Structures* 48.9 (2014), 3023–3036. DOI: 10.1617/s11527-014-0374-8.

[214] F. Deby, M. Carcasses und A. Sellier. „Toward a probabilistic design of reinforced concrete durability: application to a marine environment“. In: *Materials and Structures* 42.10 (2008), 1379–1391. DOI: 10.1617/s11527-008-9457-8.

[215] F. Duprat, N. T. Vu und A. Sellier. „Accelerated carbonation tests for the probabilistic prediction of the durability of concrete structures“. In: *Construction and Building Materials* 66 (2014), 597–605. DOI: 10.1016/j.conbuildmat.2014.05.103.

[216] A. Ben Abdessalem u. a. „Model selection and parameter estimation of dynamical systems using a novel variant of approximate Bayesian computation“. In: *Mechanical Systems and Signal Processing* 122 (2019), 364–386. DOI: 10.1016/j.ymssp.2018.12.048.

[217] P. F. D. Prangle. „Constructing summary statistics for approximate Bayesian computation: semi-automatic approximate Bayesian computation“. In: *Royal Statistical Society* 74 (2012), 419–474.

[218] S. García u. a. „Big data preprocessing: methods and prospects“. In: *Big Data Analytics* 1.1 (2016). DOI: 10.1186/s41044-016-0014-0.

[219] N. A. Hmidah u. a. „The Role of the Interface and Interface Management in the Optimization of BIM Multi-Model Applications: A Review“. In: *Sustainability* 14.3 (2022). DOI: 10.3390/su14031869.

[220] Y. Cho u. a. „Analysis of the Repair Time of Finishing Works Using a Probabilistic Approach for Efficient Residential Buildings Maintenance Strategies“. In: *Sustainability* 13.22 (2021). DOI: 10.3390/su132212443.

[221] F. Aldebei und M. Dombi. „Mining the Built Environment: Telling the Story of Urban Mining“. In: *Buildings* 11.9 (2021). DOI: 10.3390/buildings11090388.

[222] R. Andersson u. a. „Calculating CO2 uptake for existing concrete structures during and after service life“. In: *Environ Sci Technol* 47.20 (2013), 11625–33. DOI: 10.1021/es401775w.

[223] M. Reinhardt, D. Gebauer und S. Marx. „Anforderungen und Konzept für eine automatisierte Zustandserfassung von Bauwerken mittels Bilderfassung und -auswertung“. In: *Bautechnik* 95.10 (2018), 705–711.

[224] U. M. Angst. „Predicting the time to corrosion initiation in reinforced concrete structures exposed to chlorides“. In: *Cement and Concrete Research* 115 (2019), 559–567. DOI: 10.1016/j.cemconres.2018.08.007.

[225] C. Chalhoub u. a. „Macrocell corrosion of steel in concrete: Characterization of anodic behavior in relation to the chloride content“. In: *Materials and Corrosion* 71.9 (2020), 1424–1441. DOI: 10.1002/maco.201911398.

[226] Y. Yu u. a. „Modelling steel corrosion under concrete non-uniformity and structural defects“. In: *Cement and Concrete Research* 135 (2020). DOI: 10.1016/j.cemconres.2020.106109.

[227] C. Andrade. „Propagation of reinforcement corrosion: principles, testing and modelling“. In: *Materials and Structures* 52.1 (2018). DOI: 10.1617/s11527-018-1301-1.

[228] L. Bichara, G. Saad und W. Slika. „Probabilistic identification of the effects of corrosion propagation on reinforced concrete structures via deflection and crack width measurements“. In: *Materials and Structures* 52.5 (2019). DOI: 10.1617/s11527-019-1389-y.

[229] C. Dauberschmidt u. a. „Instandsetzung von chloridbelasteten Bauteilen durch Applikation einer Beschichtung“. In: *Beton- und Stahlbetonbau* 116.4 (2021), 248–261. DOI: 10.1002/best.202000099.

[230] M. Guiglia und M. Taliano. „Comparison of carbonation depths measured on in-field exposed existing r.c. structures with predictions made using fib-Model Code 2010“. In: *Cement and Concrete Composites* 38 (2013), 92–108. DOI: 10.1016/j.cemconcomp.2013.03.014.

[231] R. Sefrin, C. Glock und E. Schwabach. „Ermittlung der charakteristischen Betondruckfestigkeit von Bestandstragwerken nach DIN EN 13791:2020 für geringe Stichprobenumfänge“. In: *Beton- und Stahlbetonbau* 116.1 (2020), 35–44. DOI: 10.1002/best.202000041.

[232] S. Keßler u. a. „Updating of service-life prediction of reinforced concrete structures with potential mapping“. In: *Cement and Concrete Composites* 47 (2014), 47–52. DOI: 10.1016/j.cemconcomp.2013.09.018.

[233] L. Mold u. a. „Thermografie zur Erfassung von Schäden an Brückenbauwerken“. In: *Bautechnik* 97.11 (2020), 789–801. DOI: 10.1002/bate.201800057.

[234] S. Kosse u. a. „Digitaler Zwilling für die automatisierte Produktion von Betonfertigteilen“. In: *Bautechnik* 99.6 (2022), 463–470. DOI: 10.1002/bate.202200034.

A Abbildungen

Abbildung A.1: Darstellung von Betondeckungsmessungen in einem Bestandsplan nach [54]

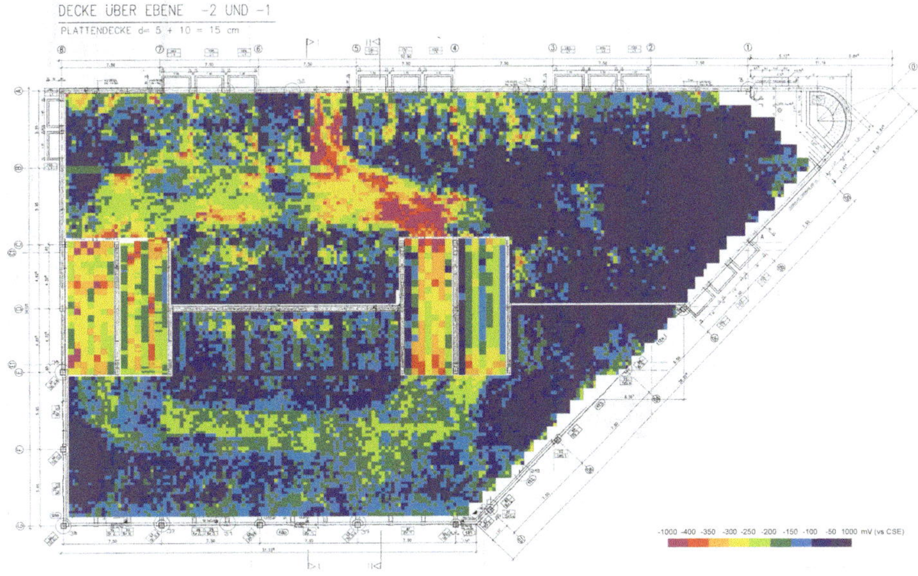

Abbildung A.2: Darstellung von Potenzialfeldmessungen in einem Bestandsplan nach [54]

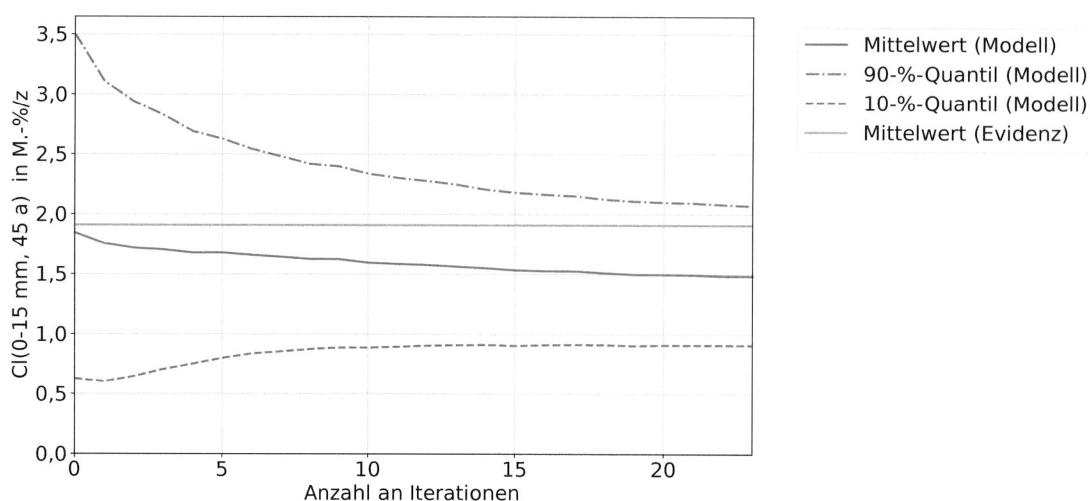

Abbildung A.3: Modellierte und gemessene Chloridgehalte in der Tiefe 0 - 15 mm über die Anzahl an Iterationen

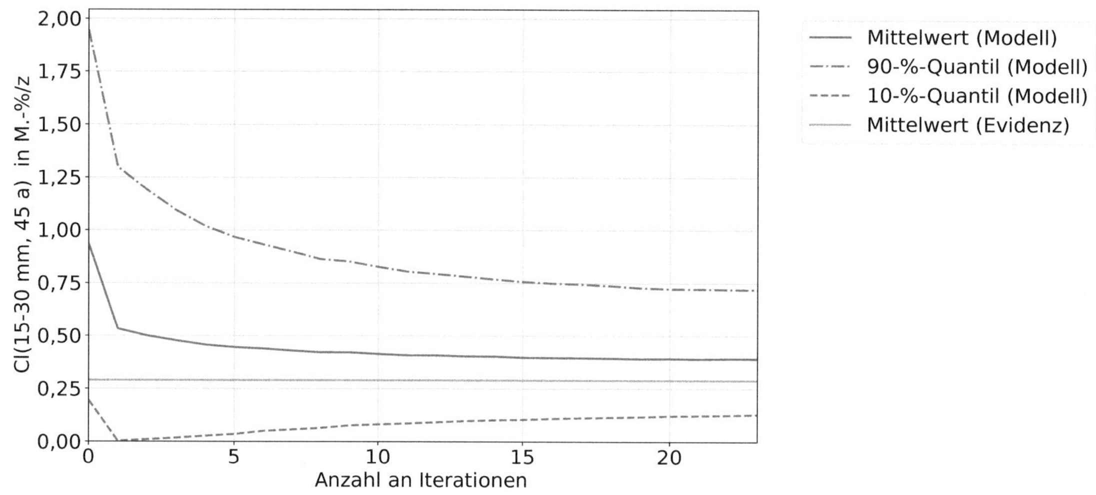

Abbildung A.4: Modellierte und gemessene Chloridgehalte in der Tiefe 15 - 30 mm über die Anzahl an Iterationen

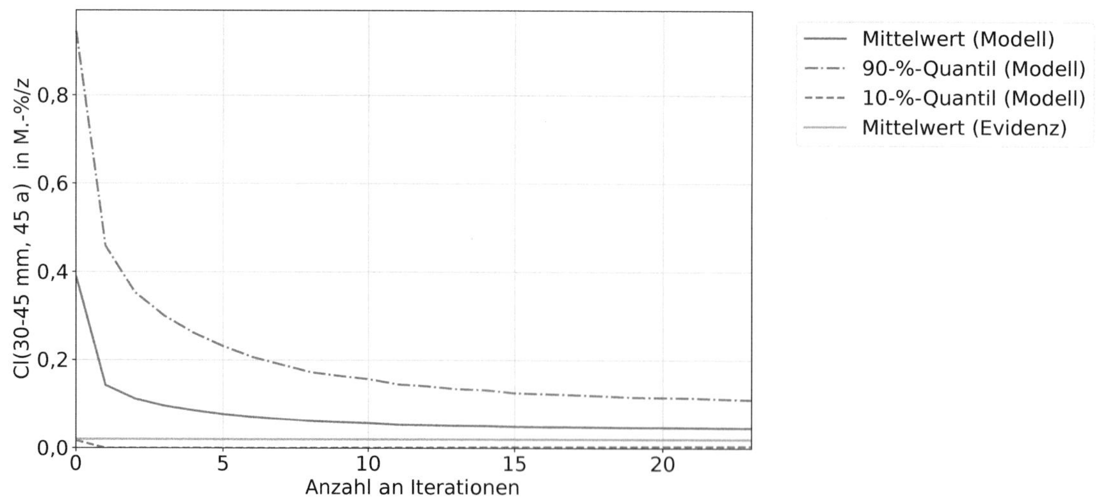

Abbildung A.5: Modellierte und gemessene Chloridgehalte in der Tiefe 30 - 45 mm über die Anzahl an Iterationen

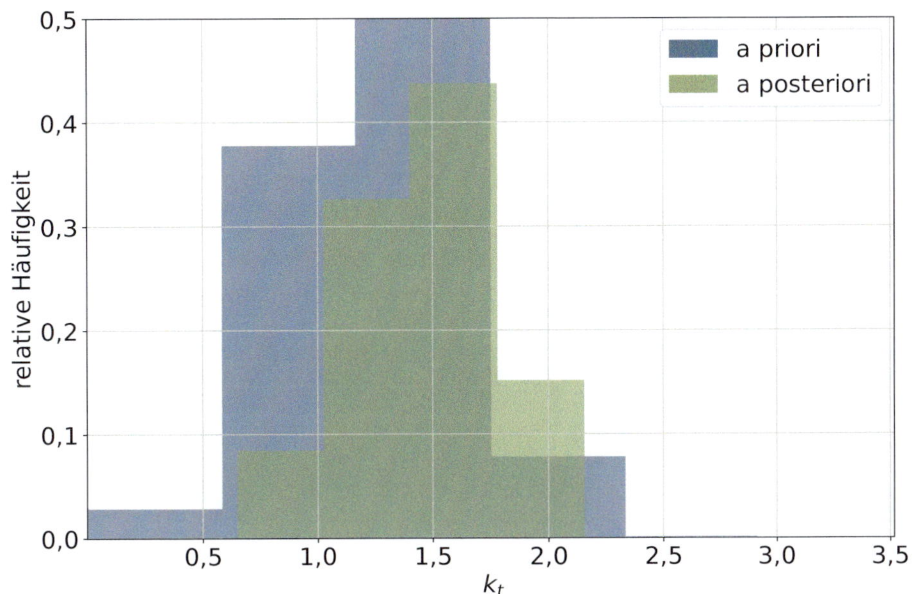

Abbildung A.6: Animation zur Progression des Modellparameters k_t während der iterativen Inferenz

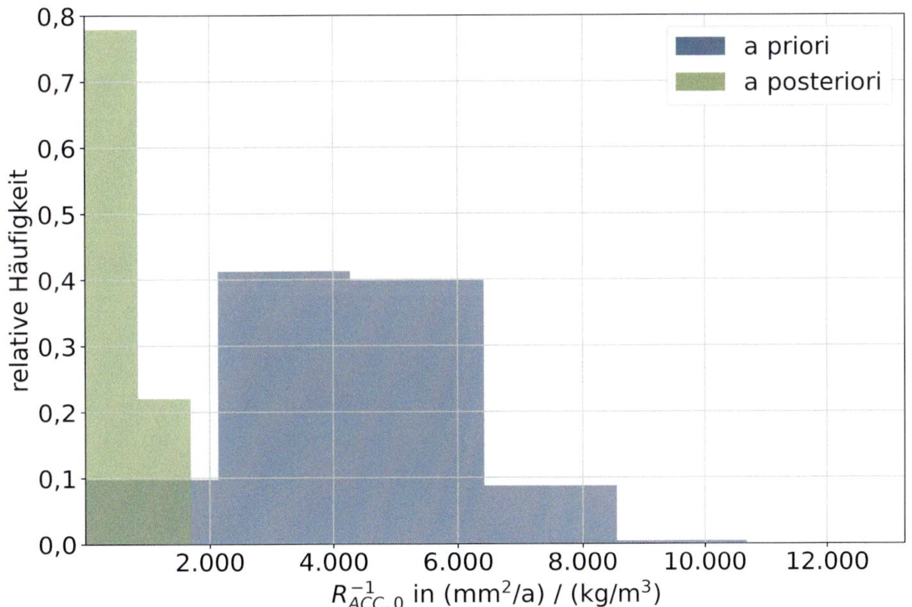

Abbildung A.7: Animation zur Progression des Modellparameters $R_{ACC,0}^{-1}$ während der iterativen Inferenz

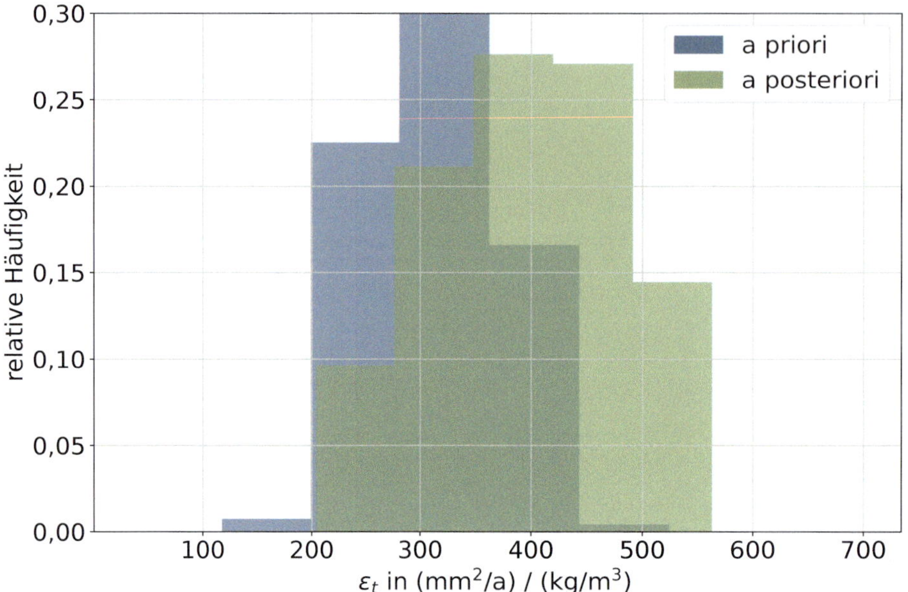

Abbildung A.8: Animation zur Progression des Modellparameters ε_t während der iterativen Inferenz

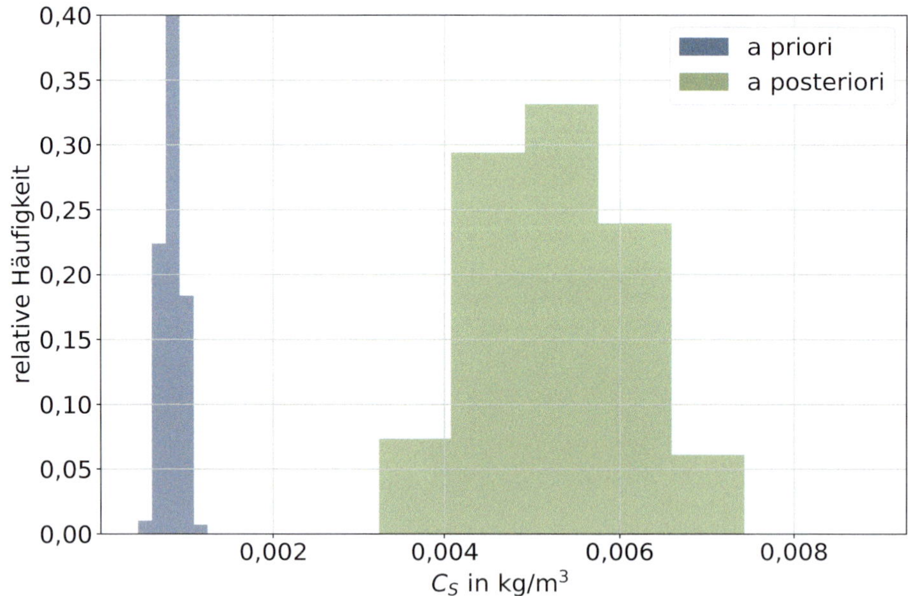

Abbildung A.9: Animation zur Progression des Modellparameters C_S während der iterativen Inferenz

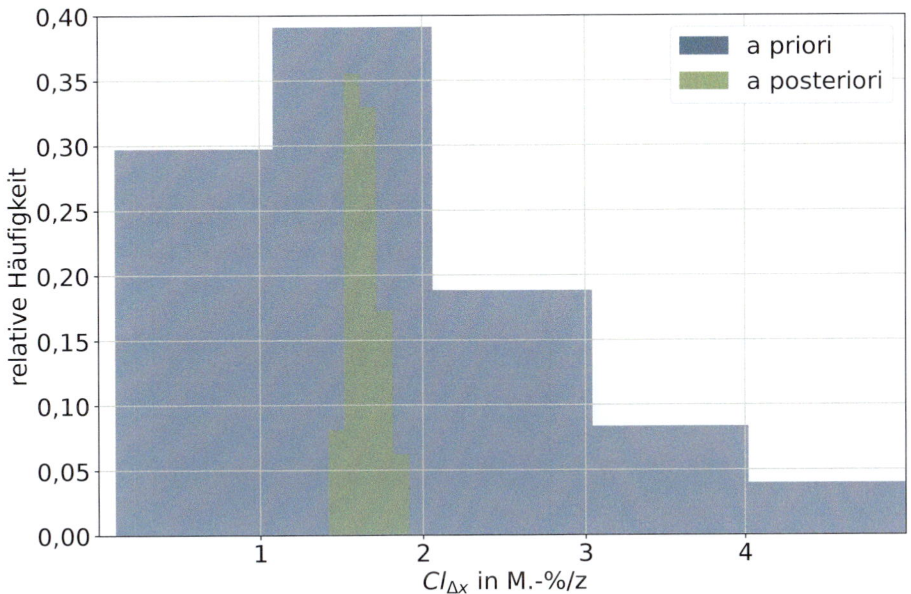

Abbildung A.10: Animation zur Progression des Modellparameters $Cl_{\Delta x}$ während der iterativen Inferenz

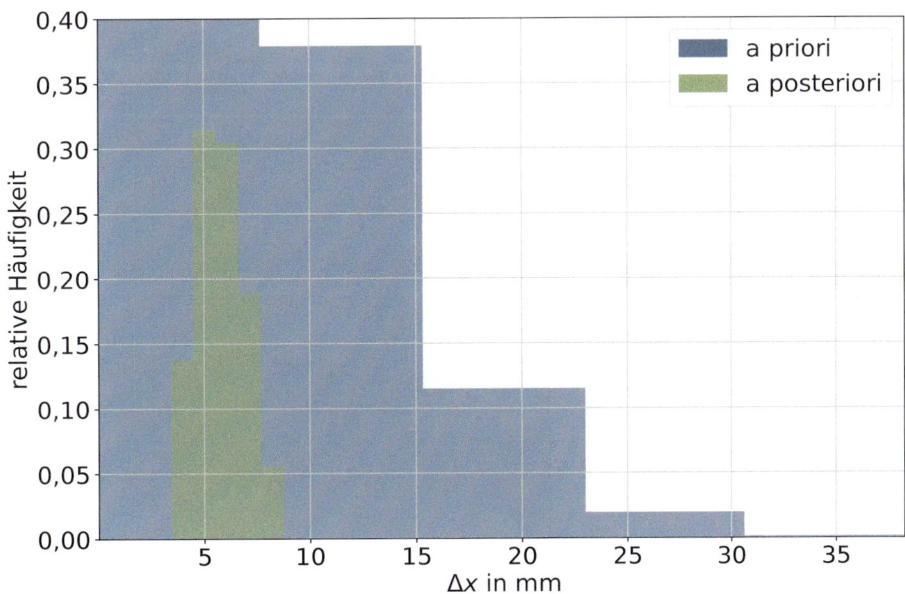

Abbildung A.11: Animation zur Progression des Modellparameters Δx während der iterativen Inferenz

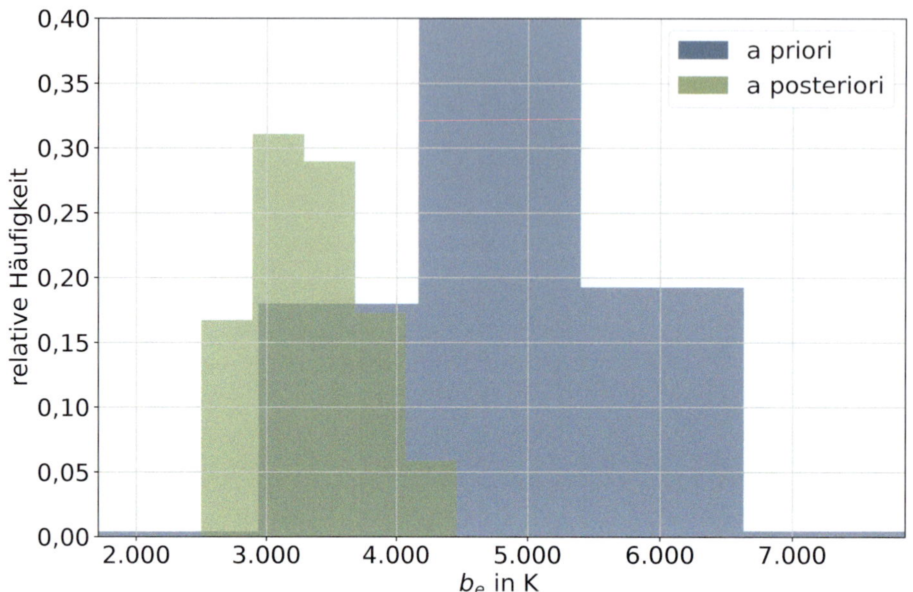

Abbildung A.12: Animation zur Progression des Modellparameters b_e während der iterativen Inferenz

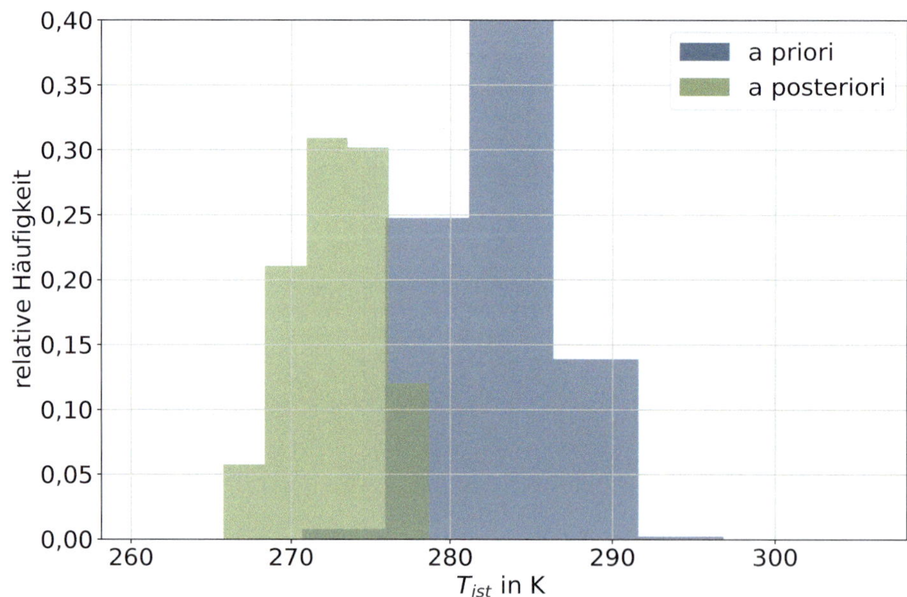

Abbildung A.13: Animation zur Progression des Modellparameters T_{ist} während der iterativen Inferenz

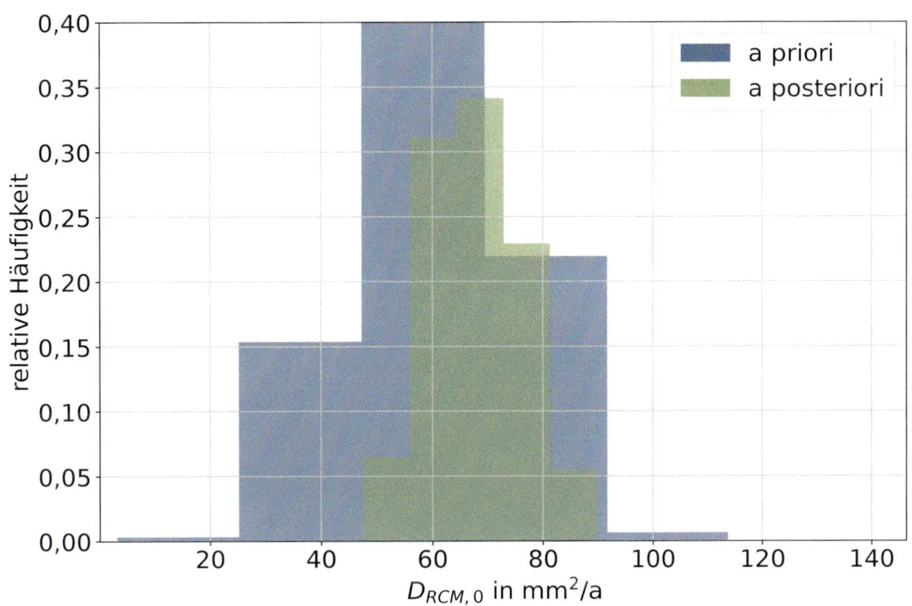

Abbildung A.14: Animation zur Progression des Modellparameters $D_{RCM,0}$ während der iterativen Inferenz

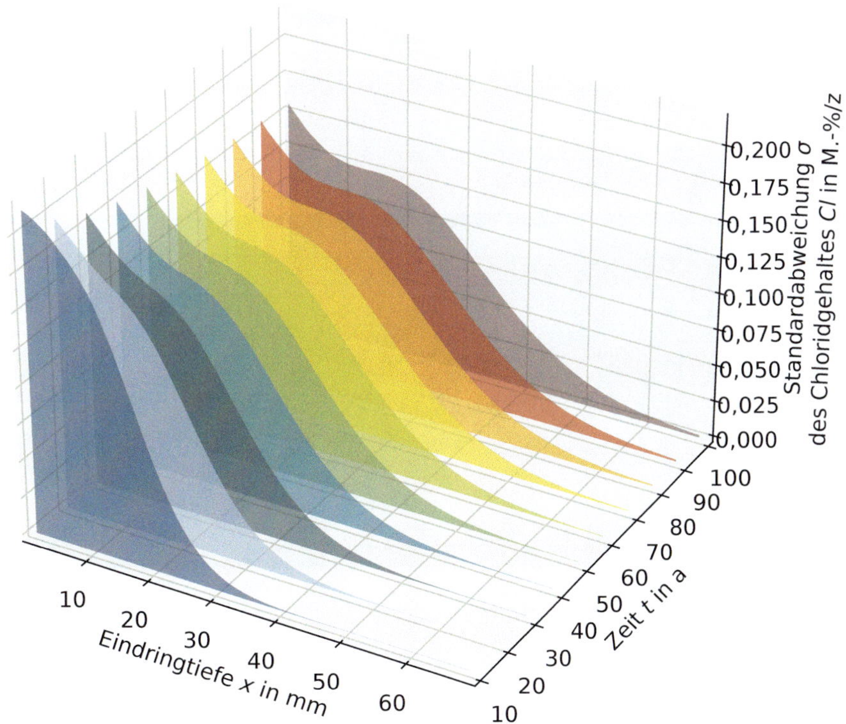

Abbildung A.15: Standardabweichung des Chloridgehaltes über die Eindringtiefe und die Zeit

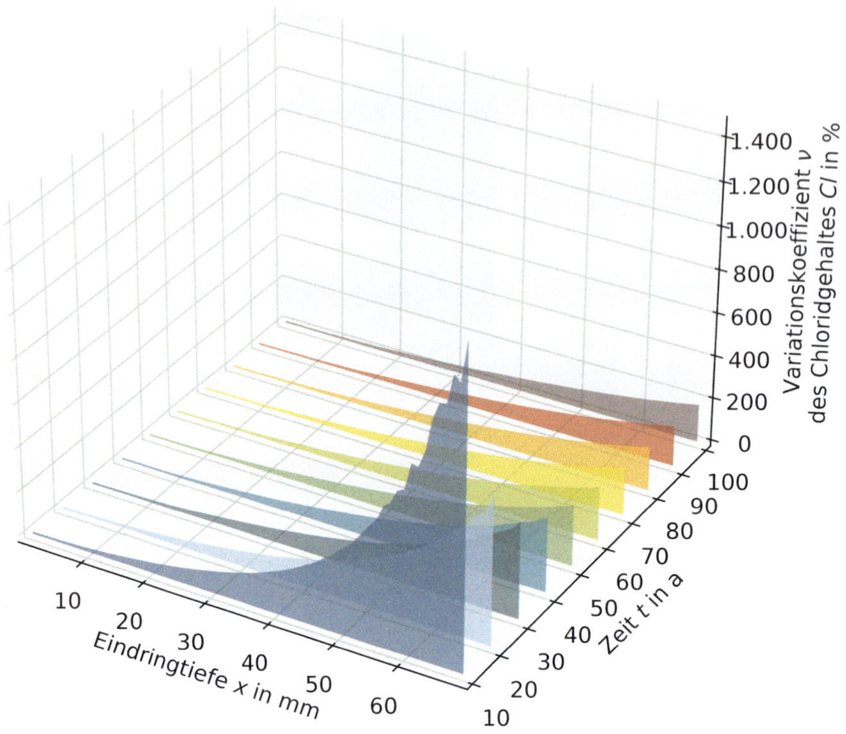

Abbildung A.16: Variationskoeffizienten der Chloridgehalte über die Eindringtiefe und die Zeit

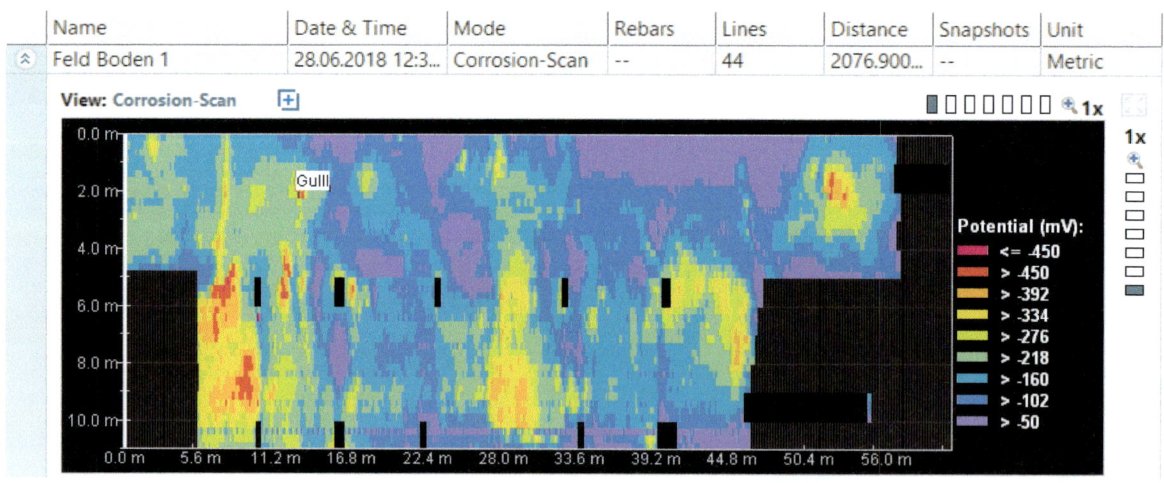

Abbildung A.17: Potenzialfeldmessung an der Bodenplatte – Feld 1

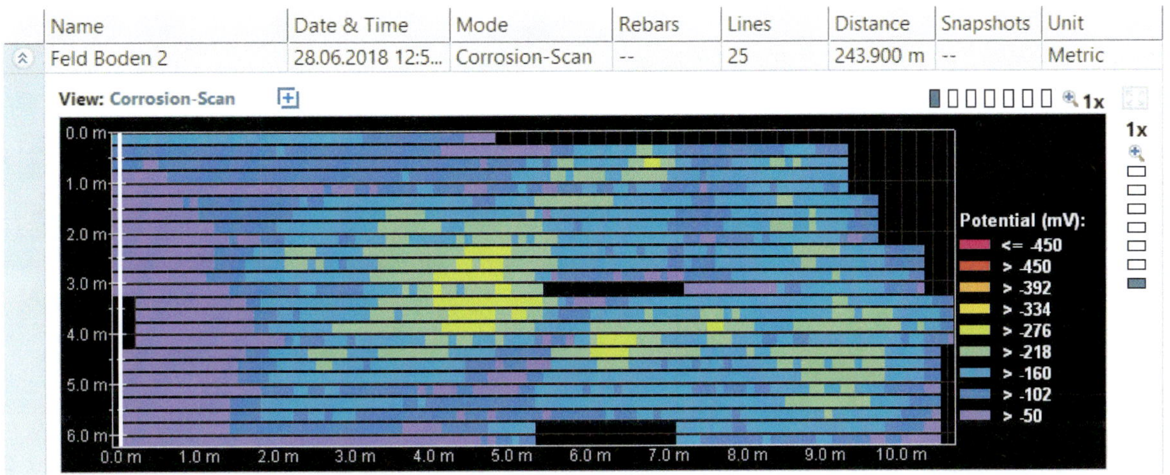

Abbildung A.18: Potenzialfeldmessung an der Bodenplatte – Feld 2

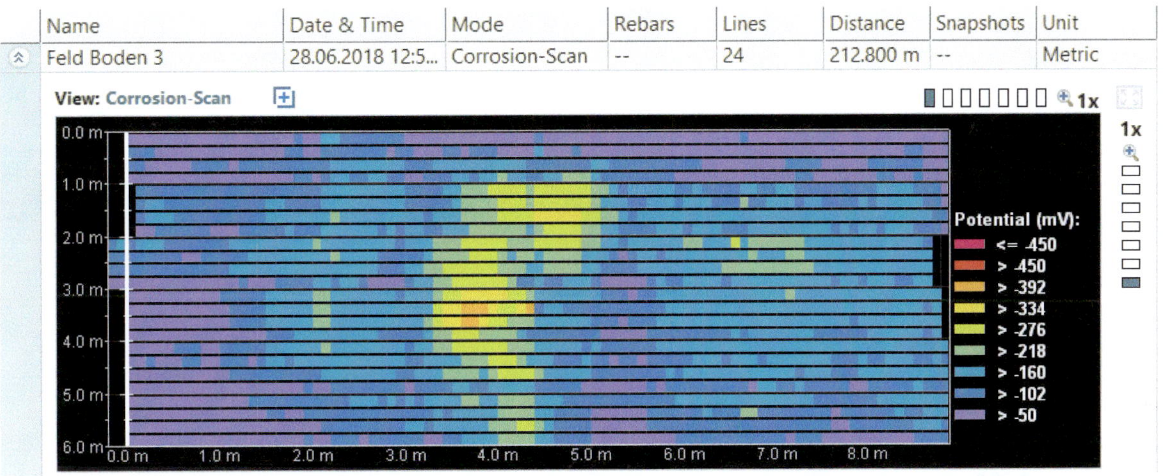

Abbildung A.19: Potenzialfeldmessung an der Bodenplatte – Feld 3

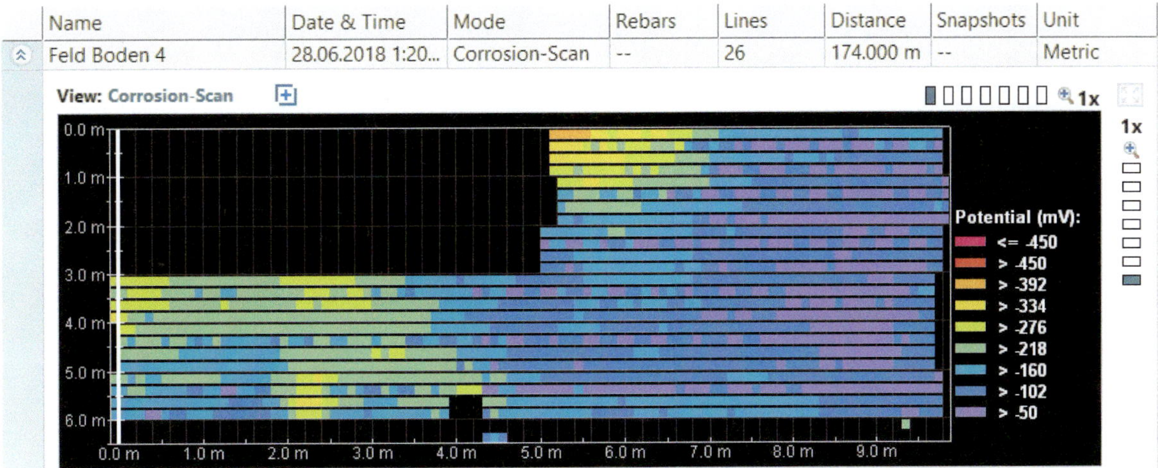

Abbildung A.20: Potenzialfeldmessung an der Bodenplatte – Feld 4

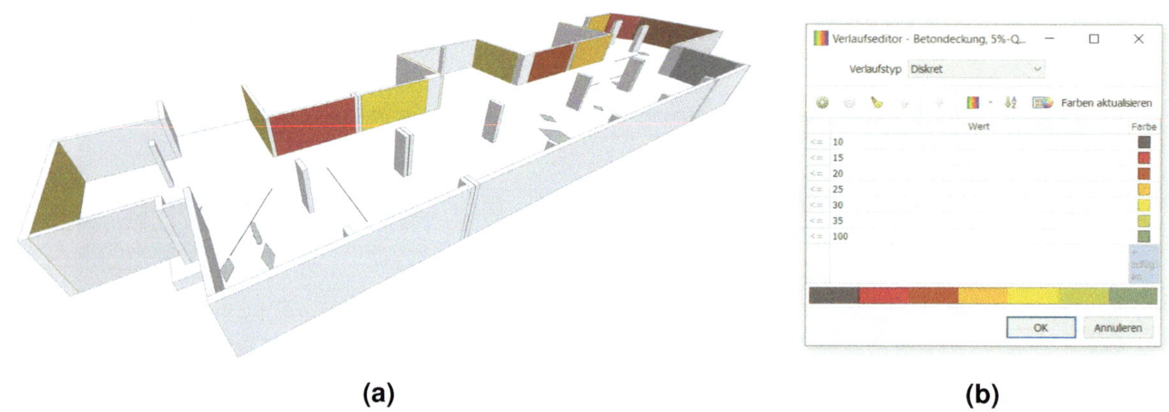

(a) (b)

Abbildung A.21: **(a)** Darstellung der Wände, eingefärbt entsprechend der 5-%-Quantile der Betondeckungen der vorderen Bewehrungslagen in mm nach der **(b)** Farblegende

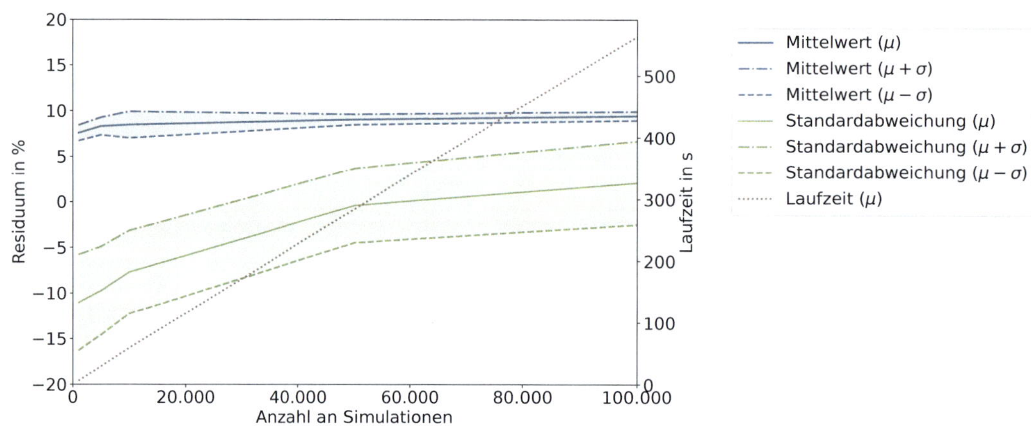

Abbildung A.22: Residuen der Abbruchkriterien und Laufzeit über die Anzahl an Simulationen bei Carbonatisierung – Auswertung der Wände

$$t(b, N) = 1{,}094 \cdot 10^{-5} \cdot b^{4{,}718} \cdot N^{0{,}979}, \quad (R^2 = 1{,}000) \tag{A.1}$$

t : Laufzeit in s

b : Anzahl an Klassen

N : Anzahl an Simulationen

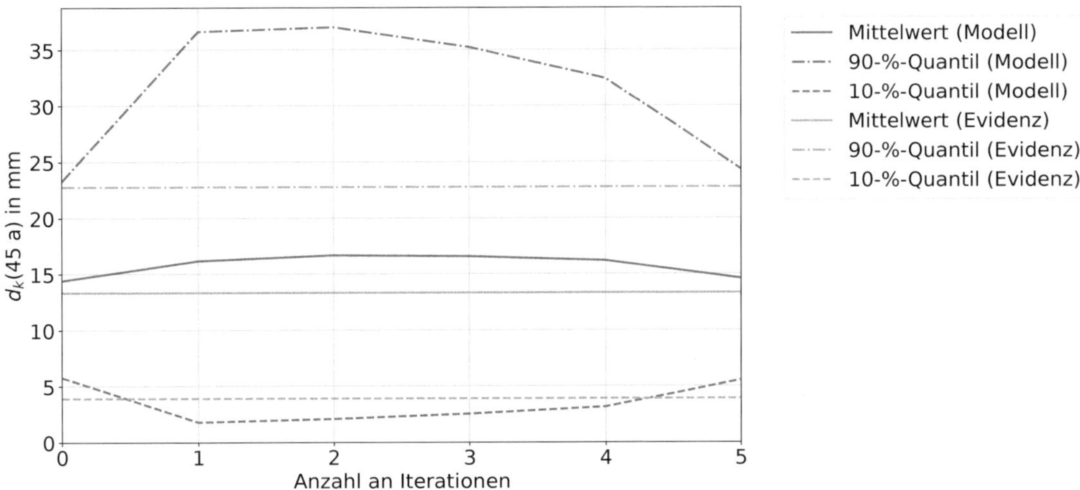

Abbildung A.23: Modellierte und gemessene Carbonatisierungstiefen über die Anzahl an Iterationen – Auswertung der Wände

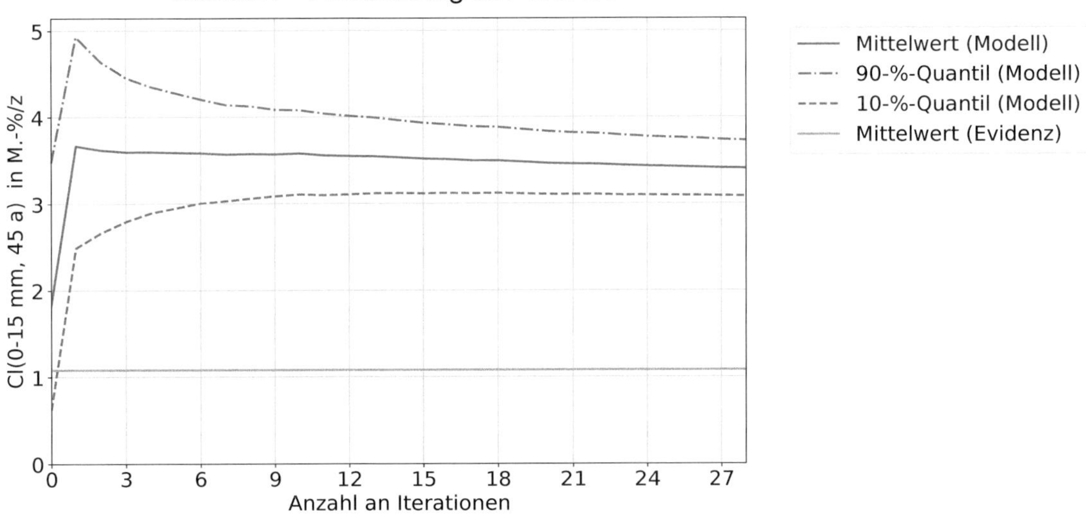

Abbildung A.24: Modellierte und gemessene Chloridgehalte in der Tiefe 0 - 15 mm über die Anzahl an Iterationen – Auswertung der Wände

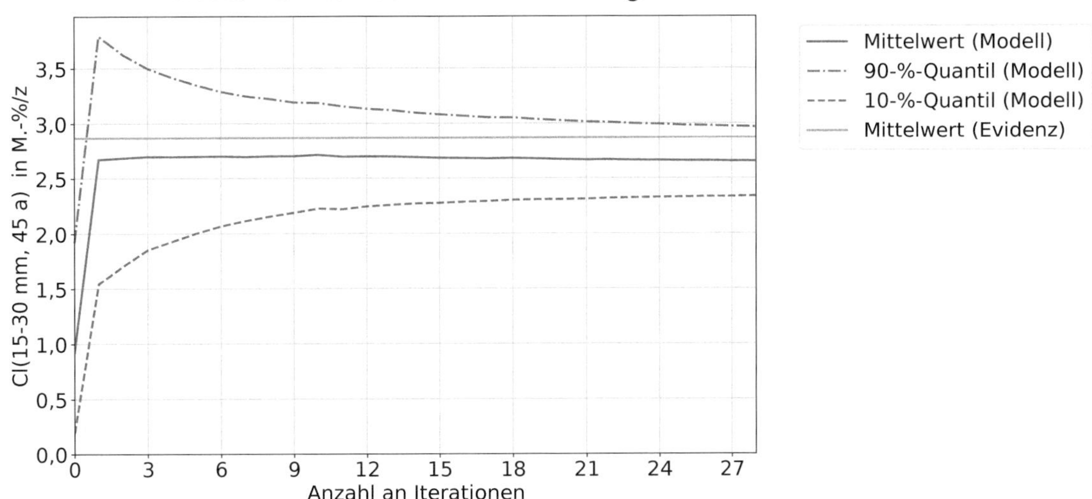

Abbildung A.25: Modellierte und gemessene Chloridgehalte in der Tiefe 15 - 30 mm über die Anzahl an Iterationen – Auswertung der Wände

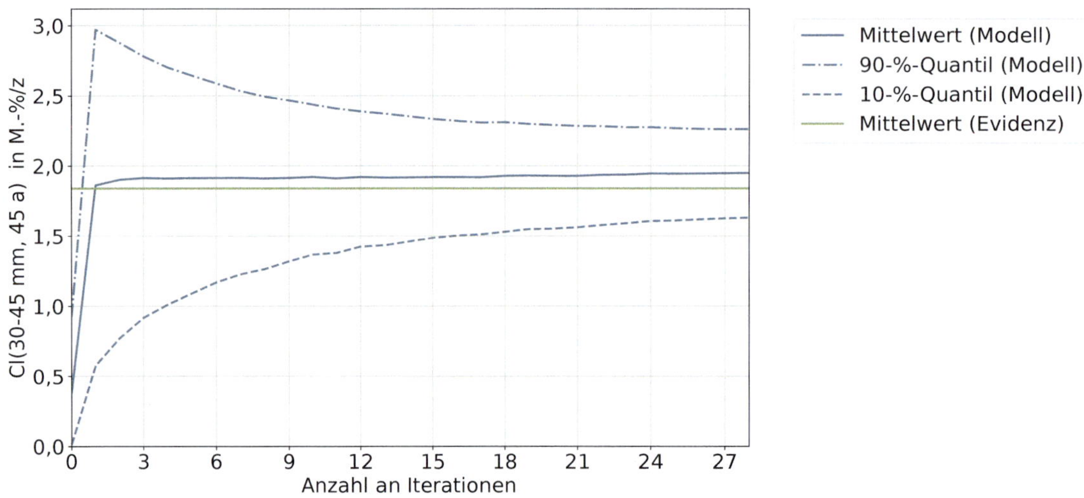

Abbildung A.26: Modellierte und gemessene Chloridgehalte in der Tiefe 30 - 45 mm über die Anzahl an Iterationen – Auswertung der Wände

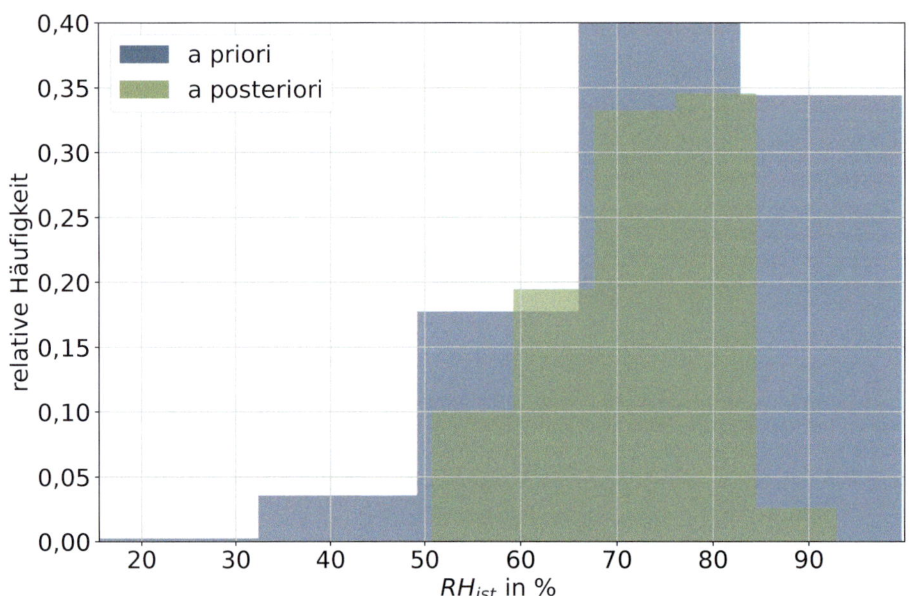

Abbildung A.27: Animation zur Progression des Modellparameters RH_{ist} während der iterativen Inferenz – Auswertung der Wände

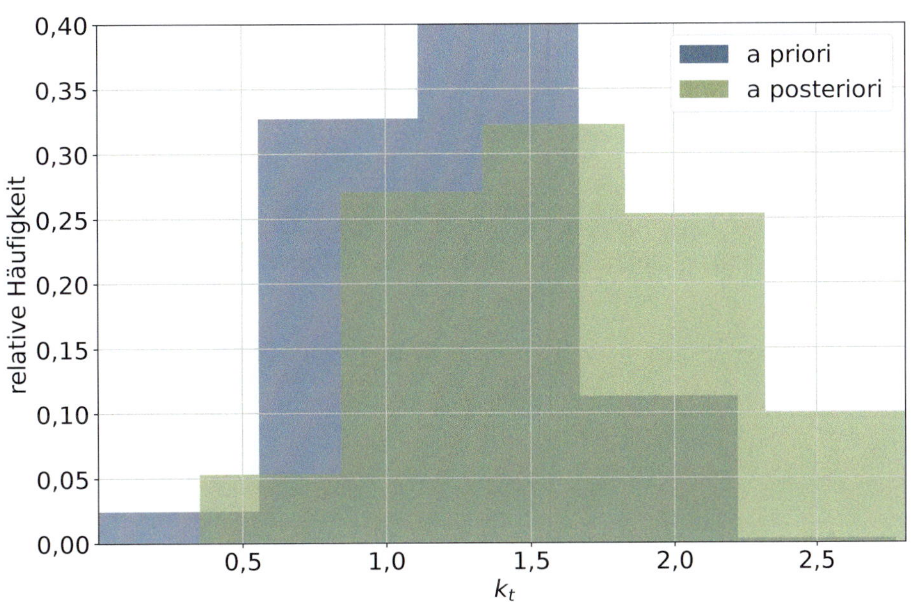

Abbildung A.28: Animation zur Progression des Modellparameters k_t während der iterativen Inferenz – Auswertung der Wände

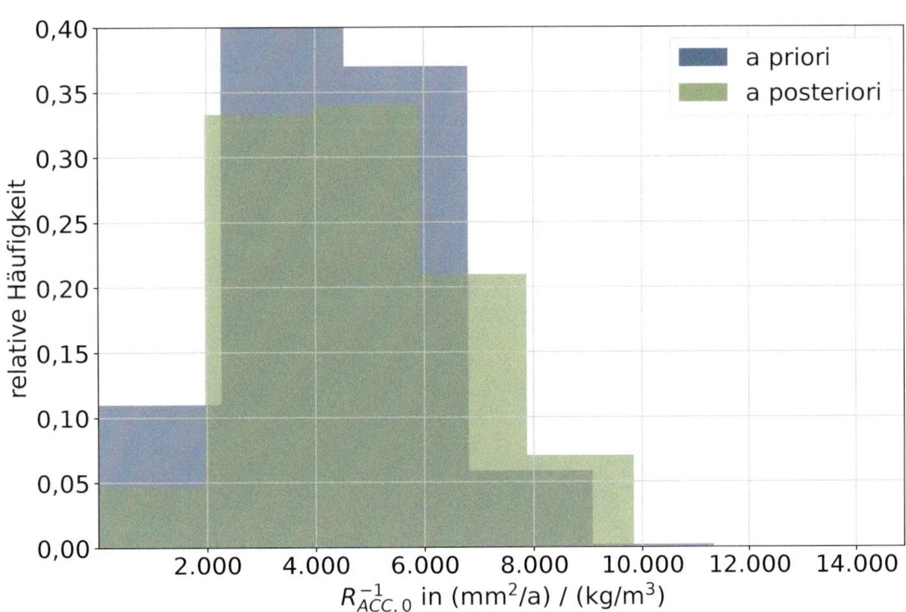

Abbildung A.29: Animation zur Progression des Modellparameters $R^{-1}_{ACC,0}$ während der iterativen Inferenz – Auswertung der Wände

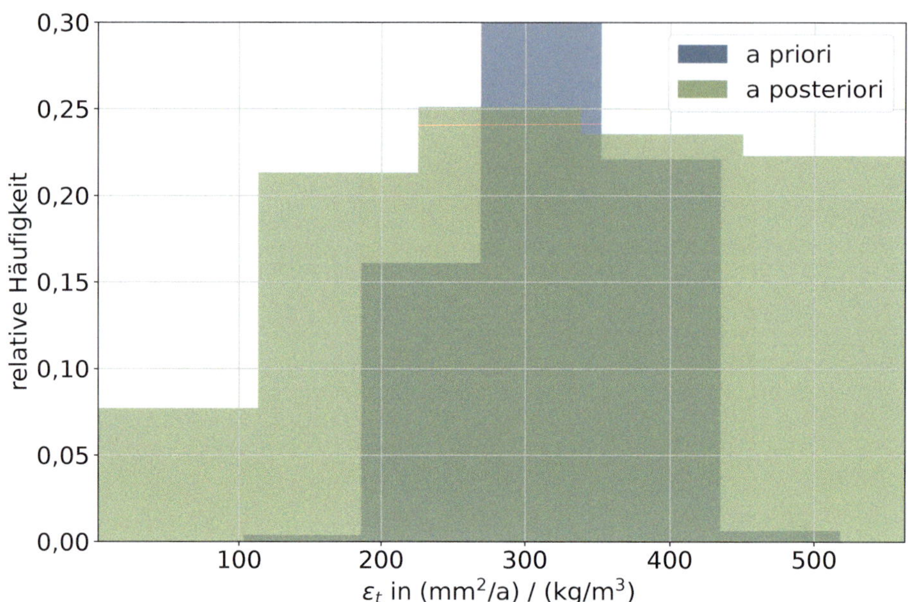

Abbildung A.30: Animation zur Progression des Modellparameters ε_t während der iterativen Inferenz – Auswertung der Wände

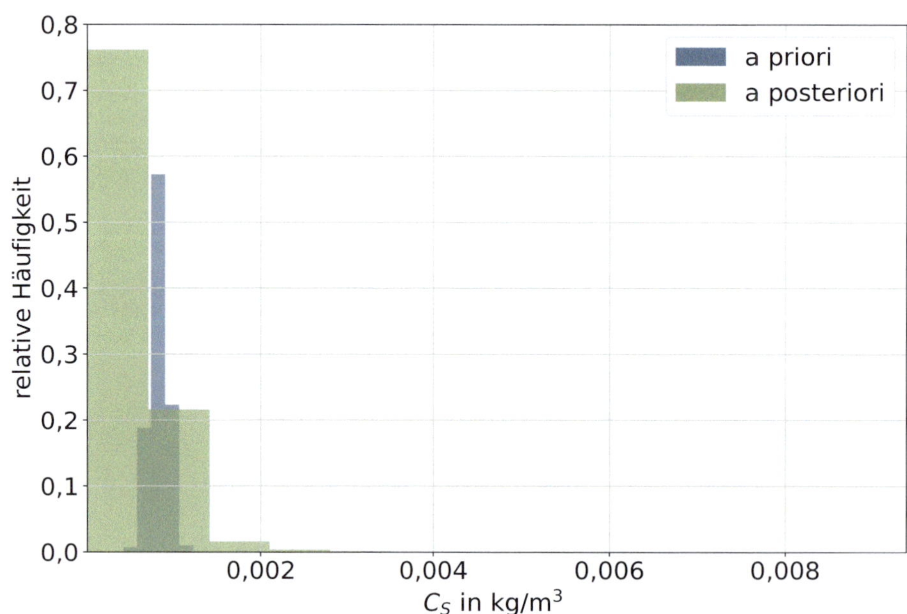

Abbildung A.31: Animation zur Progression des Modellparameters C_S während der iterativen Inferenz – Auswertung der Wände

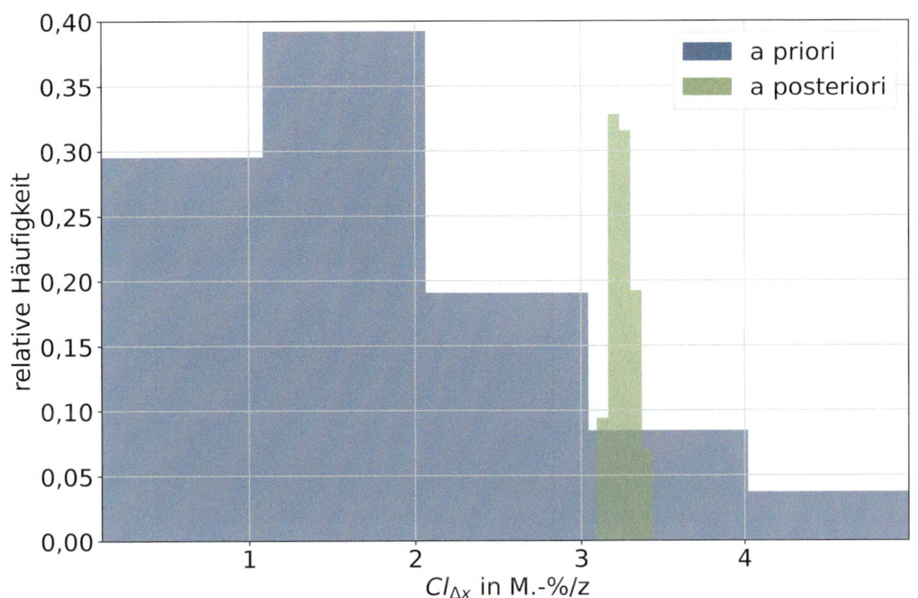

Abbildung A.32: Animation zur Progression des Modellparameters $Cl_{\Delta x}$ während der iterativen Inferenz – Auswertung der Wände

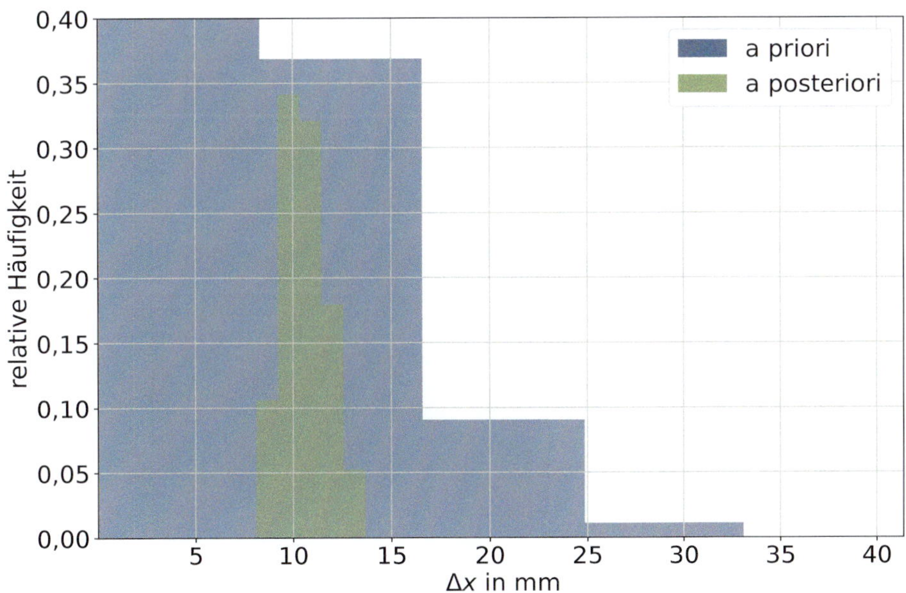

Abbildung A.33: Animation zur Progression des Modellparameters Δx während der iterativen Inferenz – Auswertung der Wände

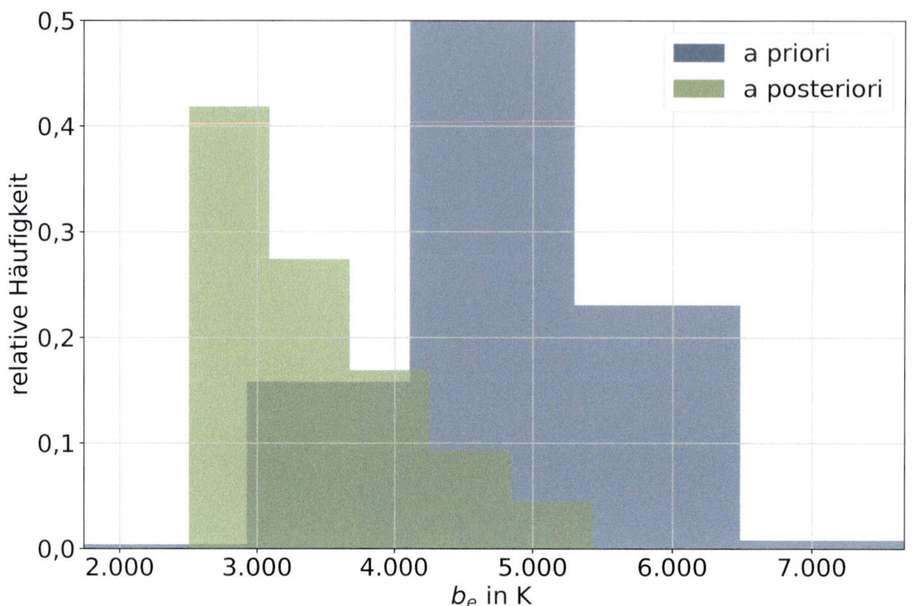

Abbildung A.34: Animation zur Progression des Modellparameters b_e während der iterativen Inferenz – Auswertung der Wände

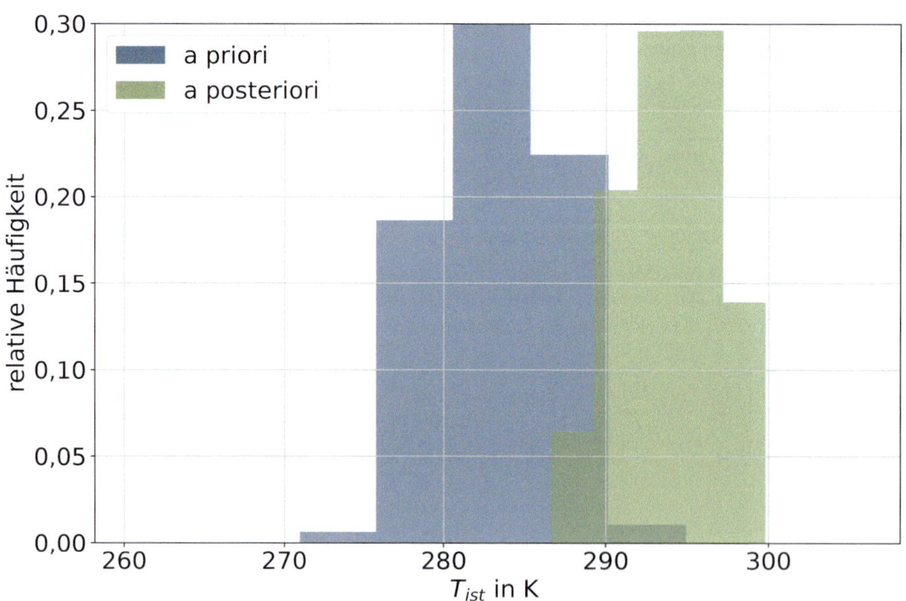

Abbildung A.35: Animation zur Progression des Modellparameters T_{ist} während der iterativen Inferenz – Auswertung der Wände

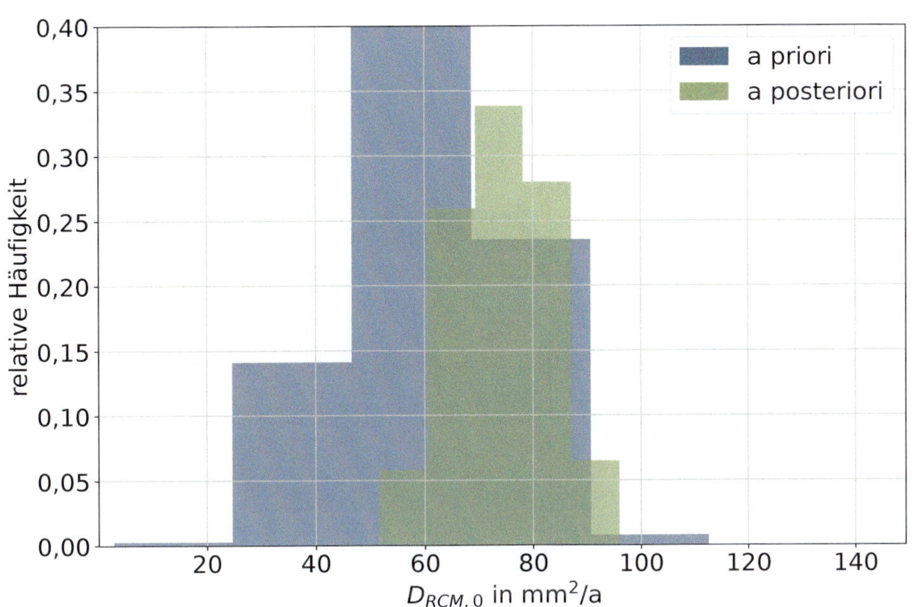

Abbildung A.36: Animation zur Progression des Modellparameters $D_{RCM,0}$ während der iterativen Inferenz – Auswertung der Wände

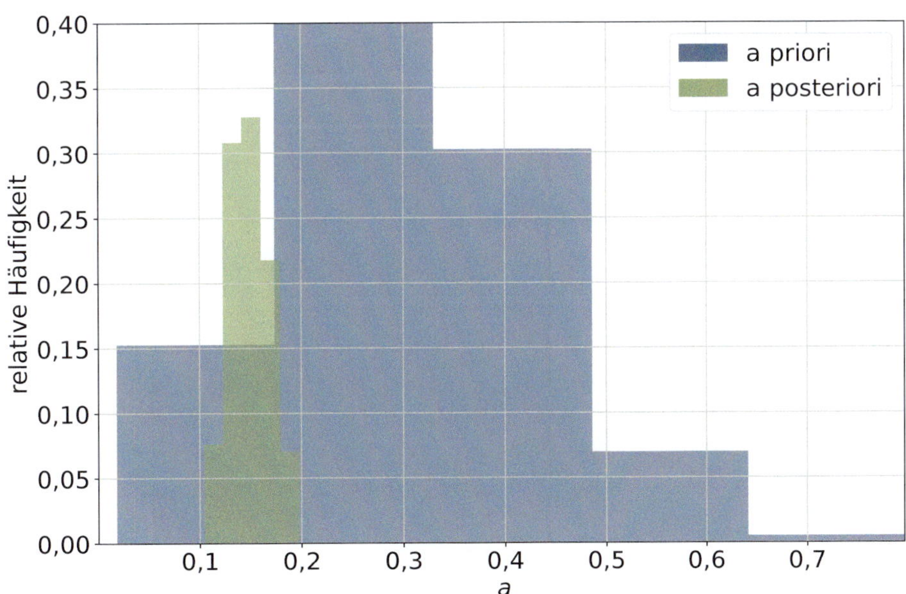

Abbildung A.37: Animation zur Progression des Modellparameters a während der iterativen Inferenz – Auswertung der Wände

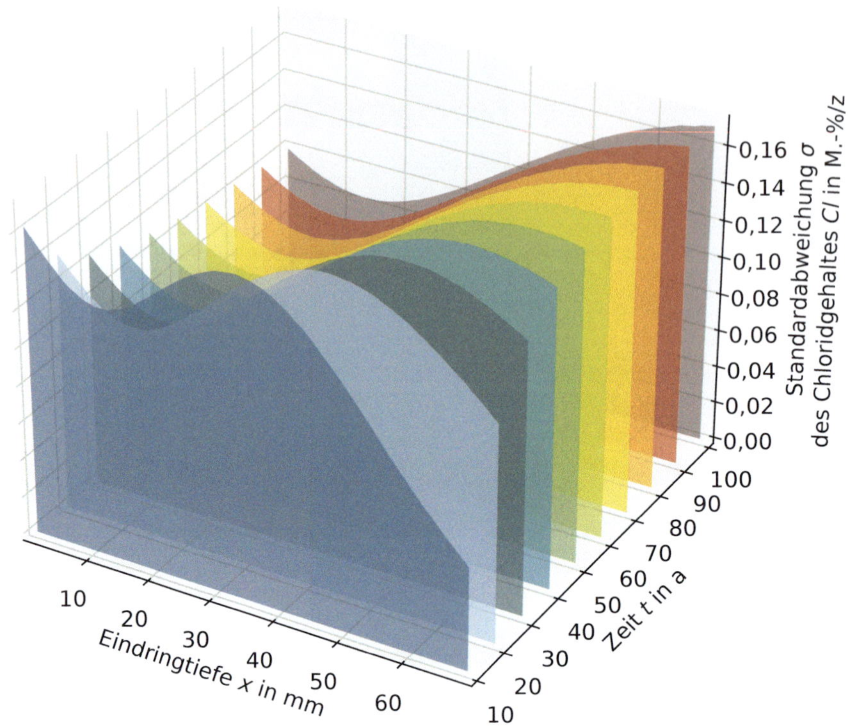

Abbildung A.38: Standardabweichungen der Chloridgehalte über die Eindringtiefe und die Zeit – Auswertung der Wände

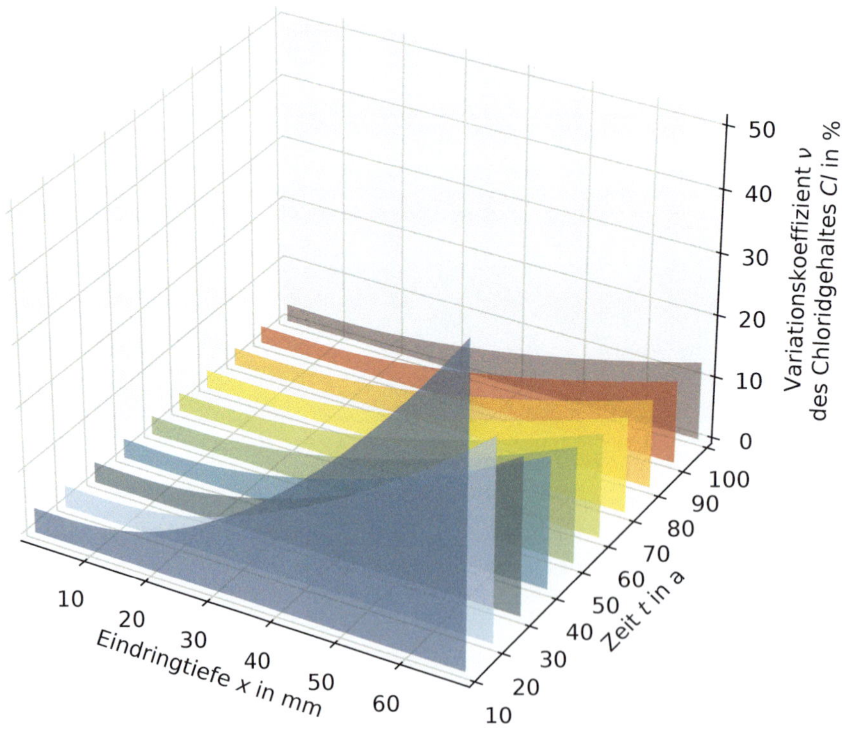

Abbildung A.39: Variationskoeffizienten der Chloridgehalte über die Eindringtiefe und die Zeit – Auswertung der Wände

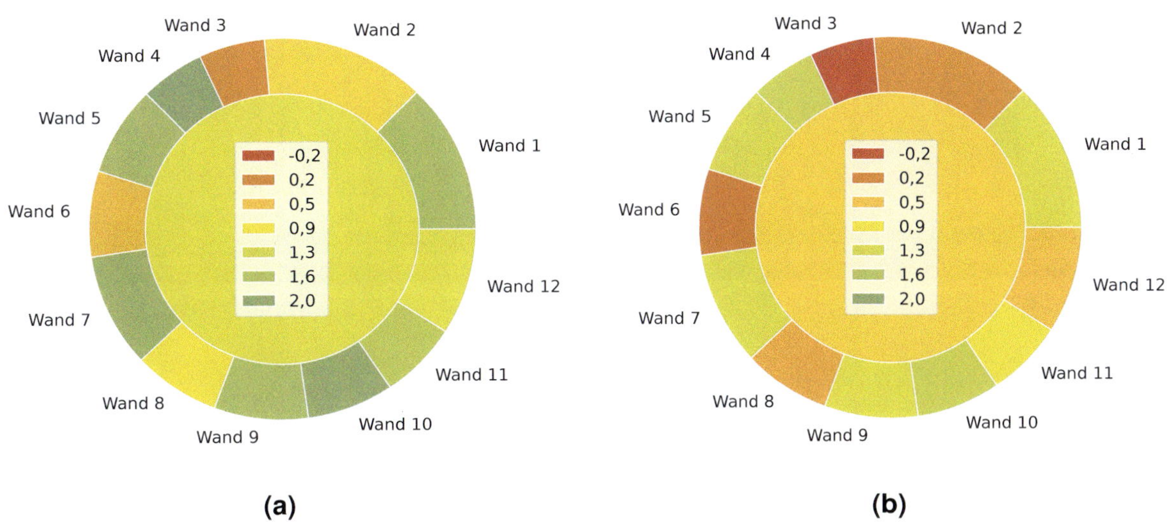

Abbildung A.40: Zuverlässigkeitsindizes (Carbonatisierung) der Wände für die **(a)** Gegenwart und das **(b)** Ende der Restnutzungsdauer

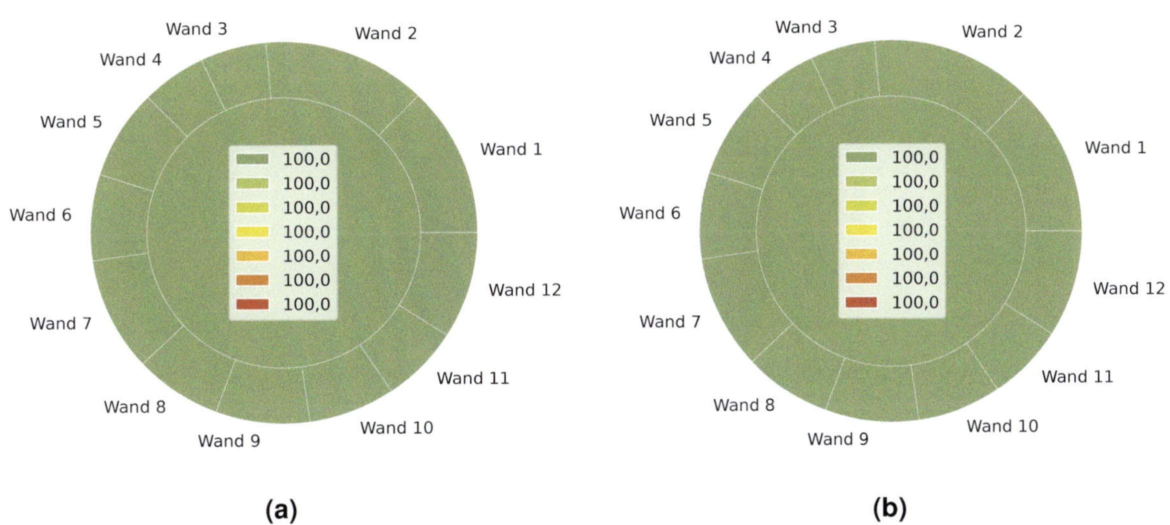

Abbildung A.41: Versagenswahrscheinlichkeiten (Chlorideintrag) der Wände für die **(a)** Gegenwart und das **(b)** Ende der Restnutzungsdauer in %

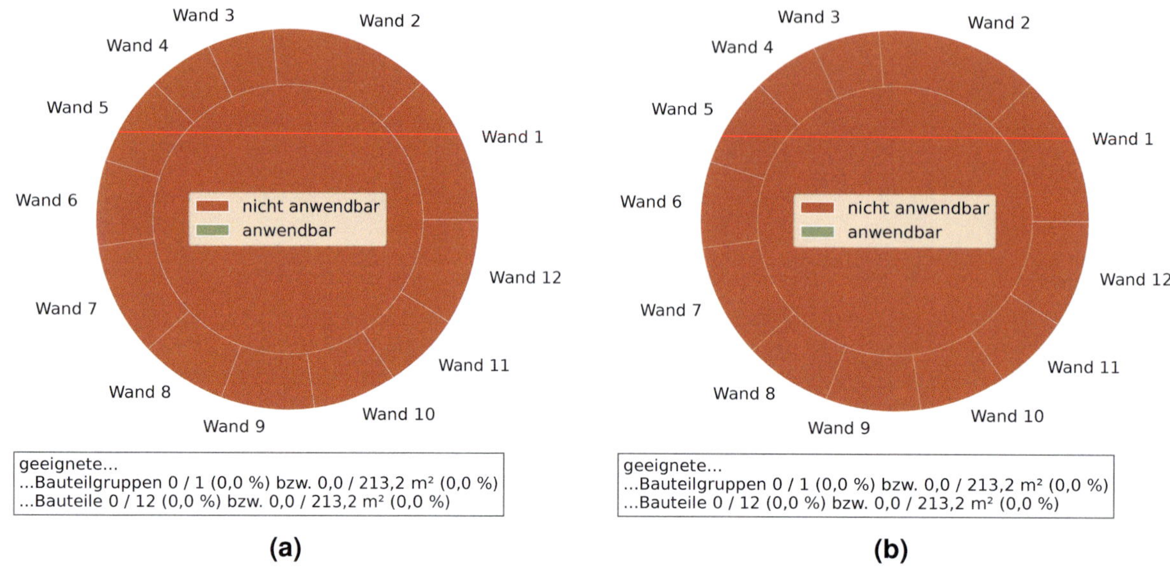

Abbildung A.42: Eignung der Wände für **(a)** Verfahren 7.1 und **(b)** Verfahren 7.4

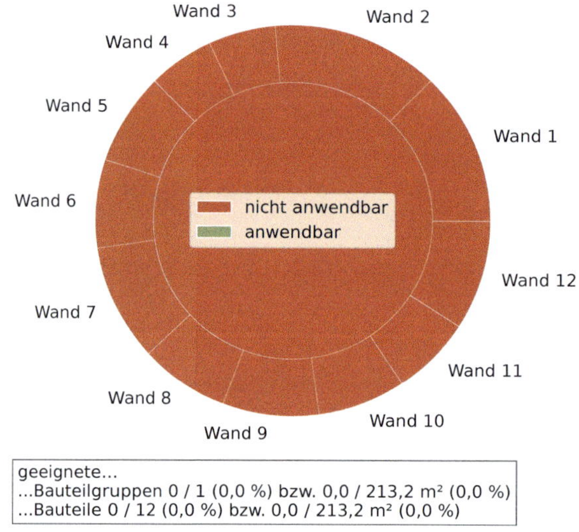

Abbildung A.43: Eignung der Wände für Verfahren 7.7

Nummer	IFC Typ (Elementspezifisch)	Name (Elementspezifisch)	Betondeckung, 95%-Quantil, hintere Lage (Ergebnisse der Analyse)	7.2 - Betonabtrag (Ergebnisse der Analyse)	Objekten anzahl
					33763
1	**Gebäude**				1
2	**Bauelement Proxy**				24
3	**Geschoss**				4
4	**Stütze**				20
5	**Bekleidung/Belag**				30
5.1	Bekleidung/Belag	Auswertung:Auswertung:2901893	36	71.7	
5.2	Bekleidung/Belag	Auswertung:Auswertung:2901887	49	84.9	
5.3	Bekleidung/Belag	Auswertung:Auswertung:2901881	41	61.5	
5.4	Bekleidung/Belag	Auswertung:Auswertung:2901875	40	61.6	
5.5	Bekleidung/Belag	Auswertung:Auswertung:2901869	29	65	
5.6	Bekleidung/Belag	Auswertung:Auswertung:2901863	47	83.2	
5.7	Bekleidung/Belag	Auswertung:Auswertung:2901857	29	65.3	
5.8	Bekleidung/Belag	Auswertung:Auswertung:2901851	45	61.6	
5.9	Bekleidung/Belag	Auswertung:Auswertung:2901845	60	95.6	
5.10	Bekleidung/Belag	Auswertung:Auswertung:2901839	40	76	
5.11	Bekleidung/Belag	Auswertung:Auswertung:2901833	23	58.8	
5.12	Bekleidung/Belag	Auswertung:Auswertung:2901826	72	107.7	
5.13	Bekleidung/Belag	Hohlstelle_adaptiv:Hohlstelle_adaptiv:2881085			
5.14	Bekleidung/Belag	Hohlstelle_adaptiv:Hohlstelle_adaptiv:2881078			
5.15	Bekleidung/Belag	Hohlstelle_adaptiv:Hohlstelle_adaptiv:2881071			
5.16	Bekleidung/Belag	Hohlstelle_adaptiv:Hohlstelle_adaptiv:2881064			
5.17	Bekleidung/Belag	Hohlstelle_adaptiv:Hohlstelle_adaptiv:2881057			
5.18	Bekleidung/Belag	Hohlstelle_adaptiv:Hohlstelle_adaptiv:2881050			
5.19	Bekleidung/Belag	Hohlstelle_adaptiv:Hohlstelle_adaptiv:2881043			
5.20	Bekleidung/Belag	Hohlstelle_adaptiv:Hohlstelle_adaptiv:2881036			
5.21	Bekleidung/Belag	Hohlstelle_adaptiv:Hohlstelle_adaptiv:2881029			
5.22	Bekleidung/Belag	Hohlstelle_adaptiv:Hohlstelle_adaptiv:2881022			
5.23	Bekleidung/Belag	Hohlstelle_adaptiv:Hohlstelle_adaptiv:2881015			
5.24	Bekleidung/Belag	Riss_adaptiv:Riss_adaptiv:2881005			
5.25	Bekleidung/Belag	Riss_adaptiv:Riss_adaptiv:2880998			
5.26	Bekleidung/Belag	Riss_adaptiv:Riss_adaptiv:2880991			
5.27	Bekleidung/Belag	Riss_adaptiv:Riss_adaptiv:2880984			
5.28	Bekleidung/Belag	Riss_adaptiv:Riss_adaptiv:2880977			
5.29	Bekleidung/Belag	Riss_adaptiv:Riss_adaptiv:2880970			
5.30	Bekleidung/Belag	Adaptive_Schadstelle:adaptive_Schadstelle:2880754			
6	**Raster**				31884
7	**Öffnung**				14
8	**Projekt**				1
9	**Baustelle**				1
10	**Decke**				14
11	**Virtual Element**				1729
12	**Wand - Standard**				41

Abbildung A.44: Übersicht der BIM-implementierten Datenträger-Objekte

(a) (b)

Abbildung A.45: **(a)** Darstellung der Stützen, eingefärbt entsprechend der 5-%-Quantile der Betondeckungen der vorderen Bewehrungslagen in mm nach der **(b)** Farblegende – Perspektive 2

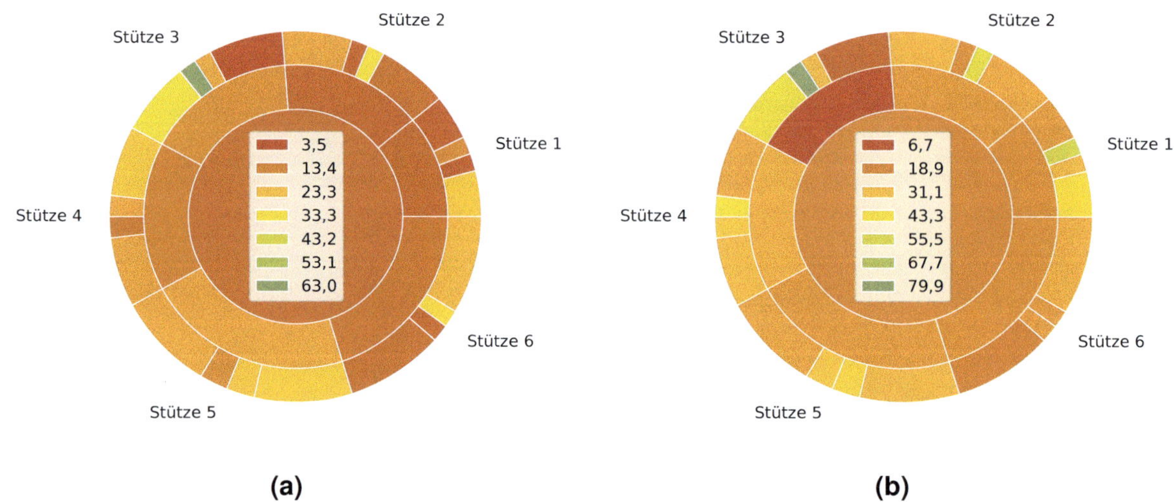

(a) (b)

Abbildung A.46: 5-%-Quantile der Betondeckungen der **(a)** vorderen und **(b)** hinteren Bewehrungslagen der Stützen in mm

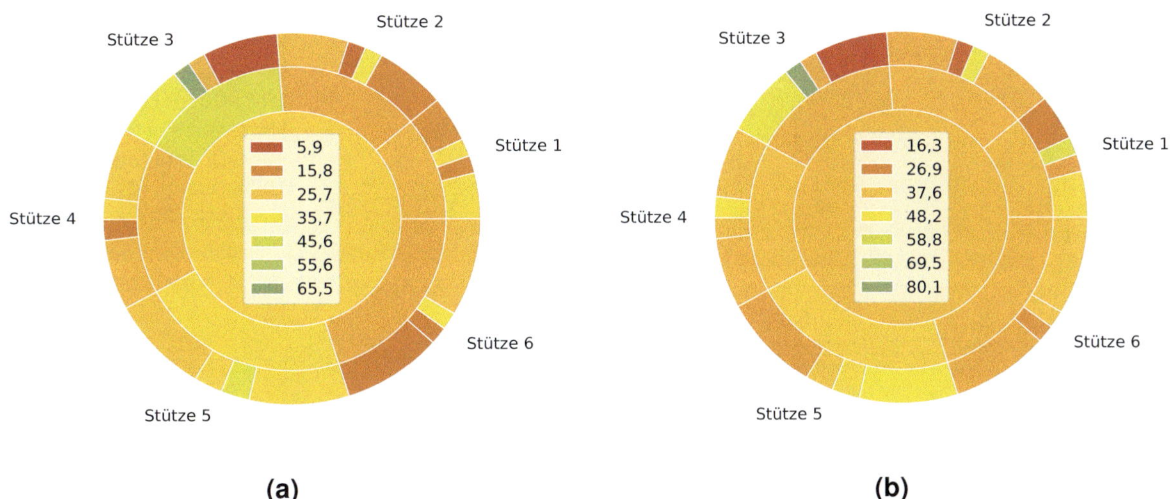

Abbildung A.47: Mittelwerte der Betondeckungen der **(a)** vorderen und **(b)** hinteren Bewehrungslagen der Stützen in mm

Abbildung A.48: Standardabweichungen der Betondeckungen der **(a)** vorderen und **(b)** hinteren Bewehrungslagen der Stützen in mm

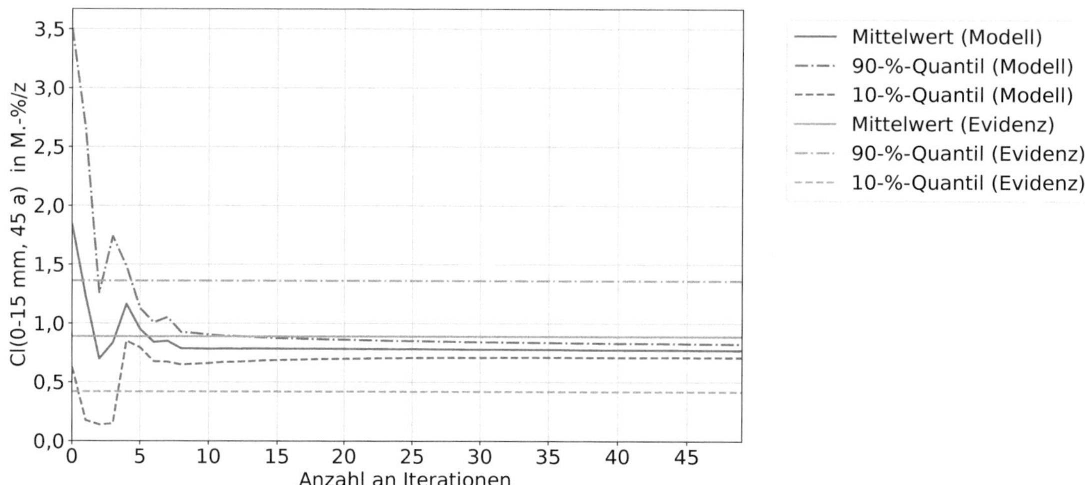

Abbildung A.49: Modellierte und gemessene Chloridgehalte in der Tiefe 0 - 15 mm über die Anzahl an Iterationen – Auswertung der Stützen

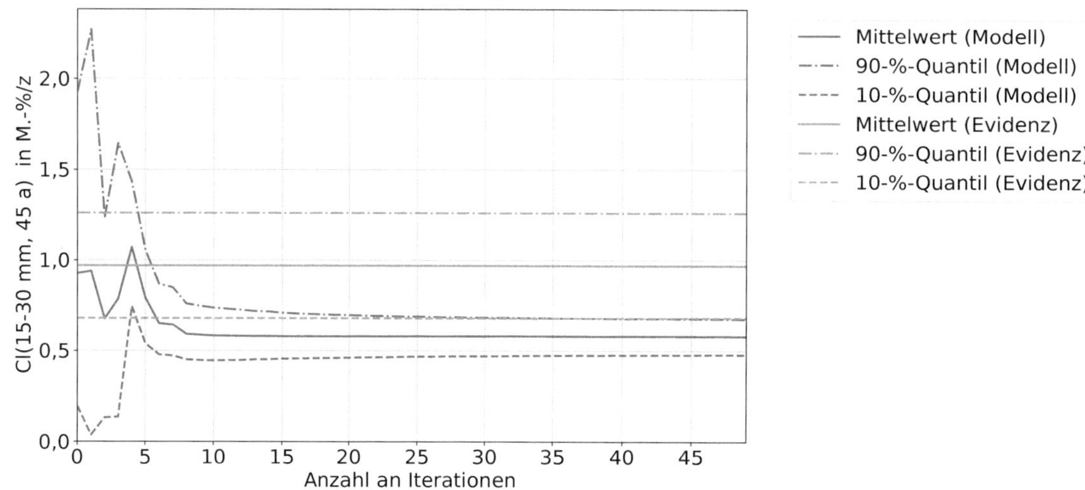

Abbildung A.50: Modellierte und gemessene Chloridgehalte in der Tiefe 15 - 30 mm über die Anzahl an Iterationen – Auswertung der Stützen

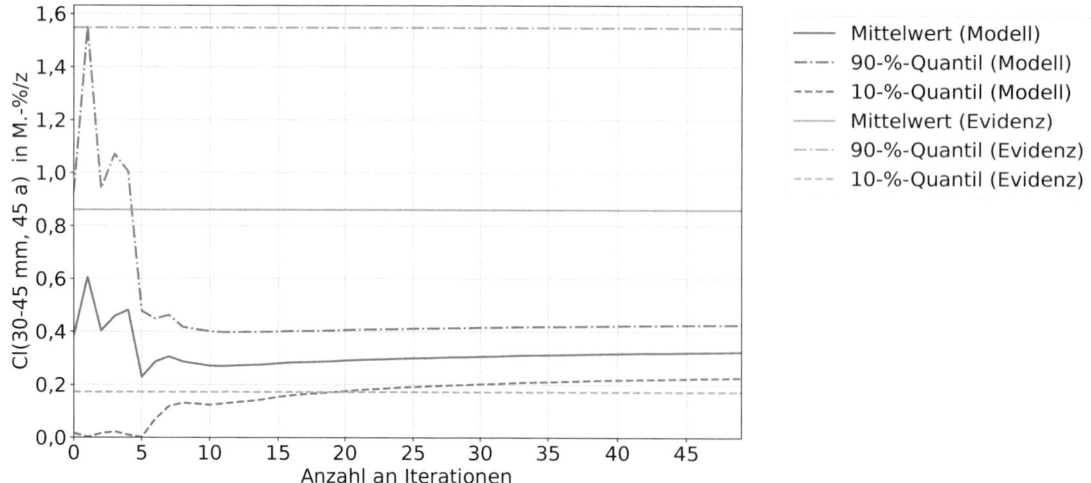

Abbildung A.51: Modellierte und gemessene Chloridgehalte in der Tiefe 30 - 45 mm über die Anzahl an Iterationen – Auswertung der Stützen

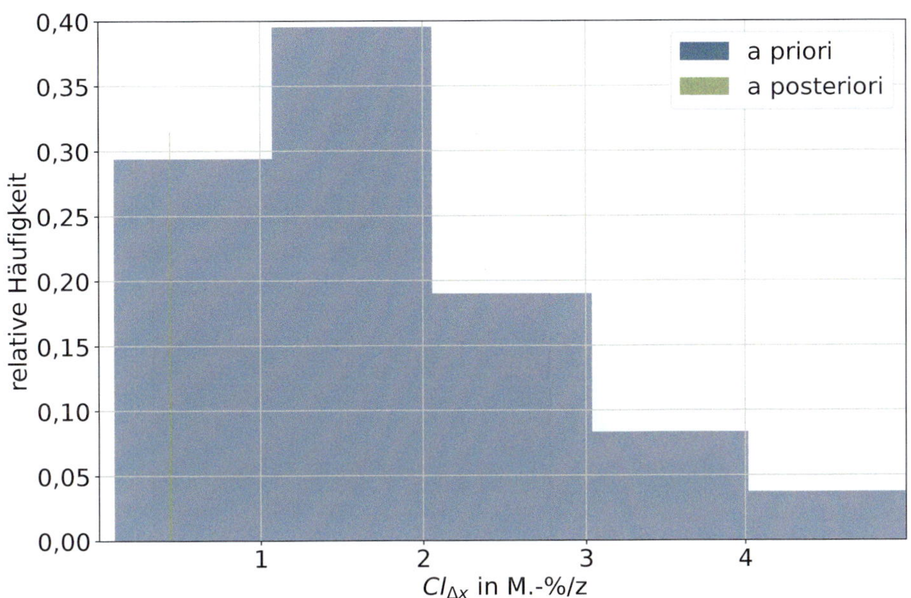

Abbildung A.52: Animation zur Progression des Modellparameters $Cl_{\Delta x}$ während der iterativen Inferenz – Auswertung der Stützen

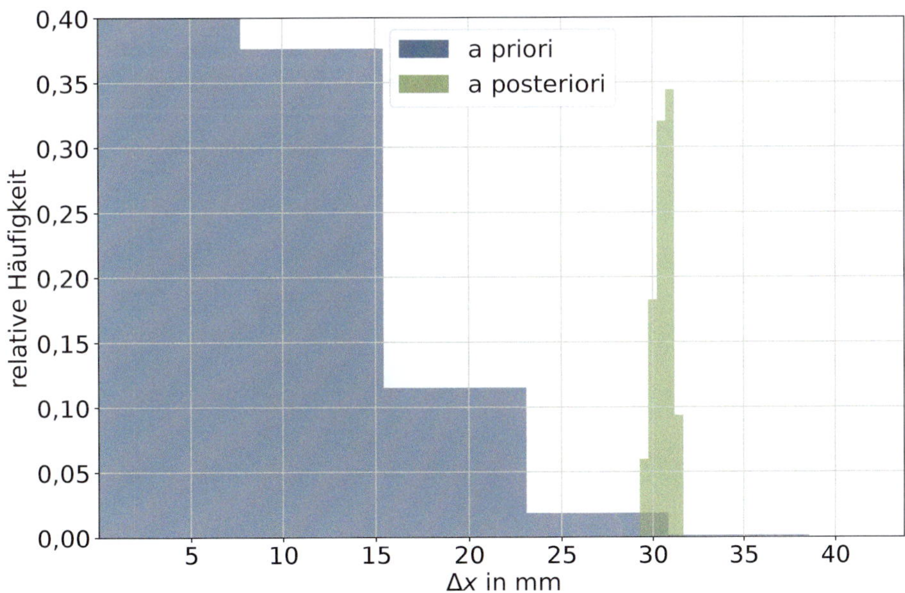

Abbildung A.53: Animation zur Progression des Modellparameters Δx während der iterativen Inferenz – Auswertung der Stützen

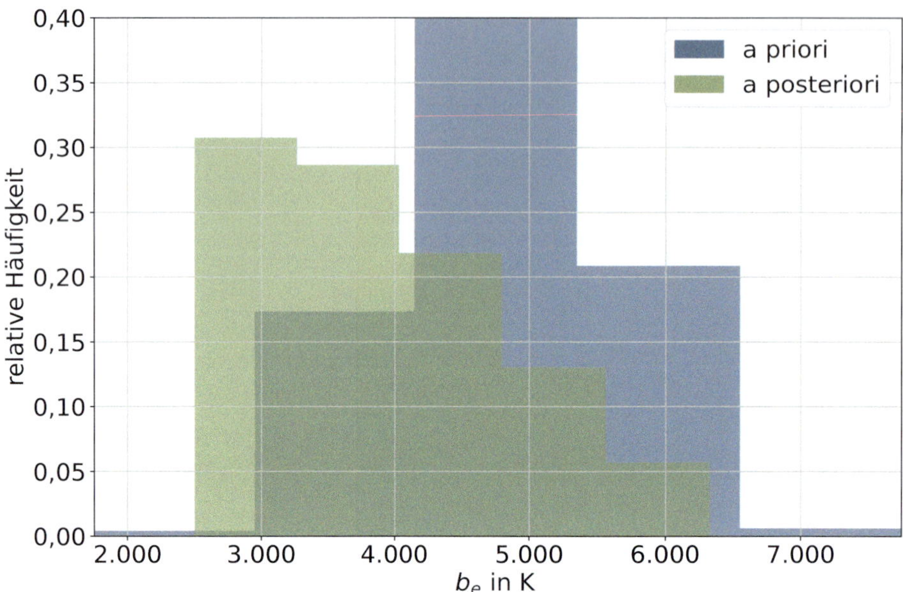

Abbildung A.54: Animation zur Progression des Modellparameters b_e während der iterativen Inferenz – Auswertung der Stützen

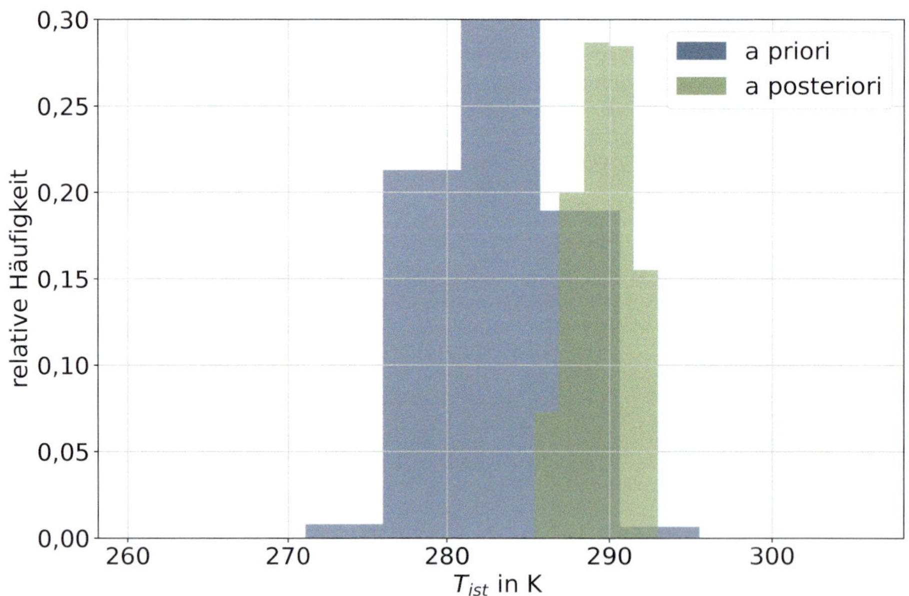

Abbildung A.55: Animation zur Progression des Modellparameters T_{ist} während der iterativen Inferenz – Auswertung der Stützen

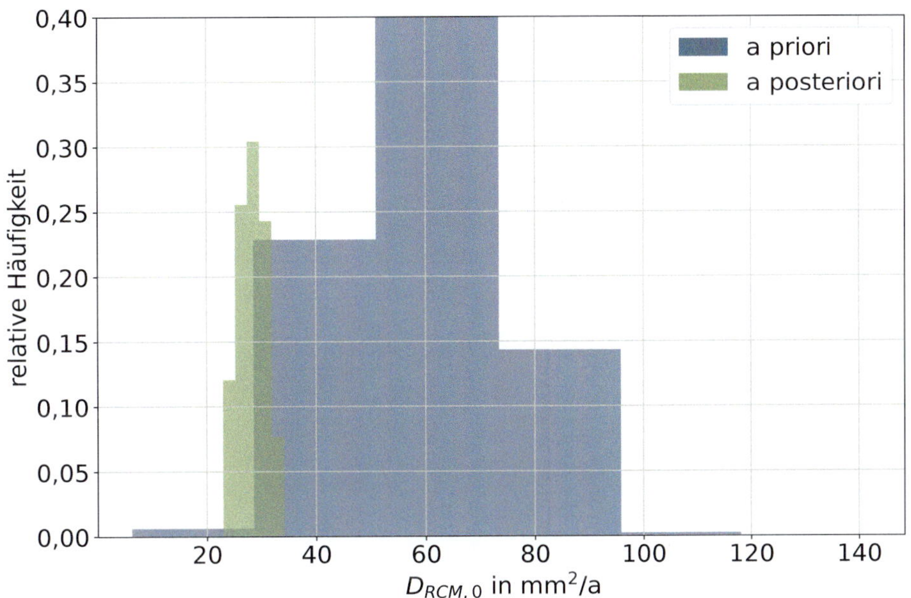

Abbildung A.56: Animation zur Progression des Modellparameters $D_{RCM,0}$ während der iterativen Inferenz – Auswertung der Stützen

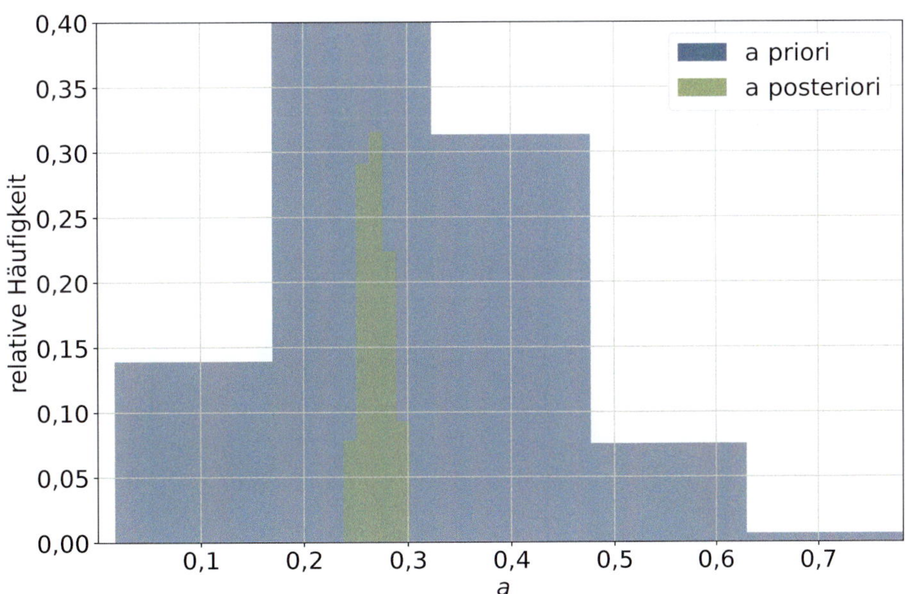

Abbildung A.57: Animation zur Progression des Modellparameters a während der iterativen Inferenz – Auswertung der Stützen

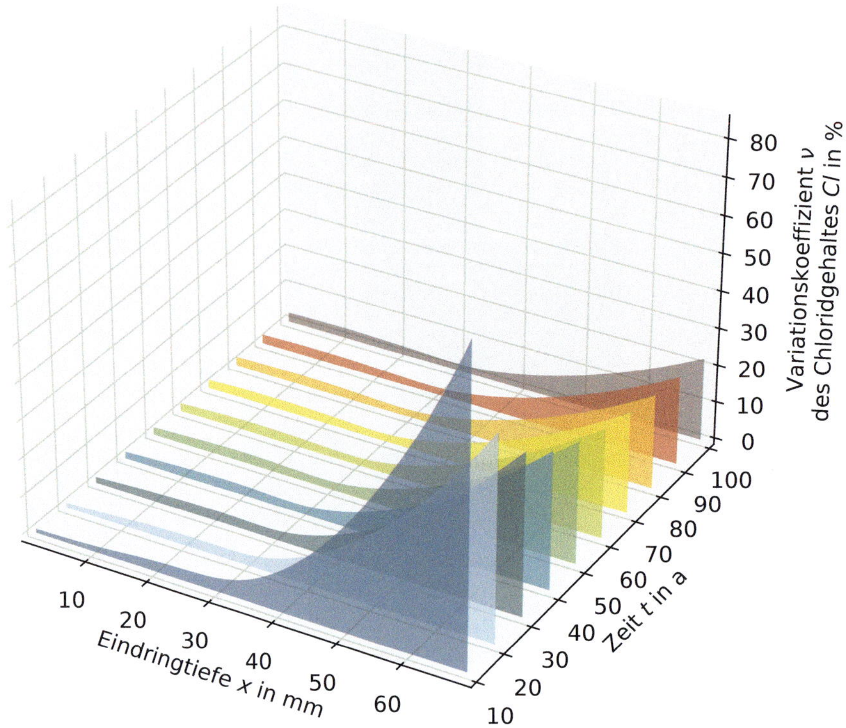

Abbildung A.58: Variationskoeffizienten der Chloridgehalte über die Eindringtiefe und die Zeit – Auswertung der Stützen

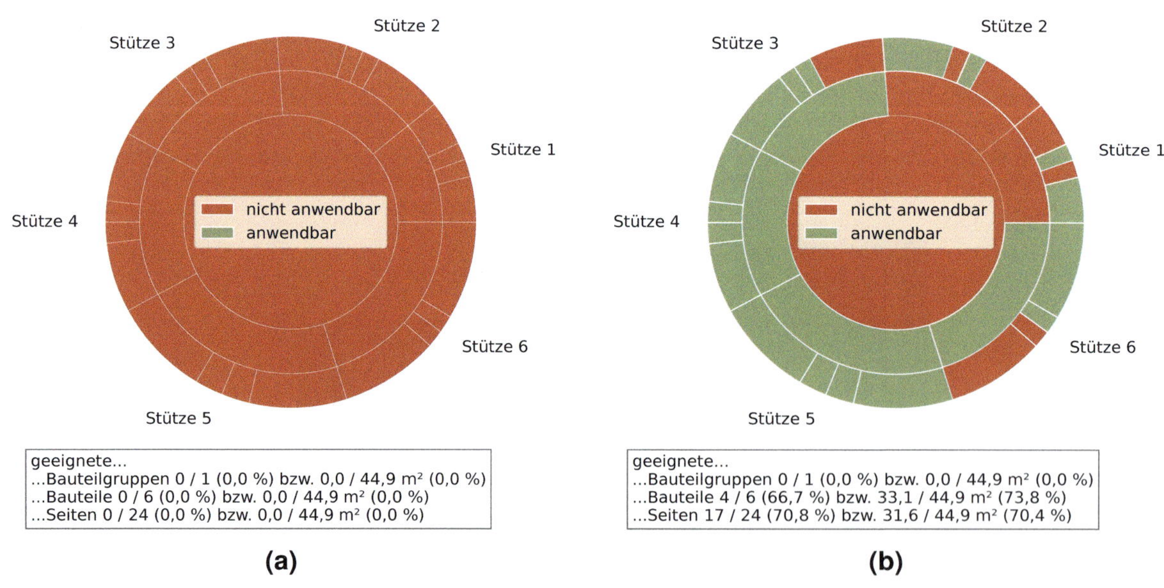

Abbildung A.59: Eignung der Stützen für **(a)** Verfahren 7.2 und **(b)** Verfahren 7.7

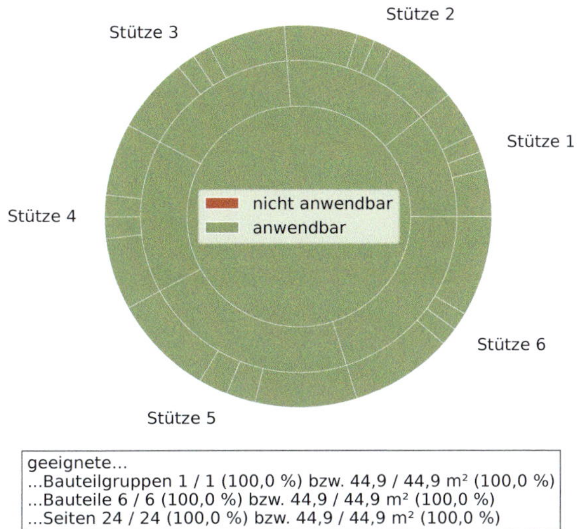

Abbildung A.60: Eignung der Stützen für Verfahren 8.3

B Tabellen

Tabelle B.1: Statistische Parameter für die Modellierung der Depassivierung infolge Carbonatisierung [212]

Größe	Einheit	Verteilung	Parameter	verwendet in
RH_{ist}	%	Weibull(max)	μ = 76 σ = 13 ω = 100	Formel 2.5
RH_{ref}	%	Konstante	65	Formel 2.5
f_e	–	Konstante	5	Formel 2.5
g_e	–	Konstante	2,5	Formel 2.5
k_t	–	Normal	μ = 1,25 σ = 0,35	Formel 2.4
$R^{-1}_{ACC,0}$	$\frac{\mathrm{mm^2/a}}{\mathrm{kg/m^3}}$	Normal	μ = 4225,82 σ = 1639,87	Formel 2.4
ε_t	$\frac{\mathrm{mm^2/a}}{\mathrm{kg/m^3}}$	Normal	μ = 315,5 σ = 48,0	Formel 2.4
$C_{S,Atm}$	kg/m^3	Normal	μ = 0,00082 σ = 0,00010	Formel 2.7

Tabelle B.2: Statistische Parameter für die Modellierung der Depassivierung infolge Chlorideintrag [212]

Größe	Einheit	Verteilung	Parameter	verwendet in
$Cl_{\Delta x}$	M.-%	Lognormal	μ = 2,0 σ = 1,2	Formel 2.11
x	mm	Normal	μ = 55 σ = 8	Formel 2.11
Δx	mm	Beta	μ = 8,9 σ = 5,6 $0 < \Delta x < 50$	Formel 2.11
b_e	K	Normal	μ = 4800 σ = 700	Formel 2.13
T_{ref}	K	Konstante	293	Formel 2.13
T_{ist}	K	Normal	μ = 282 σ = 3	Formel 2.13
$D_{RCM,0}$	mm^2/a	Normal	μ = 59,92 σ = 12,61	Formel 2.12
t_0	a	Konstante	0,0767	Formel 2.14
a	–	Beta	μ = 0,45 σ = 0,20 $0 < a < 1$	Formel 2.14

Tabelle B.3: Statistische Parameter und Momente (Zielwerte) der zu kalibrierenden Zufallsgrößen bei Carbonatisierung

Parameter	Verteilung	Mittelwert	Standardabweichung	Schiefe	Einheit
RH_{ist}	Beta (5; 5)·100	49,93	15,03	0,007	%
k_t	Normal (1,250; 0,525)	1,258	0,509	0,116	–
$R^{-1}_{ACC,0}$	Normal (4226; 1640)	4247	1607	0,080	$\frac{\mathrm{mm^2/a}}{\mathrm{kg/m^3}}$
ε_t	Normal (315,5; 48,0)	315,9	47,9	0,006	$\frac{\mathrm{mm^2/a}}{\mathrm{kg/m^3}}$
C_S	Normal (0,001025; 0,000100)	0,001024	0,000100	0,014	kg/m^3

Tabelle B.4: Statistische Parameter und Momente (Zielwerte) der zu kalibrierenden Zufallsgrößen bei Chlorideintrag

Parameter	Verteilung	Mittelwert	Standardabweichung	Schiefe	Einheit
$Cl_{\Delta x}$	Lognormal (0,45; 0,65)	1,741	0,996	0,975	M.-%
Δx	Beta (1,898; 8,766) · 50	8,874	5,595	0,908	mm
b_e	Normal (6000; 875)	5994	877	0,010	K
T_{ist}	Normal (283,15; 9,00)	283,10	9,01	0,004	K
$D_{RCM,0}$	Normal (60,0; 12,6)	59,95	12,57	0,008	mm^2/a
a	Beta (9,508; 4,075)	0,701	0,120	-0,420	–

Tabelle B.5: Mittlere Betondeckungen der Stabbewehrung und die aus ihnen berechnete Exzentrizität je Stützenachse

Stütze	Achse	Mittlere Betondeckung der senkrechten bzw. hintenliegenden Stabbewehrung in mm	Exzentrizität, berechnet als Quotient aus der höheren und niedrigeren Betondeckung je Achse
1	A	26,1	1,68
		43,8	
	B	31,4	1,79
		56,1	
2	A	32,9	1,03
		33,8	
	B	20,8	2,54
		52,8	
3	A	16,3	3,19
		52,0	
	B	33,5	2,39
		80,1	
4	A	35,0	1,05
		36,7	
	B	36,6	1,30
		47,5	
5	A	31,8	1,53
		48,5	
	B	39,1	1,14
		44,4	
6	A	33,2	1,15
		38,3	
	B	29,7	1,28
		38,0	

C Quelltexte

Quelltext C.1: Python-Skript zur Erstellung eines Bayes'schen Netzes für Carbonatisierung

```
"""
Input: Alter (age), Anzahl an Simulationen (N_samples), Evidenz (
                                          evidence_d_k)

Funktion: Bayes'sches Netz und Funktions-Knoten erstellen
"""

import pysmile
import time
import statistics
import csv
import os

net =pysmile.Network()
net.set_sample_count(N_samples)
net.set_discretization_sample_count(N_samples)
net.set_outlier_rejection_enabled(True)
colstep =200
rowstep =200

C_S =create_eq_node(net,
    "C_S", "Kohlendioxidgehalt an der Betonoberflaeche",
    colstep *3, rowstep *1,
    "Normal(0.00082, 0.0001) + 0",
    0, 0.01 *1.977
    )

k_t =create_eq_node(net,
    "k_t", "Regressionsparameter",
    colstep *2, rowstep *3,
    "Normal(1.25, 0.35)",
    0, 5
    )

```

```
R_ACC0 =create_eq_node(net,
    "R_ACC0", "inverser effektiver Carbonatisierungswiederstand (ACC)",
    colstep *1, rowstep *3,
    "Normal(4225.82, 1639.87)",
    0, 20000
    )

epsilon_t =create_eq_node(net,
    "epsilon_t", "Fehlerfunktion",
    colstep *3, rowstep *3,
    "Normal(315.5, 48)",
    0, 1000
    )

RH_ist =create_eq_node(net,
    "RH_ist", "Relative Ist-Luftfeuchte",
    colstep *2, rowstep *1,
    "Beta(7.443, 2.350) * 100",
    0, 100
    )

# Input-Knoten
t =create_eq_node(net,
    "t", "Alter",
    colstep *1, rowstep *1,
    str(age),
    0, 250
    )

x =create_eq_node(net,
    "x", "Eindringtiefe bzw. Betondeckung",
    colstep *0, rowstep *2,
    "Normal(55, 8)",
    0, 100
    )

# Output- und Evidenz-Knoten
for d_ki in range(len(evidence_d_k)):
    node ="d_k" +str(d_ki +1)
    d_kit =create_eq_node(net,
        node, "Carbonatisierungstiefe d_k zum Zeitpunkt t",
        colstep *(xi +1), rowstep *2,
        "Sqrt(2 * ((1 - (RH_ist / 100) ^ 5) / (1 - (65 / 100) ^ 5)) ^ 2.5 * (
                                                  k_t * R_ACC0 + epsilon_t) * C_S
```

```
                                                    ) * Sqrt(t)",
        0, 300
        )
    net.update_beliefs()

# Knoten, die kalibriert werden sollen (Bayes-Knoten)
bayes_nodes =[C_S, k_t, R_ACC0, epsilon_t, RH_ist]

# alle Knoten
model_nodes =net.get_all_node_ids()
```

Quelltext C.2: Python-Skript zur Erstellung eines Bayes'schen Netzes für Chlorideintrag

```
"""
Input: Alter (age), Anzahl an Simulationen (N_samples), Evidenz(
                                                    evidence_2dx)

Funktion: Bayes'sches Netz und Funktions-Knoten erstellen
"""

import pysmile
import time
import statistics
import csv
import os

net =pysmile.Network()
net.set_sample_count(N_samples)
net.set_discretization_sample_count(N_samples)
net.set_outlier_rejection_enabled(True)
colstep =200
rowstep =200

a =create_eq_node(net,
    "a", "Altersexponent",
    colstep *2, rowstep *3,
    "Beta(4.075, 9.508)",
    0, 1
    )

b_e =create_eq_node(net,
    "b_e", "Regressionsparameter",
    colstep *4, rowstep *3,
    "Normal(4800, 700)",
    0, 10000
```

```
    )

T_ist =create_eq_node(net,
    "T_ist", "Bauteiltemperatur",
    colstep *4, rowstep *1,
    "Normal(10 + 273.15, 3)",
    273.15 -40, 273.15 +60
    )

D_RCM0 =create_eq_node(net,
    "D_RCM0", "Chloridmigrationskoeffizient von wassergesaettigtem Beton
                                    bestimmt zum Zeitpunkt t_0 mit der
                                    Testmethode RCM",
    colstep *3, rowstep *1,
    "Normal(60, 12.6)",
    0, 200
    )

dx =create_eq_node(net,
    "dx", "Eindringtiefe die durch intermittierenden Chlorideintrag vom Fick
                                    'schen Verhalten abweicht",
    colstep *1, rowstep *3,
    "Beta(1.898, 8.766) * 50",
    0, 50
    )

Cl_dx =create_eq_node(net,
    "Cl_dx", "Chloridgehalt des Betons in der Tiefe deltaX",
    colstep *3, rowstep *3,
    "Lognormal(0.45, 0.65)",
    0, 5
    )

# Input-Knoten
t =create_eq_node(net,
    "t", "Alter",
    colstep *2, rowstep *1,
    str(age),
    0, 250
    )

x =create_eq_node(net,
    "x", "Eindringtiefe bzw. Tiefe der Bewehrung",
    colstep *1, rowstep *1,
```

```
    "Normal(55, 8)",
    0, 100
    )

# Output-Knoten
Cl_xt =create_eq_node(net,
    "Cl_xt", "Chloridgehalt des Betons in der Tiefe x zum Zeitpunkt t",
    colstep *1, rowstep *2,
    "Cl_dx * (1 - Erf((x - dx) / (2 * Sqrt((Exp(b_e * (1 / 293.15 - 1 /
        T_ist)) * D_RCM0 * 1 * (28 / 365 /
        t) ^ a) * t))))",
    0, 50
    )

# Evidenz-Knoten
for xi in range(len(evidence_2dx)):
    node ="Cl_x" +str(xi +1)
    Cl_xit =create_eq_node(net, node,
        "Chloridgehalt des Betons in der Tiefe " +str(evidence_2dx[xi][0][0])
            +" bis " +str(evidence_2dx[xi]
            [0][1]) +" mm zum Zeitpunkt t",
        colstep *(xi +2), rowstep *2,
        "Cl_dx * (1 - Erf((Uniform(" +str(evidence_2dx[xi][0][0]) +"," +str(
            evidence_2dx[xi][0][1]) +") -
            dx) / (2 * Sqrt((Exp(b_e * (1 /
            293.15 - 1 / T_ist)) * D_RCM0
            * 1 * (28 / 365 / t) ^ a) * t))
            ))",
        0, 10
        )
    net.update_beliefs()

# Knoten, die kalibriert werden sollen (Bayes-Knoten)
bayes_nodes =[a, b_e, T_ist, D_RCM0, dx, Cl_dx]

# alle Knoten
model_nodes =net.get_all_node_ids()
```

Quelltext C.3: Python-Skript zum Fitten und Implementieren von Monitoringdaten am Beispiel der relativen Luftfeuchte

```
"""
Input: Liste mit Abkuerzungen der ueberwachten Parameter (
        monitored_parameters),
       Liste mit Dateipfaden zu Monitoringdaten (monitored_datasets)
```

```

Funktion: ueberwachte Parameter ueberschreiben und von Inferenz
                                        ausschliessen
"""

monitored_mu =[]
monitored_sig =[]

for i in range(len(monitored_parameters)):
   fName =monitored_datasets[i]
   dataset =[]

   # Monitoring-Daten einlesen
   with open(fName, mode='r') as file:
      csvreader =csv.reader(file)
      for line in csvreader:
            dataset.append(float(line[0]))

   monitored_mu.append(statistics.mean(dataset))
   monitored_sig.append(statistics.stdev(dataset))

for mp in monitored_parameters:
   index =monitored_parameters.index(mp)
   mu =monitored_mu[index] /100
   var =monitored_sig[index] /100 /mu

   # Fit einer Beta-Verteilung
   p =(1 -mu) /var **2 -mu
   q =p *(1 -mu) /mu

   # Knoten ueberschreiben
   net.set_node_equation(mp, mp +"= Beta(" +str(p) +"," +str(q) +") * 100")
   bayes_nodes.remove(mp)
```

Quelltext C.4: Python-Skript zum Fitten und Implementieren von Monitoringdaten am Beispiel der Temperatur

```
"""
Input: Liste mit Abkuerzungen der ueberwachten Parameter (
                                        monitored_parameters),
         Liste mit Dateipfaden zu Monitoringdaten (monitored_datasets)

Funktion: ueberwachte Parameter ueberschreiben und von Inferenz
                                        ausschliessen
"""
```

```
monitored_mu =[]
monitored_sig =[]

for i in range(len(monitored_parameters)):
   fName =monitored_datasets[i]
   dataset =[]

   # Monitoring-Daten einlesen
   with open(fName, mode='r') as file:
      csvreader =csv.reader(file)
      for line in csvreader:
            dataset.append(float(line[0]))

   monitored_mu.append(statistics.mean(dataset))
   monitored_sig.append(statistics.stdev(dataset))

for mp in monitored_parameters:
   index =monitored_parameters.index(mp)
   mu =monitored_mu[index]
   var =monitored_sig[index] /mu

   # Knoten ueberschreiben mit Normal-Verteilung
   net.set_node_equation(mp, mp +"= Normal(" +str(monitored_mu[index]) +"+
                                  273.15, " +str(monitored_sig[index
                                  ]) +")")
   bayes_nodes.remove(mp)
```

Quelltext C.5: Python-Skript zur Anpassung der Intervallgrenzen bei Carbonatisierung

```
"""
Input: Bayes'sches Netz (net)

Funktion: Bayes-Knoten eingrenzen und rediskretisieren
"""

# untere Intervallgrenzen der Bayes-Knoten
bayes_nodes_lo_bounds ={
   C_S :0,
   k_t :0,
   R_ACC0 :0,
   epsilon_t :1,
   RH_ist :0
}

```

```
# obere Intervallgrenzen der Bayes-Knoten
bayes_nodes_hi_bounds ={
    C_S :0.01 *1.977 ,
    k_t :5,
    R_ACC0 :20000,
    epsilon_t :1000,
    RH_ist :100
}

# Grenzen anpassen und Knoten rediskretisieren
for node in bayes_nodes:
    lo =bayes_nodes_lo_bounds[node]
    hi =bayes_nodes_hi_bounds[node]
    net.set_node_equation_bounds(node, lo, hi)
    net.set_node_text_color(node, 200)
    bayes_nodes_ids.append(net.get_node_id(node))
    lo_backup_loop.append(lo)
    hi_backup_loop.append(hi)
    rediscretize(net, node, bins)
```

Quelltext C.6: Python-Skript zur Anpassung der Intervallgrenzen bei Chlorideintrag

```
"""
Input: Bayes'sches Netz (net)

Funktion: Bayes-Knoten eingrenzen und rediskretisieren
"""

# untere Intervallgrenzen der Bayes-Knoten
bayes_nodes_lo_bounds ={
    a :0,
    b_e :0,
    T_ist :273.15 -40,
    D_RCM0 :0,
    dx :0,
    Cl_dx :0
}

# obere Intervallgrenzen der Bayes-Knoten
bayes_nodes_hi_bounds ={
    a :1,
    b_e :10000,
    T_ist :273.15 +60,
    D_RCM0 :200,
    dx :50,
```

```
    Cl_dx :5
}

# Grenzen anpassen und Knoten rediskretisieren
for node in bayes_nodes:
    lo =bayes_nodes_lo_bounds[node]
    hi =bayes_nodes_hi_bounds[node]
    net.set_node_equation_bounds(node, lo, hi)
    net.set_node_text_color(node,200)
    bayes_nodes_ids.append(net.get_node_id(node))
    lo_backup_loop.append(lo)
    hi_backup_loop.append(hi)
    rediscretize(net, node, bins)
```

Quelltext C.7: Python-Skript zum Diskretisieren der Evidenz-Knoten bei Carbonatisierung

```
"""
Input: Evidenz (evidence_d_k_unique), Bayes'sches Netz (net)

Funktion: Evidenz-Knoten diskretisieren fuer moeglichst praezise
                                              Subintervalle
"""

iv_bounds =[]

for i in range(len(evidence_d_k_unique)):
    # Grenzen des Subintervalls (Klasse der Evidenz) setzen
    iv_bounds.append(evidence_d_k_unique[i] -0.1)
    iv_bounds.append(evidence_d_k_unique[i] +0.1)

# Obergrenze des Intervalls hinzufuegen, bspw. 100 mm fuer Carbonatisierung
iv_bounds.append(100)

iv =[
        pysmile.DiscretizationInterval(
            "State" +str(i), iv_bounds[i]
        )
        for i in range(len(iv_bounds))
        ]

for d_ki in range(len(evidence_d_k_unique)):
    node ="d_k" +str(d_ki +1)
    net.set_node_equation_discretization(node, iv)
```

Quelltext C.8: Python-Funktion zum Auslesen der Wahrscheinlichkeiten jeder Klasse nach der Bayes'schen Inferenz

```
"""
Input: Bayes'sches Netz, Identifikator

Funktion: Auslesen der Wahrscheinlichkeiten pro Klasse nach Inferenz
"""

def bin_stats(network, node_handle):
    iv =network.get_node_equation_discretization(node_handle)
    bounds =network.get_node_equation_bounds(node_handle)
    disc_beliefs =network.get_node_value(node_handle)
    lo =bounds[0]
    bin_stats =[]
    for i in range(len(disc_beliefs)):
        hi =iv[i].boundary
        bin_stats.append([lo, hi, disc_beliefs[i]])
        lo =hi
    return bin_stats
```

Quelltext C.9: Python-Funktion zum Überschreiben der Knotenfunktionen als Treppenfunktion entsprechend der berechneten Wahrscheinlichkeiten

```
"""
Input: Bayes'sches Netz, Identifikator, Liste von Werten

Funktion: Kalibrierung der Knotenfunktion als Treppenfunktion
"""

def overwrite_step_node(net, handle, values):
    step_x =""
    step_y =""
    bounds =net.get_node_equation_bounds(handle)
    lo =bounds[0]
    hi =bounds[1]
    for i in range(len(values) +1):
        step_x +=str(lo +i *(hi -lo) /len(values)) +","
    for val in values:
        step_y +=str(val) +","
    step_y =step_y[:-1]
    formula =model_nodes[handle] +"= Steps(" +step_x+step_y +")"
    net.set_node_equation(handle, formula)
    return handle
```

Quelltext C.10: Python-Skript zur iterativen Inferenz bei Carbonatisierung

```
"""
Input: Evidenz (evidence_d_k), Bayes'sches Netz (net)

Funktion: Iterative Inferenz
"""

exit_condition2 =False

while True:
    net.update_beliefs()

    # Evidenz setzen
    for d_ki in range(len(evidence_d_k)):
        node ="d_k" +str(d_ki +1)
        net.set_cont_evidence(node, evidence_d_k[d_ki])

    net.update_beliefs()
    bayes_bins_list =[]
    exit_condition1 =True
    lo_backup_loop =[]
    hi_backup_loop =[]

    for node in bayes_nodes:
        bayes_bins =bin_stats(net, node)
        bayes_bins_list.append(bayes_bins)

        # Backup der Intervallgrenzen erstellen
        lo =bayes_bins[0][0]
        hi =bayes_bins[-1][1]
        lo_backup_loop.append(lo)
        hi_backup_loop.append(hi)

        # Intervallgrenzen reduzieren

        # erstes Subintervall loeschen, wenn <= 0.01 Wahrscheinlichkeit
        if bayes_bins[0][2] <=0.01:
            lo =bayes_bins[0][1]
            exit_condition1 =False

        # erstes Subintervall halbieren, wenn <= 0.2 * mittlere
                                                    Wahrscheinlichkeit
        elif bayes_bins[0][2] <=1 /bins /5:
            lo =(bayes_bins[0][1] +bayes_bins[0][0]) /2
```

```
            exit_condition1 =False

        # letztes Subintervall loeschen, wenn <= 0.01 Wahrscheinlichkeit
        if bayes_bins[-1][2] <=0.01:
            hi =bayes_bins[-1][0]
            exit_condition1 =False

        # letztes Subintervall halbieren, wenn <= 0.2 * mittlere Wahrscheinlichkeit
        elif bayes_bins[-1][2] <=1 /bins /5:
            hi =(bayes_bins[-1][1] +bayes_bins[-1][0]) /2
            exit_condition1 =False

        net.set_node_equation_bounds(node, lo, hi)
        rediscretize(net, node, bins)

    lo_backup.append(lo_backup_loop)
    hi_backup.append(hi_backup_loop)

    # Backup nutzen, falls update_beliefs() fehlschlaegt
    try:
        net.update_beliefs()
    except:
        for i in range(len(bayes_nodes)):
            node =bayes_nodes[i]
            lo =lo_backup[-2][i]
            hi =hi_backup[-2][i]
            net.set_node_equation_bounds(node, lo, hi)
            rediscretize(net, node, bins)
            net.update_beliefs()
        break

    # wenn zweimal keine Aenderung, abbrechen
    if exit_condition1 and exit_condition2:
        break

    # wenn einmal keine Aenderung, Abbruch vorbereiten
    if exit_condition1:
        exit_condition2 =True
    else:
        exit_condition2 =False

    # Ergebnisse der Inferenz auslesen
    post_beliefs =[]
```

```
    for node in model_nodes:
        post_beliefs.append(net.get_node_value(node))

    net.clear_all_evidence()
    net.update_beliefs()

    # Bayes-Knoten ueberschreiben
    for node in bayes_nodes:
        overwrite_step_node(net, node, post_beliefs[node])

    net.update_beliefs()

    # Analyse der Inferenz
    smilestats =[round(num, 3) for num in net.get_node_sample_stats("d_k1")]

    # Abbruchkriterien definieren
    d_mu =0.1 # Zielabweichung Mittelwert
    d_sig =0.3 # Zielabweichung Standardabweichung

    # Abbruchkriterien pruefen und ggf. abbrechen
    if abs(round(smilestats[0] /round(statistics.mean(evidence_d_k), 3) -1,
                                    3)) <=d_mu and round(smilestats[1]
                                     /round(statistics.stdev(
                                    evidence_d_k), 3) -1, 3) <=d_sig:
        break
```

Quelltext C.11: Python-Skript zum quantitativen Nachweis der Betondeckung nach Tabelle A.1 des DBV-Merkblatts „Betondeckung und Bewehrung nach Eurocode 2“

```
"""
Input: IN[0] bis IN[1] entsprechend BIM-Eingabemaske und Dynamo-Skript

IN[0] = Betondeckungen
IN[1] = Vorgabe zur Mindestbetondeckung

Funktion: Auswertung der Betondeckung nach Tabelle A.1 im DBV-Merkblatt "
                                    Betondeckung und Bewehrung nach
                                    Eurocode 2" (2011)
"""

import numpy as np

# Dateninput
c =IN[0]
cmin =IN[1]
```

```

# statistische Auswertung
n =len(IN[0])
mean =np.mean(c)
std =np.std(c) *n **0.5 /(n -1) **0.5
var =std /mean *100
median =np.nanmedian(c)

# Lageparameter (Zentralwert)
r =(mean +median) /2

# Formparameter
k =1.8 *r /std

# Parameter rho(x) mit x = Mindestbetondeckung
rho =cmin /r

# Verteilungsfunktion mit x = Mindestbetondeckung
F =rho **k /(1 +rho **k) *100 # in %

# 5-%-Quantil der Betondeckung
quantil5 =r /19 **(1 /k)

# 10-%-Quantil der Betondeckung
quantil10 =r /9 **(1 /k)

# Output
OUT =[mean, median, std, var, min(c), cmin, F, quantil5, quantil10, n]
```

Quelltext C.12: Python-Skript zur Zuverlässigkeitsanalyse mittels MCS für die Betrachtung von Stützenseiten

```
"""
Input: IN[0] bis IN[9] entsprechend BIM-Eingabemaske und Dynamo-Skript

IN[0] = Pfad zur Pythonumgebung fuer SMILE
IN[1] = Ausgabe vom Knoten fuer das kalibrierte Chlorideintrag-Modell
IN[2] = Ausgabe vom Knoten fuer das kalibrierte Carbonatisierung-Modell
IN[3] = geforderter Zuverlaessigkeitsindex bei Chlorideintrag
IN[4] = geforderter Zuverlaessigkeitsindex bei Carbonatisierung
IN[5] = Alter
IN[6] = Restnutzungsdauer
IN[7] = Betondeckung der vorderen Bewehrungslage je Stuetze(-nseite)
IN[8] = kritischer, korrosionsausloesender Chloridgehalt
IN[9] = Dateipfad als Speicherort der Bayes'schen Netze
```

```

Funktion: Zuverlaessigkeit mittels Monte-Carlo-Methode ermitteln
"""

import pysmile
import math
import statistics
import os

# Ordner erstellen, wenn sie nicht bereits existieren
try:
    folder_path =str(IN[9]) +"\\beta"
    os.mkdir(folder_path)
except Exception:
    pass
try:
    folder_path =folder_path +"\\seiten"
    os.mkdir(folder_path)
except Exception:
    pass

# Liste fuer den Output des Knotens im Dynamo-Skript vorbereiten
OUT_element =[]

# Zeitpunkte definieren: Gegenwart, in 5 Jahren, Ende der Restnutzungsdauer
t =IN[5]
t5 =t +5
tr =t +IN[6]

# Schleife fuer jede Stuetze
for element in range(len(IN[7])):
    OUT_side =[]

    # Schleife fuer jede Seite jeder Stuetze
    for side in range(len(IN[7][element])):

        # Betondeckung der vorderen Bewehrungslage auslesen
        c =IN[7][element][side]
        c.sort()
        c_min =math.floor(min(c))
        c_max =math.ceil(max(c))

        # Treppenfunktion entsprechend der Betondeckung erstellen
        step_x =""
```

```
    step_y =""
    for i in range(c_min, c_max):
        step_x +=str(i) +","
        step_y +=str(sum(map(lambda x :x >=i and x <i +1, c))) +","

    step_x +=str(c_max) +","
    step_y =step_y[:-1]
    formula ="x=Steps(" +step_x +step_y +")"

    # Bayes'sches Netz fuer Carbonatisierung oeffnen
    net1 =pysmile.Network()
    net1.read_file(IN[2][-1])

    # Knoten fuer Betondeckung anpassen
    net1.set_node_equation_bounds("x", c_min, c_max)
    net1.set_node_equation("x", formula)
    rediscretize(net1, "x", 2)

    #Zuverlaessigkeitsbetrachtung fuer die drei Zeitpunkte
    carbo_z =[]
    for i in [t, t5, tr]:
        net1.set_node_equation_bounds("t", i -1, i +1)
        net1.set_node_equation("t", "t =" +str(i))
        net1.update_beliefs()

        # Wahrscheinlichkeit, dass Carbonatisierung > Betondeckung
        p_f =round(sum(map(lambda x :x <0, net1.get_node_value("Z"))) /len
                                        (net1.get_node_value("Z")) *
                                        100, 6)

        # Zuverlaessigkeitsindex nach Cornell
        beta =statistics.mean(net1.get_node_value("Z")) /statistics.stdev(
                                        net1.get_node_value("Z"))

        if beta <IN[4]:
            out ="Carbo - unzuverlaessig"
        else:
            out ="Carbo - zuverlaessig"

        carbo_z.append([i, p_f, beta,out])

        # Netz speichern
        net_path =folder_path +"\\Carbo_beta_" +str(element) +"_" +str(
                                        side) +"_" +str(i) +".xdsl"
```

```
            net1.write_file(net_path)

        # Bayes'sches Netz fuer Chlorideintrag oeffnen
        net2 =pysmile.Network()
        net2.read_file(IN[1][-1])

        # Knoten fuer Eindringtiefe entsprechend der Betondeckung anpassen
        net2.set_node_equation_bounds("x", c_min, c_max)
        net2.set_node_equation("x", formula)
        rediscretize(net2, "x", 2)

        #Zuverlaessigkeitsbetrachtung fuer die drei Zeitpunkte
        chlorid_z =[]
        for i in [t, t5, tr]:
            net2.set_node_equation_bounds("t", i -1, i +1)
            net2.set_node_equation("t", "t =" +str(i))
            net2.update_beliefs()

            Z =list(map(lambda x: IN[8] -x, net2.get_node_value("Cl_xt")))

            # Wahrscheinlichkeit, dass krit. Chloridgehalt ueberschritten wird
            p_f =round(sum(map(lambda x :x <0, Z)) /len(Z) *100, 6)

            # Zuverlaessigkeitsindex nach Cornell
            beta =statistics.mean(Z) /statistics.stdev(Z)

            if beta <IN[3]:
                out ="Chlorid - unzuverlaessig"
            else:
                out ="Chlorid - zuverlaessig"

            chlorid_z.append([i, p_f, beta, out])

            # Netz speichern
            net_path =folder_path +"\\Chlorid_beta_" +str(element) +"_" +str(side) +"_" +str(i) +".xdsl"
            net2.write_file(net_path)

        # Output erzeugen
        OUT_side.append([carbo_z, chlorid_z])
    OUT_element.append(OUT_side)
OUT =OUT_element
```

Verzeichnis der in der Schriftenreihe des Deutschen Ausschusses für Stahlbeton – DAfStb – seit 1945 erschienenen Hefte

Heft

100: Versuche an Stahlbetonbalken zur Bestimmung der Bewehrungsgrenze.
Von *W. Gehler, H. Amos* und *E. Friedrich.*
Die Ergebnisse der Versuche und das Dresdener Rechenverfahren für den plastischen Betonbereich (1949).
Von *W. Gehler.* 9,70 EUR

101: Versuche zur Ermittlung der Rissbildung und der Widerstandsfähigkeit von Stahlbetonplatten mit verschiedenen Bewehrungsstählen bei stufenweise gesteigerter Last.
Von *O. Graf* und *K. Walz.*
Versuche über die Schwellzugfestigkeit von verdrillten Bewehrungsstählen.
Von *O. Graf* und *G. Weil.*
Versuche über das Verhalten von kalt verformten Baustählen beim Zurückbiegen nach verschiedener Behandlung der Proben.
Von *O. Graf* und *G. Weil.*
Versuche zur Ermittlung des Zusammenwirkens von Fertigbauteilen aus Stahlbeton für Decken (1948).
Von *H. Amos* und *W. Bochmann.* vergriffen

102: Beton und Zement im Seewasser (1950).
Von *A. Eckhardt* und *W. Kronsbein.* vergriffen

103: Die *n*-freien Berechnungsweisen des einfach bewehrten, rechteckigen Stahlbetonbalkens (1951).
Von *K. B. Haberstock.* vergriffen

104: Bindemittel für Massenbeton, Untersuchungen über hydraulische Bindemittel aus Zement, Kalk und Trass (1951).
Von *K. Walz.* vergriffen

105: Die Versuchsberichte des Deutschen Ausschusses für Stahlbeton (1951).
Von *O. Graf.* vergriffen

106: Berechnungstafeln für rechtwinklige Fahrbahnplatten von Straßenbrücken (1952). 7. neubearbeitete Auflage (1981).
Von *H. Rüsch.* vergriffen

107: Die Kugelschlagprüfung von Beton.
Von *K. Gaede.* vergriffen

108: Verdichten von Leichtbeton durch Rütteln (1952).
Von *K. Walz.* vergriffen

109: SO_3-Gehalt der Zuschlagstoffe (1952).
Von *K. Gaede.* 3,30 EUR

110: Ziegelsplittbeton (1952).
Von *K. Charisius, W. Drechsel* und *A. Hummel.* vergriffen

111: Modellversuche über den Einfluss der Torsionssteifigkeit bei einer Plattenbalkenbrücke (1952).
Von *G. Marten.* vergriffen

112: Eisenbahnbrücken aus Spannbeton (1953). 2. erweiterte Auflage (1961).
Von *R. Bührer.* 7,80 EUR

113: Knickversuche mit Stahlbetonsäulen.
Von *W. Gehler* und *A. Hütter.*
Festigkeit und Elastizität von Beton mit hoher Festigkeit (1954).
Von *O. Graf.* 9,10 EUR

114: Schüttbeton aus verschiedenen Zuschlagstoffen.
Von *A. Hummel* und *K. Wesche.*
Die Ermittlung der Kornfestigkeit von Ziegelsplitt und anderen Leichtbeton-Zuschlagstoffen (1954).
Von *A. Hummel.* vergriffen

115: Die Versuche der Bundesbahn an Spannbetonträgern in Kornwestheim (1954).
Von *U. Giehrach* und *C. Sättele.* 5,40 EUR

116: Verdichten von Beton mit Innenrüttlern und Rütteltischen, Güteprüfung von Deckensteinen (1954).
Von *K. Walz.* vergriffen

117: Gas- und Schaumbeton: Tragfähigkeit von Wänden und Schwinden.
Von *O. Graf* und *H. Schäffler.*
Kugelschlagprüfung von Porenbeton (1954).
Von *K. Gaede.* vergriffen

118: Schwefelverbindung in Schlackenbeton (1954).
Von *A. Stois, F. Rost, H. Zinnert* und *F. Henkel.* 6,90 EUR

119: Versuche über den Verbund zwischen Stahlbeton-Fertigbalken und Ortbeton.
Von *O. Graf* und *G. Weil.*
Versuche mit Stahlleichtträgern für Massivdecken (1955).
Von *G. Weil.* vergriffen

120: Versuche zur Festigkeit der Biegedruckzone (1955).
Von *H. Rüsch.* vergriffen

121: Gas- und Schaumbeton:
Versuche zur Schubsicherung bei Balken aus bewehrtem Gas- und Schaumbeton.
Von *H. Rüsch.*
Ausgleichsfeuchtigkeit von dampfgehärtetem Gas- und Schaumbeton.
Von *H. Schäffler.*
Versuche zur Prüfung der Größe des Schwindens und Quellens von Gas und Schaumbeton (1956).
Von *O. Graf* und *H. Schäffle.* vergriffen

122: Gestaltfestigkeit von Betonkörpern.
Von *K. Walz.*
Warmzerreißversuche mit Spannstählen.
Von *J. Dannenberg, H. Deutschmann* und *Melchior.*
Konzentrierte Lasteintragung in Beton (1957).
Von *W. Pohle.* 7,60 EUR

123: Luftporenbildende Betonzusatzmittel (1956).
Von *K. Walz.* vergriffen

124: Beton im Seewasser (Ergänzung zu Heft 102) (1956).
Von *A. Hummel* und *K. Wesche.* 2,70 EUR

125: Untersuchungen über Federgelenke (1957).
Von *K. Kammüller* und *O. Jeske.* vergriffen

126: SO_3-Gehalt der Zuschlagstoffe – Langzeitversuche (Ergänzung zu Heft 109). Eindringtiefe von Beton in Holzwolle-Leichtbauplatten (1957).
Von *K. Gaede.* 5,40 EUR

127: Witterungsbeständigkeit von Beton (1957)
Von *K. Walz.* 4,80 EUR

128: Kugelschlagprüfung von Beton (Einfluss des Betonalters) (1957).
Von *K. Gaede.* vergriffen

129: Stahlbetonsäulen unter Kurz- und Langzeitbelastung (1958).
Von *K. Gaede.* 12,90 EUR

130: Bruchsicherheit bei Vorspannung ohne Verbund (1959).
Von *H. Rüsch, K. Kordina* und *C. Zelger.* 5,40 EUR

131: Das Kriechen unbewehrten Betons (1958).
Von *O. Wagner.* vergriffen

132: Brandversuche mit starkbewehrten Stahlbetonsäulen.
Von *H. Seekamp.*
Widerstandsfähigkeit von Stahlbetonbauteilen und Stahlsteindecken bei Bränden (1959).
Von *M. Hannemann* und *H. Thoms.* vergriffen

133: Gas- und Schaumbeton:
Druckfestigkeit von dampfgehärtetem Gasbeton nach verschiedener Lagerung.
Von *H. Schäffler.*
Über die Tragfähigkeit von bewehrten Platten aus dampfgehärtetem Gas- und Schaumbeton.
Von *H. Schäffler.*
Untersuchung des Zusammenwirkens von Porenbeton mit Schwerbeton bei bewehrten Schwerbetonbalken mit seitlich angeordneten Porenbetonschalen (1959).
Von *H. Rüsch* und *E. Lassas.* 4,80 EUR

134: Über das Verhalten von Beton in chemisch angreifenden Wässern (1959).
Von *K. Seidel.* vergriffen

135: Versuche über die beim Betonieren an den Schalungen entstehenden Belastungen.
Von *O. Graf* und *K. Kaufmann.*
Druckfestigkeit von Beton in der oberen Zone nach dem Verdichten durch Innenrüttler.
Von *K. Walz* und *H. Schäffler.*
Versuche über die Verdichtung von Beton auf einem Rütteltisch in lose aufgesetzter und in aufgespannter Form (1960).
Von *J. Strey.* vergriffen

136: Gas- und Schaumbeton:
Versuche über die Verankerung der Bewehrung in Gasbeton.
Über das Kriechen von bewehrten Platten aus dampfgehärtetem Gas- und Schaumbeton (1960).
Von *H. Schäffler.* 11,20 EUR

137: Schubversuche an Spannbetonbalken ohne Schubbewehrung.
Von *H. Rüsch* und *G. Vigerust.*
Die Schubfestigkeit von Spannbetonbalken ohne Schubbewehrung (1960).
Von *G. Vigerust.* vergriffen

138: Über die Grundlagen des Verbundes zwischen Stahl und Beton (1961).
Von *G. Rehm.* vergriffen

139: Theoretische Auswertung von Heft 120 – Festigkeit der Biegedruckzone (1961).
Von *G. Scholz.* 5,80 EUR

Heft

140: Versuche mit Betonformstählen (1963). Von *H. Rüsch* und *G. Rehm.* 16,00 EUR

141: Das spiegeloptische Verfahren (1962). Von *H. Weidemann* und *W. Koepcke.* 9,90 EUR

142: Einpressmörtel für Spannbeton (1960). Von *W. Albrecht* und *H. Schmidt.* 7,30 EUR

143: Gas- und Schaumbeton: Rostschutz der Bewehrung. Von *W. Albrecht* und *H. Schäffler.* Festigkeit der Biegedruckzone (1961). Von *H. Rüsch* und *R. Sell.* 15,00 EUR

144: Versuche über die Festigkeit und die Verformung von Beton bei Druck-Schwellbeanspruchung. Über den Einfluss der Größe der Proben auf die Würfeldruckfestigkeit von Beton (1962). Von *K. Gaede.* 14,50 EUR

145: Schubversuche an Stahlbeton-Rechteckbalken mit gleichmäßig verteilter Belastung. Von *H. Rüsch, F. R. Haugli* und *H. Mayer.* Stahlbetonbalken bei gleichzeitiger Einwirkung von Querkraft und Moment (1962). Von *F. R. Haugli.* 15,50 EUR

146: Der Einfluss der Zementart, des Wasser-Zement-Verhältnisses und des Belastungsalters auf das Kriechen von Beton. Von *A. Hummel, K. Wesche* und *W. Brand.* Der Einfluss des mineralogischen Charakters der Zuschläge auf das Kriechen von Beton (1962). Von *H. Rüsch, K. Kordina* und *H. Hilsdorf.* 31,20 EUR

147: Versuche zur Bestimmung der Übertragungslänge von Spannstählen. Von *H. Rüsch* und *G. Rehm.* Ermittlung der Eigenspannungen und der Eintragungslänge bei Spannbetonfertigteilen (1963). Von *K. Gaede.* 12,20 EUR

148: Der Einfluss von Bügeln und Druckstäben auf das Verhalten der Biegedruckzone von Stahlbetonbalken (1963). Von *H. Rüsch* und *S. Stöckl.* 14,80 EUR

149: Über den Zusammenhang zwischen Qualität und Sicherheit im Betonbau (1962). Von *H. Blaut.* 10,00 EUR

150: Das Verhalten von Betongelenken bei oftmals wiederholter Druck- und Biegebeanspruchung (1962). Von *J. Dix.* 8,40 EUR

151: Versuche an einfeldrigen Stahlbetonbalken mit und ohne Schubbewehrung (1962). Von *F. Leonhardt* und *R. Walther.* 10,70 EUR

152: Versuche an Plattenbalken mit hoher Schubbeanspruchung (1962). Von *F. Leonhardt* und *R. Walther.* 14,80 EUR

153: Elastische und plastische Stauchungen von Beton infolge Druckschwell- und Standbelastung (1962). Von *A. Mehmel* und *E. Kern.* 13,40 EUR

154: Spannungs-Dehnungs-Linien des Betons und Spannungsverteilung in der Biegedruckzone bei konstanter Dehngeschwindigkeit (1962). Von *C. Rasch.* 14,10 EUR

155: Einfluss des Zementleimgehaltes und der Versuchsmethode auf die Kenngrößen der Biegedruckzone von Stahlbetonbalken. Von *H. Rüsch* und *S. Stöckl.* Einfluss der Zwischenlagen auf Streuung und Größe der Spaltzugfestigkeit von Beton (1963). Von *R. Sell.* 10,60 EUR

156: Schubversuche an Plattenbalken mit unterschiedlicher Schubbewehrung (1963). Von *F. Leonhardt* und *R. Walther.* 15,90 EUR

157: Verformungsverhalten von Beton bei zweiachsiger Beanspruchung (1963). Von *H. Weigler* und *G. Becker.* 11,10 EUR

158: Rückprallprüfung von Beton mit dichtem Gefüge. Von *K. Gaede* und *E. Schmidt.* Konsistenzmessung von Beton (1964). Von *W. Albrecht* und *H. Schäffler.* 11,00 EUR

159: Die Beanspruchung des Verbundes zwischen Spannglied und Beton (1964). Von *H. Kupfer.* 6,60 EUR

160: Versuche mit Betonformstählen; Teil II. (1963). Von *H. Rüsch* und *G. Rehm.* 11,70 EUR

161: Modellstatische Untersuchung punktförmig gestützter schiefwinkliger Platten unter besonderer Berücksichtigung der elastischen Auflagernachgiebigkeit (1964). Von *A. Mehmel* und *H. Weise.* vergriffen

162: Verhalten von Stahlbeton und Spannbeton beim Brand (1964). Von *H. Seekamp, W. Becker, W. Struck, K. Kordina* und *H.-J. Wierig.* vergriffen

163: Schubversuche an Durchlaufträgern (1964). Von *F. Leonhardt* und *R. Walther.* 20,70 EUR

164: Verhalten von Beton bei hohen Temperaturen (1964). Von *H. Weigler, R. Fischer* und *H. Dettling.* 13,20 EUR

165: Versuche mit Betonformstählen Teil III. (1964). Von *H. Rüsch* und *G. Rehm.* 12,20 EUR

166: Berechnungstafeln für schiefwinklige Fahrbahnplatten von Straßenbrücken (1967). Von *H. Rüsch, A. Hergenröder* und *I. Mungan.* vergriffen

167: Frostwiderstand und Porengefüge des Betons, Beziehungen und Prüfverfahren. Von *A. Schäfer.* Der Einfluss von mehlfeinen Zuschlagstoffen auf die Eigenschaften von Einpressmörteln für Spannkanäle, Einpressversuche an langen Spannkanälen (1965). Von *W. Albrecht.* 14,80 EUR

168: Versuche mit Ausfallkörnungen. Von *W. Albrecht* und *H. Schäffler.* Der Einfluss der Zementsteinporen auf die Widerstandsfähigkeit von Beton im Seewasser. Von *K. Wesche.* Das Verhalten von jungem Beton gegen Frost. Von *F. Henkel.* Zur Frage der Verwendung von Bolzensetzgeräten zur Ermittlung der Druckfestigkeit von Beton (1965). Von *K. Gaede.* 13,10 EUR

169: Versuche zum Studium des Einflusses der Rissbreite auf die Rostbildung an der Bewehrung von Stahlbetonbauteilen. Von *G. Rehm* und *H. Moll.* Über die Korrosion von Stahl im Beton (1965). Von *H. L. Moll.* vergriffen

170: Beobachtungen an alten Stahlbetonbauteilen hinsichtlich Carbonatisierung des Betons und Rostbildung an der Bewehrung. Von *G. Rehm* und *H. L. Moll.* Untersuchung über das Fortschreiten der Carbonatisierung an Betonbauwerken, durchgeführt im Auftrage der Abteilung Wasserstraßen des Bundesverkehrsministeriums, zusammengestellt von *H.-J. Kleinschmidt.* Tiefe der carbonatisierten Schicht alter Betonbauten, Untersuchungen an Betonproben, durchgeführt vom Forschungsinstitut für Hochofenschlacke, Rheinhausen, und vom Laboratorium der westfälischen Zementindustrie, Beckum, zusammengestellt im Forschungsinstitut der Zementindustrie des Vereins Deutscher Zementwerke e.V. Düsseldorf (1965). 15,70 EUR

171: Knickversuche mit Zweigelenkrahmen aus Stahlbeton (1965). Von *W. Hochmann* und *S. Röbert.* 10,30 EUR

172: Untersuchungen über den Stoßverlauf beim Aufprall von Kraftfahrzeugen auf Stützen und Rahmenstiele aus Stahlbeton (1965). Von *C. Popp.* 10,70 EUR

173: Die Bestimmung der zweiachsigen Festigkeit des Betons (1965). Zusammenfassung und Kritik früherer Versuche und Vorschlag für eine neue Prüfmethode. Von *H. Hilsdorf.* 8,40 EUR

174: Untersuchungen über die Tragfähigkeit netzbewehrter Betonsäulen (1965). Von *H. Weigler* und *J. Henzel.* 8,40 EUR

175: Betongelenke. Versuchsbericht, Vorschläge zur Bemessung und konstruktiven Ausbildung. Von *F. Leonhardt* und *H. Reimann.* Kritische Spannungszustände des Betons bei mehrachsiger ruhender Kurzzeitbelastung (1965). Von *H. Reimann.* vergriffen

176: Zur Frage der Dauerfestigkeit von Spannbetonbauteilen (1966). Von *M. Mayer.* 9,60 EUR

177: Umlagerung der Schnittkräfte in Stahlbetonkonstruktionen. Grundlagen der Berechnung bei statisch unbestimmten Tragwerken unter Berücksichtigung der plastischen Verformungen (1966). Von *P. S. Rao.* 12,00 EUR

Heft

178: Wandartige Träger (1966).
Von *F. Leonhardt und R. Walther.* vergriffen

179: Veränderlichkeit der Biege- und Schubsteifigkeit bei Stahlbetontragwerken und ihr Einfluss auf Schnittkraftverteilung und Traglast bei statisch unbestimmter Lagerung (1966).
Von *W. Dilger.* 13,10 EUR

180: Knicken von Stahlbetonstäben mit Rechteckquerschnitt unter Kurzzeitbelastung – Berechnung mit Hilfe von automatischen Digitalrechenanlagen (1966).
Von *A. Blaser.* 8,40 EUR

181: Brandverhalten von Stahlbetonplatten – Einflüsse von Schutzschichten.
Von *K. Kordina* und *P. Bornemann.*
Grundlagen für die Bemessung der Feuerwiderstandsdauer von Stahlbetonplatten (1966).
Von *P. Bornemann.* 10,70 EUR

182: Karbonatisierung von Schwerbeton.
Von *A. Meyer, H.-J. Wierig* und *K. Husmann.*
Einfluss von Luftkohlensäure und Feuchtigkeit auf die Beschaffenheit des Betons als Korrosionsschutz für Stahleinlagen (1967).
Von *F. Schröder, H.-G. Smolczyk, K. Grade, R. Vinkeloe* und *R. Roth.* 12,90 EUR

183: Das Kriechen des Zementsteins im Beton und seine Beeinflussung durch gleichzeitiges Schwinden (1966).
Von *W. Ruetz.* 8,40 EUR

184: Untersuchungen über den Einfluss einer Nachverdichtung und eines Anstriches auf Festigkeit, Kriechen und Schwinden von Beton (1966).
Von *H. Hilsdorf* und *K. Finsterwalder* 8,40 EUR

185: Das unterschiedliche Verformungsverhalten der Rand- und Kernzonen von Beton (1966).
Von *S. Stöckl.* 9,60 EUR

186: Betone aus Sulfathüttenzement in höherem Alter (1966).
Von *K. Wesche* und *W. Manns.* 8,40 EUR

187: Zur Frage des Einflusses der Ausbildung der Auflager auf die Querkrafttragfähigkeit von Stahlbetonbalken.
Von *K. Gaede.*
Schwingungsmessungen an Massivbrücken (1966).
Von *B. Brückmann.* 9,60 EUR

188: Verformungsversuche an Stahlbetonbalken mit hochfestem Bewehrungsstahl (1967).
Von *G. Franz* und *H. Brenker.* 12,00 EUR

189: Die Tragfähigkeit von Decken aus Glasstahlbeton (1967).
Von *C. Zelger.* 10,70 EUR

190: Festigkeit der Biegedruckzone – Vergleich von Prismen- und Balkenversuchen (1967).
Von *H. Rüsch, K. Kordina* und *S. Stöckl.* 8,40 EUR

191: Experimentelle Bestimmung der Spannungsverteilung in der Biegedruckzone.
Von *C. Rasch.*
Stützmomente kreuzweise bewehrter durchlaufender Rechteckbetonplatten (1967).
Von *H. Schwarz.* 9,60 EUR

192: Die mitwirkende Breite der Gurte von Plattenbalken (1967).
Von *W. Koepcke* und *G. Denecke.* vergriffen

193: Bauschäden als Folge der Durchbiegung von Stahlbeton-Bauteilen (1967).
Von *H. Mayer* und *H. Rüsch.* 13,10 EUR

194: Die Berechnung der Durchbiegung von Stahlbeton-Bauteilen (1967).
Von *H. Mayer.* vergriffen

195: 5 Versuche zum Studium der Verformungen im Querkraftbereich eines Stahlbetonbalkens (1967).
Von *H. Rüsch* und *H. Mayer.* 12,00 EUR

196: Tastversuche über den Einfluss von vorangegangenen Dauerlasten auf die Kurzzeitfestigkeit des Betons.
Von *S. Stöckl.*
Kennzahlen für das Verhalten einer rechteckigen Biegedruckzone von Stahlbetonbalken unter kurzzeitiger Belastung (1967).
Von *H. Rüsch* und *S. Stöckl.* 13,60 EUR

197: Brandverhalten durchlaufender Stahlbetonrippendecken.
Von *H. Seekamp* und *W. Becker.*
Brandverhalten kreuzweise bewehrter Stahlbetonrippendecken.
Von *J. Stanke.*
Vergrößerung der Betondeckung als Feuerschutz von Stahlbetonplatten, 1. und 2. Teil (1967).
Von *H. Seekamp* und *W. Becker.* 14,10 EUR

198: Festigkeit und Verformung von unbewehrtem Beton unter konstanter Dauerlast (1968).
Von *H. Rüsch, R. Sell, C. Rasch, E. Grasser, A. Hummel, K. Wesche* und *H. Flatten.* 13,30 EUR

199: Die Berechnung ebener Kontinua mittels der Stabwerkmethode – Anwendung auf Balken mit einer rechteckigen Öffnung (1968).
Von *A. Krebs* und *F. Haas.* 10,70 EUR

200: Dauerschwingfestigkeit von Betonstählen im einbetonierten Zustand.
Von *H. Wascheidt.*
Betongelenke unter wiederholten Gelenkverdrehungen (1968).
Von *G. Franz* und *H.-D. Fein.* 11,70 EUR

201: Schubversuche an indirekt gelagerten, einfeldrigen und durchlaufenden Stahlbetonbalken (1968).
Von *F. Leonhardt, R. Walther* und *W. Dilger.* 9,60 EUR

202: Torsions- und Schubversuche an vorgespannten Hohlkastenträgern.
Von *F. Leonhardt, R. Walther* und *O. Vogler.*
Torsionsversuche an einem Kunstharzmodell eines Hohlkastenträgers (1968).
Von *D. Feder.* 12,00 EUR

203: Festigkeit und Verformung von Beton unter Zugspannungen (1969).
Von *H. G. Heilmann, H. Hilsdorf* und *K. Finsterwalder.* 14,40 EUR

204: Tragverhalten ausmittig beanspruchter Stahlbetondruckglieder (1969).
Von *A. Mehmel, H. Schwarz, K. H. Kasparek* und *J. Makovi.* 12,00 EUR

205: Versuche an wendelbewehrten Stahlbetonsäulen unter kurz- und langzeitig wirkenden zentrischen Lasten (1969).
Von *H. Rüsch* und *S. Stöckl.* 12,00 EUR

206: Statistische Analyse der Betonfestigkeit (1969).
Von *H. Rüsch, R. Sell* und *R. Rackwitz.* 8,40 EUR

207: Versuche zur Dauerfestigkeit von Leichtbeton.
Von *R. Sell* und *C. Zelger.*
Versuche zur Festigkeit der Biegedruckzone. Einflüsse der Querschnittsform (1969).
Von *S. Stöckl* und *H. Rüsch.* 13,10 EUR

208: Zur Frage der Rissbildung durch Eigen- und Zwängspannungen infolge Temperatur in Stahlbetonbauteilen (1969).
Von *H. Falkner.* vergriffen

209: Festigkeit und Verformung von Gasbeton unter zweiaxialer Druck-Zug-Beanspruchung.
Von *R. Sell.*
Versuche über den Verbund bei bewehrtem Gasbeton (1970).
Von *R. Sell* und *C. Zelger.* 12,00 EUR

210: Schubversuche mit indirekter Krafteinleitung. Versuche zum Studium der Verdübelungswirkung der Biegezugbewehrung eines Stahlbetonbalkens (1970).
Von *T. Baumann* und *H. Rüsch.* 14,40 EUR

211: Elektronische Berechnung des in einem Stahlbetonbalken im gerissenen Zustand auftretenden Kräftezustandes unter besonderer Berücksichtigung des Querkraftbereiches (1970).
Von *D. Jungwirth.* 15,80 EUR

212: Einfluss der Krümmung von Spanngliedern auf den Spannweg.
Von *C. Zelger* und *H. Rüsch.*
Über den Erhaltungszustand 20 Jahre alter Spannbetonträger (1970).
Von *K. Kordina* und *N. V. Waubke.* 9,60 EUR

213: Vierseitig gelagerte Stahlbetonhohlplatten. Versuche, Berechnung und Bemessung (1970).
Von *H. Aster.* vergriffen

214: Verlängerung der Feuerwiderstandsdauer von Stahlbetonstützen durch Anwendung von Bekleidungen oder Ummantelungen.
Von *W. Becker* und *J. Stanke.*
Über das Verhalten von Zementmörtel und Beton bei höheren Temperaturen (1970).
Von *R. Fischer.* 15,30 EUR

215: Brandversuche an Stahlbetonfertigstützen, 2. und 3. Teil (1970).
Von *W. Becker* und *J. Stanke.* 15,30 EUR

216: Schnittkrafttafeln für den Entwurf kreiszylindrischer Tonnenkettendächer (1971).
Von *A. Mehmel, W. Kruse, S. Samaan* und *H. Schwarz.* 20,90 EUR

217: Tragwirkung orthogonaler Bewehrungsnetze beliebiger Richtung in Flächentragwerken aus Stahlbeton (1972).
Von *T. Baumann.* vergriffen

Heft

218: Versuche zur Schubsicherung und Momentendeckung von profilierten Stahlbetonbalken (1972).
Von *H. Kupfer* und *T. Baumann*.
11,00 EUR

219: Die Tragfähigkeit von Stahlsteindecken.
Von *C. Zelger* und *F. Daschner*.
Bewehrte Ziegelstürze (1972).
Von *C. Zelger*. 10,20 EUR

220: Bemessung von Beton- und Stahlbetonbauteilen nach DIN 1045, Ausgabe Januar 1972. [2. überarbeitete Auflage (1979)] – Biegung mit Längskraft, Schub, Torsion.
Von *E. Grasser*.
Nachweis der Knicksicherheit.
Von *K. Kordina* und *U. Quast*.
26,90 EUR

220 (En): Design of Concrete and Reinforced Concrete Members in Accordance with DIN 1045 December 1978 Edition – Bending with Axial Force, Shear, Torsion.
By *E. Grasser*.
Analysis of Safety against Buckling.
By *K. Kordina* and *U. Quast*
2nd revised edition. 26,90 EUR

221: Festigkeit und Verformung von Innenwandknoten in der Tafelbauweise.
Von *H. Kupfer*.
Die Druckfestigkeit von Mörtelfugen zwischen Betonfertigteilen.
Von *E. Grasser* und *F. Daschner*.
Tragfähigkeit (Schubfestigkeit) von Deckenauflagen im Fertigteilbau (1972).
Von *R. v. Halász* und *G. Tantow*.
14,30 EUR

222: Druck-Stöße von Bewehrungsstäben – Stahlbetonstützen mit hochfestem Stahl St 90 (1972).
Von *F. Leonhardt* und *K.-T. Teichen*.
9,70 EUR

223: Spanngliedverankerungen im Inneren von Bauteilen.
Von *J. Eibl* und *G. Iványi*.
Teilweise Vorspannung (1973).
Von *R. Walther* und *N. S. Bhal*.
12,30 EUR

224: Zusammenwirken von einzelnen Fertigteilen als großflächige Scheibe (1973).
Von *G. Mehlhorn*. vergriffen

225: Mikrobeton für modellstatische Untersuchungen (1972).
Von *A.-H. Burggrabe*. 13,20 EUR

226: Tragfähigkeit von Zugschlaufenstößen.
Von *F. Leonhardt*, *R. Walther* und *H. Dieterle*.
Haken- und Schlaufenverbindungen in biegebeanspruchten Platten.
Von *G. Franz* und *G. Timm*.
Übergreifungsvollstöße mit hakenformig gebogenen Rippenstählen (1973).
Von *K. Kordina* und *G. Fuchs*.
14,10 EUR

227: Schubversuche an Spannbetonträgern (1973).
Von *F. Leonhardt*, *R. Koch* und *F.-S. Rostásy*. 26,80 EUR

Heft

228: Zusammenhang zwischen Oberflächenbeschaffenheit, Verbund und Sprengwirkung von Bewehrungsstählen unter Kurzzeitbelastung (1973).
Von *H. Martin*. 12,60 EUR

229: Das Verhalten des Betons unter mehrachsiger Kurzzeitbelastung unter besonderer Berücksichtigung der zweiachsigen Beanspruchung.
Von *H. Kupfer*.
Bau und Erprobung einer Versuchseinrichtung für zweiachsige Belastung (1973).
Von *H. Kupfer* und *C. Zelger*.
19,30 EUR

230: Erwärmungsvorgänge in balkenartigen Stahlbetonteilen unter Brandbeanspruchung (1975).
Von *H. Ehm*, *K. Kordina* und *R. v. Postel*. 20,30 EUR

231: Die Versuchsberichte des Deutschen Ausschusses für Stahlbeton. Inhaltsübersicht der Hefte 1 bis 230 (1973).
Von *O. Graf* und *H. Deutschmann*.
10,10 EUR

232: Bestimmung physikalischer Eigenschaften des Zementsteins.
Von *F. Wittmann*.
Verformung und Bruchvorgang poröser Baustoffe bei kurzzeitiger Belastung und unter Dauerlast (1974).
Von *F. Wittmann* und *J. Zaitsev*.
14,30 EUR

233: Stichprobenprüfpläne und Annahmekennlinien für Beton (1973).
Von *H. Blaut*. 7,90 EUR

234: Finite Elemente zur Berechnung von Spannbeton-Reaktordruckbehältern (1973).
Von *J. H. Argyris*, *G. Faust*, *J. R. Roy*, *J. Szimmat*, *E. P. Warnke* und *K. J. Willam*. 13,10 EUR

235: Untersuchungen zum heißen Liner als Innenwand für Spannbetondruckbehälter für Leichtwasserreaktoren (1973).
Von *J. Meyer* und *W. Spandick*.
vergriffen

236: Tragfähigkeit und Sicherheit von Stahlbetonstützen unter ein- und zweiachsig exzentrischer Kurzzeit- und Dauerbelastung (1974).
Von *R. F. Warner*. 8,30 EUR

237: Spannbeton-Reaktordruckbehälter: Studie zur Erfassung spezieller Betoneigenschaften im Reaktordruckbehälterbau.
Von *J. Eibl*, *N. V. Waubke*, *W. Klingsch*, *U. Schneider* und *G. Rieche*.
Parameterberechnungen an einem Referenzbehälter.
Von *J. Szimmat* und *K. Willam*.
Einfluss von Werkstoffeigenschaften auf Spannungs- und Verformungszustände eines Spannbetonbehälters (1974).
Von *V. Hansson* und *F. Stangenberg*.
13,10 EUR

238: Einfluss wirklichkeitsnahen Werkstoffverhaltens auf die kritischen Kipplasten schlanker Stahlbeton- und Spannbetonträger.
Von *G. Mehlhorn*.
Berechnung von Stahlbetonscheiben im Zustand II bei Annahme eines wirklichkeitsnahen Werkstoffverhaltens (1974).
Von *K. Dörr*, *G. Mehlhorn*, *W. Stauder* und *D. Uhlisch*. 16,70 EUR

Heft

239: Torsionsversuche an Stahlbetonbalken (1974).
Von *F. Leonhardt* und *G. Schelling*.
20,30 EUR

240: Hilfsmittel zur Berechnung der Schnittgrößen und Formänderungen von Stahlbetontragwerken nach DIN 1045 Ausgabe Juli 1988 [3. überarbeitete Auflage (1991)].
Von *E. Grasser* und *G. Thielen*.
19,30 EUR

241: Abplatzversuche an Prüfkörpern aus Beton, Stahlbeton und Spannbeton bei verschiedenen Temperaturbeanspruchungen (1974).
Von *C. Meyer-Ottens*. 9,70 EUR

242: Verhalten von verzinkten Spannstählen und Bewehrungsstählen.
Von *G. Rehm*, *A. Lämmke*, *U. Nürnberger*, *G. Rieche* sowie *H. Martin* und *A. Rauen*.
Löten von Betonstahl (1974).
Von *D. Russwurm*. 20,30 EUR

243: Ultraschall-Impulstechnik bei Fertigteilen.
Von *G. Rehm*, *N. V. Waubke* und *J. Neisecke*.
Untersuchungen an ausgebauten Spanngliedern (1975).
Von *A. Röhnisch*. 15,50 EUR

244: Elektronische Berechnung der Auswirkungen von Kriechen und Schwinden bei abschnittsweise hergestellten Verbundstabwerken (1975).
Von *D. Schade* und *W. Haas*.
7,10 EUR

245: Die Kornfestigkeit künstlicher Zuschlagstoffe und ihr Einfluss auf die Betonfestigkeit.
Von *R. Sell*.
Druckfestigkeit von Leichtbeton (1974).
Von *K. D. Schmidt-Hurtienne*.
17,40 EUR

246: Untersuchungen über den Querstoß beim Aufprall von Kraftfahrzeugen auf Gründungspfähle aus Stahlbeton und Stahl (1974).
Von *C. Popp*. 17,20 EUR

247: Temperatur und Zwangsspannung im Konstruktions-Leichtbeton infolge Hydratation.
Von *H. Weigler* und *J. Nicolay*.
Dauerschwell- und Betriebsfestigkeit von Konstruktions-Leichtbeton (1975).
Von *H. Weigler* und *W. Freitag*.
13,70 EUR

248: Zur Frage der Abplatzungen an Bauteilen aus Beton bei Brandbeanspruchungen (1975).
Von *C. Meyer-Ottens*. 8,40 EUR

249: Schlag-Biegeversuch mit unterschiedlich bewehrten Stahlbetonbalken (1975).
Von *C. Popp*. 10,00 EUR

250: Langzeitversuche an Stahlbetonstützen.
Von *K. Kordina*.
Einfluss des Kriechens auf die Ausbiegung schlanker Stahlbetonstützen (1975).
Von *K. Kordina* und *R. F. Warner*.
11,10 EUR

251: Versuche an wendelbewehrten Stahlbetonsäulen unter exzentrischer Belastung (1975).
Von *S. Stöckl* und *B. Menne*.
10,70 EUR

Heft

252: Beständigkeit verschiedener Betonarten in Meerwasser und in sulfathaltigem Wasser (1975).
Von *H. T Schröder, O. Hallauer* und *W. Scholz.* 15,50 EUR

253: Spannbeton-Reaktordruckbehälter-Instrumentierung.
Von *J. Német* und *R. Angeli.*
Versuch zur Weiterentwicklung eines Setzdehnungsmessers (1975).
Von *C. Zelger.* 10,20 EUR

254: Festigkeit und Verformungsverhalten von Beton unter hohen zweiachsigen Dauerbelastungen und Dauerschwellbelastungen. Festigkeit und Verformungsverhalten von Leichtbeton, Gasbeton, Zementstein und Gips unter zweiachsiger Kurzzeitbeanspruchung (1976).
Von *D. Linse* und *A. Stegbauer.* 13,10 EUR

255: Zur Frage der zulässigen Rissbreite und der erforderlichen Betondeckung im Stahlbetonbau unter besonderer Berücksichtigung der Karbonatisierungstiefe des Betons (1976).
Von *P. Schiessl.* vergriffen

256: Wärme- und Feuchtigkeitsleitung in Beton unter Einwirkung eines Temperaturgefälles (1975).
Von *J. Hundt.* 15,80 EUR

257: Bruchsicherheitsberechnung von Spannbeton-Druckbehältern (1976).
Von *K. Schimmelpfennig.* 13,30 EUR

258: Hygrische Transportphänomene in Baustoffen (1976).
Von *K. Gertis, K. Kiesl, H. Werner* und *V. Wolfseher.* 13,10 EUR

259: Entwicklung eines integrierten Spannbetondruckbehälters für wassergekühlte Reaktoren (SBB Typ „Stern“ mit Stützkessel) (1976).
Von *G. Jüptner, H. Kumpf, G. Molz, B. Neunert* und *O. Seidl.* 11,50 EUR

260: Studie zum Trag- und Verformungsverhalten von Stahlbeton (1976).
Von *J. Eibl* und *G. Ivànyi.* 26,80 EUR

261: Der Einfluss radioaktiver Strahlung auf die mechanischen Eigenschaften von Beton (1976).
Von *H. Hilsdorf, J. Kropp* und *H.-J. Koch.* 8,40 EUR

262: Experimentelle Bestimmung des räumlichen Spannungszustandes eines Reaktordruckbehältermodells (1976).
Von *R. Stöver.* 13,10 EUR

263: Bruchfestigkeit und Bruchverformung von Beton unter mehraxialer Belastung bei Raumtemperatur (1976).
Von *F. Bremer* und *F. Steinsdörfer.* 7,60 EUR

264 Spannbeton-Reaktordruckbehälter mit heißer Dichthaut für Druckwasserreaktoren (1976).
Von *A. Jungmann, H. Kopp, M. Gangl, J. Német, A. Nesitka, W. Walluschek-Wallfeld* und *J. Mutzl.* 10,70 EUR

265: Traglast von Stahlbetondruckgliedern unter schiefer Biegung (1976).
Von *K. Kordina, K. Rafla* und *O. Hjorth†.* 11,80 EUR

266: Das Trag- und Verformungsverhalten von Stahlbetonbrückenpfeilern mit Rollenlagern (1976).
Von *K. Liermann.* 12,90 EUR

Heft

267: Zur Mindestbewehrung für Zwang von Außenwänden aus Stahlleichtbeton.
Von *F. S. Rostásy, R. Koch* und *F. Leonhardt.*
Versuche zum Tragverhalten von Drucksübergreifungsstößen in Stahlbetonwänden (1976).
Von *F. Leonhardt, F. S. Rostásy* und *M. Patzak.* 15,00 EUR

268: Einfluss der Belastungsdauer auf das Verbundverhalten von Stahl in Beton (Verbundkriechen) (1976).
Von *L. Franke.* 8,60 EUR

269: Zugspannung und Dehnung in unbewehrten Betonquerschnitten bei exzentrischer Belastung (1976).
Von *H. G. Heilmann.* 15,50 EUR

270: Eine Formulierung des zweiaxialen Verformungs- und Bruchverhaltens von Beton und deren Anwendung auf die wirklichkeitsnahe Berechnung von Stahlbetonplatten (1976).
Von *J. Link.* 14,40 EUR

271: Untersuchungen an 20 Jahre alten Spannbetonträgern (1976).
Von *R. Bührer, K.-F. Müller, H. Martin* und *J. Ruhnau.* 13,10 EUR

272: Die Dynamische Relaxation und ihre Anwendung auf Spannbeton-Reaktordruckbehälter (1976).
Von *W. Zerna.* 13,70 EUR

273: Schubversuche an Balken mit veränderlicher Trägerhöhe (1977).
Von *F. S. Rostásy, K. Roeder* und *F. Leonhardt.* 9,70 EUR

274: Witterungsbeständigkeit von Beton, 2. Bericht (1977).
Von *K. Walz* und *E. Hartmann.* 8,40 EUR

275: Schubversuche an Balken und Platten bei gleichzeitigem Längszug (1977).
Von *F. Leonhardt, F. S. Rostásy, J. MacGregor* und *M. Patzak.* 11,00 EUR

276: Versuche an zugbeanspruchten Übergreifungsstößen von Rippenstählen (1977).
Von *S. Stöckl, B. Menne* und *H. Kupfer.* 15,50 EUR

277: Versuchsergebnisse zur Festigkeit und Verformung von Beton bei mehraxialer Druckbeanspruchung – Results of Test Concerning Strength and Strain of Concrete Subjected to Multiaxial Compressive Stresses (1977).
Von *G. Schickert* und *H. Winkler.* 17,20 EUR

278: Berechnungen von Temperatur- und Feuchtefeldern in Massivbauten nach der Methode der Finiten Elemente (1977).
Von *J. H. Argyris, E. P. Warnke* und *K. J. Willam.* 10,10 EUR

279: Finite Elementberechnung von Spannbeton-Reaktordruckbehältern.
Von *J. H. Argyris, G. Faust, J. Szimmat, E. P. Warnke* und *K. J. Willam.*
Zur Konvertierung von SMART I (1977).
Von *J. H. Argyris, J. Szimmat* und *K. J. Willam.* 11,50 EUR

Heft

280: Nichtisothermer Feuchtetransport in dickwandigen Betonteilen von Reaktordruckbehältern.
Von *K. Kiessl* und *K. Gertis.*
Zur Wärme- und Feuchtigkeitsleitung in Beton.
Von *J. Hundt.*
Einfluss des Wassergehalts auf die Eigenschaften des erhärteten Betons (1977).
Von *M. J. Setzer.* 14,40 EUR

281: Untersuchungen über das Verhalten von Beton bei schlagartiger Beanspruchung (1977).
Von *C. Popp.* 7,90 EUR

282: Vorausbestimmung der Spannkraftverluste infolge Dehnungsbehinderung (1977).
Von *R. Walther, U. Utescher* und *D. Schreck.* 8,90 EUR

283: Technische Möglichkeiten zur Erhöhung der Zugfestigkeit von Beton (1977).
Von *G. Rehm, P. Diem* und *R. Zimbelmann.* 13,10 EUR

284: Experimentelle und theoretische Untersuchungen zur Lasteintragung in die Bewehrung von Stahlbetondruckgliedern (1977).
Von *F. P. Müller* und *W. Eisenbiegler.* 8,20 EUR

285: Zur Traglast der ausmittig gedrückten Stahlbetonstütze mit Umschnürungsbewehrung (1977).
Von *B. Menne.* 8,60 EUR

286: Versuche über Teilflächenbelastung von Normalbeton (1977).
Von *P. Wurm* und *F. Daschner.* 10,70 EUR

287: Spannbetonbehälter für Siedewasserreaktoren mit einer Leistung von 1600 MWe (1977).
Von *F. Bremer* und *W. Spandick.* 6,80 EUR

288: Tragverhalten von aus Fertigteilen zusammengesetzten Scheiben.
Von *G. Mehlhorn* und *H. Schwing.*
Versuche zur Schubtragfähigkeit verzahnter Fugen (1977).
Von *G. Mehlhorn, H. Schwing* und *K.-R. Berg.* vergriffen

289: Prüfverfahren zur Beurteilung von Rostschutzmitteln für die Bewehrung von Gasbeton.
Von *W. Manns, H. Schneider, R. Schönfelder.*
Frostwiderstand von Beton.
Von *W. Manns* und *E. Hartmann.*
Zum Einfluss von Mineralölen auf die Festigkeit von Beton (1977).
Von *W. Manns* und *E. Hartmann.* 8,60 EUR

290: Studie über den Abbruch von Spannbeton-Reaktordruckbehältern.
Von *K. Kleiser, K. Essig, K. Cerff* und *H. K. Hilsdorf.*
Grundlagen eines Modells zur Beschreibung charakteristischer Eigenschaften des Betons (1977).
Von *F. H. Wittmann.* 14,40 EUR

291: Übergreifungsstöße von Rippenstäben unter schwellender Belastung.
Von *G. Rehm* und *R. Eligehausen.*
Übergreifungsstöße geschweißter Betonstahlmatten (1977).
Von *G. Rehm, R. Tewes* und *R. Eligehausen.* 10,70 EUR

Heft

292: Lösung versuchstechnischer Fragen bei der Ermittlung des Festigkeits- und Verformungsverhaltens von Beton unter dreiachsiger Belastung (1978).
Von *D. Linse.* 8,40 EUR

293: Zur Messtechnik für die Sicherheitsbeurteilung und -überwachung von Spannbeton-Reaktordruckbehältern (1978).
Von *N. Czaika, N. Mayer, C. Amberg, G. Magiera, G. Andreae* und *W. Markowski.* 11,50 EUR

294: Studien zur Auslegung von Spannbetondruckbehältern für wassergekühlte Reaktoren (1978).
Von *K. Schimmelpfennig, G. Bäätjer, U. Eckstein, U. Ick* und *S. Wrage.* 10,70 EUR

295: Kriech- und Relaxationsversuche an sehr altem Beton.
Von *H. Trost, H. Cordes* und *G. Abele.*
Kriechen und Rückkriechen von Beton nach langer Lasteinwirkung.
Von *P. Probst und S. Stöckl.*
Versuche zum Einfluss des Belastungsalters auf das Kriechen von Beton (1978).
Von *K. Wesche, I. Schrage* und *W. vom Berg.* 14,40 EUR

296: Die Bewehrung von Stahlbetonbauteilen bei Zwangsbeanspruchung infolge Temperatur (1978).
Von *P. Noakowski.* vergriffen

297: Einfluss des Feuchtigkeitsgehaltes und des Reifegrades auf die Wärmeleitfähigkeit von Beton.
Von *J. Hundt* und *A. Wagner.*
Sorptionsuntersuchungen am Zementstein, Zementmörtel und Beton (1978).
Von *J. Hundt* und *H. Kantelberg.* 8,60 EUR

298: Erfahrungen bei der Prüfung von temporären Korrosionsschutzmitteln für Spannstähle.
Von *G. Rieche* und *J. Delille.*
Untersuchungen über den Korrosionsschutz von Spannstählen unter Spritzbeton (1978).
Von *G. Rehm, U. Nürnberger* und *R. Zimbelmann.* 8,10 EUR

299: Versuche an dickwandigen, unbewehrten Betonringen mit Innendruckbeanspruchung (1978).
Von *J. Neuner, S. Stöckl* und *E. Grasser.* 8,60 EUR

300: Hinweise zu DIN 1045, Ausgabe Dezember 1978. Bearbeitet von *D. Bertram* und *H. Deutschmann.*
Erläuterung der Bewehrungsrichtlinien (1979).
Von *G. Rehm, R. Eligehausen* und *B. Neubert.* vergriffen

301: Übergreifungsstöße zugbeanspruchter Rippenstäbe mit geraden Stabenden (1979).
Von *R. Eligehausen.* 12,90 EUR

302: Einfluss von Zusatzmitteln auf den Widerstand von jungem Beton gegen Rissbildung bei scharfem Austrocknen.
Von *W. Manns* und *K. Zeus.*
Spannungsoptische Untersuchungen zum Tragverhalten von zugbeanspruchten Übergreifungsstößen (1979).
Von *M. Betzle.* 8,60 EUR

303: Querkraftschlüssige Verbindung von Stahlbetondeckenplatten (1979).
Von *H. Paschen* und *V. C. Zillich.* 10,70 EUR

Heft

304: Kunstharzgebundene Glasfaserstäbe als Bewehrung im Betonbau.
Von *G. Rehm* und *L. Franke.*
Zur Frage der Krafteinleitung in kunstharzgebundene Glasfaserstäbe (1979).
Von *G. Rehm, L. Franke* und *M. Patzak.* 9,40 EUR

305: Vorherbestimmung und Kontrolle des thermischen Ausdehnungskoeffizienten von Beton (1979).
Von *S. Ziegeldorf K. Kleiser* und *H. K. Hilsdorf.* 7,30 EUR

306: Dreidimensionale Berechnung eines Spannbetonbehälters mit heißer Dichthaut für einen 1 500 MWe Druckwasserreaktor (1979).
Von *E. Ettel, H. Hinterleitner, J. Német, A. Jungmann* und *H. Kopp.* 8,10 EUR

307: Zur Bemessung der Schubbewehrung von Stahlbetonbalken mit möglichst gleichmäßiger Zuverlässigkeit (1979).
Von *W. Moosecker.* 8,10 EUR

308: Tragfähigkeit auf schrägen Druck von Brückenstegen, die durch Hüllrohre geschwächt sind.
Von *R. Koch* und *F. S. Rostásy.*
Spannungszustand aus Vorspannung im Bereich gekrümmter Spannglieder (1979).
Von *V. Cornelius* und *G. Mehlhorn.* 10,10 EUR

309: Kunstharzmörtel und Kunstharzbetone unter Kurzzeit- und Dauerstandbelastung.
Von *G. Rehm, L. Franke* und *K. Zeus.*
Langzeituntersuchungen an epoxidharzverklebten Zementmörtelprismen (1980).
Von *P. Jagfeld.* 10,00 EUR

310: Teilweise Vorspannung – Verbundfestigkeit von Spanngliedern und ihre Bedeutung für Rissbildung und Rissbreitenbeschränkung (1980).
Von *H. Trost, H. Cordes, U. Thormaehlen* und *H. Hagen.* 19,90 EUR

311: Segmentäre Spannbetonträger im Brückenbau (1980).
Von *K. Guckenberger, F. Daschner* und *H. Kupfer.* 18,00 EUR

312: Schwellenwerte beim Betondruckversuch (1980).
Von *G. Schickert.* 18,00 EUR

313: Spannungs-Dehnungs-Linien von Leichtbeton.
Von *H. Herrmann.*
Versuche zum Kriechen und Schwinden von hochfestem Leichtbeton (1980).
Von *P. Probst* und *S. Stöckl.* 14,50 EUR

314: Kurzzeitverhalten von extrem leichten Betonen, Druckfestigkeit und Formänderungen.
Von *K. Bastgen* und *K. Wesche.*
Die Schubtragfähigkeit bewehrter Platten und Balken aus dampfgehärtetem Gasbeton nach Versuchen (1980).
Von *D. Briesemann.* 22,30 EUR

315: Bestimmung der Beulsicherheit von Schalen aus Stahlbeton unter Berücksichtigung der physikalisch-nicht-linearen Materialeigenschaften (1980).
Von *W. Zerna, I. Mungan* und *W. Steffen.* 7,60 EUR

Heft

316: Versuche zur Bestimmung der Tragfähigkeit stumpf gestoßener Stahlbetonfertigteilstützen (1980).
Von *H. Paschen* und *V. C. Zillich.* vergriffen

317: Untersuchungen über die Schwingfestigkeit geschweißter Betonstahlverbindungen (1981).
Teil 1: Schwingfestigkeitsversuche.
Von *G. Rehm, W. Harre* und *D. Russwurm.*
Teil 2: Werkstoffkundliche Untersuchungen.
Von *G. Rehm* und *U. Nürnberger.* 17,20 EUR

318: Eigenschaften von feuerverzinkten Überzügen auf kaltumgeformten Betonrippenstählen und Betonstahlmatten aus kaltgewälztem Betonrippenstahl.
Technologische Eigenschaften von kaltgeformten Betonrippenstählen und Betonstahlmatten aus kaltgewalztem Betonrippenstahl nach einer Feuerverzinkung (1981).
Von *U. Nürnberger.* 9,40 EUR

319: Vollstöße durch Übergreifung von zugbeanspruchten Rippenstählen in Normalbeton.
Von *M. Betzle, S. Stöckl* und *H. Kupfer.*
Vollstöße durch Übergreifung von zugbeanspruchten Rippenstählen in Leichtbeton.
Von *S. Stöckl, M. Betzle* und *G. Schmidt-Thrö.*
Verbundverhalten von Betonstählen, Untersuchung auf der Grundlage von Ausziehversuchen.
Von *H. Martin* und *P. Noakowski.*
Ermittlung der Verbundspannungen an gedrückten einbetonierten Betonstählen (1981).
Von *F. P. Müller* und *W. Eisenbiegler.* 25,20 EUR

320: Erläuterungen zu DIN 4227 Spannbeton.
Teil 1: Bauteile aus Normalbeton mit beschränkter oder voller Vorspannung, Ausgabe 07.88
Teil 2: Bauteile mit teilweiser Vorspannung, Ausgabe 05.84
Teil 3: Bauteile in Segmentbauart; Bemessung und Ausführung der Fugen, Ausgabe 12.83
Teil 4: Bauteile aus Spannleichtbeton, Ausgabe 02.86
Teil 5: Einpressen von Zementmörtel in Spannkanäle, Ausgabe 12.79
Teil 6: Bauteile mit Vorspannung ohne Verbund, Ausgabe 05.82 (1989).
Zusammengestellt von *D. Bertram.* 34,30 EUR

321: Leichtzuschlag-Beton mit hohem Gehalt an Mörtelporen (1981).
Von *H. Weigler, S. Karl* und *C. Jaegermann.* 6,20 EUR

322: Biegebemessung von Stahlleichtbeton, Ableitung der Spannungsverteilung in der Biegedruckzone aus Prismenversuchen als Grundlage für DIN 4219.
Von *E. Grasser* und *P. Probst.*
Versuche zur Aufnahme der Umlenkkräfte von gekrümmten Bewehrungsstäben durch Betondeckung und Bügel (1981).
Von *J. Neuner* und *S. Stöckl.* 14,50 EUR

323: Zum Schubtragverhalten stabförmiger Stahlbetonelemente (1981).
Von *R. Mallée.* 10,70 EUR

Heft

324: Wärmeausdehnung, Elastizitätsmodul, Schwinden, Kriechen und Restfestigkeit von Reaktorbeton unter einachsiger Belastung und erhöhten Temperaturen.
Von *H. Aschl* und *S. Stöckl*.
Versuche zum Einfluss der Belastungshöhe auf das Kriechen des Betons (1981).
Von *S. Stöckl*. 15,90 EUR

325: Großmodellversuche zur Spanngliedreibung (1981).
Von *H. Cordes*, *K. Schütt* und *H. Trost*. 10,70 EUR

326: Blockfundamente für Stahlbetonfertigstützen (1981).
Von *H. Dieterle* und *A. Steinle*. vergriffen

327: Versuche zur Knicksicherung von druckbeanspruchten Bewehrungsstäben (1981).
Von *J. Neuner* und *S. Stöckl*. 8,60 EUR

328: Zum Tragfähigkeitsnachweis für Wand-Decken-Knoten im Großtafelbau (1982).
Von *E. Hasse*. 14,50 EUR

329: Sachstandbericht Massenbeton.
Von *Deutscher Beton-Verein e.V.*
Untersuchungen an einem über 20 Jahre alten Spannbetonträger der Pliensaubrücke Esslingen am Neckar (1982).
Von *K. Schäfer* und *H. Scheef*. 8,60 EUR

330: Zusammenstellung und Beurteilung von Messverfahren zur Ermittlung der Beanspruchungen in Stahlbetonbauteilen (1982).
Von *H. Twelmeier* und *J. Schneefuß*. 12,10 EUR

331: Kleben im konstruktiven Betonbau (1982).
Von *G. Rehm* und *L. Franke*. 12,40 EUR

332: Anwendungsgrenzen von vereinfachten Bemessungsverfahren für schlanke, zweiachsig ausmittig beanspruchte Stahlbetondruckglieder.
Von *P. C. Olsen* und *U. Quast*.
Traglast von Druckgliedern mit vereinfachter Bügelbewehrung unter Feuerangriff.
Von *A. Haksever* und *R. Hass*.
Traglast von Druckgliedern mit vereinfachter Bügelbewehrung unter Normaltemperatur und Kurzzeitbeanspruchung (1982).
Von *K. Kordina* und *R. Mester*. 15,00 EUR

333. Festschrift „75 Jahre Deutscher Ausschuß für Stahlbeton" (1982).
Von *D. Bertram*, *E. Bornemann*, *N. Bunke*, *H. Goffin*, *D. Jungwirth*, *K. Kordina*, *H. Kupfer*, *J. Schlaich*, *B. Wedler*† und *W. Zerna*. 22,60 EUR

334: Versuche an Spannbetonbalken unter kombinierter Beanspruchung aus Biegung, Querkraft und Torsion (1982).
Von *M. Teutsch* und *K. Kordina*. 10,20 EUR

335: Versuche zum Tragverhalten von segmentären Spannbetonträgern – Vergleichende Auswertung für Epoxidharz- und Zementmörtelfugen (1982).
Von *H. Kupfer*, *K. Guckenberger* und *F. Daschner*. 10,70 EUR

336: Tragfähigkeit und Verformung von Stahlbetonbalken unter Biegung und gleichzeitigem Zwang infolge Auflagerverschiebung (1982).
Von *K. Kordina*, *F. S. Rostásy* und *B. Svensvik*. 10,70 EUR

337: Verhalten von Beton bei hohen Temperaturen – Behaviour of Concrete at High Temperatures (1982).
Von *U. Schneider*. 15,50 EUR

338: Berechnung des zeitabhängigen Verhaltens von Stahlbetonplatten unter Last- und Zwangsbeanspruchung im ungerissenen und gerissenen Zustand (1982).
Von *G. Schaper*. 13,40 EUR

339: Stützenstöße im Stahlbeton-Fertigteilbau mit unbewehrten Elastomerlagern (1982).
Von *F. Müller*, *H. R. Sasse* und *U. Thormählen*. vergriffen

340: Durchlaufende Deckenkonstruktionen aus Spannbetonfertigteilplatten mit ergänzender Ortbetonschicht – Continuous Skin Stressed Slabs (1982).
Behaviour in Bending (Biegetrageverhalten).
Von *J. Rosenthal* und *E. Bljuger*.
Schubtragverhalten (Behaviour in Shear).
Von *F. Daschner* und *H. Kupfer*. 11,60 EUR

341: Zum Ansatz der Betonzugfestigkeit bei den Nachweisen zur Trag- und Gebrauchsfähigkeit von unbewehrten und bewehrten Betonbauteilen (1983).
Von *M. Jahn*. 8,60 EUR

342: Dynamische Probleme im Stahlbetonbau –
Teil I: Der Baustoff Stahlbeton unter dynamischer Beanspruchung (1983).
Von *F. P. Müller*†, *E. Keintzel* und *H. Charlier*. 18,80 EUR

343: Versuche zum Kriechen und Schwinden von hochfestem Leichtbeton. Versuche zum Rückkriechen von hochfestem Leichtbeton (1983).
Von *P. Hofmann* und *S. Stöckl*. 8,10 EUR

344: Versuche zur Teilflächenbelastung von Leichtbeton für tragende Konstruktionen.
Von *H. G. Heilmann*.
Teilflächenbelastung von Normalbeton – Versuche an bewehrten Scheiben (1983).
Von *P. Wurm* und *F. Daschner*. 12,60 EUR

345: Experimentelle Ermittlung der Steifigkeiten von Stahlbetonplatten (1983).
Von *H. Schäfer*, *K. Schneider* und *H. G. Schäfer*. 11,60 EUR

346: Tragfähigkeit geschweißter Verbindungen im Betonfertigteilbau.
Von *E. Cziesielski* und *M. Friedmann*.
Versuche zur Ermittlung der Tragfähigkeit in Beton eingespannter Rundstahldollen aus nichtrostendem austenitischem Stahl.
Von *G. Utescher* und *H. Herrmann*.
Untersuchungen über in Beton eingelassene Scherbolzen aus Betonstahl (1983).
Von *H. Paschen* und *T. Schönhoff*. vergriffen

347: Wirkung der Endhaken bei Vollstößen durch Übergreifung von zugbeanspruchten Rippenstählen.
Von *G. Schmidt-Thrö*, *S. Stöckl* und *M. Betzle*
Übergreifungs-Halbstoß mit kurzem Längsversatz (l_v = 0,5 $1_ü$) bei zugbeanspruchten Rippenstählen in Leichtbeton.
Von *M. Betzle*, *S. Stöckl* und *H. Kupfer*.
Rissflächen im Beton im Bereich von Übergreifungsstößen zugbeanspruchter Rippenstähle (1983).
Von *M. Betzle*, *S. Stöckl* und *H. Kupfer*. 17,40 EUR

348: Tragfähigkeit querkraftschlüssiger Fugen zwischen Stahlbeton-Fertigteildeckenelementen (1983).
Von *H. Paschen* und *V. C. Zillich*. vergriffen

349: Bestimmung des Wasserzementwertes von Frischbeton (1984).
Von *H. K. Hilsdorf*. 10,70 EUR

350: Spannbetonbauteile in Segmentbauart unter kombinierter Beanspruchung aus Torsion, Biegung und Querkraft.
Von *K. Kordina*, *M. Teutsch* und *V. Weber*.
Rissbildung von Segmentbauteilen in Abhängigkeit von Querschnittsausbildung und Spannstahlverbundeigenschaften.
Von *K. Kordina* und *V. Weber*.
Einfluss der Ausbildung unbewehrter Pressfugen auf die Tragfähigkeit von schrägen Druckstreben in den Stegen von Segmentbauteilen (1984).
Von *K. Kordina* und *V. Weber*. 16,70 EUR

351: Belastungs- und Korrosionsversuche an teilweise vorgespannten Balken.
Von *Günter Schelling* und *Ferdinand S. Rostásy*.
Teilweise Vorspannung – Plattenversuche (1984).
Von *Kassian Janovic* und *Herbert Kupfer*. 23,90 EUR

352: Empfehlungen für brandschutztechnisch richtiges Konstruieren von Betonbauwerken.
Von *K. Kordina* und *L. Krampf*.
Möglichkeiten, nachträglich die in einem Betonbauteil während eines Schadenfeuers aufgetretenen Temperaturen abzuschätzen.
Von *A. Haksever* und *L. Krampf*.
Brandverhalten von Decken aus Glasstahlbeton nach DIN 1045 (Ausg. 12.78), Abschn. 20.3.
Von *C. Meyer-Ottens*.
Eindringen von Chlorid-Ionen aus PVC-Abbrand in Stahlbetonbauteile – Literaturauswertung (1984).
Von *K. Wesche*, *G. Neroth* und *J. W. Weber*. vergriffen

353: Einpressmörtel mit langer Verarbeitungszeit.
Von *W. Manns* und *R. Zimbelmann*.
Auswirkung von Fehlstellen im Einpressmörtel auf die Korrosion des Spannstahls.
Von *G. Rehm*, *R. Frey* und *D. Funk*.
Korrosionsverhalten verzinkter Spannstähle in gerissenem Beton (1984).
Von *U. Nürnberger*. 30,60 EUR

354: Bewehrungsführung in Ecken und Rahmenendknoten.
Von *Karl Kordina*.
Vorschläge zur Bemessung rechteckiger und kranzförmiger Konsolen insbesondere unter exzentrischer Belastung aufgrund neuer Versuche (1984).
Von *Heinrich Paschen* und *Hermann Malonn*. vergriffen

Heft

355: Untersuchungen zur Vorspannung ohne Verbund.
Von *Heinrich Trost, Heiner Cordes* und *Bernhard Weller.*
Anwendung der Vorspannung ohne Verbund.
Von *Karl Kordina, Josef Hegger* und *Manfred Teutsch.*
Ermittlung der wirtschaftlichen Bewehrung von Flachdecken mit Vorspannung ohne Verbund (1984).
Von *Karl Kordina, Manfred Teutsch* und *Josef Hegger.* 20,90 EUR

356: Korrosionsschutz von Bauwerken, die im Gleitschalungsbau errichtet wurden (1984).
Von *Karl Kordina* und *Siegfried Droese.* 16,70 EUR

357: Konstruktion, Bemessung und Sicherheit gegen Durchstanzen von balkenlosen Stahlbetondecken im Bereich der Innenstützen (1984).
Von *Udo Schaefers.* vergriffen

358: Kriechen von Beton unter hoher zentrischer und exzentrischer Druckbeanspruchung (1985).
Von *Emil Grasser* und *Udo Kraemer.* 15,30 EUR

359: Versuche zur Ermüdungsbeanspruchung der Schubbewehrung von Stahlbetonträgern.
Von *Klaus Guckenberger, Herbert Kupfer* und *Ferdinand Daschner.*
Vorgespannte Schubbewehrung (1985).
Von *Jürgen Ruhnau* und *Herbert Kupfer.* 25,20 EUR

360: Festigkeitsverhalten und Strukturveränderungen von Beton bei Temperaturbeanspruchung bis 250 °C (1985).
Von *Jürgen Seeberger, Jörg Kropp* und *Hubert K. Hilsdorf.* 18,80 EUR

361: Beitrag zur Bemessung von schlanken Stahlbetonstützen für schiefe Biegung mit Achsdruck unter Kurzzeit- und Dauerbelastung – Contribution to the Design of Slender Reinforced Concrete Columns Subjected to Biaxial Bending and Axial Compression Considering Short and Long Term Loadings (1985).
Von *Nelson Szilard Galgoul.* 21,50 EUR

362: Versuche an Konstruktionsleichtbetonbauteilen unter kombinierter Beanspruchung aus Torsion, Biegung und Querkraft (1985).
Von *Karl Kordina* und *Manfred Teutsch.* 13,40 EUR

363: Versuche zur Mitwirkung des Betons in der Zugzone von Stahlbetonröhren (1985).
Von *Jörg Schlaich* und *Hans Schober.* 14,50 EUR

364: Empirische Zusammenhänge zur Ermittlung der Schubtragfähigkeit stabförmiger Stahlbetonelemente (1985).
Von *Karl Kordina* und *Franz Blume.* 11,80 EUR

365: Experimentelle Untersuchungen bewehrter und hohler Prüfkörper aus Normalbeton mittels eines zwängungsarmen Krafteinleitungssystems (1985).
Von *Manfred Specht, Rita Schmidt* und *Hartmut Kappes.* 16,10 EUR

366: Grundsätzliche Untersuchungen zum Geräteeinfluss bei der mehraxialen Druckprüfung von Beton (1985).
Von *Helmut Winkler.* 29,00 EUR

367: Verbundverhalten von Bewehrungsstählen unter Dauerbelastung in Normal- und Leichtbeton.
Von *Kassian Janovic.*
Übergreifungsstöße geschweißter Betonstahlmatten.
Von *Gallus Rehm* und *Rüdiger Tewes.*
Übergreifungsstöße geschweißter Betonstahlmatten in Stahlleichtbeton (1986).
Von *Gallus Rehm* und *Rüdiger Tewes.* 14,50 EUR

368: Fugen und Aussteifungen in Stahlbetonskelettbauten (1986).
Von *Bernd Hock, Kurt Schäfer* und *Jörg Schlaich.* vergriffen

369: Versuche zum Verhalten unterschiedlicher Stahlsorten in stoßbeanspruchten Platten (1986).
Von *Josef Eibl* und *Klaus Kreuser.* 13,40 EUR

370: Einfluss von Rissen auf die Dauerhaftigkeit von Stahlbeton- und Spannbetonbauteilen.
Von *Peter Schießl.*
Dauerhaftigkeit von Spanngliedern unter zyklischen Beanspruchungen.
Von *Heiner Cordes.*
Beurteilung der Betriebsfestigkeit von Spannbetonbrücken im Koppelfugenbereich unter besonderer Berücksichtigung einer möglichen Rissbildung.
Von *Gert König* und *Hans-Christian Gerhardt.*
Nachweis zur Beschränkung der Rissbreite in den Normen des Deutschen Ausschusses für Stahlbeton (1986).
Von *Eilhard Wölfel.* vergriffen

371: Tragfähigkeit durchstanzgefährdeter Stahlbetonplatten-Entwicklung von Bemessungsvorschlägen (1986).
Von *Karl Kordina* und *Diedrich Nölting.* vergriffen

372: Literaturstudie zur Schubsicherung bei nachträglich ergänzten Querschnitten.
Von *Ferdinand Daschner* und *Herbert Kupfer.*
Versuche zur notwendigen Schubbewehrung zwischen Betonfertigteilen und Ortbeton.
Von *Ferdinand Daschner.*
Verminderte Schubdeckung in Stahlbeton- und Spannbetonträgern mit Fugen parallel zur Tragrichtung unter Berücksichtigung nicht vorwiegend ruhender Lasten.
Von *Ingo Nissen, Ferdinand Daschner* und *Herbert Kupfer.*
Literaturstudie über Versuche mit sehr hohen Schubspannungen (1986).
Von *Herbert Kupfer* und *Ferdinand Daschner.* vergriffen

373: Empfehlungen für die Bewehrungsführung in Rahmenecken und -knoten.
Von *Karl Kordina, Ehrenfried Schaaff* und *Thomas Westphal.*
Das Übertragungs- und Weggrößenverfahren für ebene Stahlbetonstabtragwerke unter Verwendung von Tangentensteifigkeiten (1986).
Von *Poul Colberg Olsen.* vergriffen

374: Schwingfestigkeitsverhalten von Betonstählen unter wirklichkeitsnahen Beanspruchungs- und Umgebungsbedingungen (1986).
Von *Gallus Rehm, Wolfgang Harre* und *Willibald Beul.* 14,50 EUR

375: Grundlagen und Verfahren für den Knicksicherheitsnachweis von Druckgliedern aus Konstruktionsleichtbeton.
Von *Roland Molzahn.*
Einfluss des Kriechens auf Ausbiegung und Tragfähigkeit schlanker Stützen aus Konstruktionsleichtbeton (1986).
Von *Roland Molzahn.* 13,40 EUR

376: Trag- und Verformungsfähigkeit von Stützen bei großen Zwangsverschiebungen der Decken.
Von *Peter Steidle* und *Kurt Schäfer.*
Versuche an Stützen mit Normalkraft und Zwangsverschiebungen (1986).
Von *Rolf Wohlfahrt* und *Rainer Koch.* 22,60 EUR

377: Versuche zur Schubtragwirkung von profilierten Stahlbeton- und Spannbetonträgern mit überdrückten Gurtplatten (1986).
Von *Herbert Kupfer* und *Klaus Guckenberger.* 14,00 EUR

378: Versuche über das Verbundverhalten von Rippenstählen bei Anwendung des Gleitbauverfahrens.
Teilbericht I:
Ausziehversuche, Proben in Utting hergestellt.
Von *Gerfried Schmidt-Thrö* und *Siegfried Stöckl.*
Teilbericht II:
Versuche zur Bestimmung charakteristischer Betoneigenschaften bei Anwendung des Gleitbauverfahrens.
Von *Gerfried Schmidt-Thrö, Siegfried Stöckl* und *Herbert Kupfer.*
Teilbericht III:
Ausziehversuche und Versuche an Übergreifungsstößen, Proben in Berlin bzw. Köln hergestellt.
Von *Klaus Kluge, Gerfried Schmidt-Thrö, Siegfried Stöckl* und *Herbert Kupfer.*
Einfluss der Probekörperform und der Messpunktanordnung auf die Ergebnisse von Ausziehversuchen (1986).
Von *Gerfried Schmidt-Thrö, Siegfried Stöckl* und *Herbert Kupfer.* 27,40 EUR

379: Experimentelle und analytische Untersuchungen zur wirklichkeitsnahen Bestimmung der Bruchschnittgrößen unbewehrter Betonbauteile unter Zugbeanspruchung, (1987).
Von *Dietmar Scheidler.* 16,70 EUR

380: Eigenspannungszustand in Stahl- und Spannbetonkörpern infolge unterschiedlichen thermischen Dehnverhaltens von Beton und Stahl bei tiefen Temperaturen.
Von *Ferdinand S. Rostásy* und *Jochen Scheuermann.*
Verbundverhalten einbetonierten Betonrippenstahls bei extrem tiefer Temperatur.
Von *Ferdinand S. Rostásy* und *Jochen Scheuermann.*
Versuche zur Biegetragfähigkeit von Stahlbetonplattenstreifen bei extrem tiefer Temperatur (1987).
Von *Günter Wiedemann, Jochen Scheuermann, Karl Kordina* und *Ferdinand S. Rostásy.* 19,90 EUR

381: Schubtragverhalten von Spannbetonbauteilen mit Vorspannung ohne Verbund.
Von *Karl Kordina* und *Josef Hegger.*
Systematische Auswertung von Schubversuchen an Spannbetonbalken (1987).
Von *Karl Kordina* und *Josef Hegger.* 21,50 EUR

Heft

382: Berechnen und Bemessen von Verbundprofilstäben bei Raumtemperatur und unter Brandeinwirkung (1987).
Von *Otto Jungbluth* und *Werner Gradwohl.* 16,70 EUR

383: Unbewehrter und bewehrter Beton unter Wechselbeanspruchung (1987).
Von *Helmut Weigler* und *Karl-Heinz-Rings.* 12,10 EUR

384: Einwirkung von Streusalzen auf Betone unter gezielt praxisnahen Bedingungen (1987).
Von *Reinhard Frey.* 7,80 EUR

385: Das Schubtragverhalten schlanker Stahlbetonbalken – Theoretische und experimentelle Untersuchungen für Leicht- und Normalbeton.
Von *Helmut Kirmair.*
Rissverhalten im Schubbereich von Stahlleichtbetonträgern (1987).
Von *Kassian Janovic.* 18,80 EUR

386: Das Tragverhalten von Beton– Einfluss der Festigkeit und der Erhärtungsbedingungen (1987).
Von *Helmut Weigler* und *Eike Bielak.* 13,40 EUR

387: Tragverhalten quadratischer Einzelfundamente aus Stahlbeton.
Von *Hannes Dieterle* und *Ferdinand S. Rostásy.*
Zur Bemessung quadratischer Stützenfundamente aus Stahlbeton unter zentrischer Belastung mit Hilfe von Bemessungsdiagrammen (1987).
Von *Hannes Dieterle.* 23,10 EUR

388: Wandartige Träger mit Auflagerverstärkungen und vertikalen Arbeitsfugen (1987).
Von *Jens Götsche* und *Heinrich Twelmeier†.* 17,80 EUR

389: Verankerung der Bewehrung am Endauflager bei einachsiger Querpressung.
Von *Gerfried Schmidt-Thrö, Siegfried Stöckl* und *Herbert Kupfer.*
Einfluss einer einachsigen Querpressung und der Verankerungslänge auf das Verbundverhalten von Rippenstählen im Beton.
Von *Gerfried Schmidt-Thrö, Siegfried Stöckl* und *Herbert Kupfer.*
Rissflächen im Beton im Bereich einer auf Zug beanspruchten Stabverankerung (1988).
Von *Gerfried Schmidt-Thrö.* 27,90 EUR

390: Einfluss von Betongüte, Wasserhaushalt und Zeit auf das Eindringen von Chloriden in Beton.
Von *Gallus Rehm, Ulf Nürnberger; Bernd Neubert* und *Frank Nenninger.*
Chloridkorrosion von Stahl in gerissenem Beton.
A – Bisheriger Kenntnisstand.
B – Untersuchungen an der 30 Jahre alten Westmole in Helgoland.
C – Auslagerung gerissener, mit unverzinkten und feuerverzinkten Stählen bewehrten Stahlbetonbalken auf Helgoland (1988).
Von *Gallus Rehm, Ulf Nürnberger* und *Bernd Neubert.* vergriffen

391: Biegetragverhalten und Bemessung von Trägern mit Vorspannung ohne Verbund.
Von *Josef Zimmermann.*
Experimentelle Untersuchung zum Biegetragverhalten von Durchlaufträgern mit Vorspannung ohne Verbund (1988).
Von *Bernhard Weller.* 25,70 EUR

392: Dynamische Probleme im Stahlbetonbau – Teil II: Stahlbetonbauteile und -bauwerke unter dynamischer Beanspruchung (1988).
Von *Josef Eibl, Einar Keintzel* und *Hermann Charlier.* vergriffen

393: Querschnittsbericht zur Rissbildung in Stahl- und Spannbetonkonstruktionen.
Von *Rolf Eligehausen* und *Helmut Kreller.*
Korrosion von Stahl in Beton – einschließlich Spannbeton (1988).
Von *Ulf Nürnberger, Klaus Menzel Armin Löhr* und *Reinhard Frey.* vergriffen

394: Nachweisverfahren für Verankerung, Verformung, Zwangbeanspruchung und Rissbreite. Kontinuierliche Theorie der Mitwirkung des Betons auf Zug. Rechenhilfen für die Praxis (1988).
Von *Piotr Noakowski.* vergriffen

395: Berechnung von Temperatur-, Feuchte- und Verschiebungsfeldern in erhärtenden Betonbauteilen nach der Methode der finiten Elemente (1988).
Von *Holger Hamfler.* 30,00 EUR

396: Rissbreitenbeschränkung und Mindestbewehrung bei Eigenspannungen und Zwang (1988).
Von *Manfred Puche.* 31,20 EUR

397: Spezielle Fragen beim Schweißen von Betonstählen.
Gleichmaßdehnung von Betonstählen (1989).
Von *Dieter Rußwurm.* 16,10 EUR

398: Zur Faltwerkwirkung der Stahlbetontreppen (1989).
Von *Hans-Heinrich Osteroth.* vergriffen

399: Das Bewehren von Stahlbetonbauteilen – Erläuterungen zu verschiedenen gebräuchlichen Bauteilen (1993).
Von *Rolf Eligehausen* und *Roland Gerster.* 25,70 EUR

400: Erläuterungen zu DIN 1045, Beton und Stahlbeton, Ausgabe 07.88.
Zusammengestellt von *Dieter Bertram* und *Norbert Bunke.*
Hinweise für die Verwendung von Zement zu Beton.
Von *Justus Bonzel* und *Karsten Rendchen.*
Grundlagen der Neuregelung zur Beschränkung der Rissbreite.
Von *Peter Schießl.*
Erläuterungen zur Richtlinie für Beton mit Fließmitteln und für Fließbeton.
Von *Justus Bonzel* und *Eberhard Siebel.*
Erläuterungen zur Richtlinie Alkali-Reaktion im Beton (1989). 4. Auflage 1994 (3. berichtigter Nachdruck).
Von *Justus Bonzel, Jürgen Dahms* und *Jürgen Krell.* 38,60 EUR

401: Anleitung zur Bestimmung des Chloridgehaltes von Beton.
Arbeitskreis: Prüfverfahren – Chlorideindringtiefe.
Leitung: *Rupert Springenschmid.*
Schnellbestimmung des Chloridgehaltes von Beton.
Von *Horst Dorner, Günter Kleiner.*
Bestimmung des Chloridgehaltes von Beton durch Direktpotentiometrie. (1989).
Von *Horst Dorner.* vergriffen

402: Kunststoffbeschichtete Betonstähle (1989).
Von *Gallus Rehm, Rainer Blum, Elke Fielker, Reinhard Frey, Dieter Junginger, Bernhard Kipp, Peter Langer Klaus Menzel* und *Ferdinand Nagel.* 29,00 EUR

403: Wassergehalt von Beton bei Temperaturen von 100 °C bis 500 °C im Bereich des Wasserdampfpartialdruckes von 0 bis 5,0 MPa.
Von *Wilhelm Manns* und *Bernd Neubert.*
Permeabilität und Porosität von Beton bei hohen Temperaturen (1989).
Von *Ulrich Schneider* und *Hans Joachim Herbst.* 14,00 EUR

404: Verhalten von Beton bei mäßig erhöhten Betriebstemperaturen (1989).
Von *Harald Budelmann.* 24,70 EUR

405: Korrosion und Korrosionsschutz der Bewehrung im Massivbau
– neuere Forschungsergebnisse
– Folgerungen für die Praxis
– Hinweise für das Regelwerk (1990).
Von *Ulf Nürnberger.* vergriffen

406: Die Berechnung von ebenen, in ihrer Ebene belasteten Stahlbetonbauteilen mit der Methode der Finiten Elemente (1990).
Von *Günter Borg.* vergriffen

407: Zwang und Rissbildung in Wänden auf Fundamenten (1990).
Von *Ferdinand S. Rostásy* und *Wolfgang Henning.* 25,70 EUR

408: Druck und Querzug in bewehrten Betonelementen.
Von *Kurt Schäfer, Günther Schelling* und *Thomas Kuchler.*
Altersabhängige Beziehung zwischen der Druck- und Zugfestigkeit von Beton im Bauwerk – Bauwerkszugfestigkeit – (1990).
Von *Ferdinand S. Rostásy* und *Ernst-Holger Ranisch.* 25,70 EUR

409: Zum nichtlinearen Trag- und Verformungsverhalten von Stahlbetonstabtragwerken unter Last- und Zwangeinwirkung (1990).
Von *Helmut Kreller.* 21,50 EUR

410: Kunststoffbeschichtungen auf ständig durchfeuchtetem Beton – Adhäsionseigenschaften, Eignungsprüfkriterien, Beschichtungsgrundsätze (1990).
Von *Michael Fiebrich.* 20,40 EUR

411: Untersuchungen über das Tragverhalten von Köcherfundamenten (1990).
Von *Georg-Wilhelm Mainka* und *Heinrich Paschen.* 22,60 EUR

412: Mindestbewehrung zwangbeanspruchter dicker Stahlbetonbauteile (1990).
Von *Manfred Helmus.* 24,70 EUR

413: Experimentelle Untersuchungen zur Bestimmung der Druckfestigkeit des gerissenen Stahlbetons bei einer Querzugbeanspruchung (1990).
Von *Johann Kollegger* und *Gerhard Mehlhorn.* 27,90 EUR

414: Versuche zur Ermittlung von Schalungsdruck und Schalungsreibung im Gleitbau (1990).
Von *Karl Kordina* und *Siegfried Droese.* 19,30 EUR

Heft

415: Programmgesteuerte Berechnung beliebiger Massivbauquerschnitte unter zweiachsiger Biegung mit Längskraft (Programm MASQUE) (1990). Von *Dirk Busjaeger* und *Ulrich Quast.* 31,20 EUR

416: Betonbau beim Umgang mit wassergefährdenden Stoffen – Sachstandsbericht (1991). Von *Thomas Fehlhaber, Gert König, Siegfried Mängel, Hermann Poll, Hans-Wolf Reinhardt, Carola Reuter, Peter Schießl, Bernd Schnütgen, Gerhard Spanka Friedhelm Stangenberg, Gerd Thielen* und *Johann-Dietrich Wörner.* 37,60 EUR

417: Stahlbeton- und Spannbetonbauteile bei extrem tiefer Temperatur– Versuche und Berechnungsansätze für Lasten und Zwang (1991). Von *Uwe Pusch* und *Ferdinand S. Rostásy.* 22,60 EUR

418: Warmbehandlung von Beton durch Mikrowellen (1991). Von *Ulrich Schneider* und *Frank Dumat.* 30,00 EUR

419: Bruchmechanisches Verhalten von Beton unter monotoner und zyklischer Zugbeanspruchung (1991). Von *Herbert Duda.* 17,20 EUR

420: Versuche zum Kriechen und zur Restfestigkeit von Beton bei mehrachsiger Beanspruchung. Von *Norbert Lanig, Siegfried Stöckl* und *Herbert Kupfer.* Kriechen von Beton nach langer Lasteinwirkung. Von *Norbert Lanig* und *Siegfried Stöckl.* Frühe Kriechverformungen des Betons (1991). Von *Heinrich Trost* und *Hans Paschmann.* 24,70 EUR

421: Entwicklung radiographischer Untersuchungsmethoden des Verbundverhaltens von Stahl und Beton (1991). Von *Andrea Steinwedel.* 22,60 EUR

422: Prüfung von Beton-Empfehlungen und Hinweise als Ergänzung zu DIN 1048 (1991). Zusammengestellt von *Norbert Bunke.* 33,30 EUR

423: Experimentelle Untersuchungen des Trag- und Verformungsverhaltens schlanker Stahlbetondruckglieder mit zweiachsiger Ausmitte. Von *Rainer Grzeschkowitz, Karl Kordina* und *Manfred Teutsch.* Erweiterung von Traglastprogrammen für schlanke Stahlbetondruckglieder (1992). Von *Rainer Grzeschkowitz* und *Ulrich Quast.* 23,60 EUR

424: Tragverhalten von Befestigungen unter Querlasten in ungerissenem Beton (1992). Von *Werner Fuchs.* 29,00 EUR

425: Bemessungshilfsmittel zu Eurocode 2 Teil 1 (DIN V ENV 1992 Teil 1-1, Ausgabe 06.92). Planung von Stahlbeton- und Spannbetontragwerken (1992). 3. ergänzte Auflage 1997. Von *Karl Kordina* u. a. 40,90 EUR

426: Einfluss der Probekörperform auf die Ergebnisse von Ausziehversuchen – Finite-Element-Berechnung – (1992). Von *Jürgen Mainz* und *Siegfried Stöckl.* 19,30 EUR

Heft

427: Verminderte Schubdeckung in Betonträgern mit Fugen parallel zur Tragrichtung bei sehr hohen Schubspannungen und nicht vorwiegend ruhenden Lasten (1992). Von *Ferdinand Daschner* und *Herbert Kupfer.* 14,00 EUR

428: Entwicklung eines Expertensystems zur Beurteilung, Beseitigung und Vorbeugung von Oberflächenschäden an Betonbauteilen (1992). Von *Michael Sohni.* 20,40 EUR

429: Der Einfluss mechanischer Spannungen auf den Korrosionswiderstand zementgebundener Baustoffe (1992). Von *Ulrich Schneider, Erich Nägele Frank Dumat* und *Steffen Holst.* 20,40 EUR

430: Standardisierte Nachweise von häufigen D-Bereichen (1992). Von *Mattias Jennewein* und *Kurt Schäfer.* 20,40 EUR

431: Spannungsumlagerungen in Verbundquerschnitten aus Fertigteilen und Ortbeton statisch bestimmter Träger infolge Kriechen und Schwinden unter Berücksichtigung der Rissbildung (1992). Von *Günther Ackermann, Erich Raue, Lutz Ebel* und *Gerhard Setzpfandt.* vergriffen

432: Lineare und nichtlineare Theorie des Kriechens und der Relaxation von Beton unter Druckbeanspruchung (1992). Von *Jing-Hua Shen.* 12,90 EUR

433: Zur chloridinduzierten Makroelementkorrosion von Stahl in Beton (1992). Von *Michael Raupach.* 23,60 EUR

434: Beurteilung der Wirksamkeit von Steinkohlenflugaschen als Betonzusatzstoff (1993). Von *Franz Sybertz.* 23,60 EUR

435: Zur Spannungsumlagerung im Spannbeton bei der Rissbildung unter statischer und wiederholter Belastung (1993). Von *Nguyen Viet Tue.* 18,30 EUR

436: Zum karbonatisierungsbedingten Verlust der Dauerhaftigkeit von Außenbauteilen aus Stahlbeton (1993). Von *Dieter Bunte.* 27,90 EUR

437: Festigkeit und Verformung von Beton bei hoher Temperatur und biaxialer Beanspruchung – Versuche und Modellbildung – (1994). Von *Karl-Christian Thienel.* 22,60 EUR

438: Hochfester Beton, Sachstandsbericht, Teil 1: Betontechnologie und Betoneigenschaften. Von *Ingo Schrage.* Teil 2: Bemessung und Konstruktion (1994). Von *Gert König, Harald Bergner, Rainer Grimm, Markus Held, Gerd Remmel* und *Gerd Simsch.* 19,30 EUR

439: Ermüdungsfestigkeit von Stahlbeton und Spannbetonbauteilen mit Erläuterungen zu den Nachweisen gemäß CEB-FIP. Model Code 1990 (1994). Von *Gert König* und *Ireneusz Danielewicz.* 21,50 EUR

Heft

440: Untersuchung zur Durchlässigkeit von faserfreien und faserverstärkten Betonbauteilen mit Trennrissen. Von *Masaaki Tsukamoto.* Gitterschnittkennwert als Kriterium für die Adhäsionsgüte von Oberflächenschutzsystemen auf Beton (1994). Von *Michael Fiebrich.* 18,30 EUR

441: Physikalisch nichtlineare Berechnung von Stahlbetonplatten im Vergleich zur Bruchlinientheorie (1994). Von *Andreas Pardey.* 36,50 EUR

442: Versuche zum Kriechen von Beton bei mehrachsiger Beanspruchung–Auswertung auf der Basis von errechneten elastischen Anfangsverformungen. Von *Henric Bierwirth, Siegfried Stöckl* und *Herbert Kupfer.* Kriechen, Rückkriechen und Dauerstandfestigkeit von Beton bei unterschiedlichem Feuchtegehalt und Verwendung von Portlandzement bzw. Portlandkalksteinzement (1994). Von *Dirk Nechvatal, Siegfried Stöckl* und *Herbert Kupfer.* 20,40 EUR

443: Schutz und Instandsetzung von Betonbauteilen unter Verwendung von Kunststoffen – Sachstandsbericht – (1994). Von *H. Rainer Sasse* u. a. 51,60 EUR

444: Zum Zug- und Schubtragverhalten von Bauteilen aus hochfestem Beton (1994). Von *Gerd Remmel.* 23,60 EUR

445: Zum Eindringverhalten von Flüssigkeiten und Gasen in ungerissenen Beton. Von *Thomas Fehlhaber.* Eindringverhalten von Flüssigkeiten in Beton in Abhängigkeit von der Feuchte der Probekörper und der Temperatur. Von *Massimo Sosoro* und *Hans-Wolf Reinhardt.* Untersuchung der Dichtheit von Vakuumbeton gegenüber wassergefährdenden Flüssigkeiten (1994). Von *Reinhard Frey* und *Hans-Wolf Reinhardt.* 27,90 EUR

446: Modell zur Vorhersage des Eindringverhaltens von organischen Flüssigkeiten in Beton (1995). Von *Massimo Sosoro.* 17,20 EUR

447: Versuche zum Verhalten von Beton unter dreiachsiger Kurzzeitbeanspruchung. Tests on the Behaviour of Concrete under Triaxial Shorttime Loading. Von *Ulrich Scholz, Dirk Nechvatal, Helmut Aschl, Diethelm Linse, Emil Grasser* und *Herbert Kupfer.* Auswertung von Versuchen zur mehrachsigen Betonfestigkeit, die an der Technischen Universität München durchgeführt wurden. Evaluation of the Multiaxial Strength of Concrete Tested at Technische Universität München. Von *Zhenhai Guo, Yunlong Zhou* und *Dirk Nechvatal.* Versuche zur Methode der Verformungsmessung an dreiachsig beanspruchten Betonwürfeln. Tests on Methods for Strain Measurements on Cubic Specimen of Concrete under Triaxial Loading (1995). Von *Christian Dialer, Norbert Lanig, Siegfried Stöckl* und *Cölestin Zelger.* 25,70 EUR

Heft

448: Veränderung des Betongefüges durch die Wirkung von Steinkohlenflugasche und ihr Einfluss auf die Betoneigenschaften (1995).
Von *Reiner Härdtl.* 18,30 EUR

449: Wirksame Betonzugfestigkeit im Bauwerk bei früh einsetzendem Temperaturzwang (1995).
Von *Peter Onken* und *Ferdinand S. Rostásy.* 20,40 EUR

450: Prüfverfahren und Untersuchungen zum Eindringen von Flüssigkeiten und Gasen in Beton sowie zum chemischen Widerstand von Beton.
Von *Hans Paschmann, Horst Grube* und *Gerd Thielen.*
Untersuchungen zum Eindringen von Flüssigkeiten in Beton sowie zur Verbesserung der Dichtheit des Betons (1995).
Von *Hans Paschmann, Horst Grube* und *Gerd Thielen.* 23,60 EUR

451: Beton als sekundäre Dichtbarriere gegenüber umweltgefährdenden Flüssigkeiten (1995).
Von *Michael Aufrecht.* vergriffen

452: Wöhlerlinien für einbetonierte Spanngliedkopplungen.
– Dauerschwingversuche an Spanngliedkopplungen des Litzenspannverfahrens D & W.
Von *Gert König* und *Roland Sturm.*
– Dauerschwingversuche an Spanngliedkopplungen des Bündelspanngliedes BBRV-SUSPA II (1995).
Von *Gert König* und *Ireneusz Danielewicz.* 16,10 EUR

453: Ein durchgängiges Ingenieurmodell zur Bestimmung der Querkrafttragfähigkeit im Bruchzustand von Bauteilen aus Stahlbeton mit und ohne Vorspannung der Festigkeitsklassen C 12 bis C 115 (1995).
Von *Manfred Specht* und *Hans Scholz.* 23,60 EUR

454: Tragverhalten von randfernen Kopfbolzenverankerungen bei Betonbruch (1995).
Von *Guochen Zhao.* 20,40 EUR

455: Wasserdurchlässigkeit und Selbstheilung von Trennrissen in Beton (1996).
Von *Carola Katharina Edvardsen.* 23,60 EUR

456: Zum Schubtragverhalten von Fertigplatten mit Ortbetonergänzung.
Von *Horst Georg Schäfer* und *Wolfgang Schmidt-Kehle.*
Oberflächenrauheit und Haftverbund.
Von *Horst Georg Schäfer, Klaus Block* und *Rita Drell.*
Zur Oberflächenrauheit von Fertigplatten mit Ortbetonergänzung.
Von *Horst Georg Schäfer* und *Wolfgang Schmidt-Kehle.*
Ortbetonergänzte Fertigteilbalken mit profilierter Anschlussfuge unter hoher Querkraftbeanspruchung (1996).
Von *Horst Georg Schäfer* und *Wolfgang Schmidt-Kehle.* 30,00 EUR

457: Verbesserung der Undurchlässigkeit, Beständigkeit und Verformungsfähigkeit von Beton.
Von *Udo Wiens, Fritz Grahn* und *Peter Schießl.*
Durchlässigkeit von überdrückten Trennrissen im Beton bei Beaufschlagung mit wassergefährdenden Flüssigkeiten.
Von *Norbert Brauer* und *Peter Schießl.*
Untersuchungen zum Eindringen von Flüssigkeiten in Beton, zur Dekontamination von Beton sowie zur Dichtheit von Arbeitsfugen (1996).
Von *Hans Paschmann* und *Horst Grube.* vergriffen

458: Umweltverträglichkeit zementgebundener Baustoffe – Sachstandsbericht – (1996).
Von *Inga Hohberg, Christoph Müller, Peter Schießl* und *Gerhard Volland.* 20,40 EUR

459: Bemessen von Stahlbetonbalken und -wandscheiben mit Öffnungen (1996).
Von *Hermann Ulrich Hottmann* und *Kurt Schäfer.* 26,90 EUR

460: Fließverhalten von Flüssigkeiten in durchgehend gerissenen Betonkonstruktionen (1996).
Von *Christiane Imhof-Zeitler.* 32,20 EUR

461: Grundlagen für den Entwurf, die Berechnung und konstruktive Durchbildung lager- und fugenloser Brücken (1996).
Von *Michael Pötzl, Jörg Schlaich* und *Kurt Schäfer.* 21,50 EUR

462: Umweltgerechter Rückbau und Wiederverwertung mineralischer Baustoffe – Sachstandsbericht (1996).
Von *Peter Grübl* u. a. 32,20 EUR

463: Contec ES – Computer Aided Consulting für Betonoberflächenschäden (1996).
Von *Gabriele Funk.* vergriffen

464: Sicherheitserhöhung durch Fugenverminderung – Spannbeton im Umweltbereich.
Von *Jens Schütte, Manfred Teutsch* und *Horst Falkner.*
Fugen in chemisch belasteten Betonbauteilen.
Von *Hans-Werner Nordhues* und *Johann-Dietrich Wörner.*
Durchlässigkeit und konstruktive Konzeption von Fugen (Fertigteilverbindungen) (1996).
Von *Marko Bida* und *Klaus-Peter Grote.* 31,20 EUR

465: Dichtschichten aus hochfestem Faserbeton.
Von *Martina Lemberg.*
Dichtheit von Faserbetonbauteilen (synthetische Fasern) (1996).
Von *Johann-Dietrich Wörner, Christiane Imhof-Zeitler* und *Martina Lemberg.* 29,00 EUR

466: Grundlagen und Bemessungshilfen für die Rissbreitenbeschränkung im Stahlbeton und Spannbeton sowie Kom-mentare, Hintergrundinformationen und Anwendungsbeispiele zu den Regelungen nach DIN 1045, EC2 und Model Code 90 (1996).
Von *Gert König* und *Nguyen Viet Tue.* 21,50 EUR

467: Verstärken von Betonbauteilen – Sachstandsbericht – (1996).
Von *Horst Georg Schäfer* u. a. 18,30 EUR

468: Stahlfaserbeton für Dicht- und Verschleißschichten auf Betonkonstruktionen.
Von *Burkhard Wienke.*
Einfluss von Stahlfasern auf das Verschleißverhalten von Betonen unter extremen Betriebsbedingungen in Bunkern von Abfallbehandlungsanlagen (1996).
Von *Thomas Höcker.* 26,90 EUR

469: Schadensablauf bei Korrosion der Spannbewehrung (1996).
Von *Gert König, Nguyen Viet Tue, Thomas Bauer* und *Dieter Pommerening.* 16,10 EUR

470: Anforderungen an Stahlbetonlager thermischer Behandlungsanlagen für feste Siedlungsabfälle.
Von *Georg Zimmermann.*
Temperaturbeanspruchungen in Stahlbetonlagern für feste Siedlungsabfälle (1996).
Von *Ralf Brüning.* 36,50 EUR

471: Zum Bruchverhalten von hochfestem Beton bei einer Zugbeanspruchung durch formschlüssige Verankerungen (1997).
Von *Ralf Zeitler.* 17,20 EUR

472: Segmentbalken mit Vorspannung ohne Verbund unter kombinierter Beanspruchung aus Torsion, Biegung und Querkraft.
Von *Horst Falkner, Manfred Teutsch* und *Zhen Huang.*
Eurocode 8: Tragwerksplanung von Bauten in Erdbebengebieten Grundlagen, Anforderungen. Vergleich mit DIN 4149 (1997).
Von *Dan Constantinescu.* 16,10 EUR

473: Zum Verbundtragverhalten laschenverstärkter Betonbauteile unter nicht vorwiegend ruhender Beanspruchung.
Von *Christoph Hankers.*
Ingenieurmodelle des Verbunds geklebter Bewehrung für Betonbauteile (1997).
Von *Peter Holzenkämpfer.* 30,00 EUR

474: Injizierte Risse unter Medien- und Lasteinfluss.
Teil I: Grundlagenversuche.
Von *Horst Falkner, Manfred Teutsch, Thies Claußen, Jürgen Günther* und *Sabine Rohde.*
Teil 2: Bauteiluntersuchungen.
Von *Hans-Wolf Reinhardt, Massimo Sosoro, Friedrich Paul* und *Xiao-feng Zhu.*
Oberflächenschutzmaßnahmen zur Erhöhung der chemischen Dichtungswirkung.
Von *Klaus Littmann.*
Korrosionsschutz der Bewehrung bei Einwirkung umweltgefährdender Flüssigkeiten (1997).
Von *Romain Weydert* und *Peter Schießl.* 27,90 EUR

475: Transport organischer Flüssigkeiten in Betonbauteilen mit Mikro- und Biegerissen.
Von *Xiao-feng Zhu.*
Eindring- und Durchströmungsvorgänge umweltgefährdender Stoffe an feinen Trennrissen in Beton (1997).
Von *Detlef Bick, Heiner Cordes* und *Heinrich Trost.* vergriffen

Heft

476: Zuverlässigkeit des Verpressens von Spannkanälen unter Berücksichtigung der Unsicherheiten auf der Baustelle (1997).
Von *Ferdinand S. Rostásy* und *Alex-W. Gutsch.* 25,70 EUR

477: Einfluss bruchmechanischer Kenngrößen auf das Biege- und Schubtragverhalten hochfester Betone (1997).
Von *Rainer Grimm.* 27,90 EUR

478: Tragfähigkeit von Druckstreben und Knoten in D-Bereichen (1997).
Von *Wolfgang Sundermann* und *Kurt Schäfer.* 29,00 EUR

479: Über das Brandverhalten punktgestützter Stahlbetonplatten (1997).
Von *Karl Kordina.* 25,70 EUR

480: Versagensmodell für schubschlanke Balken (1997).
Von *Jürgen Fischer.* 19,30 EUR

481: Sicherheitskonzept für Bauten des Umweltschutzes.
Von *Daniela Kiefer.*
Erfahrungen mit Bauten des Umweltschutzes.
Von *Johann-Dietrich Wörner, Daniela Kiefer* und *Hans-Werner Nordhues.*
Qualitätskontrollmaßnahmen bei Betonkonstruktionen (1997).
Von *Otto Kroggel.* 21,50 EUR

482: Rissbreitenbeschränkung zwangbeanspruchter Bauteile aus hochfestem Normalbeton (1997).
Von *Harald Bergner.* 25,70 EUR

483: Durchlässigkeitsgesetze für Flüssigkeiten mit Feinstoffanteilen bei Betonbunkern von Abfallbehandlungsanlagen.
Von *Klaus-Peter Grote.*
Einfluss von Stahlfasern auf die Durchlässigkeit von Beton (1997).
Von *Ralf Winterberg.* 22,60 EUR

484: Grenzen der Anwendung nichtlinearer Rechenverfahren bei Stabtragwerken und einachsig gespannten Platten.
Von *Rolf Eligehausen* und *Eckhart Fabritius.*
Rotationsfähigkeit von plastischen Gelenken im Stahl- und Spannbetonbau.
Von *Longfei Li.*
Verdrehfähigkeit plastizierter Trag--werksbereiche im Stahlbetonbau (1998).
Von *Peter Langer.* 37,60 EUR

485: Verwendung von Bitumen als Gleitschicht im Massivbau.
Von *Manfred Curbach* und *Thomas Bösche.*
Versuche zur Eignung industriell gefertigter Bitumenbahnen als Bitumengleitschicht (1998).
Von *Manfred Curbach* und *Thomas Bösche.* 21,50 EUR

486: Trag- und Verformungsverhalten von Rahmenknoten (1998).
Von *Karl Kordina, Manfred Teutsch* und *Erhard Wegener.* 34,30 EUR

487: Dauerhaftigkeit hochfester Betone (1998).
Von *Ulf Guse* und *Hubert K. Hilsdorf.* 19,30 EUR

488: Sachstandsbericht zum Einsatz von Textilien im Massivbau (1998).
Von *Manfred Curbach* u. a. 22,60 EUR

489: Mindestbewehrung für verformungsbehinderte Betonbauteile im jungen Alter (1998).
Von *Udo Paas.* 23,60 EUR

490: Beschichtete Bewehrung. Ergebnisse sechsjähriger Auslagerungsversuche.
Von *Klaus Menzel, Frank Schulze* und *Hans-Wolf Reinhardt.*
Kontinuierliche Ultraschallmessung während des Erstarrens und Erhärtens von Beton als Werkzeug des Qualitätsmanagements (1998).
Von *Hans-Wolf Reinhardt, Christian U. Große* und *Alexander Herb.* 18,30 EUR

491: Der Einfluss der freien Schwingungen auf ausgewählte dynamische Parameter von Stahlbetonbiegeträgern (1999).
Von *Manfred Specht* und *Michael Kramp.* 31,20 EUR

492: Nichtlineares Last-Verformungs-Verhalten von Stahlbeton- und Spannbetonbauteilen, Verformungsvermögen und Schnittgrößenermittlung (1999).
Von *Gert König, Dieter Pommerening* und *Nguyen Viet Tue.* 26,90 EUR

493: Leitfaden für die Erfassung und Bewertung der Materialien eines Abbruchobjektes (1999).
Von *Theo Rommel, Wolfgang Katzer, Gerhard Tauchert* und *Jie Huang.* 18,80 EUR

494: Tragverhalten von Stahlfaserbeton (1999).
Von *Yong-zhi Lin.* 23,60 EUR

495: Stoffeigenschaften jungen Betons; Versuche und Modelle (1999).
Von *Alex-W. Gutsch.* 29,50 EUR

496: Entwerfen und Bemessen von Betonbrücken ohne Fugen und Lager (1999).
Von *Stephan Engelsmann, Jörg Schlaich* und *Kurt Schäfer.* 25,70 EUR

497: Entwicklung von Verfahren zur Beurteilung der Kontaminierung der Baustoffe vor dem Abbruch (Schnellprüfverfahren) (2000).
Von *Jochen Stark* und *Peter Nobst.* 20,90 EUR

498: Kriechen von Beton unter Zugbeanspruchung (2000).
Von *Karl Kordina, Lothar Schubert* und *Uwe Troitzsch.* 16,70 EUR

499: Tragverhalten von stumpf gestoßenen Fertigteilstützen aus hochfestem Beton (2000).
Von *Jens Minnert.* 29,00 EUR

500: BiM-Online – Das interaktive Informationssystem zu „Baustoffkreislauf im Massivbau" (2000).
Von *Hans-Wolf Reinhardt, Marcus Schreyer* und *Joachim Schwarte.* 21,50 EUR

501: Tragverhalten und Sicherheit betonstahlbewehrter Stahlfaserbetonbauteile (2000).
Von *Ulrich Gossla.* 20,40 EUR

502: Witterungsbeständigkeit von Beton. 3. Bericht (2000).
Von *Wilhelm Manns* und *Kurt Zeus.* 17,80 EUR

503: Untersuchungen zum Einfluss der bezogenen Rippenfläche von Bewehrungsstäben auf das Tragverhalten von Stahlbetonbauteilen im Gebrauchs- und Bruchzustand (2000).
Von *Rolf Eligehausen* und *Utz Mayer.* 20,90 EUR

504: Schubtragverhalten von Stahlbetonbauteilen mit rezyklierten Zuschlägen (2000).
Von *Sufang Lü.* 24,70 EUR

505: Biegetragverhalten von Stahlbetonbauteilen mit rezyklierten Zuschlägen (2000).
Von *Matthias Meißner.* 29,00 EUR

506: Verwertung von Brechsand aus Bauschutt (2000).
Von *Christoph Müller* und *Bernd Dora.* 24,70 EUR

507: Betonkennwerte für die Bemessung und Verbundverhalten von Beton mit rezykliertem Zuschlag (2000).
Von *Konrad Zilch* und *Frank Roos.* 19,30 EUR

508: Zulässige Toleranzen für die Abweichungen der mechanischen Kennwerte von Beton mit rezykliertem Zuschlag (2000).
Von *Johann-Dietrich Wörner, Pieter Moerland, Sabine Giebenhain, Harald Kloft* und *Klaus Leiblein.* 16,70 EUR

509: Bruchmechanisches Verhalten jungen Betons (2000).
Von *Karim Hariri.* 24,70 EUR

510: Probabilistische Lebensdauerbemessung von Stahlbetonbauwerken – Zuverlässigkeitsbetrachtungen zur wirksamen Vermeidung von Bewehrungskorrosion (2000).
Von *Christoph Gehlen.* 24,20 EUR

511: Hydroabrasionsverschleiß von Betonoberflächen.
Beton und Mörtel für die Instandsetzung verschleißgeschädigter Betonbauteile im Wasserbau (2000).
Von *Gesa Haroske, Jan Vala* und *Ulrich Diederichs.* 27,40 EUR

512: Zwang und Rissbildung infolge Hydratationswärme – Grundlagen Berechnungsmodelle und Tragverhalten (2000).
Von *Benno Eierle* und *Karl Schikora.* 27,40 EUR

513: Beton als kreislaufgerechter Baustoff (2001).
Von *Christoph Müller.* 65,50 EUR

514: Einfluss von rezykliertem Zuschlag aus Betonbruch auf die Dauerhaftigkeit von Beton.
Von *Beatrix Kerkhoff* und *Eberhard Siebel.*
Einfluss von Feinstoffen aus Betonbruch auf den Hydratationsfortschritt.
Von *Walter Wassing.*
Recycling von Beton, der durch eine Alkalireaktion gefährdet oder bereits geschädigt ist.
Von *Wolfgang Aue.*
Frostwiderstand von rezykliertem Zuschlag aus Altbeton und mineralischen Baustoffgemischen (Bauschutt) (2001).
Von *Stefan Wies* und *Wilhelm Manns.* 48,60 EUR

Heft

515: Analytische und numerische Untersuchungen des Durchstanzverhaltens punktgestützter Stahlbetonplatten (2001).
Von *Markus Anton Staller.* 43,50 EUR

516: Sachstandbericht Selbstverdichtender Beton (SVB) (2001).
Von *Hans-Wolf Reinhardt, Wolfgang Brameshuber, Geraldine Buchenau, Frank Dehn, Horst Grube, Peter Grübl, Bernd Hillemeier, Martin Jooß, Bert Kilanowski, Thomas Krüger, Christoph Lemmer, Viktor Mechterine, Harald Müller, Thomas Müller, Markus Plannerer, Andreas Rogge, Andreas Schaab, Angelika Schießl* und *Stephan Uebachs.* 33,80 EUR

517: Verformungsverhalten und Tragfähigkeit dünner Stege von Stahlbeton- und Spannbetonträgern mit hoher Betongüte (2001).
Von *Karl-Heinz Reineck, Rolf Wohlfahrt* und *Harianto Hardjasaputra.* 54,20 EUR

518: Schubtragfähigkeit längsbewehrter Porenbetonbauteile ohne Schubbewehrung.
Thermische Vorspannung bewehrter Porenbetonbauteile.
Kriechen von unbewehrtem Porenbeton.
Kriechen des Porenbetons im Bereich der zur Verankerung der Längsbewehrung dienenden Querstäbe und Tragfähigkeit der Verankerung (2001).
Von *Ferdinand Daschner* und *Konrad Zilch.* 55,90 EUR

519: Betonbau beim Umgang mit wassergefährdenden Stoffen. Zweiter Sachstandsbericht mit Beispielsammlung (2001).
Von *Rolf Breitenbücher, Franz-Josef Frey, Horst Grube, Wilhelm Kanning, Klaus Lehmann, Hans-Wolf Reinhardt, Bernd Schnütgen, Manfred Teutsch, Günter Timm* und *Johann-Dietrich Wörner.* 52,10 EUR

520: Frühe Risse in massigen Betonbauteilen – Ingenieurmodelle für die Planung von Gegenmaßnahmen (2001).
Von *Ferdinand S. Rostásy* und *Matias Krauß.* 39,20 EUR

521: Sachstandbericht Nachhaltig Bauen mit Beton (2001).
Von *Hans-Wolf Reinhardt, Wolfgang Brameshuber, Carl-Alexander Graubner, Peter Grübl, Bruno Hauer, Katja Hüske, Julian Kümmel, Hans-Ulrich Litzner, Heiko Lünser, Dieter Rußwurm.* 31,10 EUR

522: Anwendung von hochfestem Beton im Brückenbau.
Von *Konrad Zilch* und *Markus Hennecke.*
Erfahrungen mit Entwurf, Ausschreibung, Vergabe und Tragwerksplanung.
Von *André Müller, Hans Pfisterer, Jürgen Weber* und *Konrad Zilch.*
Erfahrungen mit der Bauausführung und Maßnahmen zur Gewährleistung der geforderten Qualität.
Von *Markus Hennecke, Gert Leonhardt* und *Rolf Stahl.*
Betontechnologie (2002).
Von *Volker Hartmann* und *Werner Schrub.* 37,60 EUR

Heft

523: Beständigkeit verschiedener Betonarten im Meerwasser und in sulfathaltigem Wasser (2003).
Von *Ottokar Hallauer.* 96,10 EUR

524: Mehraxiale Festigkeit von duktilem Hochleistungsbeton (2002).
Von *Manfred Curbach* und *Kerstin Speck.* 68,30 EUR

525: Erläuterungen zu DIN 1045-1; 2. überarbeitete Auflage (2010) 64,30 EUR

526: Erläuterungen zu den Normen DIN EN 206-1, DIN 1045-2, DIN 1045-3, DIN 1045-4 und DIN EN 12620; 2. überarbeitete Auflage (2011). 88,40 EUR

527: Füllen von Rissen und Hohlräumen in Betonbauteilen (2006).
Von *Angelika Eßer.* 58,40 EUR

528: Schubtragfähigkeit von Betonergänzungen an nachträglich aufgerauten Betonoberflächen bei Sanierungs- und Ertüchtigungsmaßnahmen (2002).
Von *Konrad Zilch* und *Jürgen Mainz.* 20,80 EUR

529: Betonwaren mit Recyclingzuschlägen.
Von *Christoph Müller* und *Peter Schießl.*
Rezyklieren von Leichtbeton (2002).
Von *Hans-Wolf Reinhardt* und *Julian Kümmel.* 32,20 EUR

530: Nachweise zur Sicherheit beim Abbruch von Stahlbetonbauwerken durch Sprengen.
Von *Josef Eibl, Andreas Plotzitza, Nico Herrmann.*
Sprengtechnischer Abbruch, Erprobung und Optimierung (2000).
Von *Hans-Ulrich Freund, Gerhard Duseberg, Steffen Schumann, Helmut Roller, Walter Werner.* 36,50 EUR

531: Großtechnische Versuche zur Nassaufbereitung von Recycling-Baustoffen mit der Setzmaschine.
Von *Harald Kurkowski* und *Klaus Mesters.*
Einflüsse der Aufbereitung von Bauschutt für eine Verwendung als Betonzuschlag (2003).
Von *Werner Reichel* und *Petra Heldt.* 42,80 EUR

532: Die Bemessung und Konstruktion von Rahmenknoten. Grundlagen und Beispiele gemäß DIN 1045-1(2002).
Von *Josef Hegger* und *Wolfgang Roeser.* 62,80 EUR

533: Rechnerische Untersuchung der Durchbiegung von Stahlbetonplatten unter Ansatz wirklichkeitsnaher Steifigkeiten und Lagerungsbedingungen und unter Berücksichtigung zeitabhängiger Verformungen (2006).
Von *Konrad Zilch* und *Uli Donaubauer.*
Zum Trag- und Verformungsverhalten bewehrter Betonquerschnitte im Grenzzustand der Gebrauchstauglichkeit.
Von *Wolfgang Krüger* und *Olaf Mertzsch.* 67,70 EUR

534: Sicherheitskonzept für nichtlineare Traglastverfahren im Betonbau (2003).
Von *Michael Six.* 51,90 EUR

535: Rotationsfähigkeit von Rahmenecken (2002).
Von *Jan Akkermann* und *Josef Eibl.* 43,70 EUR

Heft

537: Zum Einfluss der Oberflächengestalt von Rippenstählen auf das Trag- und Verformungsverhalten von Stahlbetonbauteilen (2003).
Von *Utz Mayer.* 44,20 EUR

538: Analyse der Transportmechanismen für wassergefährdende Flüssigkeiten in Beton zur Berechnung des Medientransportes in ungerissene und gerissene Betondruckzonen (2002).
Von *Norbert Brauer.* 45,40 EUR

539: Alkalireaktion im Bauwerksbeton. Ein Erfahrungsbericht (2003).
Von *Wilfried Bödeker.* 26,30 EUR

540: Trag- und Verformungsverhalten von Stahlbetontragwerken unter Betriebsbelastung (2003).
Von *Thomas M. Sippel.* 27,30 EUR

541: Das Ermüdungsverhalten von Dübelbefestigungen (2003).
Von *Klaus Block und Friedrich Dreier.* 38,80 EUR

542: Charakterisierung, Modellierung und Bewertung des Auslaugverhaltens umweltrelevanter, anorganischer Stoffe aus zementgebundenen Baustoffen (2003).
Von *Inga Hohberg.* 52,40 EUR

543: Mikrostrukturuntersuchungen zum Sulfatangriff bei Beton (2003).
Von *Winfried Malorny.* 19,60 EUR

544: Hochfester Beton unter Dauerzuglast (2003).
Von *Tassilo Rinder.* 37,70 EUR

545: Gebrauchsverhalten von Bodenplatten aus Beton unter Einwirkungen infolge Last und Zwang (2004).
Von *Peter Niemann.* 65,00 EUR

546: Zu Deckenscheiben zusammengespannte Stahlbetonfertigteile für demontable Gebäude (2003).
Von *Georg Christian Weiß.* 39,90 EUR

547: Durchstanzen von Bodenplatten unter rotationssymmetrischer Belastung (2004).
Von *Maike Timm.* 49,10 EUR

548: Die Druckfestigkeit von gerissenen Scheiben aus Hochleistungsbeton und selbstverdichtendem Beton unter Berücksichtigung des Einflusses der Rissneigung (2005).
Von *Angelika Schießl.* 56,30 EUR

549: Zum Gebrauchs- und Tragverhalten von Tunnelschalen aus Stahlfaserbeton und stahlfaserverstärktem Stahlbeton (2004).
Von *Olaf Hemmy.* 74,20 EUR

550: Zur Querkrafttragfähigkeit von Balken aus stahlfaserverstärktem Stahlbeton (2004).
Von *Joachim Rosenbusch.* 47,60 EUR

551: Zur Wirkung von Steinkohlenflugasche auf die chloridinduzierte Korrosion von Stahl in Beton (2005).
Von *Udo Wiens.* 63,30 EUR

552: Randbedingungen bei der Instandsetzung nach dem Schutzprinzip W bei Bewehrungskorrosion im karbonatisierten Beton (2005).
Von *Romain Weydert.* 38,50 EUR

Heft

553: Traglast unbewehrter Beton- und Mauerwerkswände – Nichtlineares Berechnungsmodell und konsistentes Bemessungskonzept für schlanke Wände unter Druckbeanspruchung (2005).
Von *Christian Glock.* 67,70 EUR

554: Sachstandbericht Sulfatangriff auf Beton (2006).
Von *R. Breitenbücher, D. Heinz, K. Lipus, J. Paschke, G. Thielen, L. Urbanos, F. Wisotzky.* 50,80 EUR

555: Erläuterungen zur DAfStb-Richtlinie „Wasserundurchlässige Bauwerke aus Beton" (2006). 18,10 EUR

556: Probabilistischer Nachweis der Wirksamkeit von Maßnahmen gegen frühe Trennrisse in massigen Betonbauteilen (2006).
Von *Matias Krauß.* 52,40 EUR

557: Querkrafttragfähigkeit von Stahlbeton- und Spannbetonbalken aus Normal- und Hochleistungsbeton (2007).
Von *Josef Hegger, Stephan Görtz.* 35,50 EUR

558: Zur Dauerhaftigkeit von AR-Glasbewehrung in Textilbeton (2005).
Von *Jeanette Orlowsky.* 35,50 EUR

559: Herstellungszustand verformungsbehinderter Bodenplatten aus Beton (2006).
Von *Silke Agatz.* 36,00 EUR

560: Sachstandbericht Übertragbarkeit von Frost-Laborprüfungen auf Praxisverhältnisse (2005).
Von *E. Siebel, W. Brameshuber, Ch. Brandes, U. Dahme, F. Dehn, K. Dombrowski, V. Feldrappe, U. Frohburg, U. Guse, A. Huß, E. Lang, L. Lohaus, Ch. Müller, H. S. Müller, S. Palecki, L. Petersen, P. Schröder, M. J. Setzer, F. Weise, A. Westendarp, U. Wiens.* 36,00 EUR

561: Sachstandbericht Ultrahochfester Beton (2008).
Von *M. Schmidt, R. Bornemann, K. Bunje, F. Dehn, K. Droll, E. Fehling, S. Greiner, J. Horvath, E. Kleen, Ch. Müller, K.-H. Reineck, I. Schachinger, T. Teichmann, M. Teutsch, R. Thiel, N. V. Tue.* 39,30 EUR

562: Eigenschaften von wärmebehandeltem Selbstverdichtendem Beton (2006).
Von *Michael Stegmaier.* 54,60 EUR

563: Zur wasserstoffinduzierten Spannungsrisskorrosion von hochfesten Spannstählen – Untersuchungen zur Dauerhaftigkeit von Spannbetonbauteilen (2005).
Von *Jörg Moersch.* 38,80 EUR

564: Experimentelle und theoretische Untersuchungen der Frischbetoneigenschaften von Selbstverdichtendem Beton (2006).
Von *Timo Wüstholz.* 45,40 EUR

565: Zerstörungsfreie Prüfverfahren und Bauwerksdiagnose im Betonbau – Beiträge zur Fachtagung des Deutschen Ausschusses für Stahlbeton in Zusammenarbeit mit der Bundesanstalt für Materialforschung und -prüfung, 11.03.2005 Berlin (2006). 27,80 EUR

Heft

566: Untersuchung des Trag- und Verformungsverhaltens von Stahlbetonbalken mit großen Öffnungen (2007).
Von *Martina Schnellenbach-Held, Stefan Ehmann, Carina Neff.* 36,20 EUR

567: Sachstandbericht Frischbetondruck fließfähiger Betone (2006).
Von *C.-A. Graubner, H. Beitzel, M. Beitzel, W. Brameshuber, M. Brunner, F. Dehn, S. Glowienka, R. Hertle, J. Huth, O. Leitzbach, L. Meyer, Ch. Motzko, H. S. Müller, H. Schuon, T. Proske, M. Rathfelder, S. Uebachs.* 24,60 EUR

568: Abschätzung der Wahrscheinlichkeit tausalzinduzierter Bewehrungskorrosion – Baustein eines Systems zum Lebenszyklusmanagement von Stahlbetonbauwerken (2007).
Von *Sascha Lay.* 47,30 EUR

569: Sachstandbericht Hüttensandmehl als Betonzusatzstoff – Sachstand und Szenarien für die Anwendung in Deutschland (2007).
Von *O. Aßbrock, W. Brameshuber, A. Ehrenberg, D. Heinz, E. Lang, Ch. Müller, R. Pierkes, E. Siebel.* 33,30 EUR

570: Einfluss der Mischungszusammensetzung auf die frühen autogenen Verformungen der Bindemittelmatrix von Hochleistungsbetonen (2007).
Von *Patrick Fontana.* 38,20 EUR

571: Konzentrierte Lasteinleitung in dünnwandige Bauteile aus textilbewehrtem Beton (2008).
Von *Manfred Curbach, Kerstin Speck.* 36,50 EUR

572: Schlussberichte zur ersten Phase des DAfStb/BMBF-Verbundforschungsvorhabens „Nachhaltig Bauen mit Beton" (2007). 97,80 EUR

573: Korrosionsmonitoring und Bruchortung vorgespannter Zugglieder in Bauwerken (2008).
Von *Alexander Holst.* 66,60 EUR

574: Zur Validierung quantitativer zerstörungsfreier Prüfverfahren im Stahlbetonbau am Beispiel der Laufzeitmessung (2008).
Von *Alexander Taffe.* 52,90 EUR

575: Verbundverhalten von Klebebewehrung unter Betriebsbedingungen (2009).
Von *Kurt Borchert.* 60,10 EUR

576: Mechanismen der Blasenbildung bei Reaktionsharzbeschichtungen auf Beton (2009).
Von *Lars Wolff.* 52,50 EUR

577: Zusammenfassender Bericht zum Verbundforschungsvorhaben „Übertragbarkeit von Frost-Laborprüfungen auf Praxisverhältnisse" (2010).
Von *Harald S. Müller, Ulf Guse.* 27,40 EUR

578: Experimentelle Analyse des Tragverhaltens von Hochleistungsbeton unter mehraxialer Beanspruchung (2011).
Von *Manfred Curbach, Silke Scheerer, Kerstin Speck, Torsten Hampel.* 126,00 EUR

579: Modellierung des Feuchte- und Salztransports unter Berücksichtigung der Selbstabdichtung in zementgebundenen Baustoffen (2010).
Von *Petra Rucker-Gramm.* 69,00 EUR

Heft

580: Zur Korrosion von Stahlschalungen in Fertigteilwerken (2011).
Von *Till F. Mayer.* 51,90 EUR

581: Verwendung von Steinkohlenflugasche zur Vermeidung einer schädigenden Alkali-Kieselsäure-Reaktion im Beton (2010).
Von Karl Schmidt. 65,00 EUR

582: Betonbauteile mit Bewehrung aus Faserverbundkunststoff (FVK) (2010).
Von *Jörg Niewels, Josef Hegger.* 64,30 EUR

583: Beitrag zu den Schädigungsmechanismen in Betonen mit langsam reagierender alkaliempfindlicher Gesteinskörnung (2010).
Von *Oliver Mielich.* 65,30 EUR

584: Verbundforschungsvorhaben „Nachhaltig Bauen mit Beton"
Potenziale des Sekundärstoffeinsatzes im Betonbau – Teilprojekt B.
Von *Bruno Hauer, Roland Pierkes, Stefan Schäfer, Maik Seidel, Tristan Herbst, Katrin Rübner, Birgit Meng.*
Effiziente Sicherstellung der Umweltverträglichkeit von Beton – Teilprojekt E (2011).
Von *Wolfgang Brameshuber, Anya Vollpracht, Joachim Hannawald, Holger Nebel.* 87,70 EUR

585: Verbundforschungsvorhaben „Nachhaltig Bauen mit Beton"
Ressourcen- und energieeffiziente, adaptive Gebäudekonzepte im Geschossbau – Teilprojekt C (2011).
Von *Josef Hegger, Tobias Dreßen, Norbert Will, Hartwig N. Schneider, Christian Fensterer, Norbert Hanenberg, Marten F. Brunk, Thorsten Bleyer, Konrad Zilch , Christian Mühlbauer, Roland Niedermeier, André Müller, Andreas Haas, Ingo Heusler, Herbert Sinnesbichler.* 69,40 EUR

586: Verbundforschungsvorhaben „Nachhaltig Bauen mit Beton"
Lebenszyklusmanagementsystem zur Nachhaltigkeitsbeurteilung – Teilprojekt D (2011).
Von *Peter Schießl, Christoph Gehlen, Marc Zintel, Ernst Rank, André Borrmann, Katharina Lukas, Harald Budelmann, Martin Empelmann, Gunnar Heumann, Tilman W. Starck, Sylvia Keßler.* 50,00 EUR

587: Verbundforschungsvorhaben „Nachhaltig Bauen mit Beton"
Informationssystem „NBB-Info" – Teilprojekt F (2011).
Von *Hans-Wolf Reinhardt, Joachim Schwarte, Christian Piehl.* 38,80 EUR

588: Der Stadtbaustein im DAfStb/BMBF-Verbundforschungsvorhaben „Nachhaltig Bauen mit Beton" – Dossier zu Nachhaltigkeitsuntersuchungen – Teilprojekt A.
Von *Carl-Alexander Graubner, Thorsten Bleyer, Marten F. Brunk, Tobias Dreßen, Christian Fensterer, Christoph Gehlen, Andreas Haas, Norbert Hanenberg, Bruno Hauer, Josef Hegger, Ingo Heusler, Sylvia Keßler, Torsten Mielecke, Christian Piehl, Hans-Wolf Reinhardt, Carolin Roth, Peter Schießl, Hartwig N. Schneider, Joachim Schwarte, Herbert Sinnesbichler, Udo Wiens, Konrad Zilch.* 56,20 EUR

Heft

589: Zerstörungsfreie Ortung von Gefügestörungen in Betonbodenplatten (2010).
Von *Harald S. Müller, Martin Fenchel, Herbert Wiggenhauser, Christiane Maierhofer, Martin Krause, Andre Gardei, Frank Mielentz, Boris Milman, Mathias Röllig, Jens Wöstmann.* 84,60 EUR

590: Materialverhalten von hochfestem Beton unter thermomechanischer Beanspruchung (2010).
Von *Sven Huismann.* 65,00 EUR

591: Sachstandbericht Verstärken von Betonbauteilen mit geklebter Bewehrung (2011).
Von *Konrad Zilch, Roland Niedermeier, Wolfgang Finckh.* 77,50 EUR

592: Praxisgerechte Bemessungsansätze für das wirtschaftliche Verstärken von Betonbauteilen mit geklebter Bewehrung – Verbundtragfähigkeit unter statischer Belastung
Von *Konrad Zilch, Roland Niedermeier, Wolfgang Finckh.* 71,20 EUR

593: Praxisgerechte Bemessungsansätze für das wirtschaftliche Verstärken von Betonbauteilen mit geklebter Bewehrung – Verbundtragfähigkeit unter nicht ruhender Belastung (2013)
Von *Harald Budelmann, Thorsten Leusmann.* 44,50 EUR

594: Praxisgerechte Bemessungsansätze für das wirtschaftliche Verstärken von Betonbauteilen mit geklebter Bewehrung – Querkrafttragfähigkeit
Von *Konrad Zilch, Roland Niedermeier, Wolfgang Finckh.* 50,40 EUR

595: Erläuterungen und Beispiele zur DAfStb-Richtlinie „Verstärken von Betonbauteilen mit geklebter Bewehrung" (2013)
Von *Konrad Zilch.* 50,80 EUR

595 (en): Commentary on the DAfStb Guideline "Strengthening of concrete members with adhesively bonded reinforcement" with Examples (2014) 63,50 EUR

596: Vereinfachtes Rechenverfahren zum Nachweis des konstruktiven Brandschutzes bei Stahlbeton-Kragstützen (2013).
Von *Dietmar Hosser, Ekkehard Richter.* 25,60 EUR

597: Erweiterte Datenbanken zur Überprüfung der Querkraftbemessung für Konstruktionsbetonbauteile mit und ohne Bügel (2012).
Von *Karl-Heinz Reineck, Daniel A. Kuchma, Birol Fitik.* 192,40 EUR

598: Mischungsentwurf und Fließeigenschaften von Selbstverdichtendem Beton (SVB) vom Mehlkorntyp unter Berücksichtigung der granulometrischen Eigenschaften der Gesteinskörnung (2012).
Von *Andreas Huß.* 57,30 EUR

599: Bewehren nach Eurocode 2 (2013).
Von *Josef Hegger, Martin Empelmann, Jürgen Schnell, Jörg Moersch, Christian Albrecht, Guido Bertram, Norbert Brauer, Thomas Sippel, Marco Wichers.* 98,80 EUR

600: Teil 1: Erläuterungen zu DIN EN 1992-1-1 und DIN EN 1992-1-1/NA 2. überarbeitete Auflage (2020). 98,80 EUR

Heft

601: Dauerhaftigkeitsbemessung von Stahlbetonbauteilen auf Bewehrungskorrosion – Teil 1: Systemparameter der Bewehrungskorrosion (2012).
Von *Peter Schießl, Kai Osterminski, Bernd Isecke, Matthias Beck, Andreas Burkert, Jens Lehmann, Armin Faulhaber, Michael Raupach, Jörg Harnisch, Jürgen Warkus, Wei Tian, Christoph Gehlen.* 50,80 EUR

602: Dauerhaftigkeitsbemessung von Stahlbetonbauteilen auf Bewehrungskorrosion – Teil 2: Dauerhaftigkeitsbemessung (2012).
Von *Harald S. Müller, Edgar Bohner, Christian Fischer, Joško Ožbolt, Christoph Gehlen, Kai Osterminski, Peter Schießl, Stefanie von Greve-Dierfeld.* 68,60 EUR

603: Gütebewertung qualitativer Prüfaufgaben in der zerstörungsfreien Prüfung im Bauwesen am Beispiel des Impulsradarverfahrens (2012).
Von *Sascha Feistkorn.* 70,80 EUR

604: Frostbeanspruchung und Feuchtehaushalt in Betonbauwerken (2013).
Von *Frank Spörel.* 158,40 EUR

605: Zur Rheologie und den physikalischen Wechselwirkungen bei Zementsuspensionen (2012).
Von *Michael Haist.* 78,50 EUR

606: Unbewehrte Betonfahrbahnplatten unter witterungsbedingten Beanspruchungen (2014).
Von *Sam Foos.* 111,40 EUR

607: Modell zur Beschreibung des Eindringens von Chlorid in Beton von Verkehrsbauten (2013).
Von *Gesa Kapteina.* 63,90 EUR

608: Auswirkungen der Bewehrungskorrosion auf den Verbund zwischen Stahl und Beton (2013).
Von *Christian Fischer.* 58,20 EUR

609: Untersuchungen zum Verbundverhalten von Bewehrungsstäben mittels vereinfachter Versuchskörper (2013).
Von *Anke Wildermuth.* 132,60 EUR

610: Einfluss der Bauteilgeometrie auf die Korrosionsgeschwindigkeit von Stahl in Beton bei Makroelementbildung (2014).
Von *Jürgen Warkus.* 113,60 EUR

611: Sedimentationsverhalten und Robustheit Selbstverdichtender Betone (2014).
Von *Dirk Lowke.* 93,60 EUR

612: Bestimmung und Bewertung des elektrischen Widerstands von Beton mit geophysikalischen Verfahren (2014).
Von *Kenji Reichling.* 94,00 EUR

613: Untersuchungen zur Leistungsfähigkeit von nationalen und europäischen Instandsetzungsmörteln (2015).
Von *Wolfgang Breit, Joachim Schulze* und *Delphine Schwab* 49,30 EUR

614: Erläuterungen zur DAfStb-Richtlinie Stahlfaserbeton (2015). 38,30 EUR

614: (en): Commentary on the DAfStb Guideline „Steel Fibre Reinforced Concrete"(2015) 47,90 EUR

615: Erläuterungen zu DIN EN 1992-4 – Bemessung der Verankerung von Befestigungen in Beton. 149,80 EUR

Heft

615 (en): Commentary to EN 1992-4 – Design of Fastenings for use in Concrete 149,80 EUR

616: Sachstandbericht Bauen im Bestand – Teil I: Mechanische Kennwerte historischer Betone, Betonstähle und Spannstähle für die Nachrechnung von bestehenden Bauwerken.
Von *Jürgen Schnell, Konrad Zilch, Daniel Dunkelberg und Michael Weber.* 98,80 EUR

617 (en): ACI-DAfStb databases 2015 with shear tests for evaluating relationships for the shear design of structural concrete members without and with stirrups.
Von *Karl-Heinz Reineck, Daniel Dunkelberg.* 292,90 EUR

618: Sachstandbericht - Grenzzustände der Ermüdung von dynamisch hoch beanspruchten Tragwerken aus Beton.
Von *Jürgen Grünberg, Michael Hansen, Steffen Marx, Sebastian Schneider.* 72,40 EUR

619: Sachstandsbericht Bauen im Bestand – Teil II: Bestimmung charakteristischer Betondruckfestigkeiten und abgeleiteter Kenngrößen im Bestand
Von *Jürgen Schnell, Konrad Zilch, Daniel Dunkelberg und Michael Weber.* 61,65 EUR

620: Sachstandbericht
Verfahren zur Prüfung des Säurewiderstands von Beton.
Von *Jesko Gerlach und Ludger Lohaus.* 51,60 EUR

621: Zur Verwertbarkeit von Potentialfeldmessungen für die Zustandserfassung und -prognose von Stahlbetonbauteilen – Validierung und Einsatz im Lebensdauermanagement.
Von *Sylvia Keßler.* 82,40 EUR

622: Bemessungsregeln zur Sicherstellung der Dauerhaftigkeit XC-exponierter Stahlbetonbauteile.
Von *Stefanie Marilies von Greve-Dierfeld.* 113,40 EUR

623: Untersuchungen an 43 Jahre im Nordseeklima ausgelagerten Betonbalken.
Von *Kai Osterminski und Christoph Gehlen.*
Bemessung auf Dauerhaftigkeit mit Teilsicherheitsbeiwerten und mit qualifiziert abgesicherten deskriptiven Regeln.
Von *Stefanie Marilies von Greve-Dierfeld und Christoph Gehlen.* 74,85 EUR

624: Stoffgesetz zur Beschreibung des Kriech- und Relaxationsverhaltens junger normal- und hochfester Betone.
Von *Isabel Anders.* 81,70 EUR

625: Zum Querkrafttragverhalten von einachsig gespannten Stahlbetonplatten ohne Querkraftbewehrung unter Einzellasten.
Von *Karin Reißen.* 112,90 EUR

626: Semiprobabilistisches Nachweiskonzept zur Dauerhaftigkeitsbemessung und -bewertung von Stahlbetonbauteilen unter Chlorideinwirkung.
Von *Amir Rahimi.* 116,20 EUR

627 (en): Shear Strength Models for Reinforced and Prestressed Concrete Members.
Von *Martin Herbrand.* 72,30 EUR

Heft

628: Zur Eignung und Wirkungsweise calcinierter Tone als reaktive Bindemittelkomponente im Zement.
Von *Nancy Beuntner.* 61,60 EUR

629: Zur einheitlichen Bemessung gegen Durchstanzen in Flachdecken und Fundamenten.
Von *Carsten Siburg.* 132,20 EUR

630: Bemessung nach DIN EN 1992 in den Grenzzuständen der Tragfähigkeit und der Gebrauchstauglichkeit.
98,80 EUR

631: Hilfsmittel zur Schnittgrößenermittlung und zu besonderen Detailnachweisen bei Stahlbetontragwerken. 89,90 EUR

632: Experimentelle Ermittlung der Korrelation der Druckfestigkeiten von Bohrkernen aus Bauwerksbeton und genormten Probekörpern.
Von *Jürgen Schnell und Michael Weber.* 62,37 EUR

633: (en): Steel Fiber Reinforced Concrete Under Concentrated Load.
Von *Fanbing Song.* 120,15 EUR

634: Vergleichende Untersuchungen zur Rückprallhammerprüfung bezogen auf R- und Q-Werte.
Von *Wolfgang Breit und Melanie Merkel.* 27,50 EUR

635-1 (en): ACI-DAfStb databases 2020 with shear tests on structural concrete members without stirrups Volume 1: Part 1 to Part 2.5.
Von *Karl-Heinz Reineck und Birol Fitik.*
190,40 EUR

635-2 (en): ACI-DAfStb databases 2020 with shear tests on structural concrete members without stirrups Volume 2: Part 2.6 to Part 7.
von *Karl-Heinz Reineck Birol Fitik.*
237,30 EUR

637: Sachstandbericht Frischbeton – Eigenschaften, Einflüsse und Prüfungen.
Von *Christoph Alfes, Olaf Aßbrock, Christoph Begemann, Rolf Breitenbücher, Amela Cokovik, Dario Cotardo, Eberhard Eickschen, Petra Fischer, Eugen Kleen, Hannes Krüger, Ludger Lohaus, Viktor Mechtcherine, Lars Meyer, Matthias Middel, Christoph Müller, Harald S. Müller, Tobias Schack, Patrick Schäffel, Egor Secrieru, Frank Spörel, Katja Voland, Andreas Westendarp und Bou-Young Youn-Ĉale*
86,40 EUR

638: Anwendungshilfe zur Technischen Regel Instandhaltung von Betonbauwerken des DIBt (TR IH) in Verbindung mit der DAfStb Richtlinie Schutz und Instandsetzung von Betonbauteilen (RL SIB). 115,00 EUR

Heft

639: Schlussberichte zum BMBF-Verbundforschungsvorhaben „R-Beton – Ressourcenschonender Beton – Werkstoff der nächsten Generation" Schwerpunkt 1: Konzeptionierung der neuen Werkstoffe.
Von *Florian Knappe, Joachim Reinhardt, Stefanie Theis, Stephan Kresser, Julia Scheidt, Wolfgang Breit, Bernard Sachsenhauser, Klaus Lorenz, Christoph Müller, Katrin Severins, Johannes Haufe und Anya Vollpracht*
103,30 EUR

640: Schlussberichte zum BMBF-Verbundforschungsvorhaben „R-Beton – Ressourcenschonender Beton – Werkstoff der nächsten Generation" Schwerpunkt 2: Praxisanforderungen an die neuen Werkstoffe.
Von *Aleksandar Pančić, Jürgen Schnell, Christoph Müller, Ingmar Borchers, Maik Seidel und Anya Vollpracht, Lia Weiler* 95,00 EUR

641: Schlussberichte zum BMBF-Verbundforschungs vorhaben „R-Beton – Ressourcenschonender Beton – Werkstoff der nächsten Generation" Schwerpunkt 3: Ökobilanz, Praxistest und Transfer.
Von *Florian Knappe, Joachim Reinhardt, Stefanie Theis, Christoph Müller, Jochen Reiners und Raymund Böing*
75,80 EUR

642 (en): Influence of elevated temperatures up to 100 °C on the mechanical properties of concrete.
Von *Fernando Acosta Urrea*
88,00 EUR

644: Ermüdungsverhalten von Beton für unterschiedliche Probekörpergeometrien.
Von *Vivian Frei, Stephan Pirskawetz, Marc Thiele, Andreas Rogge*
68,80 EUR

645: Modellhafte Beschreibung des Ermüdungswiderstands von druckschwellbeanspruchtem Beton unter Berücksichtigung von energetischen und frequenzbedingten Materialeffekten.
Von *Sebastian Schneider, Matthias Bode, Steffen Marx* 63,20 EUR

646: Wasserinduzierte Ermüdungsschädigung von Beton
Von *Christoph Tomann, Ludger Lohaus*
84,40 EUR

647: Untersuchungen zum Ermüdungswiderstand von Beton im Bereich sehr hoher Lastwechselzahlen.
Von *Kerstin Willers, Lutz Gerlach, Nico Herrmann* 53,30 EUR

648: Zum festigkeitsabhängigen Ermüdungswiderstand von Beton. Teil 1: Koordinierte experimentelle Untersuchungen und Bewertung des Ermüdungswiderstands von normal- und hochfesten Betonen.
Von *Sebastian Schneider, Boso Schmidt, Steffen Marx*

Heft

Teil 2: Statistische Auswertungen zum Druckfestigkeitseinfluss auf den Ermüdungswiderstand von Beton.
Von *Marco Basaldella, Bianca Kern, Nadja Oneschkow, Ludger Lohaus*
52,80 EUR

649: Numerische Modellierung des Ermüdungsverhaltens von normal- und hochfestem Beton.
Von *Dennis Birkner, Steffen Marx, Abedulgader Baktheer, Josef Hegger, Rostislav Chudoba* 58,40 EUR

650: Ermüdung von biegebeanspruchten Betonbauteilen aus normal- und hochfesten Betonen.
Von *Dennis Birkner, Steffen Marx, David Ov, Rolf Breitenbücher*
40,50 EUR

651: Ultraschallprüfungen zur Erfassung der Schädigungsentwicklung unter verschiedenen Umweltbedingungen und unter zyklischer Druckschwellbelastung.
Von *Raúl Beltrán, Vivian Frei, Steffen Marx* 56,60 EUR

652: Ermüdungsverhalten von Betonstahl im Langzeitfestigkeitsbereich, bei Variation der Prüfmethodik sowie unter kombinierter Einwirkung von Korrosion.
Von *Stefan Rappl, Kai Osterminski, Christoph Gehlen* 37,70 EUR

653: Verbundverhalten unter Druck- und Zugschwellbeanspruchung von normal- und hochfesten Betonen
Von *Marc Koschemann, Manfred Curbach, Homam Spartali, Abedulgader Baktheer, Rostislav Chudoba, Josef Hegger* 54,20 EUR

654: Zeitlich und räumlich aufgelöste Zustandsbewertungen und -prognosen über mit Diagnosedaten angereicherte BIM-Modelle als Entscheidungshilfe bei der Instandsetzungsplanung
Von *Hendrik W. L. Morgenstern*
126,80 EUR

Hinweis auf überarbeitete und ergänzte Hefte der Schriftenreihe des DAfStb:

Heft 220: 2. überarbeitete Auflage 1991
Heft 240: 3. überarbeitete Auflage 1991 (vergriffen)
Heft 400: 4. Auflage 1994 (3. berichtigter Nachdruck) vergriffen
Heft 425: 3. ergänzte Auflage 1997
Heft 525: 2. überarbeitete Auflage 2010
Heft 600: 2. überarbeitete Auflage 2020

DAfStb-Heft 654

Jetzt diesen Titel zusätzlich als E-Book downloaden und 70 % sparen!

Als Käufer dieses Buchtitels haben Sie Anspruch auf ein besonderes Kombi-Angebot: Sie können den Titel zusätzlich zum Ihnen vorliegenden gedruckten Exemplar für nur 30 % des Normalpreises als E-Book beziehen.

Der BESONDERE VORTEIL: Im E-Book recherchieren Sie in Sekundenschnelle die gewünschten Themen und Textpassagen. Denn die E-Book-Variante ist mit einer komfortablen Volltextsuche ausgestattet!

Deshalb: Zögern Sie nicht. Laden Sie sich am besten gleich Ihre persönliche E-Book-Ausgabe dieses Titels herunter.

In 3 einfachen Schritten zum E-Book:

❶ Rufen Sie die Website **www.dinmedia.de/e-book** auf.

❷ Geben Sie hier Ihren persönlichen, nur einmal verwendbaren E-Book-Code ein:

6593310BD3A3955

❸ Klicken Sie das „Download-Feld" an und gehen dann weiter zum Warenkorb. Führen Sie den normalen Bestellprozess aus.

Hinweis: Der E-Book-Code wurde individuell für Sie als Erwerber dieses Buches erzeugt und darf nicht an Dritte weitergegeben werden. Mit Zurückziehung dieses Buches wird auch der damit verbundene E-Book-Code für den Download ungültig.